国家电网公司

生产技能人员职业能力培训专用教材

变压器检修

国家电网公司人力资源部　组编

周晓凡　主编

中国电力出版社
CHINA ELECTRIC POWER PRESS

内 容 提 要

《国家电网公司生产技能人员职业能力培训教材》是按照国家电网公司生产技能人员模块化培训课程体系的要求，依据《国家电网公司生产技能人员职业能力培训规范》（简称《培训规范》），结合生产实际编写而成。

本套教材作为《培训规范》的配套教材，共72册。本册为专用教材部分的《变压器检修》，全书共4个部分22章54个模块，主要内容包括变压器油知识，电气试验基本知识，变压器维护、检修、安装技能，互感器、电抗器、消弧线圈和接地变压器的维护、检修技能。

本书可作为供电企业变压器检修工作人员的培训教学用书，也可作为电力职业院校教学参考书。

图书在版编目（CIP）数据

变压器检修/国家电网公司人力资源部组编. —北京：中国电力出版社，2010.9（2023.6重印）

国家电网公司生产技能人员职业能力培训专用教材

ISBN 978-7-5123-0791-9

Ⅰ. ①变…　　Ⅱ. ①国…　　Ⅲ. ①变压器–检修–技术培训–教材　Ⅳ. ①TM407

中国版本图书馆 CIP 数据核字（2010）第 163329 号

中国电力出版社出版、发行

（北京市东城区北京站西街 19 号　100005　http://www.cepp.sgcc.com.cn）

三河市百盛印装有限公司印刷

各地新华书店经售

*

2010 年 9 月第一版　　2023 年 6 月北京第九次印刷

880 毫米×1230 毫米　16 开本　21 印张　650 千字

印数 22001—23000 册　　定价 **66.00** 元

《国家电网公司生产技能人员职业能力培训专用教材》

编　委　会

前　言

为大力实施"人才强企"战略，加快培养高素质技能人才队伍，国家电网公司按照"集团化运作、集约化发展、精益化管理、标准化建设"的工作要求，充分发挥集团化优势，组织公司系统一大批优秀管理、技术、技能和培训教学专家，历时两年多，按照统一标准，开发了覆盖电网企业输电、变电、配电、营销、调度等34个职业种类的生产技能人员系列培训教材，形成了国内首套面向供电企业一线生产人员的模块化培训教材体系。

本套培训教材以《国家电网公司生产技能人员职业能力培训规范》（Q/GDW 232—2008）为依据，在编写原则上，突出以岗位能力为核心；在内容定位上，遵循"知识够用、为技能服务"的原则，突出针对性和实用性，并涵盖了电力行业最新的政策、标准、规程、规定及新设备、新技术、新知识、新工艺；在写作方式上，做到深入浅出，避免烦琐的理论推导和验证；在编写模式上，采用模块化结构，便于灵活施教。

本套培训教材涵盖34个职业的通用教材和专用教材，共72个分册、5018个模块，每个培训模块均配有详细的模块描述，对该模块的培训目标、内容、方式及考核要求进行了说明。其中：通用教材涵盖了供电企业多个职业种类共同使用的基础、专业基础、基本技能及职业素养等知识，包括《电工基础》、《电力安全生产及防护》等38个分册、1705个模块，主要作为供电企业员工全面系统学习基础理论和基本技能的自学教材；专用教材涵盖了单一职业种类专用的所有专业知识和专业技能，按照供电企业生产模式分职业单独成册，每个职业分为Ⅰ、Ⅱ、Ⅲ等3个级别，包括《变电检修》、《继电保护》等34个分册、3313个模块，可以分别作为供电企业生产一线辅助作业人员、熟练作业人员和高级作业人员的岗位技能培训教材，也可作为电力职业院校的教学参考书。

本套培训教材的出版是贯彻落实国家人才队伍建设总体战略，充分发挥企业培养高技能人才主体作用的重要举措，是加快推进国家电网公司发展方式和电网发展方式转变的迫切要求，也是有效开展电网企业教育培训和人才培养工作的重要基础，必将对改进生产技能人员培训模式，推进培训工作由理论灌输向能力培养转型，提高培训的针对性和有效性，全面提升员工队伍素质，保证电网安全稳定运行、支撑和促进国家电网公司可持续发展起到积极的推动作用。

本套教材共72个分册，本册为专用教材部分的《变压器检修》。

本书第一部分变压器油知识，由上海市电力公司陈曦编写；第二部分电气试验基本知识，由上海市电力公司陈国恩、江西省电力公司邹志坚、江苏省电力公司朱金花编写；第三部分变压器维护、检修、安装技能，由上海市电力公司陆瑾、周凯、张琛、周波、曹磊、李佳宇，陕西省电力公司黄双贵，黑龙江省电力有限公司王庆忠编写；第四部分互感器、电抗器、消弧线圈和接地变压器的维护、检修技能，由江西省电力公司邹志坚、江苏省电力公司朱金花编写。全书由上海市电力公司周晓凡担任主编。山东电力集团公司咸日常担任主审，国家电网公司生产技术部彭江，山东电力集团公司邱升孝、张盛智参审。

由于编写时间仓促，本套教材难免存在疏漏之处，恳请各位专家和读者提出宝贵意见，使之不断完善。

目　录

第四部分 互感器、电抗器、消弧线圈和
接地变压器的维护、检修技能

第一部分

变压器油知识

第一章　变压器油的性能

模块 1　变压器油的性能及技术要求（ZY1600101001）

【模块描述】 本模块介绍了变压器油的物理、化学、电气性能指标和新变压器油、运行变压器油的技术要求，通过概念描述、要点介绍，掌握变压器油的性能及技术要求。

【正文】

本模块所介绍的变压器油是指具有一定抗氧化能力的、用于变压器和类似充油电气设备的矿物绝缘油。

一、变压器油的性能

1. 变压器油的物理性质

变压器油的物理性质包括密度、黏度、凝点、闪点、界面张力等。

（1）密度。单位体积油品的质量称为油品的密度，其单位为 g/cm^3 或 kg/m^3，以 ρ 表示。油品的密度受温度影响较大，温度升高，密度减小；反之，密度增大。通常情况下，变压器油的密度为 0.8～0.9g/cm^3。

（2）黏度与黏温性。黏度是表示油品在外力作用下，做相对层流运动时，油品分子间产生内摩擦阻力的性质，单位为 mm^2/s。油品的黏度随油温的升高而减小，随油温的降低而增大。各种油品在相同条件下随温度变化的程度各不相同。通常将油品随温度变化的程度，称为油品的黏温性。

对变压器来讲，变压器在运行时因自身功率损耗而发热，通常是借助油的对流循环来散热，故应选用黏温性好、凝点低的变压器油。

（3）凝点和倾点。凝点是油品在规定的条件下失去流动性时的最高温度。倾点是在试验条件下，油品能从标准容器中流出的最低温度。油品的倾点通常比凝点高 2～3℃。油品的凝点和倾点低，则其低温流动性好。

（4）界面张力。界面张力是指在油品与不相溶的另一相的界面上产生的张力，以 σ 表示，单位为 N/m 或 mN/m。界面张力受温度的影响较大，通常是随着油温的升高而降低，一般在 25℃下测定油品的界面张力。通常纯净的油在水相的界面上部产生 40～50mN/m 的力，通常变压器油因受温度、氧、水分及电场等因素的影响，油质会劣化导致界面张力的降低。

（5）闪点和燃点。在规定的条件下加热油品，随着油温的升高，油蒸气在空气中的含量达到一定浓度，当与火源接触时，则在油面上出现短暂的蓝色火焰，往往还伴有轻微的爆鸣声，此时的最低油温称为闪点。

当达到闪点后，仍继续加热，油蒸气浓度增大，当外界引火后，其火焰超过 5s 仍不熄灭，此时油品便燃烧起来，发生此现象时的最低油温即称为燃点。

变压器油的闪点如有大幅度的降低，一般可确定油中有挥发性可燃气体产生，变压器内可能有局部过热、电弧放电等故障。

2. 变压器油的化学性质

变压器油的化学性质包括酸值、水溶性酸值和氧化安定性等。

（1）酸值。酸值是指中和 1g 油中含有的酸性组分所需要的氢氧化钾毫克数，单位为 mgKOH/g。酸值的上升是油初始劣化的标志，酸性物质的存在会降低油的绝缘性能，还会促使固体绝缘材料老化和造成腐蚀，缩短设备使用寿命。

（2）水溶性酸值。水溶性酸是指油中能溶于水的无机酸、低分子的有机酸等，一般以 pH 来表示。

这类低分子酸包括甲酸、乙酸等。当油中的水溶性酸含量增加（pH 降低）时，会使固体绝缘材料和金属产生窝蚀。

（3）氧化安定性。氧化安定性指标常用来预测变压器油的使用寿命。一般在变压器成品油中加入一定量的人工合成的抗氧化剂，以提高油品的抗氧化能力。

3. 变压器油的电气性能

变压器油的电气性能包括击穿电压、介质损耗因数等。

（1）击穿电压。在规定的试验条件下绝缘油发生击穿时的电压称为油的击穿电压，单位为 kV。干燥清洁的油品具有相当高的击穿电压值，一般国产油的击穿电压值都在 40kV 以上，有的可达到 60kV 以上。但当油中水分较高或含有杂质颗粒时，会降低油的击穿电压值。

（2）介质损耗因数。

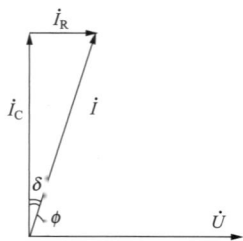

图 ZY1600101001-1   电流相量图

1）介质损耗角。在交变电场下，电介质内流过的电流可分为两部分，无功电容电流 i_C 和有功电流 i_R，其合成电流为 i。由图 ZY1600101001-1 可知，电流 i 与电压 $\dot{U}$ 的相位差小于 90°。90° 与实际相角之差称为介质损失角，以 δ 表示。

2）介质损耗因数。绝缘油的介质损耗与其介质损耗角正切值成正比关系，故可以用 $\tan\delta$ 表示绝缘油的介质损耗。$\tan\delta$ 又称介质损耗因数。一般来讲，新变压器油中的介质损耗因数很小，仅为 0.0001～0.001；当油氧化或过热而引起劣化时，或混入其他杂质时，介质损耗因数也会随之增大。

二、变压器油的技术要求

1. 变压器油的使用性能要求

（1）良好的热传导性和流动性。变压器油应具有良好的热传导性和流动性，以确保变压器铁芯和绕组能得到有效冷却。

（2）良好的绝缘性。变压器油是设备中的绝缘介质，通常以击穿电压和介质损耗因数来表示变压器油的绝缘性。它应具有高的击穿电压，以防止在高电压作用下电极之间放电现象；同时介质损耗因数低的变压器油可以大幅度降低交流电改变极性时引起的能量损失。

（3）良好的氧化安定性。变压器油应具有良好的氧化安定性，可以减少储存和设备运行期间油品中酸性物质或沉淀物的出现，从而保证变压器安全运行，延长油品寿命和降低维护成本。

2. 新变压器油的质量标准

新变压器油是指未用过的，即没有与电气设备的各种材料接触过的油。我国现有变压器油标准是 GB 2536—1990《变压器油》，其技术条件详见表 ZY1600101001-1。

表 ZY1600101001-1   变压器油技术条件（GB 2536—1990）

项　目		质　量　指　标			试　验　方　法
牌号		10	25	45	
外观		透明、无悬浮物和机械杂质			目测[①]
密度不大于（20℃，kg/m³）		895			GB/T 1884，GB/T 1885
运动黏度（mm²/s）	40℃不大于	13	13	11	GB/T 265
	−10℃不大于	—	200	—	
	−30℃不大于	—	—	1800	
倾点不高于（℃）		−7	−22	报告	GB/T 3535[②]
凝点不高于（℃）		—	—	−45	GB/T 510
闪点（闭口）不低于（℃）		140	140	135	GB/T 261
酸值不大于（mgKOH/g）		0.03			GB/T 264
腐蚀性硫		非腐蚀性			SH/T 0304

续表

项　目		质　量　指　标			试　验　方　法
牌号		10	25	45	
氧化安定性[3]	氧化后酸值不大于（mgKOH/g）	0.2			SH/T 0206
	氧化后沉淀不大于（%）	0.05			
水溶性酸或碱		—			GB/T 259
击穿电压[4]（间距2.5mm交货时）不小于（kV）		35			GB/T 507[5]
介质损耗因数（90℃）不大于		0.005			GB/T 5654
界面张力，不小于（mN/m）		40	40	38	GB/T 6541
水分（mg/kg）		报告			SH/T 0207

① 把产品注入100mL量筒中，在（20±5）℃下目测，如有争议，按GB/T 511测定机械杂质，含量为无。
② 新疆和大庆原油生产的变压器油在测定倾点和凝点时，允许用定性滤纸过滤。
③ 氧化安定性为保证项目，每年至少测定一次。
④ 击穿电压为保证项目，每年至少测定一次。用户使用前必须进行过滤并重新测定。
⑤ 测定击穿电压允许用定性滤纸过滤。

3. 运行中变压器油的质量标准

目前我国使用的运行中变压器油的标准是 GB/T 7595—2008《运行中变压器油质量》。该标准适用于充入电气设备的矿物变压器油在运行中的质量监督，规定了运行中变压器油应达到的质量标准和检验周期。

（1）运行中变压器油质量标准。根据变压器油的使用状态，运行中变压器油可以分为投入运行前的油和运行油两大类。新变压器油经真空脱气、脱水处理后充入电气设备（但未使用、未通电），即构成设备投入运行前的油；当变压器油充入设备中，该设备投入运行后的油，称为运行油。这两类油的控制标准详见表 ZY1600101001-2。

表 ZY1600101001-2　　　　　　　运行中变压器油质量标准

序号	项　目	设备电压等级（kV）	质量指标		检验方法
			投入运行前的油	运行油	
1	外状	—	透明、无杂质或悬浮物		外观目视
2	水溶性酸（pH）	—	>5.4	≥4.2	GB/T 7598
3	酸值（mgKOH/g）	—	≤0.03	≤0.1	GB/T 264
4	闪点（闭口，℃）	—	≥135		GB/T 261
5	水分[1]（mg/L）	330～1000	≤10	≤15	GB/T 7600 或 GB/T 7601
		220	≤15	≤25	
		≤110	≤20	≤35	
6	界面张力（25℃，mN/m）		≥35	≥19	GB/T 6541
7	介质损耗因数（90℃）	500～1000	≤0.005	≤0.020	GB/T 5654
		≤330	≤0.010	≤0.040	
8	击穿电压[2]（kV）	750～1000	≥70	≥60	DL/T 429.9[3]
		500	≥60	≥50	
		330	≥50	≥45	
		66～220	≥40	≥35	
		≤35	≥35	≥30	
9	体积电阻率（90℃，Ω·m）	500～1000	≥6×10^{10}	≥1×10^{10}	GB/T 5654 或 DL/T 421
		≤330		≥5×10^9	

续表

序号	项　目	设备电压等级（kV）	质 量 指 标		检验方法
			投入运行前的油	运行油	
10	油中含气量（%，体积分数）	750～1000 330～500 （电抗器）	＜1	≤2 ≤3 ≤5	DL/T 423 或 DL/T 450、 DL/T 703
11	油泥与沉淀物（%，质量分数）	—	＜0.02（以下可忽略不计）		GB/T 511
12	析气性	≥500	报告		IEC 60628（A） GB/T 11142
13	带电倾向		报告		DL/T 1095
14	腐蚀性硫	—	非腐蚀性		DIN51353 或 SH/T 0804、ASTM D1275 B
15	油中颗粒度	≥500	报告		DL/T 432

① 取样油温为 40～60℃。

② 750～1000kV 设备运行经验不足，本标准参考西北电网 750kV 设备运行规程提出。

③ DL/T 429.9 方法是采用平板电极；GB/T 507 是采用圆球、球盖形两种形状电极。其质量指标为平板电极测定值。

（2）运行中变压器油的检验周期和项目。

1）油中溶解气体的分析和故障诊断按照 GB/T 17623《绝缘油中溶解气体组分含量的气相色谱测定法》和 GB/T 7252《变压器油中溶解气体分析和判断导则》执行。

2）其他项目的检验周期和检验项目见表 ZY1600101001-3。

表 ZY1600101001-3　　　　　　运行中变压器油检验周期和检验项目

设备名称	设备规范	检验周期	检验项目
变压器、电抗器，所、厂用变压器	330～1000kV	设备投运前或大修后	1～10
		每年至少一次	1，5，7，8，10
		必要时	2，3，4，6，9，11，12，13，14，15
	66～220 kV、8MVA 及以上	设备投运前或大修后	1～9
		每年至少一次	1，5，7，8
		必要时	3，6，7，11，13，14 或自行规定
	＜35 kV	设备投运前或大修后	自行规定
		三年至少一次	
互感器、套管	—	设备投运前或大修后	自行规定
		1～3 年	
		必要时	

注　1. 检验项目栏中的 1，2，3…为表 ZY1600101001-2 中的项目序号。

　　2. 对于不易取样或补充油的全密封式套管、互感器设备，根据具体情况自行规定。

【思考与练习】

1. 简述变压器油物理性能的指标有哪些？

2. 简述变压器油化学性能的指标有哪些？

3. 简述变压器油电气性能的指标有哪些？

4. 新变压器油的技术要求是什么？

5. 运行变压器油的技术要求包括哪些内容？

模块 2 变压器油的老化及防治措施（ZY1600101002）

【模块描述】本模块介绍了变压器油氧化的现象和危害、影响油品氧化的因素以及常用变压器油的防劣措施，通过概念描述、要点介绍，掌握变压器油的老化及防治措施。

【正文】

一、变压器油氧化的现象和危害

1. 变压器油氧化的现象

在高温及金属的催化作用下，运行中的变压器油与溶解在油中的氧接触，发生氧化、裂解等化学反应，会不断变质，造成运行油质量的严重下降。通常把油质变坏的现象统称为油品的老化或劣化。

若使用的油品质量较差或运行中维护不良，油品的氧化程度将逐步加深，其外观性质明显变化，如颜色逐渐变深，透明度不断下降，油泥沉淀物增多，有腐烂、油焦气味等；其物理、化学性质也有显著的变化，如酸值明显增大，密度和黏度也有所增大，电气性能明显下降等。

2. 油品氧化的危害

绝大多数氧化产物对油品和设备都有较大危害，主要表现在以下几个方面：

（1）油中的酸性物质。油中的酸性物质降低变压器油及设备的电气性能，严重者有可能造成重大设备和人身事故。酸性物质降低绝缘材料的绝缘性能和机械强度，对金属有腐蚀作用，缩短其使用寿命，生成的金属皂化物会加速油品自身的氧化和固体绝缘材料的老化。

（2）低分子烃。溶解在油中的低分子烃会降低油的闪点，有导致设备烧毁的可能。

（3）中性物质。一部分溶解在油中的中性物质呈胶质和沥青质存在，加深油的颜色，增加油的黏度，影响油的散热作用。

（4）不溶解的油泥沉淀。沉积在变压器箱壁和散热管内的油泥，传热能力差，直接影响设备的散热，增高运行油温，并有可能堵塞油道，影响油的流通，另外如同时有炭质沉淀物，还会引起闪络，其危害更为严重。

二、影响油品氧化的因素

油品氧化除了与本身化学组分有关外，还受以下外界因素的影响。

1. 温度

油品的氧化速度随温度的升高而加快。在室温下油品氧化缓慢，若超过室温，其氧化速度将加快，超过 50～60℃后，氧化速度大为增加。

2. 氧气

氧气的存在是油品氧化的根本原因。氧主要来源于变压器油中溶解的空气，在将新变压器油注入设备时，即使采用高真空脱气法注油，也不能将油中的氧完全去除。

在油品使用中，应尽量减少油与氧的接触面，最好不与空气接触，因此 GB/T 14542—2005《运行中变压器油维护管理导则》中规定，对于高电压、大容量的电力变压器，应装设密封式储油柜等措施，以使变压器油不与空气直接接触，减缓油品的劣化。

3. 催化剂

事实表明，部分金属及其盐类等物质均能加速油品的氧化，通常将这类物质称为油品氧化的催化剂，对变压器油起催化作用的物质是水分和铜铁材料。

4. 电场和日光

若在油品的氧化过程中施加电压，则氧化油的沉淀物和皂化物均会增加，再分别测定油和沉淀物中的酸值时，发现电场促使油中的有机酸转变成沉淀物，所以油中酸值较小。

日光中的紫外线能加速自由基的生成，因而在日光照射下可加速其氧化反应的速度。

5. 固体绝缘材料

变压器油在使用中必然与环氧树脂、电缆纸等材料接触。经试验表明，多数绝缘材料长期与油接触时，会对油品的氧化产生不同程度的催化作用。

三、变压器油防劣措施

为了延长运行中变压器油的寿命，应有选择地采取防劣措施；并在设备运行中，尽量避免或减少引起油质劣化的超负荷、超温运行方式；同时应采取措施定期清除油中气体、水分、油泥和杂质等。另外，还应做好设备检修时的加油、补油和设备内部清理工作。

以下就从常用的防劣措施及其选用进行介绍。

（一）变压器油常用的防劣措施

1. 在油中添加抗氧化剂

在运行的变压器油中添加抗氧化剂是一种有效的维护措施，具有操作简便、不损耗油的特点。我国的变压器油，普遍添加的抗氧化剂是 T501，其学名是 2，6-二叔丁基对甲酚，是白色粉状晶体，油溶性好，不溶于水和碱液。

在添加 T501 时应注意以下几点：

（1）感受性试验。对来源不明的新油、再生油及老化污染情况不明的运行油应作油对抗氧化剂的感受性试验，确定该油是否适合添加和添加时的有效剂量。对感受性差的油，可将油进行净化或再生处理后，再作感受性试验。

（2）油中 T501 含量的控制。对新油、再生油，油中 T501 含量应不超过 0.30%（质量分数）；对于运行中油应不低于 0.15%，否则应及时补加。

（3）添加方法。运行中油添加 T501 时一般应在变压器停运或检修时进行，添加前应清除设备内和油中的油泥、水分和杂质，添加时油的 pH 不应低于 5.0；特殊情况下，可以在变压器运行时添加抗氧化剂。

添加时应采用热溶解法，将 T501 在 50℃下配制成含 5%～10%（质量分数）的油溶液，然后通过滤油机注入设备，设备内的油应处于循环状态，使 T501 与油混合均匀，以防药剂过浓导致未溶解的药剂颗粒沉积在设备内。添加后，油的电气性能应合格。

（4）添加后油质的监督和维护。在加入抗氧化剂后的一段时期内，应经常监督油质的变化情况。若发现运行油混浊，需及时过滤并查明原因。一年之后可按 GB/T 7595—2008《运行中变压器油质量标准》中规定的试验项目和检验周期进行油质监督。

2. 采用密封式储油柜

大容量的电力变压器采用密封式储油柜使油和空气隔离，以防外界湿气和空气的进入而导致油质氧化加速与受潮，延缓了变压器油和设备中绝缘材质的老化。目前，密封式储油柜有三种结构型式：胶囊式储油柜、隔膜式储油柜和波纹管式储油柜。

（1）胶囊式储油柜。在变压器的油枕内装设一个耐油的隔膜袋，袋的内腔经干燥剂过滤器与大气相通，袋的下部表面平贴油面，变压器通过气袋内部的容积空间来进行"呼吸"。

（2）隔膜式储油柜。变压器的油枕由上、下两壳体组成。壳与壳之间用法兰连接，中间装有成型的耐油隔膜，隔膜上部经过滤器（或直接）与大气相通，隔膜下面紧贴油面与空气隔绝。当油温变化时，隔膜随油位的升降而浮动，以适应变压器的"呼吸"。

（3）波纹管式储油柜。波纹管式储油柜是隔膜式、胶囊式储油柜的更新换代产品，由储油柜本体、油腔、波纹管组件、真空注油管路、波纹连接器及支架等组成，具有全密封、免维护、寿命长、补偿量大、灵敏度高、安装简便的特点。

采用先进的金属波纹管补偿技术，实现对变压器绝缘油体积补偿，与外界隔离，防止吸湿氧化。波纹管好似一个可自由左右伸缩的气囊，其内部与大气相通，外部为变压器油。绝缘油升温体积膨胀时，波纹管被压缩，移向固定端；油位过高时，波纹管压缩到一定程度报警；绝缘油降温体积收缩时，波纹管在大气作用下自行伸长。储油柜内与绝缘油接触的部位全部采用焊接密封，确保了绝缘油与外界大气彻底隔离。

（4）运行监督。

1）密封式储油柜在运行中，应经常检查柜内气室呼吸是否畅通，油位变化是否正常。如发现呼吸器堵塞或密封体油侧积存有空气，应及时排除，以防发生假油位或造成本体压力升高而使压力释放阀动作的现象。

2）装有密封式储油柜的变压器，应定期检测油质情况，特别是油中含气量和含水量的变化。如有异常，应查明原因，并对设备内的油进行真空脱气、脱水处理。

3）对于波纹管式储油柜，当对变压器施加压力检测其密封性能时，必须先将储油柜下部总截止阀关闭，待卸压后再打开。在补油、放油及运行中避免打开排气口，以免进入空气出现假油位。

3．充氮保护

在油枕或油箱的上部空间内充入高纯氮气（纯度为 99.99%），使油面不与大气直接接触，从而减少氧气的侵入，所需高纯氮气由钢瓶或胶袋供应。这一措施可有效防止油质的劣化，但维护工作量大，目前国内变压器用得较少。

4．安装净油器

吸附型净油器分为温差环流净油器（俗称热虹吸器）和强制循环净油器两种。在变压器上部安装热净油器，内放硅胶或活性氧化铝等颗粒吸附剂，利用运行变压器油的对流作用，将油中的酸性组分、水分、油泥、沉淀等氧化产物和污染物被吸附剂吸附并过滤掉。近年来，大中型变压器储油柜的密封结构不断改进，油质稳定，所以净油器已逐渐退出使用。

（二）防劣措施的选用

1．根据充油电气设备选择

根据充油电气设备的种类、型式、容量和运行方式等因素来选择：

（1）电力变压器应至少采用上述所列举的一种防劣措施。

（2）对低电压、小容量的电力变压器，应装设净油器或采用全密封结构；对高电压、大容量的电力变压器，应装设密封式储油柜。

（3）对 110kV 及以上电压等级的油浸式高压互感器，应采用隔膜密封式储油柜或金属膨胀器结构。

2．根据防劣措施的效果选择

（1）为充分发挥防劣措施的效果，应对几种防劣措施进行配合使用并切实做好监督和维护工作。

（2）对大容量或重要的电力变压器，必要时可采用两种或两种以上的防劣措施配合使用。

四、影响油老化的其他因素及防治措施

1．总硫含量

油中的硫除了少量硫以单质和硫化氢存在外，主要以有机硫化物的形式存在，如硫醇、硫醚、二硫醚、噻吩及其同系物等，这些硫化物的总量统称为总硫含量。油在精制（脱硫）过程中大量硫化物已被消除，但仍会有极少量的硫化物存在。因此对总硫含量的测量也是对油的精制工艺和质量的检验，特别应对产自高硫含量原油的制品提出相应的指标要求。

2．腐蚀性硫

存在于油品中的腐蚀性硫化物（包括游离硫）称为腐蚀性硫。油品中的腐蚀性硫包括元素硫、硫化氢、低级硫醇、二氧化硫、三氧化硫、硫黄和酸性硫酸酯等。二氧化硫多数是由硫酸精制及再蒸馏时，残留的中性及酸性硫酸酯分解生成的。

由于变压器油中含硫量的多少对变压器等设备所造成的危害直到近几年才暴露，所以这方面的问题国内外研究的较少。

报告显示，过去 15 年全球有 45 台变压器因腐蚀硫导致运行变压器的故障，近年来在我国对故障变压器进行解体或吊芯检查过程中，也曾发现线圈表面存在绿色的沉积物，经初步分析确定其主要成分为 Cu_2S，是变压器油中的含硫物质与线圈材料发生反应的产物。这些物质沉积在线圈表面，会影响设备的绝缘水平，给变压器等充油电气设备的安全运行带来隐患。虽然无直接证据表明这些设备的故障是由硫化物诱发而导致的，但油品中的腐蚀性硫已逐渐引起国内外的关注。

3．金属含量

研究发现，变压器油中的金属，特别是铜和铁，对油的氧化起催化作用，而反应所产生的大量酸性成分、氧化产物、水分等都会使油的绝缘下降，介质损耗增加；同时这些氧化产物又会腐蚀金属，使金属含量增加，加速油的氧化，如此恶性循环，油品的劣化速度将更快。如果油中金属含量过高，还会引起油流带电。

目前国家标准和行业标准对变压器油出厂和交接试验中没有油中金属含量这一指标，因此在事故后，缺少基础数据，不能对油中金属含量的变化趋势进行跟踪。建议积累相关数据，并在事故分析中将运行中油的金属含量应与颗粒污染度一并综合考虑。

【思考与练习】

1. 变压器油氧化后油质会有什么特征？
2. 变压器油氧化的危害是什么？
3. 影响油品氧化的因素有哪些？
4. 变压器油的防劣措施有哪些？
5. 如何添加 T501 抗氧化剂？

第二章　变压器油的分析及处理

模块 1　变压器油的处理（ZY1600102001）

【模块描述】本模块介绍了变压器油的分类以及性能指标超极限值的原因和处理方法，通过概念介绍、缺陷分析，掌握变压器油水分、酸值、击穿电压等性能超标的原因分析和相应处理技术。

【正文】

一、运行中变压器油的分类

IEC 标准对运行中变压器油进行了明确的分类，而我国的现行标准中对运行中变压器油没有明确分类，可以参照 IEC 标准的分类方法和现有 GB/T 7595《运行中变压器油质量标准》对运行中变压器油进行大致分类，以下分别介绍。

1. IEC 60422—2005 对运行中变压器油的分类

IEC 60422—2005《电气设备中矿物绝缘油—维护和管理指南》将运行中变压器油分为好、一般、差三个等级。

（1）"好"等级的油处于正常状态，保持正常取样。

（2）"一般"等级的油开始劣化，需要缩短检测周期。

（3）"差"等级的油严重劣化，立即采取相应措施。

2. 我国运行中变压器油的分类概况

根据 IEC 60422—2005 的分类情况和 GB/T 7595，我国运行中变压器油可按其主要特性指标的评价，大致可分为三类：

（1）第一类：可满足变压器连续运行的油。此类油的各项性能指标均符合 GB/T 7595 中按设备类型规定的指标要求，不需采取处理措施，而能继续运行。

（2）第二类：能继续使用但需要进行处理的油。此类油能继续使用，部分性能指标不符合 GB/T 7595 的要求，需要进行处理的油，处理后油的性能指标应能符合 GB/T 7595 的要求。

（3）第三类：待报废的油。此类油品质量很差，多项性能指标均不符合 GB/T 7595 的要求，从技术角度考虑应予报废。

为了正确地对运行中变压器油进行维护和管理，油质化验人员和管理者应掌握 GB/T 14542《运行中变压器油维护管理导则》的有关要求，才能保证用油设备的安全经济要求。

二、运行中变压器油超极限值的原因和处理方法

对于运行中变压器油的所有检验项目超出质量控制的极限值应进行分析，并采取相应的措施。

1. 运行中变压器油超极限值处理措施

（1）对于试验结果超出了极限值范围的油品。应与以前的试验结果进行比较，如情况许可时，应先进行重新取样分析以确认试验结果无误。

（2）对于快速劣化的油品。如果油质快速劣化，则应进行跟踪试验，必要时可通知设备制造商。

（3）对于某些特殊试验项目超出了极限值范围的油品。如油中溶解气体的色谱检测发现有故障存在，或击穿电压很低表明油已严重受潮或被固体颗粒严重污染，则可以不考虑其他特性项目，应果断采取措施以保证设备安全。

2. 运行中变压器油超极限值的原因和处理方法

运行中变压器油应按照检验周期进行性能检验，一般用于评价油质的项目包括水分、酸值、击穿电压、介质损耗因数、界面张力、闪点（闭口）、油中溶解气体组分含量、体积电阻率等，下面就这些

项目试验结果超极限值的原因和处理方法分别进行介绍，见表 ZY1600102001-1～表 ZY1600102001-8。

表 ZY1600102001-1　　　　　运行中变压器油水分超极限值的原因和处理方法

项目	设备电压等级（kV）	超极限值	可 能 原 因	采 取 对 策
水分 （mg/kg）	≥330	>20	（1）密封不严、潮气侵入 （2）运行温度过高，导致固体绝缘老化或油质劣化	（1）检查密封胶囊有无破损，呼吸器吸附剂是否失效，潜油泵是否漏气 （2）检查运行温度是否正常 （3）采用真空过滤处理
	220	>30		
	≤110	>40		

表 ZY1600102001-2　　　　　运行中变压器油酸值超极限值的原因和处理方法

项 目	超极限值	可 能 原 因	采 取 对 策
酸值 （mgKOH/g）	>0.1	（1）超负荷运行 （2）抗氧剂消耗 （3）补错了油 （4）油被污染	调查原因，增加试验次数，投入净油器，测定抗氧剂含量并适当补加，或考虑再生

表 ZY1600102001-3　　　　运行中变压器油击穿电压超极限值的原因和处理方法

项 目	设备电压等级（kV）	超极限值	可 能 原 因	采 取 对 策
击穿电压 （kV）	≥500	<50	（1）油中水分含量过大 （2）油中有杂质颗粒污染	检查水分含量，对大型变电设备可检测油中颗粒污染度；进行精密过滤或换油
	330	<45		
	220	<40		
	66～110	<35		
	≤35	<30		

表 ZY1600102001-4　　　　运行中变压器油介质损耗因数超极限值的原因和处理方法

项 目	设备电压等级（kV）	超极限值	可 能 原 因	采 取 对 策
介质损耗因数 （90℃）	≥500	>0.020	（1）油质老化程度较深 （2）油被杂质污染 （3）油中含有极性胶体物质	检查酸值、水分、界面张力数据；查明污染物来源并进行吸附过滤处理，或考虑换油
	≤330	>0.040		

表 ZY1600102001-5　　　　　运行中变压器油界面张力超极限值的原因和处理方法

项目	超极限值	可 能 原 因	采 取 对 策
界面张力（mN/m，25℃）	<19	（1）油质老化严重，油中有可溶性或沉析性油泥 （2）油质污染	结合酸值、油泥的测定采取再生处理或换油

表 ZY1600102001-6　　　　　运行中变压器油闭口闪点超极限值的原因和处理方法

项目	超极限值	可 能 原 因	采 取 对 策
闪点（闭口） （℃）	<135	（1）设备存在严重过热或电性故障 （2）补错了油	查明原因，消除故障，进行真空脱气处理或换油

表 ZY1600102001-7　　　运行中变压器油溶解气体组分含量超极限值的原因和处理方法

气体组分	设备名称	设备电压等级（kV）	超极限值（μL/L）	可 能 原 因	采 取 对 策
乙炔	变压器、电抗器	≥330	>1	设备存在局部过热或放电性故障	进行跟踪分析，彻底检查设备，找出故障点并消除隐患，进行真空脱气处理
		≤220	>5		
	套管	≥330	>1		
		≤220	>2		
	电流互感器	≥220	>1		
		≤110	>2		
	电压互感器	≥220	>2		
		≤110	>3		

续表

气体组分	设备名称	设备电压等级（kV）	超极限值（μL/L）	可 能 原 因	采 取 对 策
氢	变压器、电抗器	—	>150	设备存在局部过热或放电性故障	进行跟踪分析，彻底检查设备，找出故障点并消除隐患，进行真空脱气处理
	套管		>500		
	电流互感器		>150		
	电压互感器		>150		
总烃	变压器、电抗器	—	>150		
	电流互感器		>100		
	电压互感器		>100		
甲烷	套管		>100		

表 ZY1600102001-8　　运行中变压器油体积电阻率超极限值的原因和处理方法

项　目	设备电压等级（kV）	超极限值	可 能 原 因	采 取 对 策
体积电阻率（90℃，Ω·m）	≥500	$<1 \times 10^{10}$	（1）油质老化程度较深（2）油被杂质污染（3）油中含有极性胶体物质	检查酸值、水分、界面张力数据；查明污染物来源并进行吸附过滤处理，或考虑换油
	≤330	$<5 \times 10^{9}$		

三、油处理设备的介绍

常用的油处理设备包括油泵、压力式滤油机、真空净油机三种，下面从这些设备的特点用途、结构、操作注意事项分别进行介绍。

1. 油泵

（1）特点用途。油泵是指依靠容积的变化来输送液体的泵。变压器油常用的油泵是齿轮式输油泵，适用于输送不含固体颗粒和纤维、无腐蚀性、黏度为 5～1500cst（$1cst=10^{-6}m^2/s$）的润滑油料或类似润滑油的其他液体，液温不超过 80℃。

（2）结构。标准泵组是用弹性联轴器与三相电动机直接连接后安装在铸铁公共底盘上。主要零部件包括齿轮、主动轴、从动轴、轴承、泵体、端面盖板及轴封装置等。齿轮均经淬火处理，有较高的硬度和耐磨性，与轴一同安装在轴套内。

（3）操作注意事项。

1）油泵应使用耐油管，使用前应确保管路连接紧固，油管在工作压力下避免弯折。

2）油泵应使用规定油号的工作油，使用前检查油箱内一般应保持 85%左右的油位，不足应及时补充。

3）油泵接地电源、机壳必须接地线，检查线路绝缘情况后，方可试运转。

4）油泵运转前，应将各路调节阀松开，然后开动油泵，待负荷运转正常后，再逐渐增大负荷，并注意观察压力表指针是否正常。

5）油泵不宜在超负荷下工作，安全阀必须按设备额定油压调整压力，严禁任意调整。

2. 压力式滤油机

（1）特点用途。板框式压力滤油机是检修单位常用的一种滤油设备，是借助油泵压力将油通过过滤介质（一般用滤纸）以除去油中水分、油泥、游离碳、纤维及其他机械杂质，适用于过滤含水分和杂质较少的污油，但它不能有效地除去溶解的或胶态的杂质，也不能脱除气体。

（2）结构。压力式滤油机是由方形的滤板和滤框交替排列组成。在滤板与滤框之间夹有滤纸，然后用丝杠将滤板、滤纸与滤框压紧。滤油机配备有齿轮泵、粗滤器、压力表、进出油道、打孔器等附件。

（3）操作注意事项。

1）在使用前过滤介质需充分烘干。过滤温度控制在 40～50℃。

2）滤油机工作时，滤板滤框的次序不能排错，左右不能上反，板框之间要压紧，保证严密不漏油。

3）滤油机工作时的压力在 200～400kPa，压力的大小随着滤纸使用层数、厚度以及滤纸的污秽程度的不同而异。监督滤油机的工作状况，主要靠观察进口油压和测定滤出油的击穿电压（或含水量），如发现过滤过程中进口油压增至 500kPa 以上或滤出油的击穿电压值降低时，应停止过滤，更换滤纸。

4）当过滤含较多油泥及其他污染物的油时，需增加更换滤纸的次数，必要时，可采用预滤装置（滤网）以提高过滤效率和延长滤纸使用时间。

5）油泵进口的粗滤网，每月至少应清洗一次，压力表每年应校验一次。

6）处理超高压设备的用油时，可将压滤机与真空净油机配合使用，以提高油的净化程度。

3．真空净油机

（1）特点用途。真空净油机可以满足高压电气设备对变压器油的质量要求，适用于变压器油的脱气、脱水和精密过滤，是油干燥、提高质量的较理想的方法。待处理的油经进油泵送入（或靠负压吸入）真空净油机系统，经加热器加热后，进入脱气罐，在一定的温度和真空条件下，使油中所含的水分蒸发，所含气体逸出，被真空泵抽出经冷凝器冷凝后排入收集器内，未凝结的水汽和气体经真空泵排出。脱气、脱水后的油送入再生器或直接通过高精度过滤器，滤除颗粒杂质等后排入储油容器内，从而达到对油品净化处理的目的。

（2）结构。由进油泵（有些真空净油机设计靠负压吸油而不配备进油泵）、加热器、过滤器、真空脱气罐、排油泵、冷凝器、真空泵、电气控制柜、测控仪表及管路系统等部件组成。

（3）操作注意事项。

1）在现场使用时，净油机应尽量靠近变压器或油箱，以减少管路阻力，保证进油量。

2）连接管路（包括储油罐）事先应彻底清洁，管路连接紧固密封，严防管路进气和跑油，以免发生事故。

3）启动净油机时，必须待真空泵、油泵及加热器运行正常并保持内部循环良好后，方可对待净化油品进行处理。

4）在处理过程中，应严格监视净油机的运行工况（如真空度、油流量、油温等），还应定期检测油品处理前后的质量，以监视净油机的净化效率。

5）待净化油中如含有大量的机械杂质和游离水分，需先用其他过滤设备充分滤除，以免影响净油机的净化效率或堵塞过滤元件。

6）冬季在户外作业时，管路、真空罐等部件应采取保温措施，避免油黏度增大而导致油泵吸入量不足。

7）真空净油机的净化效率主要取决于真空与油温，因此必须保证有足够的真空和合适的工作温度。油温一般控制在 60℃，最高不超过 90℃，以防止油质氧化或引起油中抗氧化剂的挥发损耗。

8）循环过滤次数视油中水分、含气量和净油机效率而定，一般不可少于 2～3 次。

9）真空净油机的作业现场，应同时做好防火、防爆等措施。过滤变压器油时，流速不宜过大，以避免产生静电，在变、配电站内滤油时还应遵守电业安全工作规程中的有关要求。

【思考与练习】

1．简述运行中变压器油的分类情况。

2．运行中变压器油水分、酸值、击穿电压等性能指标超极限值的原因和处理方法是什么？

3．常用的油处理设备有哪些？

4．压力式滤油机使用注意事项有哪些？

5．真空净油机操作注意事项有哪些？

模块 2　变压器油的色谱分析（ZY1600102002）

【模块描述】本模块介绍了变压器油色谱分析的基本知识，通过概念描述、故障分析方法介绍，熟悉变压器油中溶解气体的分析对象、检测周期，掌握变压器油中溶解气体故障诊断的常用方法。

【正文】

一、变压器油中溶解气体色谱分析简介

运压色谱技术分析变压器油中溶解气体的组分和含量，是监督充油电气设备安全运行的最有效的

措施之一，能尽早发现设备内部存在的潜伏性故障，并可随时监视故障的发展状况。

1. 变压器油中溶解气体的来源

正确分析变压器油中溶解气体的来源是判断设备有无故障的重要手段，变压器油中溶解气体，主要来源于以下几个方面：

（1）空气的溶解。变压器油中溶解气体的主要成分是空气。变压器油在炼制、运输和储藏等过程中都会与大气接触，空气会溶解在油中。在 101.3kPa，25℃时，空气在油中溶解的饱和含量约为 10%（体积比）。

（2）绝缘油的分解。在热和电的作用下，绝缘油会发生氧化分解，生成氢气（H_2）和低烃类气体，如甲烷（CH_4）、乙烷（C_2H_6）、乙烯（C_2H_4）、乙炔（C_2H_2）等，也可能生成碳的固体颗粒及碳氢聚合物（X–蜡）。变压器在故障初期，所形成的气体溶解于油中；当故障能量较大时，也可能聚集成自由气体。

（3）固体绝缘材料的分解。纸、层压板或木块等固体绝缘材料分子热稳定性比油要弱，固体绝缘材料中的聚合物在温度高于 105℃时开始裂解，在高于 300℃时完全裂解和碳化，在生成水的同时，生成大量的 CO 和 CO_2 及少量烃类气体和呋喃化合物。

（4）气体的其他来源。在某些情况下，有些气体可能不是设备故障造成的，例如油中含有水，可以与铁作用生成氢；新的不锈钢中也可能在加工过程中或焊接时吸附氢而又慢慢释放到油中；某些操作也可生成故障特征气体，例如有载调压变压器中切换开关油室的油向变压器主油箱渗漏，设备油箱带油补焊，原注入的油就含有某些气体等。这些气体的存在一般不影响设备的正常运行。但当利用气体分析结果确定设备内部是否存在故障及其严重程度时，要注意加以区分。

分解出的气体形成气泡，在油中经对流、扩散，不断地溶解在油中。这些故障特征气体的组成和含量与故障的类型及其严重程度有密切关系。

2. 变压器油中溶解气体色谱分析对象

变压器油中溶解气体色谱分析对象包括 H_2、CH_4、C_2H_6、C_2H_4、C_2H_2、CO、CO_2，这些气体对判断充油电气设备内部故障有价值，称为特征气体。另外，CH_4、C_2H_6、C_2H_4 和 C_2H_2 含量的总和，称为总烃。

3. 变压器油中溶解气体色谱分析检测周期

（1）新设备及大修后的设备投运前的检测。新设备及大修后的设备投运前应至少做一次检测。如果在现场进行感应耐压和局部放电试验，则应在试验后再做一次检测。制造厂规定不取样的全密封互感器不做检测。

（2）投运时的检测。新的或大修后的变压器和电抗器至少在投运后 1 天（仅对电压 110kV 及以上的变压器和电抗器，容量在 120MVA 及以上的发电厂升压变压器）、4 天、10 天、30 天各做一次检测，若无异常，可转为定期检测。制造厂规定不取样的全密封互感器不做检测。套管在必要时进行检测。

（3）运行中的定期检测。运行中设备的定期检测周期按表 ZY1600102002-1 的规定进行。

表 ZY1600102002-1　　　　　　　　运行中设备的定期检测周期

设 备 名 称	设备电压等级或容量	检 测 周 期
变压器和电抗器	电压 330kV 及以上	3 个月一次
	容量 240MVA 及以上	
	所有发电厂升压变压器	
	电压 220kV 及以上	3 个月一次
	容量 120MVA 及以上	
	电压 66kV 及以上	1 年一次
	容量 8MVA 及以上	
	电压 66kV 及以下	自行规定
	容量 8MVA 及以下	
互感器	电压 66kV 及以上	1～3 年一次
套管	—	必要时

注　制造厂规定不取样的全密封互感器，一般在保证期内不做检测。在超过保证期后，应在不破坏密封的情况下取样分析。

模块 2

ZY1600102002

（4）特殊情况下的检测。当设备出现异常时（如气体继电器动作，受大电流冲击或过励磁等），或对测试结果有怀疑时，应立即取油样进行检测，并根据检测出的气体含量情况，适当缩短检测周期。

二、油中溶解气体故障诊断的常用方法

正常运行下，变压器内部的绝缘材料，在热和电的作用下，会逐渐老化和分解，产生少量的各种低分子烃类气体及 CO、CO_2 等气体。在设备热和电故障的情况下也会产生这些气体。这两种气体来源在技术上不能区分，在数值上也没有严格的界限，而且与负荷、温度、油中的含气量、油的保护系统和循环系统，以及取样和测试等许多因素有关。因此在判断设备是否存在故障时，要对设备运行的历史状况、设备的结构特点和外部的环境等因素进行综合判断。在确定设备可能存在故障时，先使用油中溶解气体的含量注意值和产气速率的注意值进行故障的识别，而后运用特征气体法、三比值法等方法进行故障类型和故障趋势的判断。下面对这些油中溶解气体故障诊断的常用方法进行介绍。

1. 运行中变压器油中溶解气体组分含量注意值

根据总烃、C_2H_2、H_2 含量的注意值进行判断，见表 ZY1600102002-2。分析结果超过注意值标准的，表示设备可能存在故障。这种方法只能用来粗略地表示变压器等设备内部可能有早期故障存在。

表 ZY1600102002-2　　　　运行中变压器油中溶解气体组分含量注意值

设 备 名 称	气 体 组 分	含量（μL/L）	
		330kV 及以上	220kV 及以下
变压器、电抗器	总烃	150	150
	C_2H_2	1	5
	H_2	150	150
套管	CH_4	100	100
	C_2H_2	1	2
	H_2	500	500

设 备 名 称		气 体 组 分	含量（μL/L）	
			220kV 及以上	110kV 及以下
互感器	电流互感器	总烃	100	100
		C_2H_2	1	2
		H_2	150	150
	电压互感器	总烃	100	100
		C_2H_2	2	3
		H_2	150	150

注　1　该表参照 GB/T 7252—2001《变压器油中溶解气体分析和判断导则》的有关部分。

2. 运行设备油中 H_2 与烃类气体的含量超过其中任何一项值时，应引起注意。

3. 新投运的设备应有投运前的测定数据，不应含有 C_2H_2。

4. 该表所列数值不适用于从气体继电器放气嘴放出的气样。

5. 对 330kV 及以上的电抗器，当出现小于 1μL/L C_2H_2 时也应引起注意，如气体分析虽已出现异常，但判断不至于危及绕组和铁芯安全时，可在超注意值情况下运行。

2. 设备中气体增长率注意值

产气速率与故障产生能量大小、故障部位、故障点的温度等情况有直接关系。GB/T 7252—2001《变压器油中溶解气体分析和判断导则》推荐两种方式表示产气速率，即绝对产气速率和相对产气速率。

（1）绝对产气速率。绝对产气速率是每个运行日产生某种气体组分的平均值，计算公式如下

$$r_a = \frac{C_{i2} - C_{i1}}{\Delta t} \times \frac{G}{\rho}$$　　　　（ZY1600102002-1）

式中　r_a——绝对产气速率，mL/天；

C_{i2}——第二次取样测得油中某气体浓度，μL/L；

C_{i1}——第一次取样测得油中某气体浓度，μL/L；

Δt——二次取样时间间隔中的实际运行时间，天；

G——设备总油量，t；

ρ——油的密度，t/m³。

变压器和电抗器绝对产气速率注意值，见表 ZY1600102002-3。

表 ZY1600102002-3　　　　变压器和电抗器绝对产气速率注意值　　　　mL/天

气体组分	开放式	隔膜式	气体组分	开放式	隔膜式
总烃	6	12	CO	50	100
C_2H_2	0.1	0.2	CO_2	100	200
H_2	5	10			

注　当产气速率达到注意值时，应缩短检测周期，进行追踪分析。

（2）相对产气速率。相对产气速率是每运行月（或折算到月）某种气体含量增加原有值的百分数的平均值，计算公式如下

$$r_r = \frac{C_{i2} - C_{i1}}{C_{i1}} \times \frac{1}{\Delta t} \times 100\%$$　　　　（ZY1600102002-2）

式中　r_r——相对产气速率，%/月；

C_{i2}——第二次取样测得油中某气体浓度，μL/L；

C_{i1}——第一次取样测得油中某气体浓度，μL/L；

Δt——二次取样分析时间间隔的实际运行时间，月。

相对产气速率可以用来判断充油电气设备内部状况，总烃的相对产气速率大于10%时应引起注意。对总烃含量很低的设备不宜采用此判据。

3. 特征气体法

在运用注意值初步判断变压器内部可能存在故障时，可以进一步采用特征气体法，对设备故障性质进行判断。不同故障类型的产气特征，详见表 ZY1600102002-4。

表 ZY1600102002-4　　　　　　　不同故障类型的产气特征

故障类型		主要组分	次要组分
过热	油	CH_4、C_2H_4	H_2、C_2H_6
	油+纸绝缘	CH_4、C_2H_4、CO、CO_2	H_2、C_2H_6
电弧放电	油	H_2、C_2H_2	CH_4、C_2H_4、C_2H_6
	油+纸绝缘	H_2、C_2H_2、CO、CO_2	CH_4、C_2H_4、C_2H_6
油、纸绝缘中局部放电		H_2、CH_4、CO	C_2H_2、C_2H_6、CO_2
油中火花放电		C_2H_2、H_2	—
进水受潮或油中气泡放电		H_2	—

4. 改良三比值法

改良三比值法是采用五种气体的三对比值作为判断充油电气设备故障的方法。

（1）改良三比值法的编码规则和故障类型判断方法见表 ZY1600102002-5、表 ZY1600102002-6。

表 ZY1600102002-5　　　　　　　改良三比值法编码规则

气体比值范围	比值范围的编码		
	C_2H_2/C_2H_4	CH_4/H_2	C_2H_4/C_2H_6
<0.1	0	1	0
≥0.1～<1	1	0	0
≥1～<3	1	2	1
≥3	2	2	2

表 ZY1600102002-6　　　　　　　　故障类型的判断方法

编 码 组 合			故障类型判断
C_2H_2/C_2H_4	CH_4/H_2	C_2H_4/C_2H_6	
0	0	1	低温过热（低于150℃）
	2	0	低温过热（150~300℃）
	2	1	中温过热（300~700℃）
	0，1，2	2	高温过热（高于700℃）
	1	0	局部放电
1	0，1	0，1，2	低能放电
	2	0，1，2	低能放电兼过热
2	0，1	0，1，2	电弧放电
	2	0，1，2	电弧放电兼过热

（2）改良三比值法应用原则。

1）只有在气体各组分含量或气体增长率超过注意值时，判断设备可能存在故障时，才能进一步用三比值法判断其故障的类型；对于气体含量正常的设备，三比值法没有意义。

2）跟踪过程中应注意设备的结构与运行情况，尽量在相同的负荷和温度下并在相同的位置取样。

【思考与练习】

1. 变压器油中溶解气体色谱分析对象包括哪些？
2. 简述变压器油中溶解气体色谱分析的检测周期。
3. 油中溶解气体的故障诊断的常用方法有哪些？
4. 简述运用运行中设备油中溶解气体组分含量注意值判断设备故障的方法。
5. 简述运用设备中气体增长率注意值判断设备故障的方法。
6. 简述运用改良三比值法判断设备故障的应用原则。

第二部分

电气试验基本知识

第三章　变压器试验

模块 1　变压器试验的基本知识（ZY1600201001）

【**模块描述**】本模块介绍了变压器试验的分类及变压器工厂试验、交接试验、预防性试验的试验目的、一般要求，通过概念介绍，了解变压器试验的基本知识。

【**正文**】

一、变压器试验的目的

变压器试验的目的是验证变压器性能是否符合有关标准和技术条件的规定；发现制造上和运行中是否存在影响运行的各种缺陷（如短路、断路、放电、局部过热等）。另外，通过对试验数据的分析，从中找出改进设计、提高工艺的途径。

二、变压器工厂试验

1. 变压器工厂试验的一般要求

根据 GB 1094.1—1996《电力变压器》规定，变压器试验的一般要求是指例行试验、型式试验和特殊试验。

（1）试验应在 10～40℃的环境温度下进行。

（2）试验均应在制造厂进行。

（3）试验时，变压器可能影响变压器运行的外部组件和装置均应安装在规定的位置上。

（4）除非有关试验条文规定的，试验应在主分接上进行。

（5）除绝缘试验外，所有性能试验，均应以额定条件为基准。

2. 例行试验

根据标准和产品技术条件规定的试验项目，对每台产品都要进行的检查试验。

试验的目的在于检查设计、操作、工艺的质量。

3. 型式试验

根据标准和产品技术条件规定的试验项目，对指定产品结构进行的鉴定试验。

试验的目的在于检查结构性能是否符合标准和产品的技术条件。

4. 特殊试验

根据产品使用或结构特点必须在标准规定项目之外另行增加的试验项目，如短路试验、零序阻抗试验、噪声试验等。

三、变压器交接试验

变压器交接试验是指变压器安装以后，交付投入运行以前所进行的试验。

1. 变压器交接试验一般要求

根据 GB 50150—2006《电气装置安装工程电气设备交接试验标准》标准，交接试验的一般要求有：

（1）常温范围为 10～40℃。

（2）在进行与温度及湿度有关的试验时，应同时测量被测设备周围的温度及湿度。绝缘试验应在良好的天气且被测设备及仪器周围温度不宜低于 5℃，空气的相对湿度不宜高于 80%的条件下进行。对于不满足上述温度、湿度条件下测得的试验数据，应进行综合分析，以判断电气设备是否可以投入运行。

（3）对于油浸式变压器，应将上层油温作为测试温度。

（4）在进行绝缘试验时，非被试绕组应予短路接地。

22

（5）用于极化指数测量时，绝缘电阻表短路电流不应低于 2mA。

2. 变压器交接试验目的

（1）检查变压器安装后的质量情况。电力变压器从工厂内试验合格到投入电网运行，要经过一个复杂的运输和安装过程。经过这个过程之后的变压器的质量状况，与出厂试验时相比较，会发生不同程度的变化，有时甚至可能发生破坏性的变化。为了验证这种变化的程度是否在不影响变压器安全运行的限度之内，国家标准规定要进行交接试验。

（2）建立变压器长期运行的比较基准。由于变压器安装后的质量状况与出厂时的状况有所不同，作为运行的比较基准，交接试验结果更为直接。所以，为运行建立基准是交接试验更为深远的目的。

四、变压器预防性试验

为了发现运行中的变压器的隐患，预防发生事故或设备损坏，对变压器进行的检查、试验或监测，也包括取油样或气样进行的试验。

1. 变压器预防性试验一般要求

根据 DL/T 596—1996《电力设备预防性试验规程》，预防性试验的一般要求有：

（1）在进行与温度及湿度有关的试验时，应同时测量被测设备周围的温度及湿度。绝缘试验应在良好的天气且被测设备及仪器周围温度不宜低于 5℃，空气的相对湿度不宜高于 80% 的条件下进行。

（2）对于油浸式变压器，应将上层油温作为测试温度。

（3）在进行绝缘试验时，非被试绕组应予短路接地。

（4）进行直流高压试验时，应采用负极性接线。

2. 变压器预防性试验的目的

试验的目的在于通过试验手段，通过运行的基准比较，从而进行相应的维护、检修，甚至调换，防患于未然。

【思考与练习】

1. 变压器试验的目的是什么？

2. 变压器交接试验的目的是什么？

3. 变压器预防性试验意义和目的是什么？

模块 2 变压器试验的项目和判断标准（ZY1600201002）

【**模块描述**】本模块介绍了变压器试验的项目和判断标准，通过概念描述、原理讲解，了解变压器工厂试验的项目和判断标准，掌握变压器交接试验和预防性试验的项目、周期和判断标准，熟悉变压器状态检修试验的要求。

【**正文**】

一、变压器工厂试验项目和判断标准

（一）例行试验

1. 变压器密封试验

油箱的密封试验在装配完毕的产品上进行，可拆卸的储油柜、净油器、散热器或冷却器可单独进行。对于拆卸运输的变压器进行两次密封试验，第一次在变压器装配完毕，且装完所有充油组件后进行，第二次在变压器拆卸外部组部件、在运输状态下对变压器本体进行。

试验目的：检测变压器油箱和充油组部件本体及装配部位的密封性能，防止运行时渗漏油的发生，以及防止变压器主体在运输时的漏气、漏油或因进水而引起的变压器受潮。

试漏压力及持续时间应符合 GB/T 6451《油浸式电力变压器技术参数和要求》或 GB/T 16274《油浸式电力变压器技术参数和要求 500kV 级》的规定或用户要求，但最后一次补漏后的试漏时间不得少于试漏规定的总时间的 1/3，应注意油箱底部所受压力一般不要超过油箱所能承受的压力值。

判断标准：试验过程中要随时检查压力表的压力是否下降，油箱及其充油组部件表面是否渗漏油，重点检查焊缝和密封面的渗漏油情况。由于各个电压等级或同电压等级油箱结构的不同，具体的试压时间和试验压力可参照 GB/T 6451《油浸式电力变压器技术参数和要求》或 GB/T 16274《油浸式电力变压器技术参数和要求 500kV 级》的规定。

2. 绕组对地绝缘电阻和绝缘系统电容的介质损耗因数的测量

绕组对地绝缘电阻和绝缘系统电容的介质损耗因数的测量称为绕组的绝缘特性测量。

测量目的：在变压器制造过程中，绝缘特性测量用来确定绝缘的质量状态，发现生产中可能出现的局部或整体缺陷，并作为产品是否可以进行绝缘强度试验的一个辅助判断手段；同时向用户提供出厂前的绝缘特性试验数据，用户由此可以对比和判断运输、安装、运行中由于吸潮、老化及其他原因引起的绝缘劣化程度。

（1）绝缘电阻。电压为 35kV、容量为 4000kVA 和 66kV 及以上的变压器应提供绝缘电阻值（R_{60}）和吸收比（R_{60}/R_{15}），电压等级 330kV 及以上应提供绝缘电阻值、吸收比和极化指数（R_{10min}/R_{1min}）；测量时使用 5000V、指示量限不低于 100 000MΩ 的绝缘电阻表。其他变压器只测绝缘电阻值，测量时使用 2500V、指示量限不低于 10 000MΩ 的绝缘电阻表。

当铁芯与夹件有单独引出端子至油箱外接地时，应测量铁芯与夹件对油箱的绝缘电阻 R_{1min}。

通常在 10～40℃，相对湿度小于 85% 时测量，当测量温度不同时，按下式换算

$$R_2 = R_1 \times 1.5^{(t_1-t_2)/10}$$

式中 R_1、R_2——分别为温度在 t_1、t_2 时的绝缘电阻值。

（2）绝缘系统电容的介质损耗因数的测量。根据试品的电压等级施加相应电压，当试品额定电压为 10kV 及以上时，取 10kV；当试品额定电压低于 10kV 时，取试品的额定电压。在 10～40℃ 时，介质损耗因数的测试结果应不超过下列规定：

1）35kV 级及以下的绕组，20℃ 时，应不大于 1.5%。

2）66kV 级及以上的绕组，20℃ 时，应不大于 0.8%。

3）330kV 级及以上的绕组，20℃ 时，应不大于 0.5%。

4）当绕组温度与 20℃ 不同时，按以下公式换算

$$\tan\delta_2 = \tan\delta_1 \times 1.3^{(t_2-t_1)/10}$$

式中 $\tan\delta_1$、$\tan\delta_2$——分别为温度 t_1、t_2 时的 $\tan\delta$ 值。

3. 绝缘油试验

变压器的例行试验包括击穿电压测量、介质损耗因数测量、含水量及溶解气体气相色谱分析。

（1）击穿电压测量。

试验目的：变压器油的击穿电压是衡量变压器油被水和悬浮杂质污染程度的重要指标，油的击穿电压越低，变压器的整体绝缘性越差，直接影响变压器的安全运行，因此必须严格测试，并将变压器油击穿电压控制在规定范围内。

判断标准：

1）在合同没有规定时，试验结果的判定如下：

35kV 及以下变压器击穿电压≥35kV

66～220kV 变压器击穿电压≥40kV

330kV 变压器击穿电压≥50kV

500kV 变压器击穿电压≥60kV

2）在合同有特殊规定时，按合同规定判定是否合格。

（2）介质损耗因数测量。

试验目的：变压器油的介质损耗因数是衡量变压器本身绝缘性能和被污染程度的重要参数，油的损耗因数越大，变压器的整体介质损耗因数也就越大，绝缘电阻降低，油纸绝缘的寿命也会缩短，因此必须严格测试以便将油的介质损耗因数控制在较低范围内。

判断标准：

1）合同没有规定时，变压器油介质损耗因数（90℃）规定值：330kV 级及以下产品，应小于 0.010；

500kV 级产品，应小于 0.007。

2）合同有规定时，按合同规定判定是否合格。

（3）含水量测定。

试验目的：水分影响油纸绝缘性能、加快油纸绝缘老化速度，为了将变压器油中含水量控制到较低范围，必须在注油前后对油中含水量进行测定。一般 66kV 级以上产品进行此项试验。

判断标准：

1）取两次平行试验结果的平均值为试验结果。

2）合同没有规定时，试验结果判定如下：

$$110kV\ 及以下变压器含水量\leqslant20mg/L$$
$$220kV\ 变压器含水量\leqslant15mg/L$$
$$330kV\ 及以上变压器含水量\leqslant10mg/L$$

（4）含气量测定。

试验目的：变压器油溶解空气的能力很强，当空气含量过高时，在注油和运行中易在油中形成气泡，导致局部放电，即使溶解的空气不产生气泡，其中的氧气也会加速油纸绝缘老化，因此变压器油中的含气量应控制在较低范围。一般 330kV 及以上产品进行此项试验。

判断标准：

1）取两次平行试验结果的算术平均值为测定结果，两次测定值之差应小于平均值的 10%。

2）合同没有规定时，试验结果的合格判定为：330～500kV 变压器油中含气量≤1%。

3）合同有规定时，按合同规定判定是否合格。

（5）溶解气体气相色谱分析。

试验目的：变压器油中溶解的和气体继电器中收集的 CO、CO_2、H_2、CH_4、C_2H_6、C_2H_4、C_2H_2 等气体的含量，间接地反映充油设备本身的实际情况，通过对这些组分的变化情况进行分析，就可以判定设备在试验或运行过程中的状态变化情况，并对判断和排除故障提供依据。

对出厂和新投运的变压器产品，油中溶解气体组分含量应满足：

1）$H_2<30\mu L/L$、C_2H_2 为 0、总烃<20$\mu L/L$，并在产品绝缘耐受电压试验、局部放电试验、温升试验及空载运行试验前后各组分不能明显升高。

2）如果用户有特殊要求，其结果还要符合合同规定。

4. 电压比测量和联结组标号检定

（1）电压比测量

测量目的：验证变压器能否达到预期的电压变换效果，检查变压器分接开关内部所处位置与外部指示器是否一致及线段标志是否正确。

判断标准：

1）额定分接位置：±0.5%和实际阻抗百分数的±1/10，取其中低者。

2）其他分接位置：按合同规定，但不低于±0.5%和实际阻抗百分数的±1/10 中较小者。

（2）联结组标号检定

检定目的：检验绕组绕向，绕组的联结组及线端的标志是否正确。联结组标号是变压器并联运行的条件之一。

判断标准：与技术文件或合同规定的联结组标号相符。

5. 绕组电阻测量

测量目的：绕组直流电阻测量目的是检查线圈内部导线、引线与线圈的焊接质量，线圈所用导线的规格是否符合设计，以及分接开关、套管等载流部分的接触是否良好。负载试验、温升试验的计算也需要测量直流电阻。绕组电阻测量时必须准确记录绕组温度。

判断标准：

（1）1600kVA 以上的变压器，各相绕组电阻相互间的差别不应大于三相平均值的 2%，无中心点引出的绕组，线间差别不应大于三相平均值的 1%。

（2）1600kVA 及以下的变压器相间差别不大于三相平均值的 4%，线间差别不大于三相平均值的 2%。

6. 绝缘例行试验

对变压器的绝缘要求是用各种绝缘试验来验证的，绝缘试验必须在绝缘特性测量、电压比测量，油击穿电压试验的结果得到确认并满足标准规定后方可进行。如无其他特殊规定，试验应按下述顺序进行：

（1）线端的操作冲击试验（在 $U_m > 170kV$ 时进行）。

1）概述。在系统中运行的电力变压器会经常遭受操作冲击电压的作用。对于电压等级较高的电力系统，为了保证系统的经济运行，采用了性能较好的避雷器，因此系统的绝缘水平有所降低。为保证在电压等级较高的电力系统中运行的电力变压器在允许的操作过电压下不发生故障，目前，对 220kV 等级及以上的电力变压器进行操作冲击电压试验。操作波电压波形如图 ZY1600201002-1 所示。

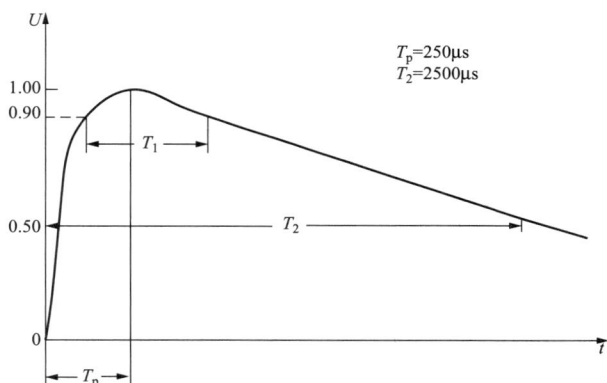

图 ZY1600201002-1　操作波电压波形

2）试验目的：操作冲击电压试验对变压器的主绝缘考核较为严格，保证在电压等级较高的电力系统中运行的电力变压器在允许的操作过电压下不发生故障。

3）判断标准：如果示波图或数字记录仪中没有指示出电压突然下降或中性点电流中断，则试验合格。

（2）线端的雷电全波（在 $U_m > 72.5kV$ 时进行）。

1）概述。变压器的雷电冲击电压试验，是考核其耐受雷电过电压的绝缘性能。当雷电波进入电力系统没有发生放电或保护装置动作，即为雷电全波。雷电全波波形如图 ZY1600201002-2 所示。

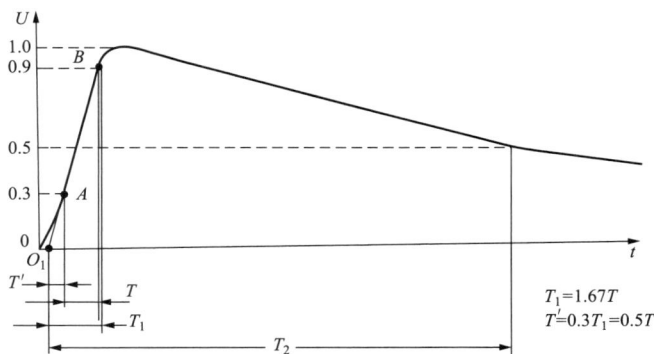

图 ZY1600201002-2　雷电全波波形

2）试验目的：雷电全波冲击试验既能考核变压器的主绝缘，又能考核变压器的纵绝缘，而且由于雷电冲击电压有很高的电压陡度，变压器线圈中的电压分布通常很不均匀，线圈端部将会产生相当大的匝间电压，因而对这一部分纵绝缘的考核是比较严格的。

3）判断标准：如果在降低的试验电压下所记录的电压和电流瞬变波形图与在全试验电压下所记录的相应的瞬变波形图无明显差异，则试验合格。

（3）外施耐压试验。

1）试验目的：主要来验证线端和中心点端子及它们所连接绕组对地及其他绕组的外施耐受强度。

2）判断标准：试验过程中，如果电压不突然下降、电流指示不摆动、没有放电声，则试验合格。

（4）短时感应耐压试验（在 $U_m \leqslant 170kV$ 时进行）。

1）试验目的：验证油浸式变压器试品每个接线端和它们连接的绕组对地及对其他绕组的耐受电压强度以及相间和被试绕组纵绝缘的耐受电压强度。

2）判断标准：

a. 高压绕组为全绝缘的变压器，$U_m < 72.5kV$ 和 $U_m = 72.5kV$ 且额定容量小于 10 000kVA 的变压器，在试验电压下不出现突然下降，电流指示不摆动，没有放电声。$U_m = 72.5kV$ 且额定容量为 10 000kVA 及以上和 $U_m > 72.5kV$ 的变压器，在 $1.3U_m\sqrt{3}$ 相对地、$1.3U_m$ 相间的试验电压不出现下降，测量端子视在电荷量的连续水平不超过 300pC，局部放电特性无持续上升趋势，在 $1.1U_m\sqrt{3}$ 电压下的视在电荷量的连续水平不超过 100pC。符合上述情况则试验合格。

b. 高压绕组为分级绝缘的变压器，在试验电压下不出现突然下降，在 $1.5U_m\sqrt{3}$ 电压相对地试验测量的视在电荷量连续水平不超过 500pC。在 $1.3U_m$ 电压相间试验测量的视在电荷量连续水平不超过 300pC。符合上述情况则试验合格。

（5）长时间感应电压试验（在 $U_m > 170kV$ 时进行）。

1）试验目的：验证变压器在运行条件下无局部放电，是在瞬变过电压和连续运行电压下的质量控制。

2）判断标准：试验电压不产生突然下降，在 $1.5U_m\sqrt{3}$ 试验电压、在长期试验期间，局部放电量的连续水平不大于 500pC 或合同规定要求的量值，局部放电不呈现持续增加的趋势，在 $1.1U_m\sqrt{3}$ 电压下，视在放电量的连续水平不大于 100pC。符合上述情况则试验合格。

7. 短路阻抗和负载损耗的测量

负载损耗是一个重要的参数，它对于变压器的经济运行以及变压器本身的使用寿命，都有着极其重要的意义，而短路阻抗，它决定了变压器在电力系统运行时对电网电压波动的影响，以及变压器发生出口短路事故时电动力的大小，同时短路阻抗还是决定变压器能否并联运行的一个必要条件。

试验目的：验证短路阻抗和负载损耗这两项指标是否在国家标准及用户要求范围内，也是一个经济运行和节能的指标，同时还可以通过试验发现绕组设计与制造及载流回路和结构的缺陷。

判断标准：按技术协议或合同规定的要求。

8. 空载电流和空载损耗的测量

试验目的：通过测量验证空载电流和空载损耗这两项指标是否在国家标准或产品的技术协议允许的范围内，以检查和发现试品磁路中的局部缺陷和整体缺陷。

判断标准：按技术协议或合同规定的要求。

9. 有载分接开关试验

试验目的：在变压器装配完成，按动作程序操作，不应发生故障。

判断标准：变压器不励磁，完成八个操作循环；变压器不励磁，且操作电压降到额定值 85%，完成一个操作循环；变压器在额定频率、额定电压下空载励磁，完成一个操作循环；将变压器一个绕组短路，并尽可能使分接绕组中的电流达到额定值，在粗调选择器或极性选择器操作位置处或中间分接每一侧的两个分接范围内，完成 10 次变换操作。

10. 辅助线路绝缘试验

试验目的：通过对辅助线路绝缘的试验，确保辅助线路的绝缘良好。

判断标准：辅助电源和控制线路的接线应承受 2kV、1min 对地的外施耐压。

（二）型式试验

1. 温升试验

试验目的：验证试品在额定工作状态下，主体所产生的总损耗与散热装置热平衡的温度是否符合有关标准的规定，并验证产品结构的合理性，发现油箱和结构件上的局部过热的程度。

判断标准：油顶层温升＜55K，绕组平均温升＜65K，结构件表面＜80K。

2. 绝缘型式试验

（1）线端的雷电全波和截波冲击试验。线端雷电全波适用于 U_m≤72.5kV。对各电压等级的变压器，截波冲击试验均为型式试验。

（2）对各电压等级变压器中性点雷电全波均为型式试验。

1）试验目的：变压器的雷电冲击电压试验，是考核其耐受雷电过电压的绝缘性能。当雷电波进入电力系统没有发生放电或保护装置动作，即为雷电全波；而当避雷器等保护装置动作或系统设备发生放电时，即为截波。雷电全波冲击试验和截波试验既能考核变压器的主绝缘，又能考核变压器的纵绝缘，而且由于雷电全波，尤其是截波有很高的电压陡度，变压器绕组中的电压分布通常很不均匀，绕组端部将会产生相当大的匝间电压，因而对这一部分纵绝缘的考核是比较严格的。雷电截波波形如图 ZY1600201002-3 所示。

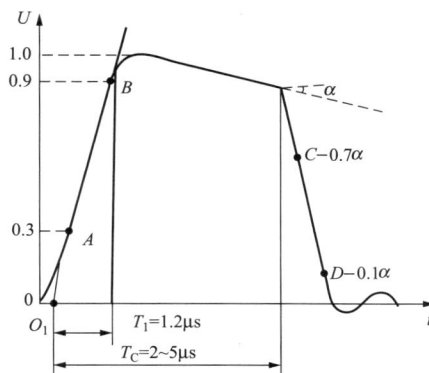

图 ZY1600201002-3 雷电截波波形

2）判断标准：如果在降低的试验电压下所记录的电压和电流瞬变波形图与在全试验电压下所记录的相应的瞬变波形图无明显差异，则试验合格。

（三）特殊试验

1. 绝缘的特殊试验

（1）长时间感应电压试验，适用于 72.5kV＜U_m≤170kV。

1）试验目的：验证变压器在运行条件下无局部放电，是在瞬变过电压和连续运行电压下的质量控制。

2）判断标准：试验电压不产生突然下降，试验电压在长期试验期间，局部放电量的连续水平不大于 500pC，局部放电不呈现持续增加的趋势，在 $1.1U_m\sqrt{3}$ 电压下，视在放电量的连续水平不大于 100pC。符合上述情况则试验合格。

（2）短时感应电压试验，适用于 U_m＞170kV。

1）试验目的：验证油浸式变压器试品每个接线端和它们连接的绕组对地及对其他绕组的耐受电压强度以及相间和被试绕组纵绝缘的耐受电压强度。

2）判断标准：在试验电压下不出现突然下降，在 $1.5U_m\sqrt{3}$ 电压相对地试验测量的视在电荷量连续水平不超过 500pC。在 $1.3U_m$ 电压相间试验测量的视在电荷量例行水平不超过 300pC。符合上述情况则试验合格。

2. 三相变压器零序阻抗试验

试验目的：零序阻抗是三相电流当相序为零时绕组中的阻抗。向用户提供该数据，是为了准确地计算事故状态下短路电流的零序分量，以便调整继电保护。

3. 短路承受能力试验

短路承受能力试验是模拟运行中最严酷的短路故障，即网络容量足够大，负载阻抗为零，而且在电压过零时获得最大的非对称电流。变压器绕组、分接开关、套管、引线及各机械紧固件将承受来自短路电流所产生的巨大电动力和热效应的考核。

试验目的：验证结构的合理性与运行的可靠性。

判断标准：

（1）对于容量不大于 100MVA 的变压器，试验完成，每相短路电抗（Ω）与原始值之差：对于具有圆形同心式线圈和交叠式非圆形线圈变压器为 2%，但是对于电压绕组是用金属箔绕制的且容量为 10 000kVA 及以下的变压器，如果短路阻抗为 3% 及以上的允许在 4% 以下；对于具有非圆形的同心式线圈变压器，其短路阻抗在 3% 及以上者，则允许在 7% 以下。对于容量大于 100MVA 的变压器，试验完成以欧姆表示的每相短路电抗与原始值之差不大于 1%。

（2）在外观及吊芯检查中油箱的几何形状无变形、高低压套管与分接开关无损伤、绕组和支撑件无变形、标记无明显位移、无放电痕迹、气体继电器中无气体、压力释放阀无喷油等，且例行试验复试项目，包括 100%规定试验电压下的外施、感应及雷电冲击试验合格，则认为产品经受住了短路试验考核，试验合格。若以上任何一项超出了允许范围和规定，则试验不合格。

4. 声级测定

由于变压器的容量越来越大，电压越来越高，变压器噪声的声级和声功率级也越来越大。随着城乡用电量激增，变压器安装地点越来越靠近居民密集区域，为了保护环境不受噪声污染，必须对变压器的噪声进行控制。

测定目的：为了测定变压器在额定运行时的声级和声功率级。

由于我国变压器声级试验尚未列入出厂试验和型式试验项目，通常根据用户要求或技术协议的要求对变压器的声级进行考核。

5. 空载电流谐波测量

测量目的：通过测量空载电流的谐波构成及数值以检查铁芯的饱和程度，验证设计的合理性。

迄今为止，对谐波电流的量值和试验方法尚无标准作出相应的规定。

6. 风扇和油泵电动机所吸取功率的测量

测试被试品冷却（散热）装置风扇和油泵电动机在工作状态下所吸取的功率，向用户提供实测数据。

二、变压器交接试验的项目和判断标准

1. 测量绕组连同套管的直流电阻

测量绕组直流电阻目的：

（1）测量绕组直流电阻能发现线圈的焊头有虚焊现象、分接开关没有到位、螺栓连接接头的接触不良等现象，有助于在变压器安装时消除导电回路的缺陷。

（2）更深远的目的则是在消除导电回路的缺陷之后，准确测定变压器投运前绕组连同套管的直流电阻，作为一种比较基准，以便变压器投运后，分析其导电回路有否发生故障。

判断标准：

（1）1600kVA 以上的变压器，各相绕组电阻相互间的差别不应大于三相平均值的 2%；无中性点引出的绕组，线间差别不应大于三相平均值的 1%。1600kVA 及以下的变压器相间差别不大于三相平均值的 4%，线间差别不大于三相平均值的 2%。

（2）变压器的直流电阻，与同温度下产品出厂实测值比较，相应变化不应大于 2%。

2. 检查所有分接头的变压比

检查目的：验证铭牌上标注的各分接电压比，判断电力变压器能否投入运行，特别是能否并联运行的重要依据。

判断标准：与制造厂铭牌数据或出厂实测数据相比应无明显差别［可考虑电压等级在 35kV 以下，电压比小于 3 的变压器，额定分接下电压比允许偏差不超过±1%；其他所有变压器额定分接下电压比允许偏差不超过±0.5%；其他分接的电压比应在变压器阻抗电压值（%）的 1/10 以内］且应符合电压比的规律；电压等级在 220kV 及以上的电力变压器，其电压比的允许误差在额定分接头位置时为±0.5%。

3. 检查变压器的三相接线组别和单相变压器引出线的极性

变压器并联运行时，所有变压器都需要满足以下条件：

（1）额定高、低线电压分别相等。

（2）阻抗电压相等。

（3）联结组标号相等。

在上述三个条件中，条件（1）允许略有差异，条件（2）允许有 10%以下的偏差，而条件（3）必须绝对满足要求，否则相位不同，就会造成并联的变压器之间有电势差，产生循环在绕组中数倍与

模块 2　ZY1600201002

额定电流的平衡电流，出现这种现象是绝对不允许的。

判断标准：与铭牌上标注的三相接线组别和单相变压器引出线的极性相符。

4. 测量绕组连同套管的绝缘电阻、吸收比或极化指数

（1）绝缘电阻的定义。绝缘电阻值等于绝缘体上施加电压与流过绝缘体电流的比值。变压器绕组的绝缘体加直流电压后，电流是随时间变化的，因此试品的绝缘电阻也是随时间变化的。通常所说的绝缘电阻值，是指绝缘体加直流电压 60s 时测出的绝缘电阻。对于铁芯和夹件的绝缘电阻仅记录 60s 这一数据。

（2）影响绝缘电阻因素。变压器的绝缘电阻值，与电压的作用时间、电压的高低、剩余电荷的大小、湿度和温度的因素有关，除温度的影响外，只要掌握正确的试验方法，如按照规定的加压时间、采用同类型的绝缘电阻表、增加对地的放电时间、接上屏蔽环等即可消除上述影响。

（3）吸收比的含义。绝缘电阻的实测值要受很多因素的影响，其中包括绝缘物的结构尺寸，测量温度及测试仪表等。因此仅依据绝缘电阻的绝对值，难以定出判断绝缘状况的统一标准。为了尽可能避开上述因素的影响，提出利用绝缘电阻的相对值，这便出现了吸收比。吸收比＝R_{60}/R_{15}，R_{60} 与 R_{15} 分别为绝缘体加直流电压后 60s 和 15s 时测量的绝缘电阻值。由于目前的绝缘材料、绝缘结构的变化，以及真空干燥技术的进步，现代变压器的吸收过程非常缓慢，在绝缘电阻绝对值比较高的情况下，吸收比可能小于 1.3，因此在进行交接试验时，如测出吸收比小于 1.3，要与出厂试验结果进行比较，并进行综合分析，而不能简单地据此判定绝缘受潮。

（4）极化指数的含义。鉴于现代大型电力变压器绝缘的吸收过程较长，吸收比对反映绝缘状况有其局限性，所以将绝缘电阻的测量时间由 1min 延长为 10min，并将绝缘体加压后 10min 和 1min 测出绝缘电阻值的比值，称为极化指数。极化指数可以充分反映吸收现象，因而可以作为判断绝缘状况的一个指标。

（5）分析判断。

1）由于目前的绝缘材料、绝缘结构的变化，以及真空干燥技术的进步，现代变压器的吸收过程非常缓慢，在绝缘电阻绝对值比较高的情况下，吸收比可能小于 1.3，因此在进行交接试验时，如测出吸收比小于 1.3，要与出厂试验结果进行比较，并进行综合分析，而不能简单地据此判定绝缘受潮。

2）极化指数可以充分反映吸收现象，因而可以作为判断绝缘状况的一个指标。

3）绝缘电阻不应低于产品出厂试验值的 70%。

4）变压器的电压等级为 35kV 及以上，且容量在 4000kVA 及以上时，应测量吸收比。吸收比与产品出厂值相比应无明显差别，在常温下不应小于 1.3。

5）变压器电压等级为 220kV 及以上且容量为 120 000kVA 及以上时，宜测量极化指数。测得值与产品出厂值相比，应无明显差别。

6）电压等级 10kV 及以下采用 2500V、10 000MΩ及以上绝缘电阻表，电压等级 10kV 以上采用 5000V、100 000MΩ及以上绝缘电阻表。

7）当测量温度不同时，按下式换算

$$R_2 = R_1 \times 1.5^{(t_1 - t_2)/10}$$

式中　R_1、R_2——分别为温度 t_1、t_2 时的绝缘电阻值。

5. 测量绕组连同套管的直流泄漏电流

当变压器电压等级为 35kV 及以上，且容量在 8000kVA 及以上时，应测量直流泄漏电流。

（1）泄漏电流试验的特点。泄漏电流试验的原理与绝缘电阻试验完全相同。用绝缘电阻表测量绝缘电阻实际上反映的仍是泄漏电流。由于绝缘电阻表的试验电压较低（通常为 2500V 或 5000V），在某些情况下（如绝缘局部受潮、瓷质破损、脆裂等），用绝缘电阻表测量是不易被发现，而进行泄漏电流试验由于试验电压远高于绝缘电阻表的试验电压，因此缺陷较容易发现。与绝缘电阻一样，所有试品均测量其 60s 泄漏电流的数值。

模块 2

ZY1600201002

（2）影响泄漏电流的因素。

1）温度的影响。泄漏电流试验同绝缘电阻一样，温度对试验结果产生的影响极为显著。因此泄漏电流试验尽量结合绝缘电阻试验一起进行，避免由于温度系数换算产生误差。

2）加压速度的影响。电力变压器是具有大电容量的试品，由于存在缓慢的吸收现象，升压速度的快与慢会使读的电流值不一样。因此要求加压速度以 1～2kV/s 为宜，同时电压上升应平稳，以获得正确的试验结果。

3）表面泄漏的影响。泄漏电流可分为两种：体积泄漏电流和表面泄漏电流。表面泄漏电流决定于试品表面的情况，并不反映绝缘内部的状况，因此通常采用加屏蔽环的方法消除表面泄漏电流的影响。

4）电压的影响。不同的电压值有不同的泄漏电流，因此要根据试品电压等级确定试验电压。

（3）试验电压的标准如下：

绕组的电压等级为 6～15kV，试验电压为 10kV

绕组的电压等级为 20～35kV，试验电压为 20kV

绕组的电压等级为 63～330kV，试验电压为 40kV

绕组的电压等级为 500kV，试验电压为 60kV

（4）分析判断。泄漏电流的试验结果应与绝缘电阻试验结果结合起来判断。对一定电压等级的试品，施加相应的试验电压，良好绝缘的泄漏电流符合 $I = \dfrac{U}{R}$，I 与 U 成正比关系。当泄漏电流不符合 $I = \dfrac{U}{R}$，排除影响泄漏电流因素后，将试品充分放电，再次试验读取 50%、75%、100%、150%电压下的泄漏电流，泄漏电流成指数规律上升，则表明异常，绝缘局部有受潮、瓷质有破损脆裂等。

6. 测量绕组连同套管的介质损耗

当变压器电压等级为 35kV 及以上且容量在 8000kVA 及以上时，应测量介质损耗正切值。

（1）介质损耗的物理意义。在电场的作用下，电介质中一部分电能将转变为其他形式的能量，通常转变为热能。所谓电介质损耗，是指在电场作用下，电介质内单位时间消耗的电能。如果损耗很大，会使介质温度升的很高，促使绝缘材料发热老化，如果介质温度不断上升，造成发热量大于散热量的恶性循环，从而使介质溶化、烧焦、完全丧失绝缘性能。因此介质损耗的大小是衡量绝缘性能的一项重要指标。

（2）被测绕组的相对关系和试验程序见表 ZY1600201002-1。

表 ZY1600201002-1　　　　　　　被测绕组的相对关系和试验程序

试验程序	双绕组变压器		三绕组变压器	
	加压绕组	接地部分	加压绕组	接地部分
1	L	H, C, T	L	H, M, C, T
2	H	L, C, T	M	H, L, C, T
3	L+H	C, T	H	L, M, C, T
4	—	—	H, M	L, C, T
5	—	—	H, M, L	C, T

注　表中 L、M、H 分别表示低压、中压和高压绕组，C 表示铁芯，T 表示油箱。

试验电压：对于额定电压为 10kV 及以上的变压器绕组试验电压为 10kV，对于额定电压为 6kV 及以下的变压器绕组试验电压取被试绕组额定电压。

（3）判断标准。绕组的 tanδ 不应大于产品出厂试验值的 130%。

7. 测量铁芯和夹件的绝缘电阻

铁芯必须为一点接地，对变压器上有专用的铁芯或夹件引出套管时，在注油前测量其对外壳的绝缘电阻。采用 2500V 绝缘电阻表测量，持续时间为 1min，应无闪络及击穿现象。

8. 绕组连同套管一起的外施交流耐压试验

外施交流耐压试验，通常是对试品施加超过工作电压一定倍数的高压，且经历一定的时间（一般为 1min），用来反映设备运行中的过电压作用，是对设备的绝缘性能进行严酷的考验。外施交流耐压试验的频率应为 45～65Hz，试验电压的波形尽可能正弦波，试验电压值为测量电压的峰值除以 $\sqrt{2}$。

（1）试验标准。

1）容量为 8000kVA 以下，绕组额定电压在 110kV 以下的变压器应进行交流耐压试验。

2）容量在 8000kVA 及以上，绕组额定电压在 110kV 以下的变压器，在有试验设备时，进行交流耐压试验。

3）绕组额定电压为 110kV 及以上的变压器，其中性点应进行交流耐压试验。

上述试验耐受电压的标准应为出厂试验电压值的 80%。

（2）判断标准：一般在外施耐压持续时间内，试品不击穿以及内部不出现局部放电声为合格，反之则为不合格。在加压过程中，如发现电压表指针摆动很大，电流表指示急剧增加，调压器往上升方向调节，电流上升、电压基本不变甚至有下降趋势，被试品有冒烟、出气、焦臭、闪络、燃烧或发出击穿声（或断续放电声），应立即停止升压，降压断开电源，挂上接地线后查明原因。这些现象如查明是绝缘部分出现的，则认为被试品外施耐压试验不合格。如确定被试品的表面闪络是由于空气湿度或表面脏污等所致，应将被试品清洁干燥处理后，再进行试验。此外，还可以根据试品在耐压前后的绝缘电阻的变化来判断，如变化显著则为不合格。

9. 绕组连同套管的局部放电试验

现场局部放电试验的目的主要是验证现场安装过程是否按产品制造厂家提供的工艺规定进行及经过这个过程之后的变压器的质量状况。

（1）局部放电试验的一些规定。电压等级 220kV 及以上的变压器必须进行局部放电试验，对于电压等级为 110kV 的变压器，当对绝缘有怀疑时，应进行局部放电试验。

（2）判断标准：试验电压不产生突然下降，试验电压在长期试验期间，局部放电量的连续水平不大于规定要求的量值，局部放电不呈现持续增加的趋势。符合上述情况则试验合格。

10. 绝缘油试验

（1）绝缘油的试验项目。对于交接试验，绝缘油应有下列项目的试验结果：凝点、水溶性酸 pH、酸值、闪点、界面张力、体积电阻率、外观检查、击穿电压、介质损耗角正切 $\tan\delta$、水分、油中含气量、油中溶解气体色谱分析。通常对凝点、水溶性值、酸值、闪点、界面张力、体积电阻率在出厂试验报告合格的情况下，可引用出厂试验数据。

（2）变压器油在注入变压器之前必须进行的试验项目及要求。

1）击穿电压。500kV 和 330kV 变压器击穿电压不小于 60kV，220kV 变压器击穿电压不小于 50kV，110kV 及以下变压器击穿电压不小于 40kV。

2）$\tan\delta$（90℃）≤0.005。

3）水分。330～500kV 变压器水分不大于 10mg/L，220kV 变压器水分不大于 15mg/L，66～110kV 变压器水分不大于 20mg/L。

4）油中含气量。330kV 和 500kV 变压器的体积分数不大于 1%。其他电压等级变压器不做规定。

5）外观检查：将油样注入试管中，在光线充足的场合观察，应透明、无杂质或悬浮物。

（3）变压器油从本体的油样阀门中取样必须进行的试验项目及要求。变压器真空注油，并按规定静置时间静置后必须进行以下试验：

1）击穿电压。500kV 变压器击穿电压不小于 60kV，330kV 变压器击穿电压不小于 50kV，60～220kV 变压器击穿电压不小于 40kV，35kV 及以下变压器击穿电压不小于 35kV。

2）$\tan\delta$（90℃）≤0.007。

3）水分。330～500kV 变压器水分不大于 10mg/L，220kV 变压器水分不大于 15mg/L，66～110kV 变压器水分不大于 20mg/L。

4）油中含气量。330kV 和 500kV 变压器的体积分数不大于 1%。其他电压等级变压器不做规定。

5）油中溶解气体色谱分析。电压等级在 66kV 及以上的变压器应在注油静止后、耐压和局部放电试验 24h 后、冲击合闸及额定电压运行 24h 后，各进行一次油中溶解气体的色谱分析，各次测得的氢、乙炔、总烃含量应无明显差别。

（4）电容型套管绝缘油试验项目和要求。套管中绝缘油应有出厂试验报告，现场可不进行试验。但当套管主绝缘的介质损耗因数超过标准规定值或与出厂试验值不相符或套管的密封已损坏，小套管的绝缘电阻不符合要求时，应进行以下项目：

1）油中溶解气体色谱分析。500kV 套管油中溶解气体组分含量：H_2 不应超过 150μL/L、总烃不应超过 10μL/L、C_2H_2 不应超过 0，其他电压等级可参考。

2）绝缘油击穿电压。15~35kV 变压器击穿电压不小于 35kV、66~220kV 变压器击穿电压不小于 40kV、330kV 变压器击穿电压不小于 50kV、500kV 变压器击穿电压不小于 60kV。

3）水分。330~500kV 变压器水分不大于 10mg/L，220kV 变压器水分不大于 15mg/L，66~110kV 变压器水分不大于 20mg/L。

11. 有载分接开关的检查和试验

有载开关的检查和试验项目应符合下述要求：

（1）切换开关取出时，测量过渡电阻的电阻值，测量结果与铭牌值比较无明显差别。

（2）检查切换装置在全部的切换过程中，应无开路现象，电气和机械限位动作正确，全过程操作切换中可靠动作。

（3）在变压器无电压下，手动操作不少于 2 个循环，电动操作不少于 5 个循环。电动操作时电源电压为额定电压的 85% 及以上。操作无卡涩、连动程序，电气和机械限位正常。

（4）在变压器带电条件下进行有载调压开关电动操作，动作应正常。

（5）绝缘油在注入切换开关油箱前，330kV 及以上有载开关击穿电压不小于 60kV，220kV 有载开关击穿电压不小于 50kV，110kV 及以下有载开关击穿电压不小于 40kV。

12. 声级测量

为了验证噪声水平是否符合当地的环保要求，在交接试验时，声级测量尤为显得必要。在现场测量声级时，有两点需要注意：

（1）试验必须在现场噪声背景低于被测变压器最大噪声值的条件下进行，否则其测量的结果不能代表变压器的噪声水平。

（2）测量噪声的根本目的是检查变压器运行中的噪声是否满足当地的环境要求。因此，在交接试验中测量噪声时，不仅要按标准测量离变压器轮廓 2m 处测量变压器的声级水平，还应测量敏感地点的实际噪声水平，因为被关注的主要是敏感地点的噪声，而不是变压器本身的噪声。如果变压器的噪声虽然偏高，但被关注点的噪声并不高，仍然是可以被接受的。

13. 非纯瓷套管的试验

试验目的：验证套管经过运输后的质量状况及作为运行的比较基准。

（1）绝缘电阻。采用 2500V 绝缘电阻表，测量主绝缘绝缘电阻，绝缘电阻值通常大于 10 000MΩ。采用 250CV 绝缘电阻表，测量试验小套管对法兰的绝缘电阻，绝缘电阻值不应低于 1000MΩ。同时与出厂试验值相比应无明显差别。

（2）测量主绝缘介质损耗角正切 tanδ 和电容值，500kV 套管 tanδ 值应小于 0.5%，500kV 以下的套管 tanδ 应小于 0.7%。套管的 tanδ 不进行温度的换算，但不得在低于 10℃ 条件下进行。电容型套管的电容值与出厂值相比应在 ±5% 范围内。

14. 变压器绕组变形试验

（1）试验目的。变压器绕组变形试验是验证变压器在运输和安装时受到机械力撞击后，检查其绕组是否变形最直接的方法，也是为今后在运行中检验变压器受到短路电流冲击是否损伤而建立的基准。对于 35kV 及以下电压等级变压器，采用低电压短路阻抗法；对于 66kV 及以上电压等级变压器，采用频率响应法测量绕组特征图谱。

（2）试验方法简介。

1）阻抗法。通过施加较低的电压（220V以下）、电流（5A以下）测量变压器的阻抗或感抗，与产品出厂时的试验数据比较，来确定绕组的变形。

2）频率响应分析法。通过扫描发生器将一组不同频率的正弦波电压加到变压器线圈的一端，把所选择的变压器其他端点上得到的振幅或相位信号作为频率的函数关系（频率曲线）直接绘制出来。变压器结构固定后，它的曲线就是固定的，当变压器绕组变形后，会影响频响曲线发生的变化，利用这种变化来判断变压器的变形。

诊断时，当绕组扫频响应曲线与原始记录基本一致时，即绕组频响曲线的各个波峰、波谷点所对应的幅值及频率基本一致时，可以判定被测绕组没有变形。

绕组频响结果没有一个统一的模板，不同型号的变压器，频响曲线可能会有明显的不同，因此不存在标准的频响曲线，在分析时主要是与前次结果测试结果相比，或与同型号的测试结果相比。分析比较的重点是曲线中各个极值点对应频率和幅值的一致性，特别是 $1\sim600$kHz 的区段。

15. 穿芯式电流互感器试验

试验目的：验证出线端子位置及极性是否正确以及励磁特性曲线与产品说明书提供要求是否一致。

试验项目及要求：

（1）绝缘电阻。采用 2500V 绝缘电阻测量仪测量二次绕组之间及其对外壳的绝缘电阻，绝缘电阻不低于 1000MΩ。

（2）交流耐压试验。二次绕组之间及其对外壳的工频耐压试验电压 2kV，无闪络和击穿现象。

（3）直流电阻测量。同型号、规格、批次的二次绕组的直流电阻差异不应大于 10%。

（4）极性应与铭牌和标志相符。

（5）励磁特性曲线试验。当电流互感器为多抽头时，可在使用抽头或最大抽头测量，测量的结果应与产品出厂报告数据相符。

三、变压器预防性试验的项目、周期和要求

1. 油中溶解气体色谱分析

（1）油中溶解气体色谱分析周期。

1）220kV 及以上变压器在投运后 4、10、30 天（500kV 变压器还应增加 1 次在投运后 1 天）。

2）运行中 330kV 及以上变压器为 3 个月。

3）运行中 220kV 变压器为 6 个月。

4）其余 8000kVA 及以上的变压器为 1 年。

5）8000kVA 以下变压器自行规定。

（2）油中溶解气体色谱分析要求。

1）运行设备的油中 H_2 与烃类气体含量（体积分数）超过下例任何一项值时应引起注意：总烃含量大于 150μL/L、H_2 含量大于 150μL/L、C_2H_2 含量大于 5μL/L（330kV 及以上变压器为 1μL/L）。

2）烃类气体总和的产气速率大于 0.25mL/h（开放式）和 0.5mL/h（密封式），或相对产气速率大于 10%/月则认为设备有异常。

3）溶解气体组分含量有增长趋势时，可结合产气速率判断，必要时缩短周期进行追踪分析。

2. 绕组直流电阻测量

（1）绕组直流电阻测量周期。

1）1～3 年或自行规定。

2）无励磁调压变压器变换分接位置。

3）有载调压变压器的分接开关检修后。

（2）绕组直流电阻测量要求：

1）1600kVA 以上的变压器，各相绕组电阻相互间的差别不应大于三相平均值的 2%，无中心点引出的绕组，线间差别不应大于三相平均值的 1%。1600kVA 及以下的变压器相间差别不大于三相平均值的 4%，线间差别不大于三相平均值的 2%。

2）与以前相同部位测得值比较，相应变化不应大于 2%。

3）无励磁调压变压器应在使用分接锁定后测量。

3. 绕组绝缘电阻、吸收比或极化指数

（1）绕组绝缘电阻、吸收比或极化指数周期：1～3 年或自行规定。

（2）绕组绝缘电阻、吸收比或极化指数要求：

1）测量前应充分放电，套管表面应清洁、干燥。

2）测量宜在顶层油温低于 50℃时进行。

3）电压为 35kV、容量为 4000kVA 及以上的变压器测量绝缘电阻值（R_{60}）和吸收比（R_{60}/R_{15}），电压等级 66kV 及以上测量应提供绝缘电阻值、吸收比和极化指数（R_{10min}/R_{1min}）；测量时使用 5000V、指示量限不低于 100 000MΩ 的绝缘电阻表。其他变压器只测绝缘电阻值，测量时使用 2500V、指示量限不低于 10 000MΩ 的绝缘电阻表。

4）绝缘电阻换算至同一温度下，与前一次测试结果应无明显变化。

5）吸收比（10～30℃）不低于 1.3 或极化指数不低于 1.5。

6）吸收比与极化指数不进行温度换算

7）当测量温度不同时，按下式换算

$$R_2 = R_1 \times 1.5^{(t_1-t_2)/10}$$

式中　R_1、R_2——分别为温度 t_1、t_2 时的绝缘电阻值。

4. 绕组绝缘的介质损耗因数 $\tan\delta$

（1）绕组的 $\tan\delta$ 周期：1～3 年或自行规定。

（2）绕组的 $\tan\delta$ 要求：

1）测量宜在顶层油温低于 50℃时进行。

2）试验电压：对于额定电压为 10kV 及以上的变压器绕组试验电压为 10kV，对于额定电压为 6kV 及以下的变压器绕组试验电压取被试绕组额定电压。

3）20℃时，绕组的 $\tan\delta$：330～500kV 变压器不大于 0.6%、66～220kV 变压器不大于 0.8%、35kV 及以下变压器不大于 1.5%。同一变压器各绕组 $\tan\delta$ 的要求值相同。

4）绕组的 $\tan\delta$ 与历年的数值比较不应有显著变化（一般不大于 30%）。

5）不同温度下 $\tan\delta$ 值一般按下式计算

$$\tan\delta_2 = \tan\delta_1 \times 1.3^{(t_2-t_1)/10}$$

式中　$\tan\delta_1$、$\tan\delta_2$——分别为温度 t_1、t_2 时的 $\tan\delta$ 值。

5. 电容型套管的 $\tan\delta$ 和电容值

（1）电容型套管的 $\tan\delta$ 和电容值周期：1～3 年或自行规定。

（2）电容型套管的 $\tan\delta$ 和电容值要求：

1）测量前应确认外绝缘表面清洁、干燥。

2）采用 2500V 绝缘电阻表测量末屏对地绝缘电阻不应低于 1000MΩ。

3）电容型套管的 $\tan\delta$ 值（在 20℃时）：20～110kV 变压器应不大于 1.0%、220～500kV 变压器应不大于 0.8%。

4）电容型套管的电容量与出厂值相比或上一次试验值的差别超出 ±5%时，应查明原因。

5）当电容型套管末屏对地绝缘电阻小于 1000MΩ 时，应测量末屏对地的 $\tan\delta$，其值不大于 2%。试验电压应严格控制在设备技术文件许可值以下（通常为 2000V）。

6. 绝缘油试验

（1）绝缘油试验周期。

1）330kV 和 500kV 变压器油试验周期为 1 年的项目包括外观、水溶性酸 pH、酸值、水分、击穿电压、界面张力、$\tan\delta$、体积电阻率、油中含气量。

2）66～220kV 变压器油试验周期为 1 年的项目包括外观、水溶性酸 pH、酸值、击穿电压。

3）35kV 及以下变压器油试验周期为 3 年项目包括绝缘油击穿电压试验。

（2）绝缘油试验要求。

1）外观。将油样注入试管中冷却至 5℃，在光线充足的地方观察，应为透明、无杂质或悬浮物。

2）水溶性酸 pH≥4.2。

3）酸值≤0.1mgKOH/g。

4）水分。66～110kV 变压器应不大于 35mg/L、220kV 变压器应不大于 25mg/L、330～500kV 变压器应不大于 15mg/L。尽量在顶层油温高于 50℃时采样。

5）击穿电压。15kV 以下变压器击穿电压应不小于 25kV、15～35kV 变压器击穿电压应不小于 30kV、66～220kV 变压器击穿电压应不小于 35kV、330kV 变压器击穿电压应不小于 45kV、500kV 以上变压器击穿电压应不小于 50kV。

6）界面张力（25℃）≥19mN/m。

7）$\tan\delta$（90℃）。330kV 及以下变压器应不大于 0.04、500kV 变压器应不大于 0.02。

8）体积电阻率（90℃）。500kV 变压器应不小于 $1\times10^{10}\,\Omega\cdot m$，330kV 及以下变压器应不小于 $3\times10^{9}\,\Omega\cdot m$。

9）油中含气量（体积分数）≤3%。

7. 交流耐压试验

（1）交流耐压试验周期：1～5 年（10kV 及以下）。

（2）交流耐压试验的试验电压为出厂值的 80%。

8. 铁芯和夹件（有外引接电线的）绝缘电阻

（1）周期：铁芯和夹件（有外引接电线的）绝缘电阻试验周期为 1～3 年，或当油中溶解气体分析异常时测量。

（2）要求：采用 2500V 绝缘电阻表（老旧变压器用 1000V 绝缘电阻表），与上次测量结果应无明显差别。

9. 绕组泄漏电流

（1）绕组泄漏电流试验周期：1～3 年或自行规定。

（2）施加电压的要求。绕组的电压等级 6～15kV，试验电压为 10kV；绕组的电压等级 20～35kV，试验电压为 20kV；绕组的电压等级 35～330kV，试验电压为 40kV；绕组的电压等级 500 kV 以上，试验电压为 60kV。读取 1min 时的泄漏电流，与上一次测试结果比较应无明显差别。

10. 有载调压装置的试验和检验

（1）周期：一年或按制造厂要求。

（2）要求（有条件时进行）：

1）范围开关、选择开关、切换开关的动作顺序应符合制造厂的技术要求，其动作角度应与出厂试验记录相符。

2）手动操作应轻松，必要时用力矩表测量，其值不超过制造厂的规定，电动操作应无卡涩，没有连动现象，电气和机械限位动作正常。

3）测量过渡电阻值，应与出厂值相符。

4）三相同步的偏差、切换时间的数值及正反相切换时间的偏差均与制造厂的技术要求相符。

5）动、静触头平整光滑，触头烧损厚度不超过制造厂的规定值，回路连接良好。

6）接触器、电动机、传动齿轮、辅助接点、位置指示器、计数器等工作正常。

7）切换开关的绝缘油应符合制造厂的技术要求，击穿电压一般不应低于 25kV。

8）二次回路的绝缘电阻不低于 1MΩ。

11. 测温装置及其二次回路试验

（1）周期：1～3 年。

（2）要求：

1）密封良好，指示正确，测温电阻值应和出厂值相符。

2）采用 2500V 绝缘电阻表测量二次回路，绝缘电阻不应低于 1MΩ。

12. 气体继电器二次回路试验

（1）周期：1～3 年（二次回路）。

（2）要求：

1）整定值符合运行要求。

2）采用 2500V 绝缘电阻表测量二次回路，绝缘电阻不应低于 1 MΩ。

13. 冷却装置及其二次回路检查试验

（1）试验周期：自行规定。

（2）要求：投运后，流向、温升和声音正常，无渗漏，强油水冷却装置的检查和试验，按制造厂规定。二次回路绝缘电阻值采用 2500V 绝缘电阻表测量，绝缘电阻不低于 1MΩ。

四、关于变压器状态检修试验一些规定

长期以来，DL/T 596—1996《电力设备预防性试验规程》一直是电力生产实践中重要的常用标准。国家电网公司在 2008 年发布了 Q/GDW 168—2008《输变电设备状态检修试验规程》，对于开展状态检修的单位和设备，可执行 Q/GDW 168—2008，对于没有开展状态检修的单位和设备，仍然应执行 DL/T 596—1996 开展预防性试验。

根据 Q/GDW 168—2008 的说明，状态检修试验规程适用于电压等级 66～750kV。变压器状态检修试验分为例行试验和诊断性试验。例行试验通常按周期进行，诊断性试验只在诊断设备状态时根据情况有选择地进行。

DL/T 596—1996 主要立足于预防性试验，为现场提供试验方法、周期和判据。但在实践中暴露出了一些不足，或分析标准不明确，或试验、分析方法比较陈旧。Q/GDW 168—2008 立足于设备的安全、可靠运行，而不是简单地强调现场试验，并对试验项目的要求引入了注意值、警示值、初值等概念。注意值就是状态量达到该数值时，设备可能存在或可能发展为缺陷。警示值并不是比注意值更严的一个新的注意值，一些状态量，如绝缘电阻，其量值可能在很大范围变化，但并不能确定设备会有缺陷；而对另一些状态量，如电容型设备的电容量、变压器绕组电阻等，2%～5%的变化往往预示着设备存在严重缺陷，对这些不应该变化的状态量，没有给出注意值，直接给出警示值，达到该数值时，表明设备已存在缺陷并有可能发展为故障。初值是指能够代表状态量原始值的试验值，可以是出厂值、交接试验值、早期试验值、设备核心部件或主体进行解体性检修之后的首次试验值等，初值差=(当前测量值−初值)/初值×100%。

（一）例行试验的项目、基准周期和要求

例行试验指为获取设备状态量，评估设备状态，及时发现事故隐患，定期进行的各种带电检测和停电试验。需要设备退出运行才能进行的例行试验称为停电例行试验。例行试验的基准周期适用于一般情况，对于停电例行试验，其周期可以依据设备状态、地域环境、电网结构等特点，在基准周期的基础上酌情延长或缩短，调整后的周期一般不小于 1 年，也不大于基准周期的 1.5 倍。

1. 红外热像检测

（1）基准周期：330kV 以上变压器，1 个月；220kV 变压器；3 个月；66～110kV 变压器，1 年。

（2）要求：检测变压器箱体、储油罐、套管、引线接头及电缆。红外热像图显示应无异常温升、温差或相对温差。

2. 油中溶解气体色谱分析

（1）基准周期。

1）新投运、对核心部件或主体进行解体性检修后重新投运的变压器在投运后 1、4、10、30 天各进行一次本项目试验。若有增长趋势，即使小于注意值，也应缩短试验周期。烃类气体含量较高时，应计算总烃的产气速率。

2）330kV 及以上变压器为 3 个月。

3）220kV 变压器为 6 个月。

4）66～110kV 变压器为 1 年。

5）当怀疑内部缺陷（如听到异常声响）、气体继电器有信号、经历了过负荷运行以及发生了出口或近区短路故障，应进行额外的取样分析。

（2）要求：

1）乙炔含量。330kV 及以上变压器不大于 1μL/L，其他变压器不大于 5μL/L（注意值）。

2）总烃含量≤150μL/L（注意值）、氢气含量≤150μL/L（注意值）。

3）总烃绝对产气速率≤6mL/D（开放式，注意值）和 12mL/D（隔膜式，注意值），或相对产气速率≤10%/月（注意值）。

3．绕组直流电阻测量

（1）基准周期。

1）3 年。

2）无励磁调压变压器变换分接位置。

3）有载调压变压器的分接开关检修后。

4）更换套管后。

（2）要求：有中心点引出线时，应测量各个绕组的电阻；若无中心点引出线，可测量各线端的电阻，然后换算到相绕组，同一温度下各相绕组电阻的互差不大于 2%（警示值）。此外，还要求同一温度下，测量值与初值的偏差不超过±2%（警示值）。

线电阻换算为相电阻按下式计算：

当线圈为星形连接

$$\left.\begin{aligned} R_A &= (R_{AB} + R_{CA} - R_{BC})/2 \\ R_B &= (R_{BC} + R_{AB} - R_{CA})/2 \\ R_C &= (R_{BC} + R_{CA} - R_{AB})/2 \end{aligned}\right\} \qquad (ZY1600201002\text{-}1)$$

当线圈为三角形连接且 A 相绕组末端接往 B 相绕组首端的情况

$$\left.\begin{aligned} R_A &= (R_{AB} - R_P) - R_{AC} \times R_{BC}/(R_{AB} - R_P) \\ R_B &= (R_{BC} - R_P) - R_{AB} \times R_{AC}/(R_{BC} - R_P) \\ R_C &= (R_{AC} - R_P) - R_{AB} \times R_{AC}/(R_{AC} - R_P) \\ R_P &= (R_{AB} + R_{BC} + R_{AC})/2 \end{aligned}\right\} \qquad (ZY1600201002\text{-}2)$$

当 A 相首端接往 B 相当末端时，把式（ZY1600201002-2）等式左边 R_A 改为 R_B，R_B 改为 R_C，R_C 改为 R_A。

当测量温度不同时，按下式换算

$$R_2 = R_1 \times 1.5^{(t_1 - t_2)/10}$$

4．绝缘油试验

（1）基准周期：330kV 及以上变压器为 1 年，220kV 及以下变压器为 3 年。

（2）要求：

1）击穿电压。500kV 及以上变压器不小于 50kV（警示值），330kV 变压器不小于 45kV（警示值），220kV 变压器不小于 40kV（警示值），66～110kV 变压器不小于 35kV（警示值）。

2）水分。330kV 及以上变压器不大于 15mg/L（注意值），220kV 及以下变压器不大于 25mg/L（注意值）。尽量在顶层油温高于 60℃时采样。

3）$\tan\delta$（90℃）。330kV 及以下变压器不大于 0.04（注意值），500kV 以上变压器不大于 0.02（注意值）。

4）酸值。≤0.1mgKOH/g（注意值）。

5）油中含气量（体积分数）。330kV 及以上变压器不大于 3%。

5．套管试验

（1）基准周期：3 年。

（2）要求：

1）测量前应确认外绝缘表面清洁、干燥。

2）采用 2500V 绝缘电阻表测量末屏对地绝缘电阻不小于 1000MΩ（注意值）。

3）电容量初差值不超过 ±5%（警示值）。500kV 及以上电压等级套管的 $\tan\delta \leqslant 0.6\%$（注意值）。对其他电压等级套管，$\tan\delta \leqslant 0.7\%$（油浸纸，注意值）、$\tan\delta \leqslant 0.5\%$（聚四氟乙烯缠绕绝缘，注意值）、$\tan\delta \leqslant 0.7\%$（树脂浸纸，注意值）、$\tan\delta \leqslant 1.5\%$（树脂粘纸，注意值）。

6. 铁芯和夹件（有外引接电线的）绝缘电阻

（1）基准周期：3 年，或当油中溶解气体分析异常时测量。

（2）要求：采用 2500V 绝缘电阻。老旧变压器采用 1000V 绝缘电阻表，绝缘电阻应不小于 100MΩ（注意值）；新投运变压器绝缘电阻不小于 1000MΩ（注意值）。另外除注意绝缘电阻的大小外，要特别注意绝缘电阻变化的趋势。

7. 绕组绝缘电阻、吸收比或极化指数

（1）基准周期：3 年。当绝缘油在例行试验中水分偏高，或者怀疑箱体密封被破坏，应进行本项目的试验。

（2）要求：

1）测量前应充分放电，套管表面应清洁、干燥。

2）测量宜在顶层油温低于 50℃时进行。

3）测量时应使用 5000V、指示量限不低于 100 000MΩ 的绝缘电阻表。

4）绝缘电阻换算至同一温度下，与前一次测试结果应无明显变化。

5）吸收比（10～30℃）不低于 1.3 或极化指数不低于 1.5 或绝缘电阻不小于 10 000MΩ（注意值）。

6）吸收比与极化指数不进行温度换算。

7）当测量温度不同时，按下式换算

$$R_2 = R_1 \times 1.5^{(t_1 - t_2)/10}$$

式中　R_1、R_2——分别为温度 t_1、t_2 时的绝缘电阻值。

8. 绕组绝缘的介质损耗因数 $\tan\delta$

（1）基准周期：3 年。

（2）要求：

1）测量宜在顶层油温低于 50℃且高于零度时进行，测量时记录顶层油温和空气的相对湿度。

2）试验电压：对于额定电压为 10kV 及以上的变压器绕组试验电压为 10kV，对于额定电压为 6kV 及以下的变压器绕组试验电压取被试绕组额定电压。

3）20℃时绕组的 $\tan\delta$。330kV 及以上变压器不大于 0.5%（注意值）、220kV 及以下变压器不大于 0.8%（注意值）。同一变压器各绕组 $\tan\delta$ 的要求值相同。

4）绕组的 $\tan\delta$ 与历年的数值比较不应有显著变化（一般不大于 30%）。

5）测量绕组绝缘介质损耗因数时，应同时测量电容量，若电容值发生明显变化时，应予以注意。

6）不同温度下 $\tan\delta$ 值一般按下式计算

$$\tan\delta_2 = \tan\delta_1 \times 1.3^{(t_2 - t_1)/10}$$

式中　$\tan\delta_1$、$\tan\delta_2$——分别为温度 t_1、t_2 时的 $\tan\delta$ 值。

9. 有载调压装置的试验和检验

（1）一年检验项目包括：

1）诸油罐、呼吸器和油位指示器，按其技术文件要求检查。

2）在线滤油器，按技术文件要求检查滤芯。

3）打开电动机构箱，检查是否有松动、生锈；检查加热器是否正常。

4）记录动作次数，如有可能通过操作 1 步再返回的方法，检查电机和计数器的功能。

（2）三年试验和检验的项目包括：

1）手动操作应轻松，必要时用力矩表测量，其值不超过制造厂的规定。

2）就地电动和远方各进行一个循环的操作，应无卡涩，没有连动现象，紧急停止功能和机械限位动作正常。

3）切换开关室绝缘油的击穿电压应符合制造厂的技术要求，一般不低于 30kV。如果装备有在线滤油器，要求油耐压不小于 40kV。不满足要求时，需要对油进行过滤处理，或者换新油。

4）在测量直流电阻前检查动作特性，测量切换时间，有条件时测量过渡电阻，电阻值的初差值不超过±10%。

10. 测温装置检查

1）每三年检查一次。密封良好，指示正确，运行中温度数据合理，相互比对无异常。

2）每六年校验一次。可与标准温度计比对或按制造商推荐的方法进行，结果应符合设备技术文件要求。测温电阻值应和出厂值相符。

3）二次回路绝缘电阻值采用 2500V 绝缘电阻表测量，绝缘电阻不低于 1MΩ。

11. 气体继电器检查

1）每三年检查一次气体继电器整定值。整定值应符合运行规程和设备技术文件要求，动作正确。

2）每六年测量一次气体继电器二次回路的绝缘电阻。二次回路绝缘电阻值采用 2500V 绝缘电阻表测量，绝缘电阻不低于 1MΩ。

12. 冷却装置检查

投运后，流向、温升和声音正常，无渗漏，强油水冷却装置的检查和试验，按制造厂规定。二次回路绝缘电阻值采用 2500V 绝缘电阻表测量，绝缘电阻不低于 1MΩ。

13. 压力释放装置检查

按设备技术文件要求进行检查，应符合要求。一般要求开启压力与出厂值的标准偏差在±10%之内或符合设备的技术文件要求。

（二）诊断性试验的项目和要求

诊断性试验是为了发现设备状态不良，或经受了不良工况，或受家族缺陷警示，或连续运行了较长时间，进一步评估设备状态进行的试验。

1. 空载电流和空载损耗测量

在诊断铁芯结构缺陷、匝间绝缘损坏等时进行空载电流和空载损耗测量。

判断标准：测量结果与上次相比，不应有明显差异。对单相变压器相间或三相变压器两个边相，空载电流差异不应超过 10%。

2. 短路阻抗测量

在诊断绕组是否发生变形时可进行短路阻抗测量。试验电流可用额定电流，亦可低于额定值，但不应小于 5A。

判断标准：与初差值不超过±3%（注意值）。

3. 感应耐压和局部放电测量

验证绝缘强度，或诊断是否存在局部放电缺陷时进行感应耐压和局部放电试验。在进行感应耐压之前，应先进行低电压下的相关试验，以评估感应耐压试验的风险。

判断标准：

（1）感应耐压试验值为出厂值的 80%，试验持续时间 $t = 120 \times$ 额定频率/试验频率。试验中电压不出现突然下降，电流指示不摆动，没有放电声。

（2）局部放电在 $1.3U_m/\sqrt{3}$ 电压下不大于 300pC（注意值）。

4. 绕组频率响应分析

在诊断绕组是否发生变形时可进行绕组频率响应分析试验。

判断标准：当绕组扫频响应曲线与原始记录基本一致，即绕组频响曲线的各个波峰、波谷点所对应的幅值及频率基本一致时，可判断被测绕组没有变形。

5. 绕组各分接位置的电压比

对核心部件或主体进行解体性检修之后，或怀疑绕组存在缺陷时，进行绕组各分接位置的电压比。

判断标准：额定分接位置初差值不超过±0.5%（警示值），其他分接位置初差值不超过±1%（警示值）。

6. 纸绝缘聚合度的测量

在诊断绝缘老化时进行纸绝缘的聚合度测量。

判断标准：聚合度≥250。

7. 整体密封性能检查

在核心部件或主体进行解体性检修之后，或重新进行密封处理后进行整体密封性能检查，检查前应采取措施防止压力释放装置动作。

判断标准：采用储油柜油面加压法，在 0.03MPa 压力下持续 24h，无渗漏。

8. 铁芯接地电流测量

在运行条件下，测量流经接地线的电流。

判断标准：不大于 100mA，当大于 100mA 时应引起注意。

9. 声级与振动测定

当噪声异常，可定量测量变压器声级。如果振动异常，可定量测量振动水平。

判断标准：符合设备技术文件，振动波的主波峰的高度应不超过规定值，且与同型设备无明显差别。

10. 绕组的直流泄漏电流测量

怀疑绝缘存在受潮等缺陷时进行。330kV 及以下绕组，直流施加电压为 40kV；500kV 及以上绕组，直流施加电压 60kV。

11. 外施耐压试验

属诊断性试验项目。通常仅对中心点和低压绕组进行，耐受电压为出厂试验值的 80%，时间为 60s。

12. 当对油质有怀疑时应进行的试验

（1）界面张力（25℃）≥19mN/m（注意值），对新投运变压器应不小于 35mN/m（注意值），低于此值应换新油。

（2）抗氧化剂含量≥0.1%（注意值）。当油变色或酸值偏高时应测抗氧化剂含量。抗氧化剂含量减少，应按规定添加新的抗氧化剂；采取上述措施前，应咨询制造商的意见。

（3）体积电阻率（90℃）。500kV 变压器不小于 $1×10^{10}Ω·m$（注意值）；330kV 及以下 $3×10^9Ω·m$（注意值）。

（4）油泥与沉淀物≤0.02m/m（注意值）。当界面张力小于 25mN/m 时，进行本项目测量。

（5）颗粒数：330kV 以上变压器不大于 1500 个/10mL。此项试验可以用来表征油的纯净度，颗粒数大于 1500 个/10mL 应予以注意，大于 5000 个/10mL，说明油受到污染。

13. 变压器套管

（1）当电容型套管末屏对地绝缘电阻小于 1000 MΩ时，应测量末屏对地的 $\tan\delta$，其值不大于 1.5%（注意值）。试验电压应严格控制在设备技术文件许可值以下（通常为 2000V）。

（2）在怀疑绝缘受潮、劣化，或者怀疑内部可能存在过热、局部放电等缺陷时进行充油套管的油中溶解气体分析。乙炔含量：220kV 及以上变压器不大于 1μL/L（注意值），其他变压器不大于 2μL/L（注意值）。氢气含量≤500μL/L（注意值）；甲烷含量≤100μL/L（注意值）。

（3）需要验证绝缘强度或诊断是否存在局部放电缺陷时，进行交流耐压和局部放电试验。交流耐压试验的电压为出厂试验值的 80%。在 $1.05U_m/\sqrt{3}$ 电压下油浸纸、复合绝缘、树脂浸渍套管的局部放电量不大于 10pC（注意值），树脂粘纸（胶纸绝缘）套管的局部放电量不大于 100pC（注意值）。

【思考与练习】

1. 对 220kV 以上电压等级的电力变压器为什么要做操作冲击电压试验？

2. 变压器绕组变形试验的目的是什么？简单介绍一下试验方法。

3. 现场局部放电试验的目的是什么？

4. 变压器状态检修试验中何谓例行试验？何谓诊断性试验？

国家电网公司
生产技能人员职业能力培训专用教材

第四章 互感器试验

模块 1 互感器试验的基本知识（ZY1600202001）

【模块描述】本模块介绍了互感器试验的分类及几种常见电气试验基本方法，通过概念介绍，掌握互感器试验的基本知识。

【正文】

一、互感器试验分类

互感器试验按其性质分以下几类：

（1）外观与结构的检测。主要包括出线端子标志检验和密封性能试验。

（2）绝缘试验。主要包括绝缘电阻测量、介质损耗率测量、局部放电试验、绕组工频耐压试验、一次绕组全波冲击试验、凝露和污秽试验。

（3）绕组直流电阻测量。

（4）短时电流试验。主要包括短路承受能力试验。

（5）误差试验。主要包括比值差和相位差测定、稳态误差测定、暂态误差测定。

（6）温升试验。

（7）励磁特性和伏安特性试验。

（8）绝缘介质性能试验。一般对油绝缘互感器的绝缘油进行击穿电压、介质损耗因数、含水量、油中溶解气体含量等试验，或者是 SF_6 气体性能试验。

（9）其他特殊试验。主要有机械强度试验、无线电干扰试验以及暂态互感器的部分特性试验。

二、互感器几种常见电气试验的目的

1. 测量绝缘电阻

绝缘电阻测量对检查互感器整体绝缘状况，受潮或老化、部件表面受潮或脏污以及贯穿性的缺陷有很好的反应。

测量绕组绝缘电阻时，被试绕组各引线端应短接在绝缘电阻表的 L 端，其余待试绕组都短路接地后与绝缘电阻表的 E 端相连。采用这种接线的主要目的是可以测出被试部分对接地部分和不同电压部分间的绝缘状态，并且能避免各绝缘中剩余电荷造成的误差。

由于互感器绕组绝缘电阻值规程没有规定统一标准，可根据具体情况自行规定。但应和同型号、同电压等级、同类型产品以及上一次测量结果相比较，在相同的温度下，绝缘电阻值应无显著变化。

测量电容式电压互感器主电容和分压电容的绝缘电阻时，可使用 2500V 或 5000V 绝缘电阻表。主电容由多单元组合，应分别测量主电容每一单元的绝缘电阻。电容分压器每节极间绝缘电阻一般不低于 5000MΩ。

2. 介质损耗测量

油纸绝缘是有损耗，在交流电作用下有极化损耗和电导损耗，通常用介质损耗角正切 $\tan\delta$ 来描述介质损耗的大小，并且 $\tan\delta$ 与绝缘材料的形状、尺寸无关，只决定于绝缘材料的绝缘性能，因而 $\tan\delta$ 作为判断绝缘状态是否良好的重要手段之一。

3. 交流耐压试验

交流耐压试验的电压、波形、频率和在被试品绝缘内部电压的分布，均符合在交流电压下运行的实际情况，因而，能真实有效地发现绝缘缺陷。

交流耐压试验对于固体有绝缘来说属于破坏性试验，它会使原来存在的绝缘弱点进一步发展，使

绝缘强度逐渐降低，形成绝缘内部劣化的累积效应，因此，必须正确地选择试验电压的标准和耐压时间。

交流耐压试验应在被试品的绝缘电阻测量，直流泄漏电流测量及介质损耗角正切值 $\tan\delta$ 测量均合格之后进行。

对全绝缘的电压互感器，可直接采用外施工频交流电压进行，外施工频高压试验用于考验主绝缘的工频耐电强度。对于分级绝缘的电压互感器，由于其一次绕组各部位的绝缘水平不一样，只能用倍频感应耐压试验来测试。

4. 局部放电试验

局部放电是指发生在电极之间并来贯穿电极的放电，它是由于设备绝缘内部存在弱点或生产过程中造成的缺陷，在高电场强度作用下发生重复击穿和熄灭的现象。这种放电可能出现在固体绝缘的空穴中，也可能在液体绝缘的气泡中，或不同介电特性的绝缘层间，或金属表面的边缘尖角部位。这种放电能量很小，短时存在并不影响到电气设备的绝缘强度。但若设备绝缘在运行电压下不断出现局部放电，这些微弱的放电将会产生累积效应，使绝缘的介电性能逐渐劣化并扩大，最后导致整个绝缘击穿。

虽然局部放电使绝缘劣化导致损坏，但它的发展是需要一定时间的，发展时间与设备本身的运行状况和司部放电种类，以及产生的位置和设备绝缘结构等条件因素有关。总之，对一个绝缘系统好坏判断是其局部放电越小越好，对于各种设备现行标准，主要考虑现行普通工艺条件下，保证设备在正常运行条件下的使用寿命。

【思考与练习】

1. 互感器从出厂至运行各阶段试验的主要目的是什么？
2. 如何测量互感器绕组绝缘？测量时应注意什么？
3. 互感器进行局部放电测试的目的是什么？

模块 2　互感器试验的项目和判断标准（ZY1600202002）

【模块描述】本模块介绍了互感器试验的项目和要求，通过概念描述、要点介绍，了解互感器出厂试验项目，掌握互感器预防性试验和交接试验的项目和判断标准。

【正文】

一、互感器出厂试验项目

互感器出厂试验是每只互感器出厂时都应经受的试验，其目的是在于检测制造中的缺陷，而且出厂报告还应随产品出厂时转交给用户。

互感器出厂试验项目很多，应按照相关国家标准，行业标准，在规定的环境条件下，试验条件下采用规定的标准仪器进行逐项试验，见表 ZY1600202002-1～表 ZY1600202002-3。其他特殊试验及其项目是白运行单位根据设备的技术特点所提出。

表 ZY1600202002-1　　　　电流互感器出厂试验项目一览表

序号	项目名称	试验类别				备注
		型式	出厂	特殊	附加	
1	出线端子标志检验	√	√			1. 误差试验应在序号 1～7 的试验项目之后进行。其他试验项目顺序不作规定 2. 所有绝缘型式试验应在同一台互感器上进行
2	一、二次绕组直流电阻测量	√	√			
3	一次绕组段间工频耐压试验	√	√			
4	二次绕组工频耐压试验	√	√			
5	匝间耐压试验	√	√			
6	一次绕组工频耐压试验	√	√			
7	局部放电测量	√	√			

续表

序号	项目名称	试验类别				备注
		型式	出厂	特殊	附加	
8	误差测定	√	√			
9	电容和介电损耗因数测定	√	√			
10	绝缘介质性能试验	√	√			
11	密封性试验	√	√			
12	励磁性能测定	√	√			
13	短时电流试验	√				
14	温升试验	√				
15	雷电冲击试验	√				
16	操作冲击试验	√				
17	户外产品湿试验	√				
18	机械强度试验			√		1. 误差试验应在序号 1～7 的试验项目之后进行。其他试验项目顺序不作规定
19	绝缘热稳定试验			√		
20	户内互感器凝露试验			√		2. 所有绝缘型式试验应在同一台互感器上进行
21	户内互感器污秽试验			√		
22	无线电干扰测量			√		
23	暂态互感器附加试验				√	
	A 匝比误差测定	√	√			
	B 暂态比误差和角误差测定	√	√			
	C 二次线组电阻测定	√	√			
	D 剩磁系数 K_r	√	√			
	E 二次回路时间常数 T_s 测量	√	√			
	F 根值条件下误差测量	√				
	G 结构系数 F_e	√				
	H 低漏磁结构验证			√		

注　"√"表示属于该实验类别，下同。

表 ZY1600202002-2　　电磁式电压互感器出厂试验项目一览表

序号	项目名称	试验类别			备注
		型式	出厂	特殊	
1	端子标志检验				
2	绝缘介质性能试验		√		
3	密封性试验		√		1. 误差测定应在试验项目 1，4，5，6 之后进行，其他试验项目顺序不作规定
4	一次绕组段间，接地端及端子间工频耐压试验		√		
5	一次绕组工频耐压试验		√		2. 一次绕组的重复工频耐压试验宜取规定试验电压的 80%
6	介质损耗因数测量		√		
7	局部放电测量		√		3. 所有绝缘型式试验应在同一台互感器上进行
8	励磁特性测量	√	√		
9	误差测定	√	√		
10	温升试验	√			
11	一次绕组冲击耐压试验	√			

续表

序号	项目名称	试验类别			备注
		型式	出厂	特殊	
12	短路承受能力试验	√			
13	户外互感器湿试验	√			1. 误差测定应在试验项目 1，4，5，6 之后进行，其他试验项目顺序不作规定
14	爬电比距及弧闪距离测量	√			
15	户内互感器凝露试验			√	2. 一次绕组的重复工频耐压试验宜取规定试验电压的 80%
16	户内互感器污秽试验			√	
17	无线电干扰试验			√	3. 所有绝缘型式试验应在同一台互感器上进行
18	机械强度试验			√	
19	耐振试验			√	

表 ZY1600202002-3　　　电容式电压互感器出厂试验项目一览表

		项目名称	试验类别			备注
			型式	出厂	特殊	
电容分压器	1	外观检查			√	
	2	密封性试验			√	
	3	电容值测量		√		
	4	短时工频耐压	√	√		
	5	电压分压比测量		√		
	6	介质损耗因数测量		√		
	7	局部放电测量	√	√		
	8	短时工频耐压（湿试）	√			
	9	操作冲击耐压（湿试）	√			
	10	雷电冲击耐压	√			
	11	放电试验	√			
	12	高频电容及等值串联电阻测量	√			
	13	温度系数测量	√			1. 试验项目 5、6 和 7、8 应在项目 4 后进行；项目 3 应在项目 4 后进行。其他试验项目顺序不作规定
	14	机械强度试验	√			
	15	爬电比距及弧闪距离测量	√			
	16	耐振试验		√		2. 所有绝缘型式试验应在同一台互感器上进行
	17	无线电干扰试验		√		
电磁单元	1	外观检查		√		
	2	密封性试验		√		
	3	连接载波装置保护间隙工频放电		√		
	4	补偿电抗器应耐压		√		
	5	补偿电抗器端子短时工频耐压		√		
	6	互感器励磁特性测量		√		
	7	互感器应耐压试验		√		
	8	绝缘油性能		√		
	9	限压器性能		√		
	10	阻尼器短时工频耐压		√		
	11	温升试验		√		
	12	雷电试验		√		
	13	工频耐压（湿试）		√		

续表

项目名称		试验类别			备　注
		型式	出厂	特殊	
整体	1　外观检查		√		试验项目5、6可将分压电容器和电磁单元分开，分别进行试验
	2　出线端子标志检查		√		
	3　电容分压器低压端子工频耐压试验		√		
	4　误差测定	√	√		
	5　雷电冲击	√			
	6　操作冲击	√			
	7　铁磁谐振	√			
	8　短路承受能力	√			
	9　瞬变响应	√			
	10　低压端子杂散电容及电导测量	√			

二、互感器交接试验项目

互感器安装后的交接试验，应按国家标准 GB 50150—2006《电气装置安装工程电气设备交接试验标准》进行。

（1）互感器的试验项目，应包括下列内容：

1）测量绕组的绝缘电阻。

2）测量 35kV 及以上电压等级互感器的介质损耗角正切值 $\tan\delta$。

3）局部放电试验。

4）交流耐压试验。

5）绝缘介质性能试验。

6）测量绕组的直流电阻。

7）检查接线组别和极性。

8）误差测量。

9）测量电流互感器的励磁特性曲线。

10）测量电磁式电压互感器的励磁特性。

11）电容式电压互感器（CVT）的检测。

12）密封性检查。

13）测量铁芯夹紧螺栓的绝缘电阻。

（2）测量绕组的绝缘电阻，应符合下列规定：

1）测量一次绕组对二次绕组及外壳，各二次绕组间及其对外壳的绝缘电阻。绝缘电阻值不宜低于 1000MΩ。

2）测量电流互感器一次绕组段间的绝缘电阻，绝缘电阻值不宜低于 1000MΩ，但由于结构原因而无法测量时可不进行。

3）测量电容式电流互感器的末屏及电压互感器接地端（N）对外壳（地）的绝缘电阻，绝缘电阻值不宜小于 1000MΩ。若末屏对地绝缘电阻小于 1000MΩ时，应测量其 $\tan\delta$。

4）绝缘电阻测量应使用 2500V 绝缘电阻表。

（3）电压等级 35kV 及以上互感器的介质损耗角正切值 $\tan\delta$ 测量，应符合下列规定：

1）互感器的绕组 $\tan\delta$ 测量电压应在 10kV 测量，$\tan\delta$ 不应大于表 ZY1600202002-4 中数据。当对绝缘性能有怀疑时，可采用高压法进行试验，在 $(0.5\sim1)\,U_m/\sqrt{3}$ 范围内进行，$\tan\delta$ 变化量不应大于 0.2%，电容变化量不应大于 0.5%。

2）末屏 $\tan\delta$ 测量电压为 2kV。

表 ZY1600202002-4 　　　　　　　　　　　　　互 感 器 电 压 等 级 　　　　　　　　　　　　　　　　kV

种类 ＼ 额定电压（kV）	20～35	66～110	220	330～500
油浸式电流互感器	2.5	0.8	0.6	0.5
充硅酯及其他干式电流互感器	0.5	0.5	0.5	—
油浸式电压互感器绕组	3	2.5		—
串级式电压互感器支架	—	6		
油浸式电流互感器末端	—	2		

（4）互感器的局部放电测量，应符合下列规定：

1）局部放电测量宜与交流耐压试验同时进行。

2）电压等级为 35～110kV 互感器的局部放电测量可按 10%进行抽测，若局部放电量达不到规定要求应增大抽测比例。

3）电压等级 220kV 及以上互感器在绝缘性能有怀疑时宜进行局部放电测量。

4）局部放电测量时，应在高压侧（包括电压互感器感应电压）监测施加的一次电压。

5）局部放电测量的测量电压及视在放电量应满足表 ZY1600202002-5 中的规定。

表 ZY1600202002-5 　　　　　　　　　　互感器局部放电测量标准

种　　类			测量电压（kV）	允许的视在放电量水平（pC）	
				环氧树脂及其他干式	油浸式和气体式
电流互感器			$1.2U_m/\sqrt{3}$	50	20
			$1.2U_m$（必要时）	100	50
电压互感器	≥66kV		$1.2U_m/\sqrt{3}$	50	20
			$1.2U_m$（必要时）	100	50
	35kV	全绝缘结构	$1.2U_m$	100	50
			$1.2U_m/\sqrt{3}$	50	20
		半绝缘结构	$1.2U_m/\sqrt{3}$	50	20
			$1.2U_m$（必要时）	100	50

（5）互感器交流耐压试验，应符合下列规定：

1）应按出厂试验电压的 80%进行。

2）电磁式电压互感器（包括电容式电压互感器的电磁单元）在遇到铁芯磁通密度较高的情况下，宜按下列规定进行感应耐压试验：

a. 感应耐压试验电压应为出厂试验电压的 80%。

b. 试验电源频率应为 45～65Hz，全电压下耐受时间为 60s。感应电压试验时，为防止铁芯饱和及励磁电流过大，试验电压的频率应适当大于额定频率。除另有规定，当试验电压频率等于或小于 2 倍额定频率时，全电压下试验时间为 60s；当试验电压频率大于 2 倍额定频率时，全电压下试验时间（s）为：60×2 倍的额定频率/试验频率，但不少于 15s。

c. 感应耐压试验前后，应各进行一次额定电压时的空载电流测量，两次测得值相比不应有明显差别。

d. 电压等级 66kV 及以上的油浸式互感器，感应耐压试验前后，应进行一次绝缘油的色谱分析，两次测得值相比不应有明显差别。

e. 感应耐压试验时，应在高压端测量电压值。

f. 对电容式电压互感器的中间电压变压器进行感应耐压试验时，应将分压电容拆开。由于产品结构原因现场无条件拆开时，可不进行感应耐压试验。

3）电压等级 220kV 以上的 SF$_6$ 气体绝缘互感器（特别是电压等级为 500kV 的互感器）宜在安装完毕的情况下进行交流耐压试验。

4）二次绕组之间及其对外壳的工频耐压试验电压标准应为 2kV。

5）电压等级 110kV 及以上的电流互感器末屏及电压互感器接地端（N）对地的工频耐压试验电压标准，应为 3kV。

（6）绝缘介质性能试验，对绝缘性能有怀疑的互感器，应检测绝缘介质性能，并符合下列规定：

1）绝缘油的性能应符合表 ZY1600202002-6 中的要求。

表 ZY1600202002-6　　　　　　　　绝 缘 油 性 能 标 准

序号	项目	标准			说明
1	外状	透明，无杂物或悬浮物			外观目视
2	水溶性酸，pH 值	＞5.4			按 GB/T 7598《运行中变压器油、汽轮机油水溶性酸测定法（比色法）》中的有关要求进行试验
3	酸值	≤0.03mgKOH/g			
4	闪点（闭口）	不低于	DB-10 140℃	DB-25 140℃　DB-45 135℃	按 GB 261《石油产品闪点测定法（闭口杯法）》中的有关要求进行试验
5	水分	500kV 电压等级≤10mg/L 220～330kV 电压等级≤15mg/L 110kV 以下电压等级≤20mg/L			按 GB/T 7600《运行中变压器油水分含量测定法（库仑法）》或 GB/T 7601《运行中变压器油水分测定法（气相色谱法）》中的有关要求进行试验
6	界面张力（25℃）	≥35mN/m			按 GB/T 6541《石油产品油对水界面张力测定法（圆环法）》中的有关要求进行试验
7	介质损耗因数 tanδ	90℃时， 注入电气设备前≤0.5% 注入电气设备后≤0.7%			按 GB/T 5654《液体绝缘材料工频相对介电常数、介质损耗因数和体积电阻率的测量》中的有关要求进行试验
8	击穿电压	500kV 电压等级≥60kV 330kV 电压等级≥50kV 60～220kV 电压等级≥40kV 35kV 及以下电压等级≥35kV			1. 按 GB/T 507《绝缘油 击穿电压测定法》或 DL/T 429.9《电力系统油质试验方法 绝缘油介电强度测定法》中的有关要求进行试验 2. 油样应取自被试设备 3. 该指标为平板电极测定值，其他电极可按 GB/T 7595《运行中变压器油质量标准》及 GB/T 507《绝缘油 击穿电压测定法》中的有关要求进行试验 4. 注入设备的新油均不应低于本标准
9	体积电阻率（90℃）	≥6×10^{10}Ω·m			按 GB/T 5654《液体绝缘材料工频相对介电常数、介质损耗因数和体积电阻率的测量》或 DL/T 421《绝缘油体积电阻率测定法》中的有关要求进行试验
10	油中含气量（体积分数）	330～500kV 电压等级≤1%			按 DL/T 423《绝缘油中含气量测定 真空压差法》或 DL/T 450《绝缘油中含气量的测定方法（二氧化碳洗脱法）》中的有关要求进行试验
11	油泥与沉淀物（质量分数）	≤0.02%			按 GB/T 511《石油产品和添加剂机械杂质测定法（重量法）》中的有关要求进行试验
12	油中溶解气体组分含量色谱分析	见本标准有关内容			按 GB/T 17623《绝缘油中溶解气体组分含量的气相色谱测定法》、GB/T 7252《变压器油中溶解气体分析和判断导则》及 DL/T 722《变压器油中溶解气体分析和判断导则》中的有关要求进行试验

2）SF$_6$ 气体的性能应符合如下要求：SF$_6$ 气体充入设备 24h 后取样，SF$_6$ 气体水分含量不得大于 250μL/L（20℃体积分数）。

3）电压等级在 66kV 以上的油浸式互感器，应进行油中溶解气体的色谱分析。油中溶解气体组分含量（μL/L）不宜超过下列任一值，总烃含量不大于 10μL/L，H$_2$ 含量不大于 50μL/L，C$_2$H$_2$ 含量不大于 0μL/L。

（7）绕组直流电阻测量，应符合下列规定：

1）电压互感器。一次绕组直流电阻测量值，与换算到同一温度下的出厂值比较，相差不宜大于

10%。二次绕组直流电阻测量值，与换算到同一温度下的出厂值比较，相差不宜大于15%。

2）电流互感器。同型号、同规格、同批次电流互感器一、二次绕组的直流电阻和平均值的差异不宜大于10%；当有怀疑时，应提高施加的测量电流，测量电流（直流值）一般不宜超过额定电流（方均根值）的50%。

（8）检查互感器的接线组别和极性，必须符合设计要求，并应与铭牌和标志相符。

（9）互感器误差测量应符合下列规定：

1）用于关口计量的互感器（包括电流互感器、电压互感器和组合互感器）必须进行误差测量，且进行误差检测的机构（实验室）必须是国家授权的法定计量检定机构。

2）用于非关口计量，电压等级35kV及以上的互感器，宜进行误差测量。

3）用于非关口计量，电压等级35kV以下的互感器，检查互感器变比，应与制造厂铭牌值相符。对多抽头的互感器，可只检查使用分接头的变比。

4）非计量用绕组应进行变比检查。

（10）当继电保护对电流互感器的励磁特性有要求时，应进行励磁特性曲线试验。当电流互感器为多抽头时，可在使用抽头或最大抽头测量。测量后核对是否符合产品要求。

（11）电磁式电压互感器的励磁曲线测量，应符合下列要求：

1）用于励磁曲线测量的仪表为方均根值表，若发生测量结果与出厂试验报告和型式试验报告有较大出入（大于30%）时，应核对使用的仪表种类是否正确。

2）一般情况下，励磁曲线测量点为额定电压的20%、50%、80%、100%和120%。对于中性点直接接地的电压互感器（N端接地），电压等级35kV及以下电压等级的电压互感器最高测量点为190%；电压等级66kV及以上的电压互感器最高测量点为150%。

3）对于额定电压测量点（100%），励磁电流不宜大于其出厂试验报告和型式试验报告的测量值的30%，同批次、型号、规格电压互感器此点的励磁电流不宜相差30%。

（12）电容式电压互感器（CVT）检测，应符合下列规定：

1）CVT电容分压器电容量和介质损耗角$\tan\delta$的测量结果：电容量与出厂值比较其变化量超过-5%或10%时要引起注意，$\tan\delta$不应大于0.5%；条件许可时测量单节电容器在10kV至额定电压范围内，电容量的变化量大于1%时判为不合格。

2）CVT电磁单元因结构原因不能将中压连线引出时，必须进行误差试验，若对电容分压器绝缘有怀疑时，应打开电磁单元引出中压连线进行额定电压下的电容量和介质损耗角$\tan\delta$的测量。

3）CVT误差试验应在支架（柱）上进行。

4）如果电磁单元结构许可，电磁单元检查包括中间变压器的励磁曲线测量、补偿电抗器感抗测量、阻尼器和限幅器的性能检查，交流耐压试验参照电磁式电压互感器，施加电压按出厂试验的80%进行。

（13）密封性能检查，应符合下列规定：

1）油浸式互感器外表应无可见油渍现象。

2）SF_6气体绝缘互感器定性检漏无泄漏点，有怀疑时进行定量检漏，年泄漏率应小于1%。

（14）测量铁芯夹紧螺栓的绝缘电阻，应符合下列规定：

1）在做器身检查时，应对外露的或可接触到的铁芯夹紧螺栓进行测量。

2）采用2500V绝缘电阻表测量，试验时间为1min，应无闪络及击穿现象。

3）穿芯螺栓一端与铁芯连接者，测量时应将连接片断开，不能断开的可不进行测量。

三、互感器预防性试验项目与标准

（一）电磁式电压互感器预防性试验项目、周期和要求

1. 绝缘电阻测量

（1）周期：1～3年。

（2）要求。试验要求一般自行规定，一次绕组用2500V绝缘电阻表，二次绕组用1000V或2500V绝缘电阻表。

2. 介质损耗因数 tanδ（20kV 及以上）

（1）周期。

1）绕组绝缘：1～3 年。

2）66～220kV 串级式电压互感器支架：投运前、大修后或必要时。

（2）要求。

1）绕组绝缘的介质损耗因数 tanδ 不应大于表 ZY1600202002-7 中数值。

表 ZY1600202002-7　　　　　　　绕组绝缘的介质损耗因数

温度（℃）		5	10	20	30	40
35kV 及以下	大修后（%）	1	2.5	3	5	7
	运行中（%）	2	2.5	3.5	5.5	8
35kV 及以上	大修后（%）	1	1.5	2	3.5	5
	运行中（%）	1.5	2	2.5	4	5.5

2）支架绝缘的介质损耗因数 tanδ 一般不大于 6%。

3）串级式电压互感器的 tanδ 试验方法建议采用末端屏蔽法，其他试验方法与要求自行规定。

4）对 35kV 以上单级式电压互感器，厂家规定出厂值 tanδ≤0.5%，运行中应按此掌握。

3. 油中溶解气体的色谱分析

（1）周期。

1）1～3 年（66kV 及以上）。

2）投运前。

（2）要求。

1）油中溶解气体组分含量（体积分数）超过下列任一值时应引起注意：总烃≤100μL/L；H_2≤150μL/L；C_2H_2≤2μL/L（110kV 及以下），1μL/L（220～500kV）。

2）新投运互感器的油中不应含有 C_2H_2。

3）全密封互感器按制造厂要求（如果有）进行。

4. 交流耐压试验

（1）周期：3 年（20kV 及以下）。

（2）要求。

1）一次绕组按出厂值的 85% 进行，出厂值不明的按表 ZY1600202002-8 中电压进行试验。

表 ZY1600202002-8　　　　　　　交 流 耐 压 试 验 电 压　　　　　　　kV

电压等级	3	6	10	15	20	35	66
试验电压	15	21	30	38	47	72	120

2）二次绕组之间及末屏对地为 2kV。

3）全部更换绕组绝缘后按出厂值进行。

4）串级式或分级绝缘的互感器用倍频感应耐压试验。

5）进行倍频感应耐压试验时应考虑互感器的容升电压。

6）倍频感应耐压试验前后，应检查有无绝缘损伤。

5. 局部放电测量

（1）周期。

1）投运前。

2）1～3 年（20～35kV 固体绝缘互感器）。

（2）要求。

1）固体绝缘相对地电压互感器在电压为 $1.1U_m/\sqrt{3}$ 时，放电量不大于 100pC，在电压为 $1.1U_m$ 时

（必要时），放电量不大于 500pC。固体绝缘相对相电压互感器，在电压为 1.1U_m 时，放电量不大于 100pC。

2）110kV 及以上油浸式电压互感器在电压为 1.1U_m/$\sqrt{3}$ 时，放电量不大于 20pC。

3）出厂时有试验报告者投运前可不进行试验或只进行抽查试验。

6．空载电流测量

（1）周期：必要时。

（2）要求。

1）在额定电压下，空载电流与出厂数值比较无明显差别。

2）在中性点非有效接地系统的试验电压 1.9U_n/$\sqrt{3}$ 下，空载电流不应大于最大允许电流。

3）在中性点接地系统试验电压 1.5U_n/$\sqrt{3}$ 下，空载电流不应大于最大允许电流。

（二）电容式电压互感器预防性试验项目、周期和要求

1．极间绝缘电阻测量

（1）周期。

1）投运后 1 年。

2）1～3 年。

（2）要求：用 2500kV 绝缘电阻表，一般不低于 5000MΩ。

2．电容值测量

（1）周期。

1）投运后 1 年内。

2）1～3 年。

（2）要求。

1）每节不超过额定值的 −5%～+10%。

2）当大于出厂值的 2%时应缩短周期。

3）一相中任意两节电容值相差不超过 5%。

3．介质损耗因数 tanδ

（1）周期。

1）投运后 1 年内。

2）1～3 年。

（2）要求。

1）在 10kV 试验电压下，油纸绝缘不大于 0.005，膜纸复合绝缘不大于 0.002。

2）当不符合要求时可在额定电压下复测，复测值符合要求可继续运行。

4．低压端对地绝缘电阻测量

（1）周期：1～3 年。

（2）要求：用 1000V 绝缘电阻表测量，一般不低于 100MΩ。

（三）电流互感器预防性试验项目、周期和要求

1．绕组及末屏绝缘电阻

（1）周期。

1）投运前。

2）1～3 年。

（2）要求。

1）采用 2500V 绝缘电阻表测量。

2）绕组绝缘电阻与初始值及历次数据比较不应有显著变化。

3）电容型电流互感器末屏对地绝缘电阻一般不低于 1000MΩ。

2．介质损耗因数 tanδ 及电容量

（1）周期。

1）投运前。

2）1～3 年。

（2）要求。

1）主绝缘介质损耗因数 $\tan\delta$ 不应大于表 ZY1600202002-9 中的数值，且与历年数据比较，不应有显著变化。

表 ZY1600202002-9　　　　　　　　　　主绝缘介质损耗因数

电压等级（kV）		20～35	66～110	220	330～500
大修后	油纸电容型	—	1%	0.7%	0.6%
	充电型	3%	2%	—	—
	胶纸电容型	0.025	0.02	—	—
运行中	油纸电容型		1%	0.8%	0.7%
	充电型	3.5%	2.5%	—	—
	胶纸电容型	3%	2.5%	—	—

2）电容型电流互感器主绝缘电容量与初始值或出厂值差别超出–5%～+5%范围时应查明原因。

3）当电容型电流互感器末屏对地绝缘电阻小于 1000MΩ 时，应测量末屏对地 $\tan\delta$，其值不大于 0.02。

4）主绝缘 $\tan\delta$ 试验电压 10kV，末屏对地 $\tan\delta$ 试验电压 2kV。

5）油纸电容型 $\tan\delta$ 一般不进行温度换算，当 $\tan\delta$ 值与出厂值或上一次试验值比较有明显增长时，应综合分析 $\tan\delta$ 与温度、电压的关系，当 $\tan\delta$ 随温度明显变化或试验电压由 10kV 升到 $U_m/\sqrt{3}$ 时，$\tan\delta$ 增量超过 –0.3%～+0.3% 不应继续运行。

6）固体绝缘互感器可不进行 $\tan\delta$ 测量。

3. 油中溶解气体色谱分析

（1）周期。

1）投运前。

2）1～3 年（66kV 及以上）。

（2）要求。

1）油中溶解气体组分含量（体积分数）超过下列任一值应引起注意：总径≤100μL/L；H_2≤150μL/L；C_2H_2≤2μL/L（110kV 及以下），1μL/L（220～500kV）。

2）新投入互感器的油中不应含有 C_2H_2。

3）全密封互感器按制造厂要求进行。

4. 交流耐压试验

（1）周期：1～3 年（20kV 及以下）。

（2）要求。

1）一次绕组按出厂值的 85% 进行，出厂值不明的按表 ZY1600202002-10 中电压进行试验。

表 ZY1600202002-10　　　　　　　　交 流 耐 压 试 验 电 压　　　　　　　　　　kV

电压等级	3	6	10	15	20	35	66
试验电压	15	21	30	38	47	72	120

2）二次绕组之间及末屏对地为 2kV。

3）全部更换绕组绝缘后按出厂值进行。

5. 局部放电测量

（1）周期：1～3 年（20～35kV 固体绝缘互感器）。

（2）要求。

1）固体绝缘互感器在电压为 $1.1U_m/\sqrt{3}$ 时，放电量不大于 100pC；在电压为 $1.1U_m$ 时（必要时），放电量不大于 500pC。

2）110kV 及以上油浸式互感器在电压为 $1.1U_m/\sqrt{3}$ 时，放电量不大于 20pC。

3）试验按《互感器局部放电测量》进行。

四、关于互感器状态检修试验一些规定

长期以来，DL/T 596—1996《电力设备预防性试验规程》一直是电力生产实践中重要的常用标准。国家电网公司在 2008 年发布了 Q/GDW 168—2008《输变电设备状态检修试验规程》，对于开展状态检修的单位和设备可执行 Q/GDW 168—2008，对于没有开展状态检修的单位和设备，仍然应执行 DL/T 596—1996 开展预防性试验。

根据 Q/GDW 168—2008 的有关规定，互感器状态检修试验分为例行试验和诊断性试验。例行试验通常按周期进行，诊断性试验只在诊断设备状态时根据情况有选择地进行。

（一）例行试验

例行试验指为获取设备状态量，评估设备状态，及时发现事故隐患，定期进行的各种带电检测和停电试验，需要设备退出运行才能进行的例行试验称为停电例行试验。例行试验的基准周期适用于一般情况，对于停电例行试验，其周期可以依据设备状态、地域环境、电网结构等特点，在基准周期的基础上酌情延长或缩短，调整后的周期一般不小于 1 年，也不大于基准周期的 1.5 倍。

1. 电流互感器例行试验项目及标准

（1）红外热像检测。

1）基准周期：330kV 及以上为 1 个月，220kV 为 3 个月，110kV/66kV 为半年。

2）试验标准：检测高压引线连接处、电流互感器本体等，红外热像图显示应无异常温升、温差和（或）相对温差。检测和分析方法参考 DL/T 664。

（2）油中溶解气体分析。

1）基准周期：正立式不大于 3 年；倒置式不大于 6 年。

2）试验标准：乙炔含量不大于 2μL/L（110kV/66kV，注意值），1μL/L（220kV 及以上，注意值）；氢气含量不大于 150μL/L（注意值）；总烃含量不大于 100μL/L（注意值）。

取样时，需注意设备技术文件的特别提示（如有），并检查油位应符合设备技术文件之要求。制造商明确禁止取油样时，宜作为诊断性试验。

（3）绝缘电阻。

1）基准周期：3 年。

2）试验标准：一次绕组，初值差不超过-50%（注意值）；末屏对地（电容型）大于 1000MΩ（注意值）。

采用 2500V 绝缘电阻表测量。当有两个一次绕组时，还应测量一次绕组间的绝缘电阻。一次绕组的绝缘电阻应大于 3000MΩ，或与上次测量值相比无显著变化。有末屏端子的，测量末屏对地绝缘电阻。测量结果应符合要求。

（4）电容量和介质损耗因数（固体绝缘或油纸绝缘）。

1）基准周期：3 年。

2）试验标准：电容量初值差不超过±5%（警示值）。介质损耗因数 $\tan\delta$ 满足下列要求（注意值）：U_m 为 126kV/72.5kV 时，$\tan\delta\leqslant0.8\%$；U_m 为 252kV/363kV 时，$\tan\delta\leqslant0.7\%$；$U_m\geqslant550$kV 时，$\tan\delta\leqslant0.6\%$；聚四氟乙烯缠绕绝缘 $\tan\delta\leqslant0.5\%$。超过注意值时，首先判断测量前应确认外绝缘表面清洁、干燥。如果测量值异常（测量值偏大或增量偏大），可测量介质损耗因数与测量电压之间的关系曲线，测量电压从 10kV 到 $U_m/\sqrt{3}$，介质损耗因数的增量应不大于±0.3%，且介质损耗因数不超过 0.7%（$U_m\geqslant550$kV）、0.8%（U_m 为 363kV/252kV）、1%（U_m 为 126kV/72.5kV）。当末屏绝缘电阻不能满足要求时，可通过测量末屏介质损耗因数作进一步判断，测量电压为 2kV，通常要求小于 0.015。

（5）SF$_6$ 气体湿度检测（SF$_6$ 绝缘）。

1）基准周期：3 年。

2）试验标准：不大于 500μL/L（注意值）。

新投运时测一次，若接近注意值，半年之后应再测一次；新充（补）气 48h 之后至 2 周之内应测量一次；气体压力明显下降时，应定期跟踪测量气体湿度。

2. 电磁式电压互感器例行试验项目及标准

（1）红外热像检测。

1）基准周期：330kV 及以上为 1 个月，220kV 为 3 个月，110kV/66kV 为半年。

2）试验标准：检测高压引线连接处、电流互感器本体等，红外热像图显示应无异常温升、温差和（或）相对温差。检测和分析方法参考 DL/T 664。

（2）绕组绝缘电阻。

1）基准周期：3 年。

2）试验标准：一次绕组，初值差不超过–50%（注意值），二次绕组不小于 10MΩ（注意值）。

一次绕组用 2500V 绝缘电阻表，二次绕组采用 1000V 绝缘电阻表。测量时，非被测绕组应接地。同等或相近测量条件下，绝缘电阻应无显著降低。

（3）绕组绝缘介质损耗因数。

1）基准周期：3 年。

2）试验标准：不大于 0.02（串级式，注意值），不大于 0.005（非串级式，注意值）。

测量一次绕组的介质损耗因数，一并测量电容量，作为综合分析的参考。测量方法参考 DL/T 474.3。

（4）油中溶解气体分析（油纸绝缘）。

1）基准周期：3 年。

2）试验标准：乙炔含量不大于 2μL/L（注意值），氢气含量不大于 150μL/L（注意值），总烃含量不大于 100μL/L（注意值）。

取样时，需注意设备技术文件的特别提示（如有），并检查油位应符合设备技术文件之要求。制造商明确禁止取油样时，宜作为诊断性试验。

（5）SF_6 气体湿度检测（SF_6 绝缘）。

1）基准周期：3 年。

2）试验标准：不大于 500μL/L（注意值）。

新投运测一次，若接近注意值，半年之后应再测一次；新充（补）气 48h 之后至 2 周之内应测量一次；气体压力明显下降时，应定期跟踪测量气体湿度。

3. 电容式电压互感器例行试验项目及标准

（1）红外热像检测。

1）基准周期：330kV 及以上为 1 个月，220kV 为 3 个月，110kV/66kV 为半年。

2）试验标准：检测高压引线连接处、电流互感器本体等，红外热像图显示应无异常温升、温差和（或）相对温差。检测和分析方法参考 DL/T 664。

（2）分压电容器试验

1）基准周期：3 年。

2）试验标准：极间绝缘电阻不小于 5000MΩ（注意值）；电容量初值差不超过±2%（警示值）介质损耗因数不大于 0.5%（油纸绝缘，注意值）或不大于 0.002 5（膜纸复合，注意值）。

在测量电容量时宜同时测量介质损耗因数，多节串联的，应分节独立测量。试验时应按设备技术文件要求并参考 DL/T 474 进行。除例行试验外，当二次电压异常时，也应进行本项目。

（3）二次绕组绝缘电阻。

1）基准周期：3 年。

2）试验标准：不小于 10MΩ（注意值）。

（二）诊断性试验

诊断性试验为发现设备状态不良，或经受了不良工况，或受家族缺陷警示，或连续运行了较长时间，为进一步评估设备状态进行的试验。

1. 电流互感器诊断性试验项目及标准

（1）绝缘油试验（油纸绝缘）。

1）试验标准：视觉检查要求透明，无杂质和悬浮物。

2）500kV 及以上电流互感器绝缘油击穿电压不小于 50kV（警示值）；330kV 电流互感器绝缘油击穿电压不小于 45kV（警示值）；220kV 电流互感器绝缘油击穿电压不小于 40kV（警示值）；110kV/66kV 电流互感器绝缘油击穿电压不小于 35kV（警示值）。

3）330kV 及以上电流互感器绝缘油水分不大于 15mg/L（注意值）；220kV 及以下电流互感器绝缘油水分不大于 25mg/L（注意值）。

4）500kV 及以上电流互感器绝缘油介质损耗因数（90℃）不大于 0.02（注意值）；330kV 及以下电流互感器绝缘油介质损耗因数（90℃）不大于 0.04（注意值）。

5）电流互感器绝缘油酸值不大于 0.1mg（KOH）/g（注意值）。

（2）交流耐压试验。试验标准：一次绕组试验电压为出厂试验值的 80%，二次绕组之间及末屏对地试验电压为 2kV。

（3）局部放电测量。试验标准：$1.2U_m/\sqrt{3}$ 下，不大于 20pC（气体，注意值），不大于 20pC（油纸绝缘及聚四氟乙烯缠绕绝缘，注意值），不大于 50pC（固体，注意值）。

（4）电流比校核。校核标准：符合设备技术文件要求。

（5）绕组电阻测量。试验标准：与初值比较，应无明显差别。

（6）气体密封性检测（SF$_6$ 绝缘）。试验标准：漏气量不大于 1%/年或符合设备技术文件要求（注意值）。

（7）气体密度表（继电器）校验。试验标准：校验按设备技术文件要求进行。

2. 电磁式电压互感器诊断性试验项目及标准

（1）交流耐压试验。试验标准：一次绕组试验电压为出厂试验值的 80%；二次绕组之间及末屏对地试验电压为 2kV。

（2）局部放电测量。试验标准：$1.2U_m/\sqrt{3}$ 下，不大于 20pC（气体，注意值），不大于 20pC（液体浸渍，注意值），不大于 50pC（固体，注意值）。

（3）绝缘油试验（油纸绝缘）。

1）试验标准：视觉检查要求透明，无杂质和悬浮物。

2）500kV 及以上电流互感器绝缘油击穿电压不小于 50kV（警示值）；330kV 电流互感器绝缘油击穿电压不小于 45kV（警示值）；220kV 电流互感器绝缘油击穿电压不小于 40kV（警示值）；110kV/66kV 电流互感器绝缘油击穿电压不小于 35kV（警示值）。

3）330kV 及以上电流互感器绝缘油水分不小于 15mg/L（注意值）；220kV 及以下电流互感器绝缘油水分不小于 25mg/L（注意值）。

4）500kV 及以上电流互感器绝缘油介质损耗因数（90℃）不大于 0.02（注意值）；330kV 及以下电流互感器绝缘油介质损耗因数（90℃）不大于 0.04（注意值）。

5）电流互感器绝缘油酸值不小于 0.1mg（KOH）/g（注意值）。

（4）SF$_6$ 气体成分分析（SF$_6$ 绝缘）。试验标准：SF$_6$ 气体增含量不大于 0.1%（注意值），0.05%（新投运，注意值）；空气（O$_2$+N$_2$）含量不大于 0.2%（注意值），0.05%（新投运，注意值）；可水解氟化物含量不大于 1.0μg/g（注意值）；矿物油含量不大于 10μg/g（注意值）；密度（20℃，0.101 3MPa）为 6.17g/L；SF$_6$ 气体纯度不小于 99.8%（质量分数）；酸度不大于 0.3μg/g（注意值）。

监督杂质组分（CO、CO$_2$、HF、SO$_2$、SF$_6$、SOF$_2$、SO$_2$F$_2$）增长情况（μg/g）。

（5）支架介质损耗测量。试验标准：支架介质损耗不大于 0.05。

（6）电压比校核。校核标准：符合设备技术文件要求。

（7）励磁特性测量。试验标准：与出厂值相比应无显著改变；与同批次、同型号的其他电磁式电压互感器相比，彼此差异不应大于 30%。

（8）气体密封性检测（SF$_6$ 绝缘）。试验标准：漏气量不大于 1%/年或符合设备技术文件要求（注意值)。

(9)气体密度表(继电器)校验。试验标准:校验按设备技术文件要求进行。

3．电容式电压互感器诊断性试验项目及标准

(1)局部放电测量。试验标准:$1.2U_\mathrm{m}/\sqrt{3}$ 下,不大于 10pC。

(2)电磁单元感应耐压试验。试验标准:试验电压为出厂试验值的 80%或按设备技术文件要求。若产品结构原因在现场无法拆开的可不进行耐压试验。

(3)电磁单元绝缘油击穿电压和水分测量。试验标准:绝缘油击穿电压不小于 35kV;互感器绝缘油水分不大于 25mg/L。

(4)阻尼装置检查。试验标准:符合设备技术文件要求。

【思考与练习】

1．简述电容式电压互感器诊断性试验的项目及标准。

2．简述 SF_6 电流互感器交接试验的项目及标准。

第五章　电抗器和消弧线圈试验

模块 1　电抗器和消弧线圈试验的基本知识（ZY1600203001）

【模块描述】本模块介绍了电抗器、消弧线圈试验的分类和几种常见电气试验目的，通过概念介绍，了解电抗器、消弧线圈试验的基本知识。

【正文】

一、电抗器、消弧线圈试验的分类

电抗器、消弧线圈从制造开始，要进行一系列试验。这些试验包括：在制造时对原材料的试验、制造过程的中间试验、产品的定性及出厂试验、在使用现场安装后的交接试验、使用中为维护运行而进行的绝缘预防性试验等。

按电抗器、消弧线圈使用中的各阶段试验性质不同，有以下分类：

（1）电抗器、消弧线圈在制造厂有三种试验：

1）例行试验：每台电抗器、消弧线圈都要承受的试验。

2）型式试验：在一台有代表性的电抗器、消弧线圈上所进行的试验，以证明被代表的电抗器、消弧线圈已符合规定要求（但例行试验除外）。

3）特殊试验：除型式试验和例行试验外，按制造厂和用户协议所进行的试验。

（2）在使用现场安装后有四种试验：

1）交接试验。

2）预防性试验。

3）检修试验。

4）故障试验。

试验项目按其作用、要求及所反映缺陷情况不同可分为绝缘试验和特性试验两种：

（1）反映绝缘性能的试验——绝缘试验。如绝缘电阻和吸收比试验、测量介质损耗角正切值试验、泄漏电流试验、变压器油试验及工频耐压和感应耐压试验。U_m 不小于 300kV 在线端应做全波及操作波冲击试验。

（2）特性试验。通常把绝缘以外的试验统称为特性试验，这类试验主要是对电抗器、消弧线圈各种参数等进行测量，有了这些数据，能对这台电抗器、消弧线圈的性能有全面了解，如变比、直流电阻、空载、短路、温升及突然短路试验。

二、电抗器、消弧线圈几种常见电气试验目的

电抗器、消弧线圈的绝缘电阻、直流电阻等几种常见电气试验的基本试验方法和目的同变压器，以下仅介绍消弧线圈的部分试验。

1. 消弧线圈伏安特性试验目的

为使消弧线圈补偿系统的调谐正确，消弧线圈在投入运行前和大修后，必须在工频电源下测量伏安特性 $U=f(I)$。所谓伏安特性就是消弧线圈在不同分接时，线圈两端电压与其电流之间的关系曲线。

2. 消弧线圈补偿系统的调谐试验目的

调谐试验，实际上是测量消弧线圈补偿系统的调谐曲线，调谐曲线试验是消弧线圈投入运行与系统容抗是否相适应的最实际的试验。其目的是使消弧线圈在电网的各种运行方式下，都处于合理的补偿状态（即合理的过补偿状态），就需要将消弧线圈接入系统中，测量在不同运行方式下的系统调谐曲线。从而可以在各种运行方式下正确地调谐消弧线圈补偿状态，以利于系统的安全运行。

3. 消弧线圈补偿系统电容电流测量目的

系统电容电流 I_C 是指系统在没有补偿的情况下，发生单相接地时通过故障点的无功电流。

【思考与练习】

1. 电抗器、消弧线圈的试验目的是什么？
2. 电抗器、消弧线圈在制造厂和使用现场安装运行后分别有哪些试验？

模块 2　电抗器和消弧线圈试验的项目和判断标准
（ZY1600203002）

【模块描述】本模块介绍了电抗器预防性试验、交接试验、大修试验的项目和判断标准及消弧线圈检修前后的试验项目和判断标准，通过概念描述、要点归纳，熟悉电抗器、消弧线圈试验的项目和判断标准。

【正文】

本模块主要介绍电抗器和消弧线圈的试验项目，试验的判断标准可参照模块 ZY1600201002 中同电压等级变压器试验的判断标准。

一、电抗器试验

1. 油浸式电抗器交接、大修试验项目

（1）油中溶解气体色谱分析。
（2）绕组直流电阻。
（3）绕组绝缘电阻、吸收比或（和）极化指数。
（4）绕组的 $\tan\delta$。
（5）电容型套管的 $\tan\delta$ 和电容值。
（6）电容型套管的末屏绝缘电阻试验。
（7）绝缘油试验。
（8）铁芯（有外引接地线的）绝缘电阻。
（9）穿心螺栓、铁轭夹件、铁芯、线圈压环及屏蔽等的绝缘电阻。
（10）油中含水量。
（11）油中含气量。
（12）测温装置及其二次回路试验。
（13）气体继电器及其二次回路试验。
（14）整体密封检查。
（15）冷却装置及其二次回路检查试验。
（16）套管中的电流互感器绝缘试验。

2. 油浸式电抗器预防性试验项目

（1）油中溶解气体色谱分析。
（2）绕组直流电阻。
（3）绕组绝缘电阻、吸收比或（和）极化指数。
（4）绕组的 $\tan\delta$。
（5）电容型套管的 $\tan\delta$ 和电容值。
（6）电容型套管的末屏绝缘电阻试验。
（7）绝缘油试验。
（8）铁芯（有外引接地线的）绝缘电阻。
（9）测温装置及其二次回路试验。
（10）气体继电器及其二次回路试验。

3. 干式电抗器试验项目及要求

干式电抗器试验项目及要求见表 ZY1600203002-1。

表 ZY1600203002-1　　干式电抗器试验项目及要求

序　号	试　验　项　目	要　　　求
1	直流电阻测量	换算至同一温度下与出厂值相比串联电抗器不大于 2%、并联电抗器不大于 1%；三相间的差别不大于三相平均值的 2%
2	绝缘电阻测量（并联电抗器的径向必要时进行）	同一温度下与历年数据比较无明显变化
3	外施交流耐压试验	无闪络、击穿
4	阻抗（或电感）测量（必要时）	与出厂值比无明显变化；符合运行要求
5	瓷柱式绝缘子探伤	无判废的情况
6	表面憎水性试验	无浸润现象

二、消弧线圈试验

（一）油浸式消弧线圈的试验项目

1. 检修前的试验

（1）测量绕组连同套管的直流电阻。

（2）测量绕组连同套管的绝缘电阻及吸收比。

（3）测量 35kV 及以上消弧线圈绕组连同套管的介质损耗因数。

（4）测量 35kV 及以上消弧线圈绕组连同套管的直流泄漏电流。

（5）非纯瓷套管的试验。

（6）绝缘油试验。

2. 检修后的试验

（1）测量绕组连同套管的直流电阻。

（2）测量绕组连同套管的绝缘电阻及吸收比。

（3）测量 35kV 及以上消弧线圈绕组连同套管的介质损耗因数。

（4）测量 35kV 及以上消弧线圈绕组连同套管的直流泄漏电流。

（5）非纯瓷套管的试验。

（6）绝缘油试验。

（7）绕组连同套管的交流耐压试验（大修后）。

（8）控制器模拟试验。

（二）干式消弧线圈的试验项目

1. 检修前的试验

（1）测量绕组连同套管的直流电阻。

（2）测量绕组连同套管的绝缘电阻及吸收比。

（3）测量铁芯绝缘电阻。

2. 检修后的试验

（1）测量绕组连同套管的直流电阻。

（2）测量绕组连同套管的绝缘电阻及吸收比。

（3）测量铁芯绝缘电阻。

（4）绕组连同套管的交流耐压试验（大修后）。

（5）控制器模拟试验。

（三）阻尼电阻的试验项目

1. 检修前试验

（1）测量绝缘电阻。

（2）测量直流电阻。

2. 检修后试验

（1）测量绝缘电阻。

（2）测量直流电阻。

（3）交流耐压试验（必要时）。

（四）接地变压器

接地变压器的试验项目及判断标准与变压器试验项目相同。

【思考与练习】

1. 油浸式电抗器预防性试验项目有哪些？

2. 消弧线圈的预防性试验有哪些？

模块 2

ZY1600203002

第三部分

变压器维护、检修、安装技能

第六章　变压器基本知识

模块 1　变压器的基本结构（ZY1600301001）

【模块描述】本模块介绍了变压器的铁芯、绕组、引线以及油箱等部件结构，通过概念介绍、结构分析，熟悉变压器及其部件的基本结构和作用。

【正文】

一、变压器的基本结构概述

变压器是具有两个或多个绕组的静止设备，为了传输电能，在同一频率下，通过电磁感应将一个系统的交流电压和电流转换为另一个系统的电压和电流，通常这些电流和电压的值是不同的。应用最广泛的油浸式电力变压器一般由铁芯、绕组、引线、油箱及外围附件等组成。其中，绕组和铁芯是变压器实现电磁转换的核心部分，而油箱、引线及各种附件是保证油浸式变压器运行所必需的。

二、变压器的铁芯

1. 铁芯的作用

铁芯是变压器的基本部件。从工作原理方面讲，铁芯是变压器的导磁回路，它把两个独立的电路用磁场紧密联系起来，电能由一次绕组转换为磁场能后经铁芯传递至二次绕组，在二次绕组中再转换为电能。从结构方面讲：铁芯一般都是一个机械上可靠的整体，在铁芯上套装线圈，铁芯夹件可以支撑引线，变压器内部几乎所有的部件都安装或固定在铁芯上。

2. 铁芯的结构

变压器铁芯的结构形式可分为壳式和芯式两大类，我国变压器制造厂普遍采用芯式结构。芯式铁芯又可分为单相双柱、单相三柱、三相三柱、三相五柱式等。大多数电力变压器通常为三相一体形势，常常采用三相三柱或三相五柱式铁芯，特大型变压器因为体积大运输困难，一般由三台单相变压器组成，其铁芯常采用单相三柱式。

变压器铁芯结构有多种形式，但其紧固结构和方法却大体相似，一般由夹件、铁芯绑扎带、紧固螺杆（拉板）绝缘件、横梁、垫脚等将叠积的硅钢片绑扎固定成为一个牢固的整体，作为变压器器身装配的骨架。典型的变压器铁芯结构如图 ZY1600301001-1 所示。

硅钢片是高导磁材料，它是铁芯的最重要部分。将含有一定比例硅元素的钢材轧制成片，两面涂敷绝缘层后即成硅钢片。硅钢片按制法可分为冷轧和热轧两类，按轧制后的晶粒排列规律可分为取向硅钢片和无取向硅钢片。其中冷轧取向硅钢片因为具有磁饱和点高、损耗和励磁容量低的显著优点在电力变压器领域被广泛应用。冷轧取向硅钢片也有缺点，例如其磁化特性的方向性强（沿轧制方向磁化特性好，损耗小；沿其轧制的正交方向不易磁化，损耗大），为了减少变压器角部损耗，设计时一般采用多级斜接缝，叠积难度相对较大，工艺要求高。又如冷轧取向硅钢片抗机械冲击能力差，加工、运输甚至叠积过程中的磕碰、弯曲均会导致硅钢片性能劣化。常用冷轧硅钢片的厚度有 0.23，0.27，0.30，0.35mm，越薄的硅钢片损耗水平越低，但叠片系数（导磁面积与几何面积的比值）也低，工艺难度相对较大。除硅钢片外，非晶合金也是一种重要的铁芯材料，非晶带材的厚度仅为硅钢片的 1/10，其涡流损耗水平较普通硅钢片可降低约 80%，在倡导节能环保的大背景下，非晶合金在配电变压器制造领域的应用越来越多。

大多数的铁芯由硅钢片叠积而成，也有部分小型变压器采用卷制工艺制作铁芯，相比而言卷铁芯有损耗低、噪声低较的优点，但其工艺难度相对较高。铁芯的截面大多为多级圆形 [见图 ZY1600301001-2（a）]，在旁轭、上轭、下轭等部位也有采用多级椭圆形 [见图 ZY1600301001-2（b）]、多级 D 形截面 [见图 ZY1600301001-2（c）]。

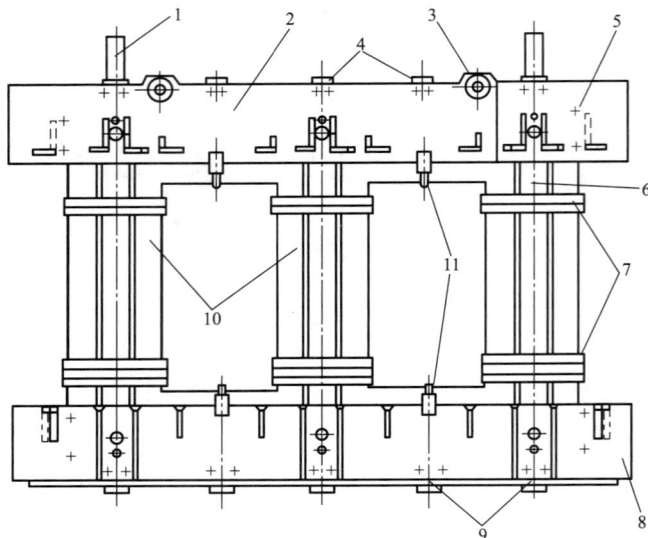

图 ZY1600301001-1　大型变压器铁芯典型结构示意图

1—上部定位件；2—上夹件；3—上夹件吊轴；4—横梁；5—拉紧螺杆；6—拉板；7—环氧绑扎带；

8—下夹件；9—垫脚；10—铁芯叠片；11—拉带

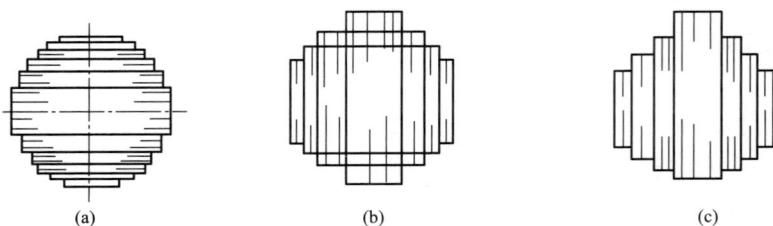

图 ZY1600301001-2　铁芯截面

（a）多级圆形；（b）多级椭圆形；（c）多级 D 形

　　变压器运行过程中，铁芯中有交变的磁场，该磁场在铁芯中会产生涡流损耗（变压器空载损耗的主要部分），大型变压器的铁芯发热量较大，为防止铁芯过热，可在铁芯叠片中设置冷却油道，一般情况下冷却油道由绝缘材料制成。

　　3. 铁芯的绝缘

　　铁芯的绝缘包括铁芯的片间绝缘和铁芯片与结构件之间的绝缘。硅钢片两面涂有极薄的绝缘膜（无机磷酸盐膜），即铁芯的片间绝缘，它把硅钢片彼此绝缘开来，以避免铁芯片间形成大的短路环流。在大型变压器中，为避免铁芯叠片中因感应电位累加而放电，在铁芯叠片中每隔一定厚度应放置 0.5～1mm 厚的绝缘纸板，把铁芯分隔为几个部分。此外，铁芯片与结构件的短路可以造成多点接地，可能产生短路回路而烧毁接地片甚至铁芯，因此铁芯片与夹件、侧梁、垫脚、拉板等结构件之间必须有良好的绝缘。

　　4. 铁芯的接地

　　铁芯及其金属结构件由于所处的电场及磁场位置不同，产生的电位和感应电动势也不同，当两点的电位差达到能够击穿两者之间的绝缘时，便相互之间产生放电，放电的结果使变压器油分解，并容易将固体绝缘破坏，导致事故的发生，为了避免上述情况的出现，铁芯及其他金属结构件（夹件、绕组的金属压板等）必须接地，使它们处于等电位（零电位）。需要注意的是，铁芯油道、片间绝缘纸板等两侧的铁芯片必须用金属接线片短接起来以保证整个铁芯可靠接地。

　　铁芯的接地必须是一点接地。虽然相邻铁芯片间绝缘电阻较大，但因绝缘膜极薄、正对面积大，所以片间电容很大，对于在交流电磁场中工作的铁芯来说通过片间电容的耦合，整个铁芯电位接近，可视为有效接地。但当铁芯两点（或多点）接地时，若两个（或多个）接地点处于不同的叠片级上，因处于交变电磁场中，两个接地点之间的铁芯片将有一定的感应电动势，并经大地形成回路产生一定的电流，这个电流将导致局部过热，严重的将烧毁接地片甚至铁芯，影响变压器的安全运行。

三、变压器的绕组

1. 绕组的作用

绕组是变压器的最主要构成部件之一,是变压器的导电部分。变压器的一次绕组通过铁芯将电能转换为磁场能,二次绕组通过铁芯将磁场能还原为电能并输出。

2. 常见绕组的结构

总的来说,电力变压器的绕组根据结构形式可分为层式线圈和饼式线圈两大类。线圈的线匝沿其轴向按层依次排列的为层式线圈;线圈的线匝在辐向形成线饼(线段)后,再沿轴向排列的为饼式线圈。层式线圈主要有圆筒式和箔式两种结构,饼式线圈主要有连续式、纠结式、内屏蔽式、螺旋式等结构。各种线圈在结构、电气和机械性能、绕制工艺等方面有很大区别,以下简单介绍几种常见的线圈结构及其特点。

(1)圆筒式线圈。圆筒式线圈是目前配电变压器高、低压绕组的主要结构形式。圆筒式线圈又可分为单圆筒式、双层(四层)圆筒式、多层圆筒式、分段圆筒式等。其共同的结构特点是线圈一般沿其辐向有多层,每层内线匝沿其轴向呈螺旋状前进(见图 ZY1600301001-3 和图 ZY1600301001-4)。圆筒式线圈层间有油道作为绝缘,垂直布置的层间油道的冷却效果优于水平油道。同时,圆筒式线圈层间紧密接触,层间电容大,在冲击电压下,有良好的冲击分布,因此,多层圆筒式线圈可应用于高电压产品上。但是圆筒式线圈的抗短路能力相对较差,在大容量电力变压器上鲜见应用。

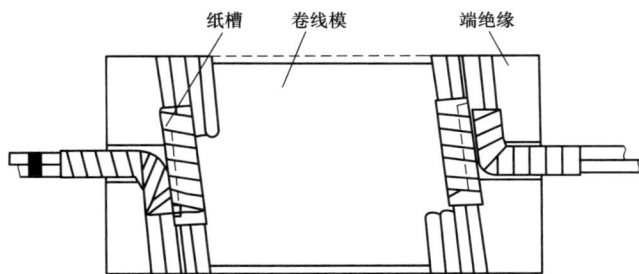

图 ZY1600301001-3 单层圆筒式线圈的结构

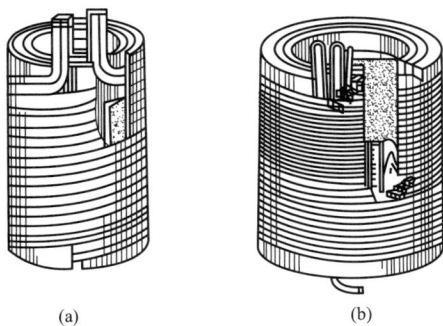

图 ZY1600301001-4 双层圆筒式和多层圆筒式线圈的结构
(a)双层圆筒式;(b)多层圆筒式

(2)箔式线圈。箔式线圈由铜箔或铝箔代替导线绕制而成。将绝缘材料和导电材料一起放在专用的箔式绕线机上连续绕制,每一层为一匝,每层铜或铝箔之间用绝缘材料隔开。绝缘的宽度大于铜箔或铝箔的宽度,两侧所差的尺寸,用与导电箔材厚度相同的绝缘带同时卷入形成端绝缘。箔式线圈的安匝分布均匀,辐向漏磁少,轴向电动力小,机械稳定性较好。其层间绕制紧密,层间电容远大于对地电容,在冲击电压下电压梯度分布均匀。箔式线圈目前主要用于变压器的低压绕组,也有厂家采用分段箔式结构增加匝数将箔式绕组用于高压绕组。

(3)连续式线圈。连续式线圈是最常见的饼式线圈之一。饼式线圈的主要特点是把导线沿绕组的辐向排列成圆饼状,而后把各个圆饼状的线饼用不同的方式串联起来构成不同型式的绕组,各个线饼之间放置作为饼间绝缘和构成饼间冷却油道的绝缘件。饼式线圈的机械强度要好于圆筒式,因而在大中型变压器中被广泛采用。

连续式线圈是典型的饼式线圈,一般用扁导线绕制,线段数为30~100段,采用特殊的工艺方法(倒饼)连续绕成,饼间没有焊接头,所以称为连续式线圈,其结构示意如图 ZY1600301001-5 所示。连续式结构在大型变压器中应用较多,既可用于低压绕组,也可全部或部分用于高压绕组中。

(4)螺旋式线圈。简单地说,螺旋式线圈就好似一支弹簧,其匝数一般为10~150。虽然螺旋式线圈本质上应看做是多根导线叠、并绕的单层圆筒式线圈,但由于其匝间有辐向油道而形成了线饼,所以将

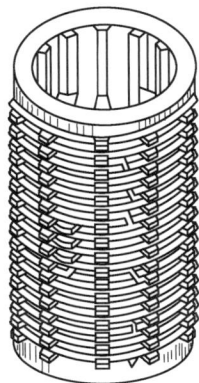

图 ZY1600301001-5 连续式线圈

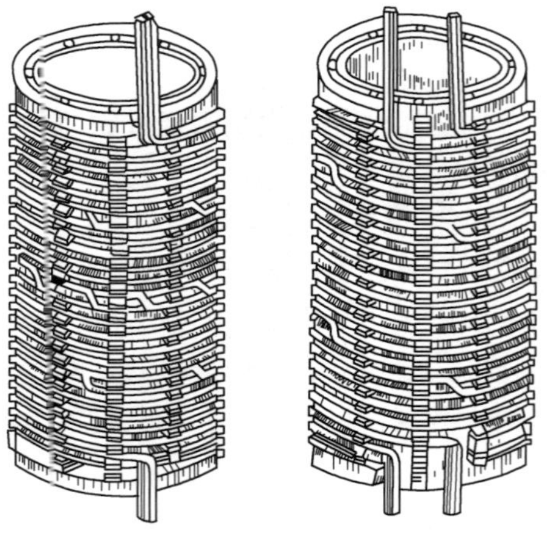

图 ZY1600301001-6 螺旋式线圈
(a) 单螺旋式；(b) 双螺旋式

其结构归为饼式，如图 ZY1600301001-6 所示。一匝为一个线饼的称为单螺旋，一匝为两个线饼的称为双螺旋，一匝为四个线饼的称为四螺旋式线圈。螺旋式线圈匝数少、并绕导线多，一般用于低电压、大电流的变压器的低压绕组。

（5）纠结式线圈。从外形上看纠结式线圈与连续式线圈基本相同，区别仅在于相邻线饼之间导线连接的方法不同。纠结式线圈的线匝是在相邻数序线匝间插入不相邻数序的线匝。原连续式线圈段间线匝须借助于纠结换位，交错纠连形成纠结线段，从而形成纠结线圈。纠结式线圈常以两段组成纠结单元，称为双段纠结。双段纠结中按每段匝数的奇、偶数的不同，分为双—双、单—单、双—单和单—双纠结。此外，还有四段纠结和部分纠结等。纠结绕组绕制过程中不可避免要焊接导线，对制作工艺水平要求较高。但纠结式线圈的匝间电容和饼间电容大于连续式线圈，在冲击电压作用下的电压分布比连续式好得多。因此在大型变压器的高压绕组中经常使用。

（6）内屏蔽式线圈。内屏蔽式线圈也称插入电容连续式绕组。它是通过增大线段的串联电容来达到改善冲击电压分布的目的，其结构特点是将厚度较小的导线作为附加电容（屏蔽）线匝，直接绕于连续式线段内部，并将端头包好绝缘悬空，所以电容不参与变压器的正常运行，只在冲击电压下起作用。内屏蔽式线圈在超高压变压器绕组中，采用分区补偿时，由于调节串联电容方便而多被采用。

四、变压器的器身

变压器的铁芯、绕组、绝缘件和引线装配成为器身。器身绝缘的布置与变压器的电压等级有关，并随线圈结构（圆筒式或饼式）、线圈个数（双绕组或三绕组）、出线方式（端部或中部出线）、压紧方式（拉螺杆或压板）、调压方式（无励磁或有载）的不同而不同。图 ZY1600301001-7 是某高压 110kV 级分级绝缘端部出线的器身绝缘结构示意（低压≤45kV）。

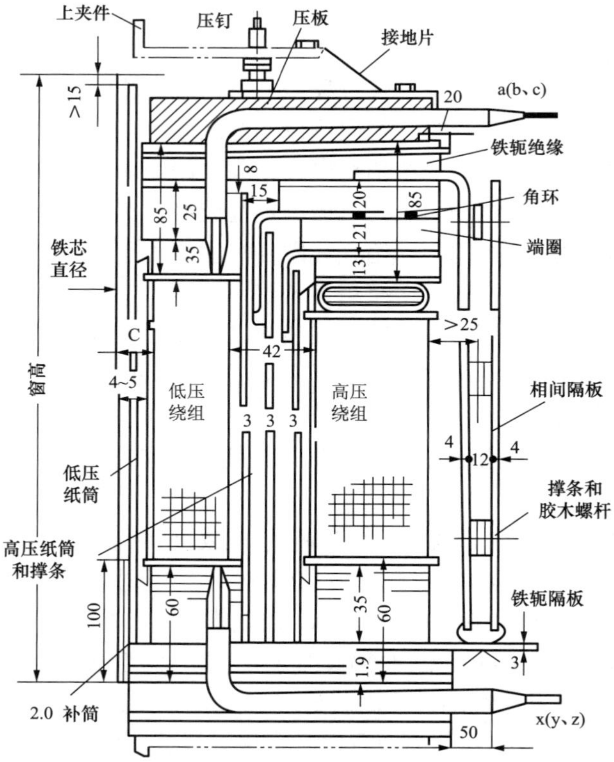

图 ZY1600301001-7 某高压 110kV 级分级绝缘端部出线的器身绝缘结构

从图 ZY1600301001-7 可以看到，低压绕组和高压绕组同心套装在铁芯上，绕组的下部有水平托板作为支撑，上部有压板和压钉压紧，整个器身被紧固成一个机械上稳定的整体。铁芯、低压绕组、高压绕组三者之间用撑条纸板间隔填充成为绝缘，绕组上、下端部用角环、端圈作绝缘，引线由绕组端部引出并用皱纹纸包裹，各带电部分之间、带电部分与接地部分间必须保持足够的绝缘距离。

五、变压器的引线

变压器中连接绕组端部、开关、套管等部件的导线称为引线，它将外部电源电能输入变压器，又将传输电能输出变压器。引线一般有三类：绕组线端与套管连接的引出线、绕组端头间的连接引线以及绕组分接与开关相连的分接引线。对引线有三个方面的要求：电气性能、机械强度和温升。在尽量减小器身尺寸的前提下，引线应保证足够的电气强度；为承受运输的颠簸、长期运行的振动和短路电动力的冲击，应具有足够的机械强度；对长期运行的温升、短路时的温升和大电流引线的局部温升，不应超过规定的限值。

变压器的引线有裸圆线、纸包圆线、裸铜排、电缆和铜管等型式。一般而言，纸包铜缆（棒）曲率半径较大，绝缘较好，多用于高压引线；铜排、铜管截面积大，载流能力强，机械强度好，多用作低压引线。

变压器引线必须用支架可靠固定，支架材料一般选用色木、水曲柳、层压木或层压纸板。其中层压纸板材料电气性能好，机械强度也满足要求，一般用于电压等级高的变压器中。引线支架一般固定在铁芯夹件或下节油箱上。

变压器引线必须与其他部件之间可靠绝缘，引线绝缘主要取决于所连接绕组的电压等级和试验电压的种类、大小和分布状况。电压较低的引线可以是裸露（或覆盖绝缘漆）的铜排，电压较高的引线一般采用多层皱纹纸迭包的厚绝缘。因引线电场情况比较复杂，引线绝缘的厚度和绝缘距离一般根据实验数据来确定。

六、变压器的油箱

1. 油箱的作用

油浸式变压器的油箱是保护变压器器身的外壳和盛装变压器油的容器，又是变压器外部结构件的装配骨架，同时通过变压器油将器身损耗产生的热量以对流和辐射的方式散至大气中。

2. 油箱的基本要求

作为盛装变压器油的容器，油箱的第一个要求就是要密封而无渗漏，它包含两个方面的含义：① 所有钢板和焊线不得渗漏，这决定于钢板的材质，焊接技术工艺水平和焊接结构的设计是否合理；② 机械连接的密封处不漏油，这决定于密封材料的性能和密封结构的合理性。其次，作为保护外壳支持外部结构件的骨架，油箱应有一定的机械强度和安装各外部构件所需要的一些必备的零部件。

对机械强度的要求，主要来自五个方面：① 承受变压器器身和油的重量及总体的起吊重量；② 承载变压器的所有附件（如套管、储油柜、散热器或冷却器等）；③ 在运输中承受冲击加速度的作用和运行条件下地震力或风力载荷的作用；④ 对于大型变压器而言，器身在油箱内要真空注油或在现场修理时要利用油箱对器身进行干燥处理，要求油箱能够承受抽真空时大气压力的作用，而不产生损伤和不允许的永久变形；⑤ 除承受内部油压的作用外，还应保证在变压器内部事故时油箱不爆裂。对于安装各外部件所需的必备零部件的要求，是指根据产品的规格、容量和一台完整的油箱必须具备的部分或全部零部件。

3. 变压器油箱的结构

变压器油箱按其结构形式一般可分为桶式和钟罩式两种。

桶式油箱的特点是下部是长方形或椭圆形（单相小容量变压器也有用圆形的）的油桶结构，箱沿设在油箱的顶部，顶盖与箱沿用螺栓相联，顶部为平顶箱盖。桶式油箱的变压器大修时需要吊芯检修，对大型变压器而言工作难度较大，以前主要在小型变压器及配电变压器上应用。随着变压器质量水平提升和定期检修概念的淡化，大型变压器也越来越多地开始采用桶式结构的油箱。

钟罩式油箱常见的几种纵剖面的形状如图 ZY1600301001-8 所示。

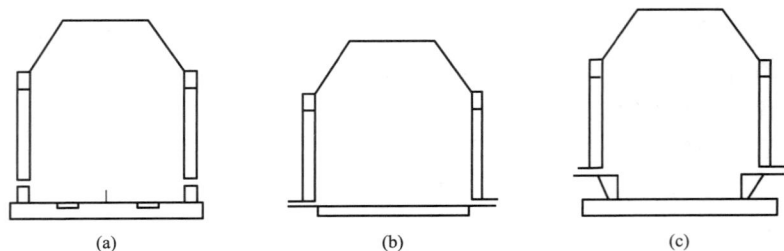

图 ZY1600301001-8　大型变压器油箱纵剖面形状示意图

（a）典型结构；（b）无下节油箱；（c）槽形箱底

其中图 ZY1600301001-8（a）所示为钟罩式油箱的典型结构。为了适应运输外限的要求，顶部做成三个部分（顶盖、高压侧盖、低压侧盖）呈尾脊形。下节油箱较小，只包含一部分下轭，除去钟罩后绕组部分可完全外露。当采用强油循环导向油冷却结构时，常利用箱底上两条长轴方向的加强槽钢兼做导油通道。

图 ZY1600301001-8（b）所示油箱无下节油箱，钟罩直接与箱底用螺栓连接密封。其优点是当吊开钟罩后，器身完全暴露。缺点是降低了箱底的结构钢性，另外当拆除上罩后，残存的变压器油将从箱底四周溢出，造成油的损失且污染周围环境。

图 ZY1600301001-8（c）所示是槽形箱底的钟罩式油箱，而且有时可利用槽形箱底的侧壁紧固下轭。铁芯完成后先装入槽形箱底再套装绕组，绕组就坐落在槽形箱底的平板上，这种结构很紧凑，可省掉一些结构件，减少变压器油用量，从而减轻变压器的总重量。但是绕组端部坐落在大面积的钢板上，会增加结构损耗，并且在冲击电压下，使绕组端部钢板充磁。

【思考与练习】

1. 简述变压器铁芯的结构。

2. 变压器铁芯正常时为什么一点接地？

3. 什么是连续式线圈、纠结式线圈？

4. 变压器油箱的作用是什么？

模块 2　变压器的主要标志及其含义（ZY1600301002）

【模块描述】本模块介绍了变压器铭牌上的字符、字母、数字等主要标志的含义，通过概念介绍及解释，掌握变压器的种类特征、技术参数及使用条件。

【正文】

一、变压器铭牌标志及其含义

变压器的铭牌包含了变压器的基本信息，因此，要了解和掌握一台变压器特征必须正确认识和理解铭牌标志及其含义。按照国家标准，铭牌上除标出变压器名称。型号、产品代号，制造厂名（包括国名）、出厂序号，制造年月等以外，还需标出变压器相应的技术数据，见表 ZY1600301002-1。

表 ZY1600301002-1　　　　　　　　　　电力变压器铭牌所标出的项目

项目	标准项目	附加说明
所有情况	相数（单相、三相）	
	额定容量（kVA 或 MVA）	多绕组变压器应给出每个绕组的额定容量
	额定频率	
	各绕组额定电流（A）	三绕组自耦变压器应注出公共绕组中长期允许电流
	联结组号，绕组联结示意图	6300kVA 以下的变压器可不画联结示意图
	额定电流下的阻抗电压	实测值
	冷却方式	有几种冷却方式时，还应以额定容量百分数表示相应的冷却容量

续表

项目	标 准 项 目	附 加 说 明
所有情况	使用条件	户外，户内，使用超过或低于 1000m 海拔等
	总重量（kg 或 T）	
	绝缘油重量（kg 或 T）	
某些情况	绝缘的温度等级	油浸或变压器 A 级绝缘可不标出
	温升	当温升不是标准规定值时
	联结图	当联结组标号不能说明内部的全部情况时
	绝缘水平	额定电压在 3.6kV 以上的变压器
	运输重（kg 或 T）	
	器身吊重、上节油箱重（kg 或 T）	器身吊重在变压器超过 5T 时标出，上节油箱在钟罩式油箱时标出
	绝缘液体名称	在非矿物油时标出
	有关分接的详细说明	8000kVA 及以上变压器
	空载电流	实测值 8000kVA 及以上变压器
	空载损耗和负载损耗	

下面介绍变压器铭牌中的主要标志的含义。

1. 型号标志的含义和辨识

变压器型号采用汉语拼音的大写字母表示，为了表达出变压器的所有特征，往往用多个合适的字母，同时，用阿拉伯数字表示产品性能水平代号或设计序号和规格代号。图 ZY1600301002-1 给出了电力变压器产品型号的组成型式。

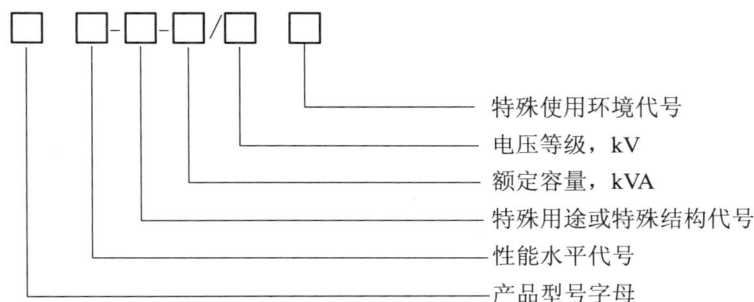

图 ZY1600301002-1　电力变压器产品型号的组成型式

例如：OSFPSZ-250000/220 表示自耦三相强迫油循环风冷三绕组铜线有载调压额定容量 250000kVA，高压绕组额定电压 220kV 级电力变压器。

各汉语拼音符号代表的特性含义见表 ZY1600301002-2。

表 ZY1600301002-2　　　　　　　电力变压器的分类及其代表符号

分 类	类 别	代表符号	分 类	类 别	代表符号
绕组耦合方式	自耦	O	绕组数	双绕组 三绕组	— S
相数	单相 三相	D S	绕组导线材质	铜 铜箔 铝 铝箔	— B L LB
冷却方式	油浸自冷 干式空气自冷 干式浇注绝缘 油浸风冷 油浸水冷 强迫油循环风冷 油强迫循环水冷	-或J G C F S FP SP	调压方式	无励磁调压 有载调压	— Z

2. 变压器容量

变压器的重要作用是传输电能，因此额定容量是其主要数据。额定容量是表现容量的惯用值，表征传输能量的大小，以视在功率表示，单位是 kVA。

变压器额定容量与绕组额定容量有所区别：双绕组变压器的额定容量即为绕组的额定容量；多绕组变压器应对每个绕组的额定容量加以规定，其额定容量为最大的绕组额定容量；当变压器容量由冷却方式而变更时，则额定容量是指最大的容量。

我国现在变压器额定容量等级是按 10 的 10 次方根倍数增长的 R10 优先数列，即每个容量（50kVA 开始）乘以 10 的 10 次方根即为下一容量的额定值系列。

变压器容量的大小对变压器结构和性能影响很大，单台容量越大，其材料利用率越高；经济指标越好。同时，变压器额定容量的大小与电压等级也是密切相关的；电压低，容量大时电流大。因此，一般情况下，电压低的容量小，电压高的容量大。

3. 相数与频率

变压器分单相和三相两种，一般均制成三相变压器以直接满足输配电的要求，小型变压器有制成单相的，特大型变压器为了满足运输要求，做成三台单相后组成三相变压器组。

变压器额定频率是所设计的变压器的运行频率，也是输变电网络的频率，在我国为 50Hz。

4. 电压组合

变压器的额定电压是指各绕组的额定电压，是施加的或空载时产生的电压，是以有效值表示的线电压。组成三相组的单相变压器，如绕组为星形连接，则绕组的额定电压以线电压为分子，$\sqrt{3}$ 为分母，如 $380/\sqrt{3}$。

变压器的电压组合是指变压器各绕组的额定电压，其比称为电压比。绕组之间的电压组合是有规定的，变压器各绕组的额定电压与其所连接的输变电线路相符合。

5. 额定电流

变压器的额定电流是指绕组的额定容量除以该绕组的额定电压及相应的相系数（单相为 1，三相为 $\sqrt{3}$）而算得的流经线端的电流。因此，变压器的额定电流就是各绕组的额定电流，是指线电流，也以有效值表示，但是，组成三相组的单相变压器，如绕组为三角形连接，绕组的额定电流以线电流为分子，$\sqrt{3}$ 为分母，例如 $500/\sqrt{3}$ A。变压器的额定电流是允许长期通过的电流。

6. 联结组别

运行中的变压器的同侧绕组按一定的联结顺序构成了联结组，对于单相变压器而言，没有绕组的外部联结，所以其联结符号用 I 表示。

对于三相变压器，则存在着星形、三角形、曲折形连接，高压绕组分别用 Y、D、Z 表示，中压和低压绕组则用 y、d、z 表示。有中性点引出则分别用 YN、ZN 和 yn、zn 表示。自耦变压器有公共部分的两绕组中额定电压低的一个用符号 a 表示。

变压器同侧绕组联结后，不同侧间电压相量有角度差——相位移，这种相位移作用是指绕组各相应端子与中性点间的电压相量角度差，在变压器中以钟时序来表示，称为联结组别。

联结组和联结组别合一起就是铭牌上所标注的联结组标号。

单相变压器不同侧绕组相位移为 0° 或 180°，因而其联结组别只有 0 和 6 两种，但是通常绕组的绕向相同，端子标志一致，所以电压相量为同一方向，因此双绕组单相变压器的实用联结组标号只有 I、iO。三相双绕组变压器的相位移为 30° 的倍数，所以有 0、1、2、…、11 共 12 种组别。同样由于绕组绕向相同，端子标志一致，联结组别仅为 0、11 两种。因此三相双绕组实用的联结组标号为 Yyn0、Yzn11、Yd11、YNd11、Dyn11 等。

三绕组变压器的联结组由高中和高低两个联结组组成，所以在联结组标号中有两个联结组别，实用的三绕组的联结组标号为 Iioio 和 Iaoio（单相），YNynod11 和 YNaod11（三相）。

三相变压器并联运行时，每台变压器的联结组别必须完全一致。

7. 阻抗电压

双绕组变压器当二次绕组短接，一次绕组流通额定电流而施加的电压称为阻抗电压 U_k，多绕组变压器则有任意一对绕组组合的 U_k。

铭牌上标注的变压器的阻抗电压为实测值，它是变压器的并联运行的条件之一，因而必须引起重视。

8. 冷却方式

变压器的冷却方式由冷却介质种类及其循环方式来标志，一般由两个或四个字母代号标志，依次为线圈冷却介质及其种类，外部冷却介质及其循环种类。冷却方式的代号标志及其应用范围见表 ZY1600301002-3。

表 ZY1600301002-3　　　　　　　　冷却方式及标志代号

冷 却 方 式	代 号 标 志	冷 却 方 式	代 号 标 志
干式自冷式	AN	强油风冷式	OFAF
干式风冷式	AF	强油水冷式	OFWF
油浸自冷式	ONAN	强油导向风冷和水冷式	ODAF 或 ODWF
油浸风冷式	ONAF		

9. 绝缘水平

变压器的绝缘水平也称绝缘强度，即变压器绕组耐受电压。耐受电压包括雷电冲击耐受电压（LI），工频耐受电压（AC）和操作冲击耐受电压（SI），在变压器铭牌上按照高压、中压和低压绕组的线路端子和中性点端子顺序列出（冲击电压在前），其间用斜线分开。分级绝缘的中性点端子与线路端子绝缘水平不同时应分别列出。

例如：一台变压器高压绕组 $U_{N1}=252kV$，中压绕组 $U_{N2}=126kV$ 均为星形连接，分级绝缘，低压绕组 $U_{N3}=11.5kV$，三角形连接，则绝缘水平标志：

h·v·线路端子　　　　LI/AC　　　　850/360kV

h·v·中性点端子　　　LI/AC　　　　400/200kV

m·v·线路端子　　　　LI/AC　　　　480/200kV

m·v·中性点端子　　　LI/AC　　　　250/95kV

l·v·线路端子　　　　LI/AC　　　　75/35kV

变压器绕组的线路端子及中性点端子的绝缘水平在 GB 311.1《高压输变电设备的绝缘配合》中给了出已确定的标准值。

10. 重量

在变压器的安装与运输过程中，因为载重及吊装设备的需要，要了解变压器的重量值。在小型变压器中，由于不需要拆卸运输，因而只给出了总重量及变压器油的参考重量。在容量大于 8000kVA 的变压器中，还给出了运输重量，同时器身重量超过 5t 时还要标出器身重量。对于钟罩式油箱，铭牌上还有上节油箱重量及添加油重量等。

11. 附加项目

在变压器的容量大于 8000kVA 时，除前面 10 项外，还要标出变压器的空载电流、空载损耗、负载损耗的实测值。此外，还需要给出变压器的端子位置示意图。

二、其他标志

1. 接地标志

变压器的外壳必须接地，一般通过在油箱下部的接地螺栓来实现，在接地螺栓的旁边，给出显著的接地标识。大型变压器的铁芯和夹件大都单独引至变压器下部，便于接地电流的检测。

2. 变压器的接线端子

变压器的接线端子是变压器能量输入和输出的通道，一般用英文字母 A、B、C 表示高压，Am、Bm、Cm 表示中压，而用 a、b、c 表示低压端子，中性点用阿拉伯数字 0 表示。各端子的布置与绕组及铁芯的分布相一致，一般为面对高压侧，自左向右为依次为 A、B、C。

【思考与练习】
1．变压器铭牌应包含哪些内容？
2．变压器的额定容量是如何规定的？

模块 3　变压器各组部件的结构和作用（ZY1600301003）

【模块描述】本模块介绍了变压器的保护装置、测温装置、冷却装置、套管和调压装置等组部件的基本原理、结构和作用，通过原理讲解、结构介绍，掌握变压器各组部件的结构及其在变压器运行中的作用。

【正文】

一、变压器各组件的种类

变压器组件是变压器类产品的一个重要组成部分，是变压器安全可靠运行的一个重要保证，按照其在变压器运行中的作用，可以大致分为以下几类：

（1）在变压器运行起到安全保护类组件。包括气体继电器、油位计、压力释放阀、多功能保护装置等。

（2）测温装置。主要指各类温度计及测温元件。

（3）油保护装置。主要有储油柜、吸湿器等。

（4）变压器冷却装置。如散热器、风冷却器、水冷却器等。

（5）各类套管。

（6）调压装置即分接开关。分为无载调压开关和有载调压开关。

二、变压器各组件的结构和作用

（一）保护类装置

1．气体继电器的原理和结构

气体继电器用于 800kVA 及以上的变压器中，它可以在变压器内部发生故障时产生气体或油面过度降低时发出报警信号，严重时将变压器电源切断。目前常用的是 QJ（挡板）型气体继电器。

QJ 型气体安装于连接变压器与储油柜的联管上，当变压器内部出现轻微故障时，则因油分解而产生的气体聚集在容器的上部，迫使油面下降，开口杯降到某一限定位置时，磁铁使干簧触点闭合，接通信号电路，发出信号。若因变压器漏油而使油面降低时，同样会发出信号。当变压器内部发生严重故障时，将会产生大量的气体，在连接管中产生油流，冲动挡板，当挡板运到某一限定位置时，磁铁使干簧触点闭合，接通跳闸电路，切断与变压器连接的所有电源，从而起到保护变压器的作用。QJ 型气体继电器结构如图 ZY1600301003-1 所示。

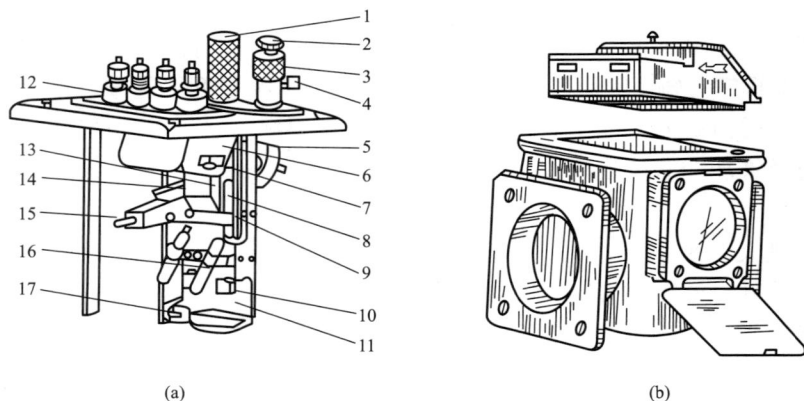

图 ZY1600301003-1　QJ 型气体继电器的结构
（a）内部结构；（b）外壳

1—罩；2—顶针；3—气塞；4—气嘴；5—重锤；6—开口杯；7—磁铁；8—干簧触点（信号用）；9—弹簧；10—磁铁；11—挡板；12—套管；13—探针；14—开口销；15—调节杆；16—干簧触点（跳闸用）；17—螺杆

2．油位计的结构和作用

油位计也称油表，用来监视变压器的油位变化，主要分为管式、板式和表盘式几种形式。板式油表结构简单，由法兰盘、反光镜、玻璃板、密封垫圈、衬垫及外罩组成，一般用于小容量的变压器和电容式套管的储油器上。

管式油位计有两种，一种是普通的管式油位计，即除上下与储油柜连接管外，中间为一根玻璃管；另一种是带浮子式管式油位计，即在玻璃管中带一个红色的浮球，如图 ZY1600301003-2 所示。

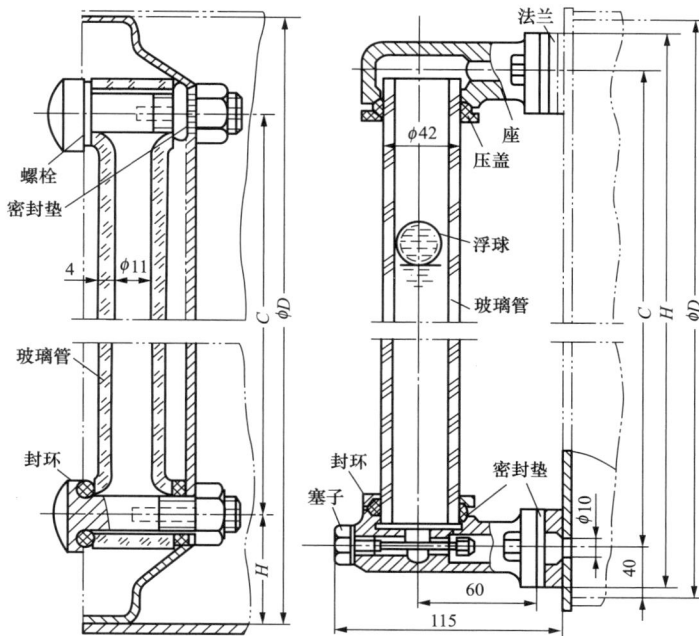

图 ZY1600301003-2　管式油位计

表盘式油位计分为磁铁式（浮球式）和铁磁式两种。磁铁式油表如图 ZY1600301003-3 所示。

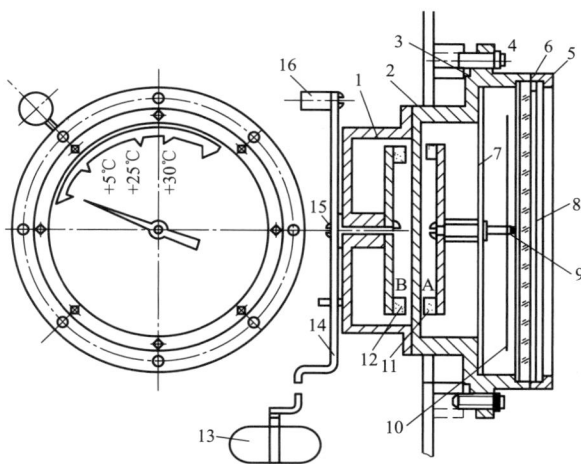

图 ZY1600301003-3　磁铁式油表

1—端盖；2—表座；3、6—密封垫圈；4—螺栓；5—表盖；7—表盘；8—玻璃板；9—轴；10—指针；
11—永久磁铁 A；12—永久磁铁 B；13—玻璃或紫铜浮子；14—连杆；15—轴；16—平衡锤

永久磁铁 A 通过轴 9 与指针 10 相连，永久磁铁 B 通过轴 15 与连杆 14 相接，连杆的两端分别装有浮子和平衡锤。

当变压器的油温变化而使储油柜油面升降时，浮子也随着升降，通过连杆使永久磁铁 B 转动，并驱动永久磁铁 A 转动，从而带动指针转动，指针在表盘上指出的刻度，即是储油柜中油的位置。表盘上刻有温度线并标上温度值。

铁磁式油表以全密封储油柜中的密封隔膜为感受元件。通过连杆与隔膜上稳定板的铰链相连，连杆随隔膜做垂直升降运动，连杆的另一端连接表体传动机构，把油面的上下线位移变成连杆绕固定轴

模块
3

ZY1600301003

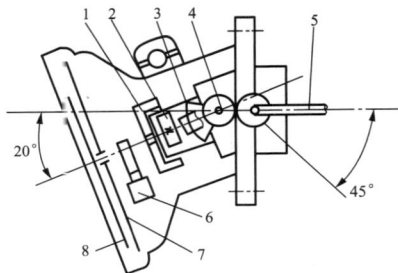

图 ZY1600301003-4 铁磁式油表
1—从动磁铁；2—主动磁铁；3—伞齿轮副；
4—正齿轮副；5—连杆；6—报警机构；
7—刻度盘；8—指针

的角位移，再通过齿轮副、磁偶等传动机构使指针转动，从而间接地显示出油位，如图 ZY1600301003-4 所示。

3. 压力释放阀的结构和作用

压力释放阀又称为释压阀，其型号用字母及数字表示为：YSF□-□/□□。其中，YSF 代表压力释放阀；从左至右，第一个方框表示设计序号，第二个方框表示压力释放阀的开启压力，第三个方框代表有效喷油口径，第四个方框表示报警信号方式及环境条件。例如：YSF4-55/130KJ（TH），即为喷油口径 φ130mm，开启压力 55kPa，带机械电气报警信号，湿热带适用，第四次设计的压力释放阀。

压力释放阀结构及工作原理如图 ZY1600301003-5（a）所示，图中 7 是用金属材料压制而成的膜盘，在膜盘上面压着控制弹簧 10，弹簧的上部在护盖 9 的下面，护盖则通过螺杆 15 固定在底座 1 上。膜盘逐过密封用胶圈 8，被弹簧的压力压在底座上，底座由密封圈 2 密封后，被固定在变压器的箱顶上。所以变压器内部的油，全部充满至膜底下面。调整护盖的高度，当高度一定时，弹簧的膜盘的压力也就一定，不再变化。当变压器内部发生故障时，产生很高的压力，压力传至膜盘下面，如果压力超过弹簧的压力，膜盘即被向上顶起，于是压力油（或气体）就从膜盘下面与胶圈 8 之间的开口处喷向外部，压力即被释放掉。当弹簧全部被压缩时，开口达到最大，压力释放最快。阀动作后，膜盘外圆处顶起锁板 5，使其相关联的信号开关动作，由接线盒 6 的电缆传输出去。信号开关是一个微动开关，其接线方式如图 ZY1600301003-5（b）所示。

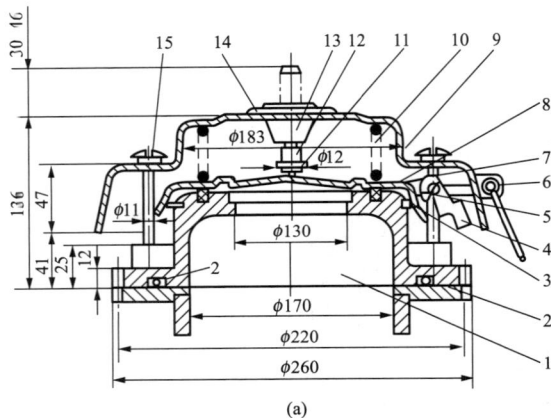

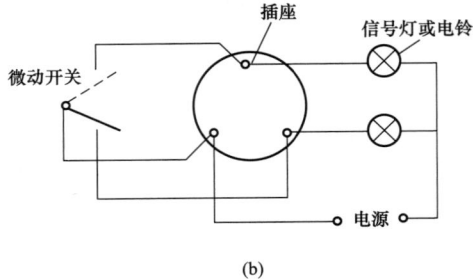

图 ZY1600301003-5 压力释放阀
（a）结构及原理；（b）微动开关接线图
1—底座；2—密封圈；3、8—胶圈；4—复位扳手；5—锁板；6—接线盒；7—膜盘；9—护盖；
10—弹簧；11—锁垫；12—标志杆；13—胶套；14—铭牌；15—螺杆

压力释放阀动作以后，动作标志杆升起，突出护盖，表明压力释放阀已动作。当油箱中压力减少到关闭压力时，弹簧带动膜盘复位密封，由于标志杆仍在动作位置上，可手动复位。

4. 多功能保护器的结构和作用

多功能保护器是近年来针对配电变压器而开发的综合保护装置，因为密封式变压器取消了储油柜，因而也就无处安装气体继电器，但根据继电保护的要求，800kVA 以上的变压器必须安装气体继电器。而多功能保护器不但具有温度远程显示及保护，而且也具有气体继电器的全部功能。其结构如图 ZY1600301003-6 所示。

多功能保护器主要由电器室和继电器座组成，在电器室内装有压力继电器，轻瓦斯继电器用穿墙式插座，温度保护器用热电阻插座及外接线端子板。在继电器座的下部，有一个水平旋转的干簧开关。其浮漂在保护器下端的温度探头上可上下移动。浮漂上有一块永久磁铁，当油面下降时，浮漂下降，上面的磁铁与干簧开关距离拉大，干簧接点自动闭合，轻瓦斯继电器动作。当变压器发生故障时，气体（或油流）产生的压力推动压力继电器，使压力继电器的动合触点闭合，重瓦斯继电器动作。

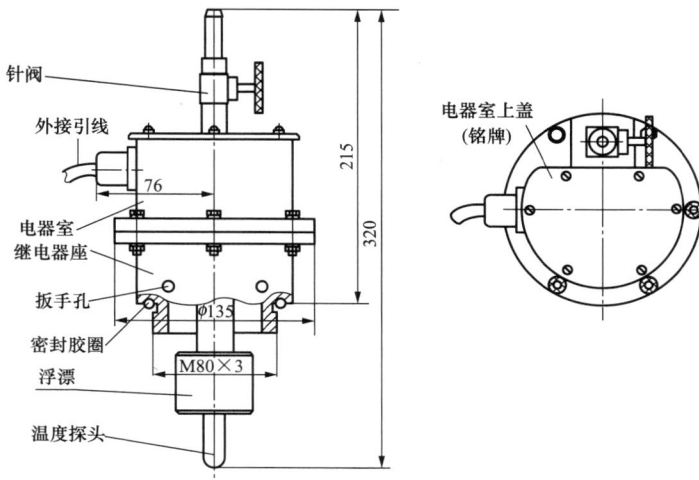

图 ZY1600301003-6　多功能保护器

（二）测温装置

温度计一般用来测量变压器油箱中油的上层油温，也有埋入绕组中用于测量绕组温度的电阻式温度计，一般多用于干式变压器。一般油浸变压器所使用的温度计主要有三种类型：水银温度计、信号温度计和电阻温度计。

水银温度计用于所有的电力变压器上，但是在 6300kVA 以下的变压器中，其结构为玻璃管式，使用时通常放在薄钢制作的外罩中，将测温筒插入油箱中。

信号温度计应用于 800kVA 及以上的变压器上，又称为电接点压力式温度计，如图 ZY1600301003-7 所示。它包括一个带电气触点的温度计表盘 10 和一个测温管 3，两者之间用金属软管 2 连接。

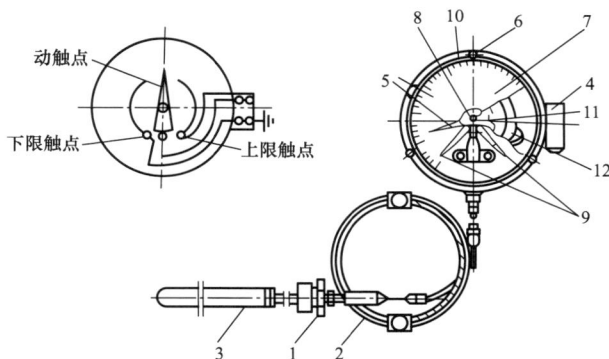

图 ZY1600301003-7　信号温度计

1—管接头；2—金属软管；3—测温管；4—接线盒；5—指针；6—固定孔；7—外壳；8—调节孔；
9—上、下限触点指针；10—表盘；11—齿轮传动机构；12—气压弹簧管

电阻温度计一般配置在 8000kVA 及以上的大型变压器上。它除了与信号温度计一样能发送信号或启动冷却装置外，还能远距离测量温度和发送温度信号。电阻温度计由电阻测量元件和温度指示仪构成。温度指示仪内部为电桥构造，桥的一臂接到电阻测温元件，测温电阻元件接到电力变压器的油箱上，如图 ZY1600301003-8 所示。

（三）油保护装置

1. 储油柜的结构和作用

储油柜是一个与变压器本体连通的储油容器，装设于高于箱盖的位置，当变压器温度变化引起变压器油体积变化时，储油柜可以容纳或对本体补充变压器油，从而保证本体内变压器油处于正常压力并且充满状态。同时，储油柜的采用减小了变压器油与空气的接触面，从而减缓了油的劣化速度。储油柜

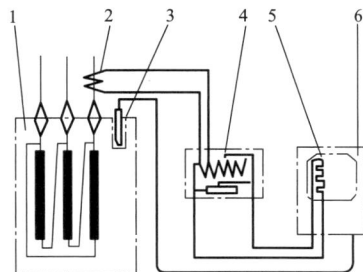

图 ZY1600301003-8　电阻温度计

1—变压器；2—电流互感器；3—温包；4—匹配器；5—电热元件；6—仪表

的侧面还装有油位计，可以监视油位的变化。目前，常用的储油柜大致可分为普通型和密封型两大基本类型。

普通型储油柜中不加任何防油老化装置，其油面通过呼吸器（吸湿器）或呼吸孔和大气接触。其中，小容量的变压器储油柜是由薄钢板制成的简单圆筒，两端用翻边封头圆板焊接，一端装有玻璃管油位计，另一端有手孔盖，便于打开清理内部油污。而用于较大容量的变压器油箱的储油柜，则在其一端改为法兰与端盖连接的可打开的方式，更便于内部清理。

密封型储油柜是加装了防油老化装置的与外界空气完全隔离的结构型式，包括胶囊式、隔膜式和波纹膨胀式储油柜。

胶囊式储油柜如图 ZY1600301003-9 所示，其胶囊内部与大气相通，当温度升高时，油面上升，胶囊中的气体通过与吸湿器相通的联管排出，胶囊缩小；反之，油面下降，胶囊通过吸湿器吸入空气，体积增大。

隔膜式储油柜如图 ZY1600301003-10 所示。隔膜周边压装在上、下柜沿之间，隔膜的内侧紧贴在油面上，外侧和大气相通。集聚在隔膜外部的凝露水可以通过放水阀排出。这种储油柜一般采用连杆式铁磁油位计。在储油柜底部有个集气盒，变压器运行中油体积的膨胀和收缩都要经过集气盒进入或排出储油柜，而伴随油流中的气体被集聚在集气盒中，不能进入储油柜，从而可避免出现假油面，集气盒中集聚的气体可以通过排气管端部的阀门放出。

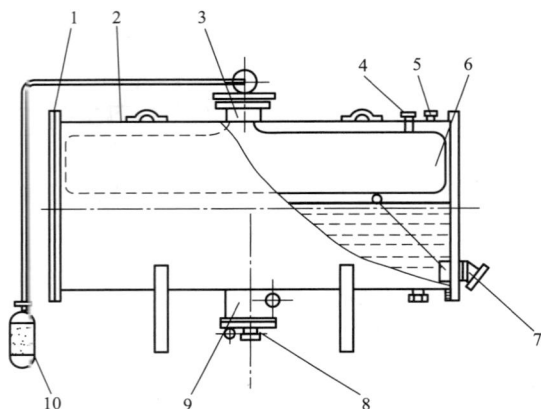

图 ZY1600301003-9　胶囊式储油柜

1—端盖；2—柜体；3—罩；4—胶囊吊装器；5—塞子；6—胶囊；
7—油位机；8—蝶阀；9—集气室；10—吸湿器

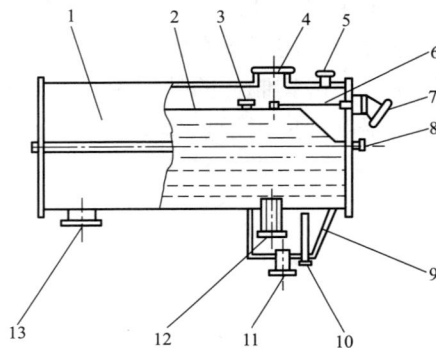

图 ZY1600301003-10　隔膜式储油柜

1—柜体；2—橡胶隔膜；3—放气塞；4—视察窗；5、11—管接头；
6—油位计拉杆；7—磁力式油位计；8—放水塞；9—集气盒；
10—放气管接头；12—注放油管；13—集污盒

波纹膨胀式储油柜如图 ZY1600301003-11 所示。它由柜罩、柜座、波纹膨胀芯体、输油管路、注油管、排气管、输油软连接管、油位指示、语言报警装置等构成。当油温上升时油箱内的变压器油通过输油软连接管流入波纹膨胀芯体，波纹片膨胀展开，当油位上升到一定高度时，语言报警器接通，发出警报。

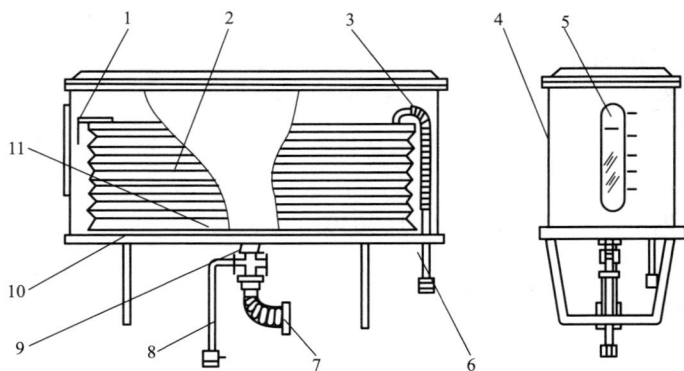

图 ZY1600301003-11　波纹膨胀式储油柜

1—油位指示；2—储油柜膨胀节；3—金属软管；4—储油柜外壳；5—视察窗；6—抽真空（排气）管及阀门；
7—连接软管；8—注（补）油管及阀门；9—蝶阀；10—吊装环；11—压力保护装置

2. 吸湿器的结构和作用

吸湿器是一个圆形的容器，上端通过联管接到变压器的储油柜上，下端有孔与大气相通，其主体为玻璃管，内部盛有变色硅胶（或活性氧化铝）作为干燥剂。其下部带有油杯（盛油器），作为空气进口处的过滤装置。当变压器由于负载或环境温度的变化而使变压器油体积发生胀缩时，储油柜内的气体通过吸湿器来吸气和排气。其典型结构如图 ZY1600301003-12 所示。

（四）变压器的冷却装置结构和作用

1. 片式散热器

片式散热器由上、下两个集油管与一组焊在集油管上的散热片组成，散热片一般由 1.2～1.5mm 厚的低碳钢板制成，如图 ZY1600301003-13 所示。

片宽为 320～535mm，中心距 H 有多种规格，以适应不同高度的油箱高度。每个散热片都是一样的，由两个单片合成。每组散热器根据散热容量，由不同规格和数量的散热片组成。可以分为固定式（PG）和可拆式（PC）两种，固定式片式散热器直接焊在变压器箱壁上，可拆式则用集油管上的法兰与油箱上焊接的管接头连在一起。可拆式的散热器片组的上集油管上

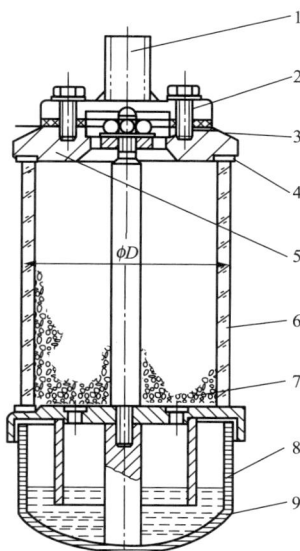

图 ZY1600301003-12　吸湿器的典型结构
1—储油柜联管；2—固定螺钉；3—螺母；
4—密封垫；5—下盖板；6—玻璃筒；
7—变色硅胶；8—盛油盅；9—变压器油

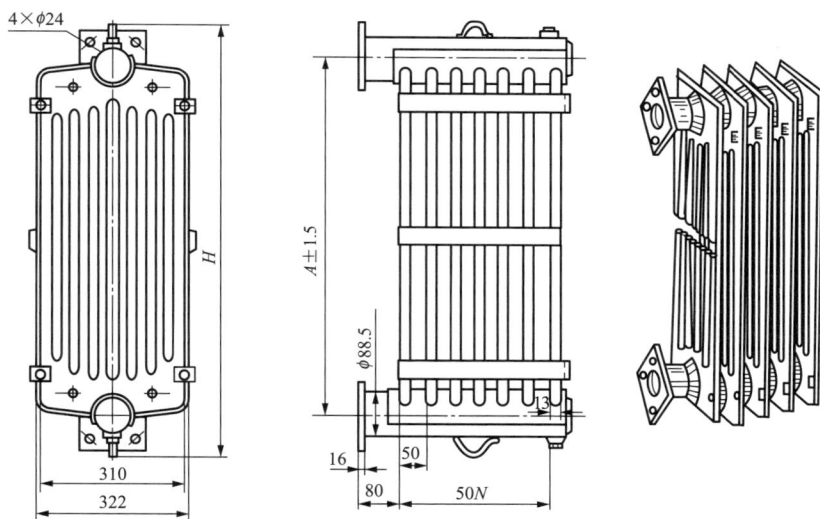

图 ZY1600301003-13　片式散热器

部有排气用的油塞，下集油管下部有放油塞。并且均焊有吊环利于散热器与油箱的连接装配。对于中心距较大的散热片组，沿片组的两侧，往往点焊一到两处固定板以增加片组的钢性，以减少振动，降低噪声。

大型变压器采用片式散热器时，常需加吹风，风扇装置可装在片组的侧面或下方。

2. 管式散热器

管式散热器与管式油箱采用同样的扁管，弯管的曲率半径也相同，只是不直接焊在油箱壁上，而是焊到上、下两个集油盒上，集油盒每侧焊有两排扁管，每只散热器有四排管，上、下集油盒的一端有连接法兰，经蝶阀与油箱的上、下管接头连接。根据上、下集油盒连接法兰的中心距尺寸和管数，组成若干种标准散热器供不同规格的变压器选用。散热器的上集油盒上有吊拌及放气塞，下集油盒下部有放油塞。管式散热器需加装冷风时，风扇安装在左、右双排管中间的空当内，风向上直吹上部集油盒及弯管的水平部分，这样散热效果最好。风扇支架直接固定于油箱壁，不可固定在散热管上，以防风扇转动引起散热器的振动。管式散热器的体积较大，单位散热量的重量较重，目前已逐步为片式

散热器所取代。

3. 强迫油循环风冷却器

强迫油循环风冷却器是对油浸变压器运行中所产生的热量进行冷却的装置，与风冷散热器的区别主要在于强迫油进行循环。其构成主要有风冷却器本体、油泵、风扇、油流继电器等，如图 ZY1600301003-14 所示。

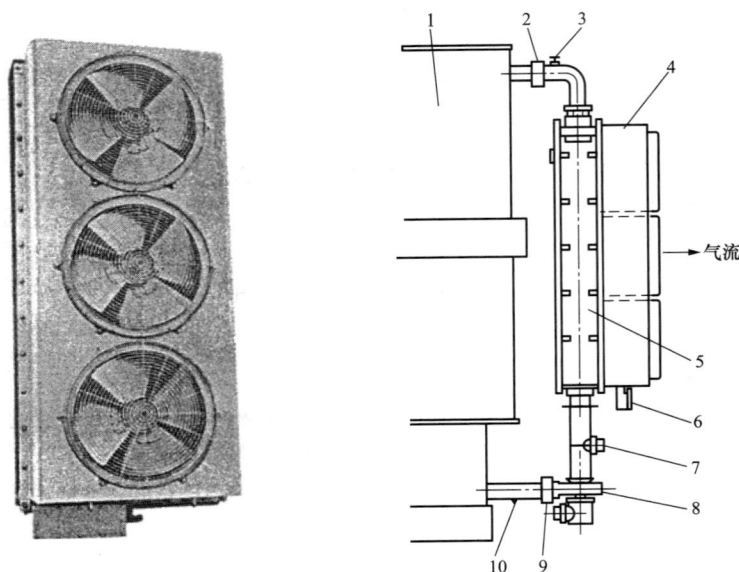

图 ZY1600301003-14　风冷却器的外型及在变压器上的安装

1—变压器；2、9—蝶阀；3—放气塞；4—风扇箱；5—冷却管；6—端子箱；7—油流指示器；8—油泵；10—排污阀

风冷却器的本体由一簇冷却管构成。冷却管一般采用翅片管，其结构是在钢管上卷绕薄钢带然后搪锌焊接而成为整体，或由钢管串上带孔的散热片形成管束，再搪锌焊接；或采用铜、铝管轧制成的整体翅片等。

油泵是一种特制的油内电动机型离心泵。电动机的定子和转子浸在油中使油系统构成密闭的循环系统。油泵通过法兰连接到冷却管的管路中。

风扇则由轴流式单机叶轮与三相异步电动机两部分构成，型式为 BF 型。

油流继电器（YJ 型）是监视强油风冷却器或水冷却器中油泵是否反转、阀门是否打开和油流是否正常的保护装置，安装在冷却器和油泵之间的联管上，其挡板伸入到联管中。当联管中油流达到一定值时挡板被冲动，传动轴旋转。其上磁铁带动隔着薄板的另一磁铁转动，微动开关的动断触点打开，动合触点闭合，发出正常工作信号，指针指到流动位置。反之，当油流量减少到一定值时，挡板借弹簧力量作用返回，微动开关动合触点打开，动断触点闭合，发出故障信号，如图 ZY1600301003-15 所示。

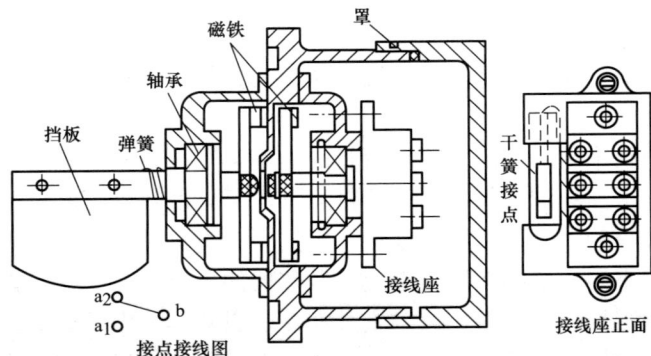

图 ZY1600301003-15　YJ 型油流继电器的结构

4. 强迫油循环水冷却器

强迫油循环水冷却器是油浸式变压器，强迫油循环、水冷却的装置。它是以水作为冷却介质，用于大型变压器且具有水源的情况下。水冷却器可以是单台的，也可以由几个单台组成水冷却器组。每台水冷却器由冷却器本体和附件构成。

水冷却器的本体结构如图 ZY1600301003-16 所示，由一个油室（钢圆筒），两个水室以及水管簇组成。热油流入油室，在管簇的空间从上往下流，且在隔板作用下呈 S 形流动。水流从下水室的一部分进入，沿着其连接的多水管区上升到上水室，再从少水管区下流入下水室流出，呈 n 形流动。这样，形成油水热量交换的冷却系统，使变压器油充分冷却。

水冷却器的附件有油泵、油流继电器和压差继电器，前几种与风冷却器附件基本一致。而压差继电器则是水冷却器的重要保护装置。其高压侧接于油出口处，低压侧接到水进口处，正常运行时，为了避免发生泄漏时水进入到油中，要求油压大于水压 58.8kPa，当小于这一压力差时，油压继电器则发出报警信号。

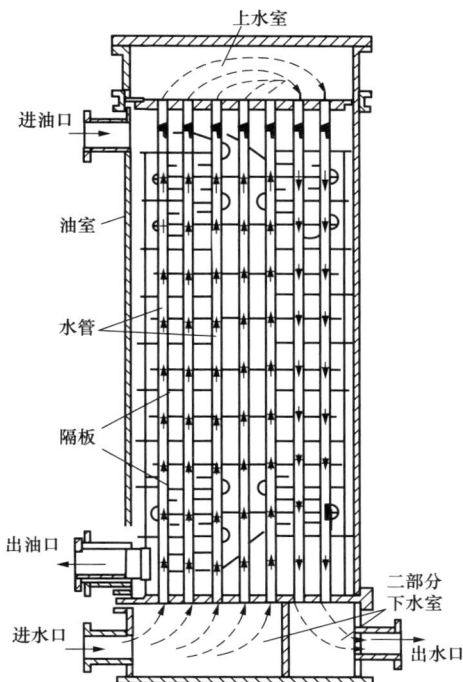

图 ZY1600301003-16　水冷却器本体的结构

（五）套管

1. 套管标志代号的含义

套管的型号标志采用一连串字母、符号和数字组成，其字母排列顺序及含义见表 ZY1600301003-1。

表 ZY1600301003-1　　变压器套管型号中字母的含义

顺序	字母符号和代表的含义
1	B——变压器用
2	F——复合瓷绝缘；D——单体瓷绝缘；J——有附加绝缘；R——电容式
3	Y——充油式；L——穿缆式；D——短尾，长尾不表示
4	L——可装电流感器的（后面小写数字代表可装电流互感器的数量）
5	W——耐污型，普通型不表示，W后数字表示爬电比距
6/7	数字/数字——额定电流（A）

2. 纯瓷套管

纯瓷套管可分为复合式、单体式、带附加绝缘的瓷套管和充油式套管等。

（1）复合式（BF 型）的额定电压在 1kV 以下，额定电流为 300～4000A。套管由上瓷套、下瓷套组成绝缘部分，导电杆由瓷套中心穿过，利用导电杆下端焊接的定位件和上端的螺母将上下瓷套串在变压器安装孔周围的箱盖上。

（2）单体式瓷绝缘式套管只有一个瓷套，瓷套中部有固定台，以便卡装在变压器的箱盖上，瓷件用压板或压脚及焊在箱盖上的螺杆将瓷套固定在变压器的箱盖上。穿缆式套管上部有一个固定槽，而穿杆式则在下部有固定槽，以便在连接引线时导杆不致转动。

（3）带附加绝缘的瓷套管也有导杆式（BJ 型）和穿缆式（BJL 型），其结构就是在单体瓷绝缘或套管上增加了绝缘而形成的。由于单体瓷绝缘套管径向电场不均匀，瓷套的介电系数大，而空气或变压器油的介电系数小，电位降主要分布在空气或变压器油上。为了改善电场分布，需要在导电杆外面套有绝缘管或在电缆上包以 3～4mm 厚的绝缘纸以加强绝缘。常用于 35kV 电压等级中。在套管最下部一个瓷伞至安装固定台之间的瓷套外表面涂以半导体漆（含锌或铝粉）改善接地处的电场。其安装方式与单体式套管安装方式相同。

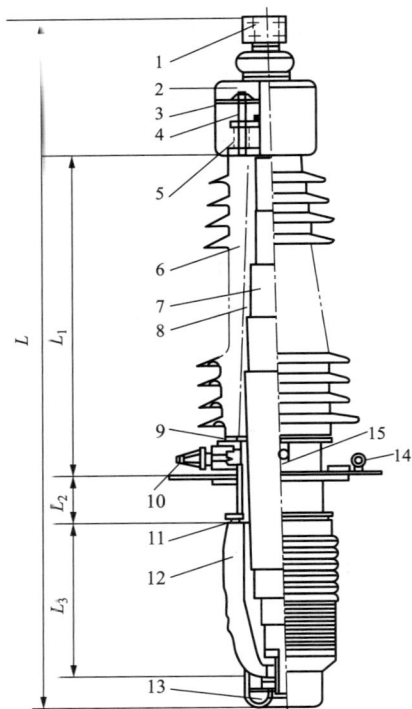

图 ZY1600301003-17 电容式套管
1—接线端子；2—均压罩；3—压圈；
4—螺栓及弹簧；5—储油柜；6—上节瓷套；
7—电容芯子；8—变压器油；9、11—密封垫圈；
10—测量端子（电容末屏）；12—下节瓷套；
13—均压罩；14—吊环；15—放油塞

（4）充油式套管常用于 66kV 有小容量的变压器中，没有下部瓷套，其瓷绝缘体结构与也单体或相似。套管内的油从变压器油箱内进入瓷套内，套管下部伸入油箱内部相对较短，用油和绝缘纸筒组成绝缘屏障作为主绝缘，中间穿过铜管，在铜管的下端有均压球；焊有导电杆的引线电缆从铜管中间穿过。

3. 电容式套管

电容式套管应用于 60kV 级以上的变压器中。一般 60kV 级以上的电容式套管的典型结构如图 ZY1600301003-17 所示。在图中，L 是套管的总高度，与套管的电压等级、全部结构以及套管的外绝缘有关；L_1 是上部外绝缘高度；L_2 是中间接地法兰高度，与套管上安装的套管电流互感器数量和型号有关；L_3 是下部绝缘高度。通常套管的上部和下部绝缘都用瓷绝缘。

其各部分结构及作用如下：

（1）套管上部接线头。它是将变压器绕组引线连接到外部电力线路用，其结构与额定电流的大小有关。

（2）套管的储油柜。其作用和变压器的储油柜作用一样，为了补偿套管内部变压器油随温度变化而引起体积的变化。在储油柜上设有油标，用以指示套管内部变压器油位。内部有强力弹簧，用以将套管连成一个整体，不发生渗漏油。

（3）上部瓷件。为了保证在污秽和淋雨条件下套管仍有足够的爬电距离，套管上部瓷件根据需要，常设计成具有大小伞的形状。

（4）导电结构。油浸式电容套管的导电结构可分为两种：穿缆结构和导杆结构。

1）穿缆结构的套管。变压器绕组引线是用电缆穿过套管的铜管，上端和接线头连接引出，接线头用销钉固定后，与接线端子固定在一起。一般用于电流为 1250A 以下。

2）导杆式连接套管。用于电流大于 1250A 时，常用导杆式连接，其导电连接是绕组引线在套管下部的均压罩内直接和下部接线头连接，不使用电缆通过铜管，电流直接用铜管传导，套管上部的接线头直接和铜管连接。

（5）中间接地法兰。图 ZY1600301003-18 中的接地法兰长度 L_2 与套管所安装的装入式电流互感器的数量和规格有关，通常测量级互感器的高度比保护级的高度小，套管额定电压比较低的电流互感器的高度比额定电压高的电流互感器的高度小；而电流互感器的数量则根据需要设定。

（6）电容芯子。电容式套管的内绝缘是电容式结构，以高压电缆和导电铝箔组成油纸电容芯子，在套管中心，铜导电管处于额定电压电位，而其最外侧接近接地法兰处是地电位，电位必须由中心的高电位降低到最外侧的地电位。

（7）测量端子和电压抽头。在中间接地法兰布了测量端子或电压抽头。测量端子是从电容芯子最外层电容屏通过绝缘套管引出的，该层电容屏主要用来测量电容套管的介质损耗因数和电容量。在局部放电测量时，用该电容屏对中间法兰的电容和电容芯子主电容形成分压器，用来测量变压器的局部放电，该端子对地电容比较少，且受变压器布置的影响。

电压抽头和测量端子的不同是从套管的最外第二层屏通过绝缘套管引出的，其对地电容比较大，可以输出一定功率。无论是测量端子还是电压抽头，其对地电容相对套管的主电容来说是比较小的，因此，在套管运行带电时，该端子必须接地以保证套管安全运行的。因此，此端子相连接的电容屏常称为末屏或地屏。其典型结构如图 ZY1600301003-18 所示。

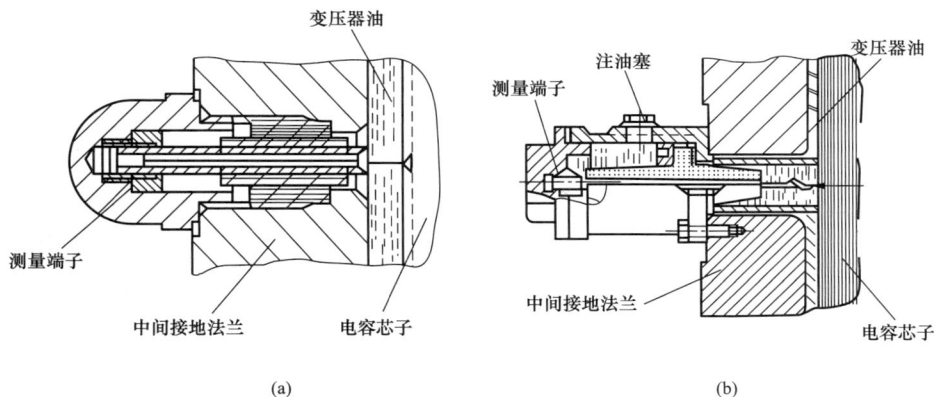

图 ZY1600301003-18　测量端子与电压抽头
（a）测量端子；（b）电压抽头

4. 其他类型的套管

除上述结构的套管外，套管还有干式变压器用的环氧浇注式套管，硅橡胶绝缘的油纸电容式套管及环氧浸纸式油—SF₆绝缘套管等。这些套管的安装与其他套管没有太大的区别。所不同的是油—SF₆绝缘套管，其上部在运行时处于 SF₆气体中，下部浸在变压器油里。其外形结构如图 ZY1600301003-19所示，套管分为 SF₆侧和变压器油侧，中部两个法兰分别用于与 SF₆出线装置的密封连接和与变压器油箱的连接，以防止变压器油进入上部 SF₆中；同时，在两个密封法兰之间，有可以使 SF₆排出的阀门，防止 SF₆进入变压器中。

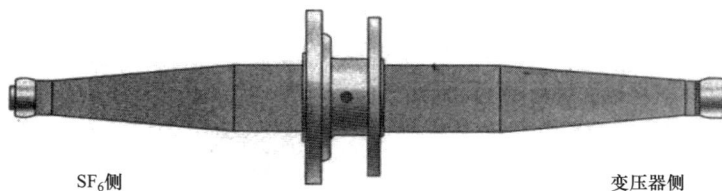

图 ZY1600301003-19　油—SF₆套管的外形

（六）调压装置

参照变压器分接开关相关章节。

【思考与练习】

1. 变压器用的组部件主要有哪几类？
2. 简述 QJ 型气体继电器的工作原理。

模块 4　配电变压器的修复计算（ZY1600301004）

【模块描述】本模块介绍了配电变压器修复计算的准备工作和计算程序，通过概念描述、要点介绍，了解配电变压器绕组修复的计算方法。

【正文】

一、计算前的准备工作

配电变压器绕组的修复计算是针对因故障而损坏的配电变压器而言，它要求修复后的产品性能应符合原设计的技术参数的要求，因此，在计算前应针对要修复的产品，尽可能多地收集所需要的数据和技术参数，对采集的数据和参数进行分析和整理，为计算工作做好准备。这些数据应包括：

（1）铭牌数据。包括额定容量、额定电流、阻抗电压、联结组标号。
（2）铁芯数据。包括铁芯直径、窗口高度、心柱中心距等，如图 ZY1600301004-1所示。
（3）绕组数据。包括绕组型式、绕组匝数、导线规格等。
（4）计算产品的原技术参数和要求。

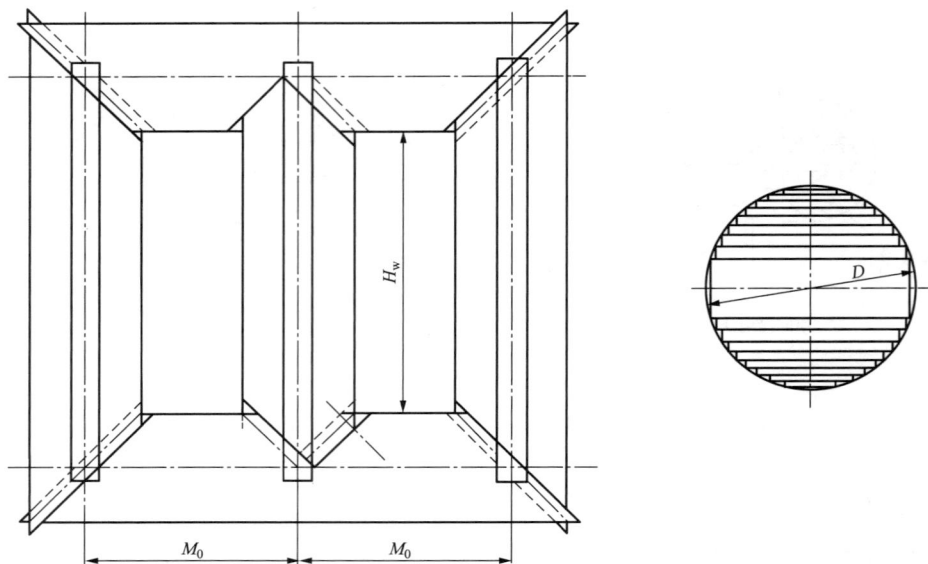

图 ZY1600301004-1 铁芯各部位尺寸名称

D—铁芯直径；H_w—窗口高度；M_0—心柱中心距

以上数据有些在损毁的变压器上可以采集到，有的是国家标准规定的而无法收集到的数据，则需要通过计算来求得。

二、计算程序

配电变压器的绕组修复计算一般按以下程序进行。

1. 相电压和相电流的计算

变压器的额定电压与额定电流，在技术文件和铭牌上都是以线电压和线电流的方式给出的。而在变压器的电磁计算中，必须以相电压和相电流计算。

2. 绕组计算

（1）绕组匝数的计算。计算绕组的匝数，必须先计算出每匝电压，然后用各个绕组的相电压除以匝电压得到每个绕组的匝数。因为高压绕组通常有分接，所以需用各个分接的相电压分别除以匝电压，这样就可以求得高压绕组各个分接的匝数。

（2）绕组型式的选择。应尽可能与原产品保持一致。

（3）导线尺寸的选择。应在保证温升，损耗不超过保证值，阻抗电压在允许范围的前提下，合理选择。

（4）绕组的辐向及轴向尺寸的计算。首先必须计算绕组的高度，变压器绕组的高度对阻抗电压值以及变压器的温升、机械力、材料消耗和重量等技术经济指标均有影响。确定了绕组的高度后，可以根据匝数和导线规格来计算绕组的层数及辐向尺寸。辐向尺寸计算完成后，应将绕组的电抗高度计算出来，因为计算阻抗电压时要用到此值。

3. 绝缘半径的计算

计算完绕组的辐向尺寸后，就可以进行绕组绝缘半径的计算，在计算绕组导线的重量、绕组电阻、阻抗电压及绕组的散热面积时都要用到。

4. 阻抗电压的计算

阻抗电压是变压器的重要参数之一，它对变压器的正常运行和突发短路都有很大影响。它涉及变压器的制造成本、效率、机械强度、短路电流的大小等。为了降低损耗，提高效率，阻抗电压应减小；为了降低短路电流和增加机械上的可靠性，阻抗电压应增大。国家标准规定了标准系列的变压器的阻抗电压值。产品的实测值与其偏差不超过±10%。在计算时应控制在 3%～4% 以内。

阻抗电压包括电阻电压降和电抗电压降两个分量，一般电阻电压降很小，对于 8000kVA 以上变压器可以忽略不计，而 6300kVA 以下则应计算该分量。阻抗电压的计算往往不能通过一次计算就符合标准要求，而要做适当的调整。调整的方法主要有三种：

（1）阻抗电压做小幅调整时，可通过调整漏磁场的宽度来实现。

（2）当调整幅度较大时，可调整绕组的电抗高度。

（3）当以上两种调整均不能到标准要求时，可以改变匝电压，通过改变匝数来调整。在变压器绕组的修复计算时，这种调整的前提是必须保证铁芯的窗口高度和宽度能够满足绝缘尺寸和装配的要求的前提下进行。

5. 负载损耗的计算

确定了绕组的辐向和轴向尺寸及绝缘半径以后，利用这些已知数据，就可以进行绕组损耗的计算。绕组的损耗包括基本损耗和附加损耗，基本损耗即电阻损耗。绕组的附加损耗是指由于漏磁通以及制造尺寸偏差等造成的损耗，它的计算是通过一个附加损耗系数来完成的，这个系数分为涡流损耗系数和杂散损耗系数，一般可以在基本损耗（指负载）的基础上乘以一个经验系数 K 来计算。在计算绕组的负载损耗时，其值应符合原技术参数的要求。

6. 导线重量计算

确定了绕组导线的总长度和总截面积就可以计算导线重量。导线的绝缘重量为导线重量与绝缘重占导线重的百分数的乘积。

【思考与练习】

1. 在计算阻抗电压不达标时，有哪些调整方法？

2. 绕组的负载损耗由哪两部分构成？

第七章　变压器的检查及维护

模块 1　变压器及组部件检查维护周期、项目及内容和质量标准（ZY1600302001）

【模块描述】本模块介绍了变压器本体及冷却装置、套管、分接开关等组部件例行检查和定期检查的项目、内容和要求，通过概念描述、检查方法介绍，掌握变压器及各组部件的检查维护周期、项目及内容和质量标准。

【正文】

本模块主要介绍变压器检查维护工作的具体内容，检查的项目和周期以国家电网公司《110（66）kV～500kV 油浸式变压器（电抗器）检修规范》（以下简称《检修规范》）为依据。本模块所介绍的变压器检查维护工作的具体内容可以满足变压器状态检修相关工作的需要，对于已推行状态检修的地区，在开展具体检查维护工作时，检查的项目和周期应按照相关标准或规定要求进行。

一、概述

变压器在运行过程中，常常因外界异常因素影响或自身质量瑕疵发展而产生缺陷，变压器带缺陷运行又常常导致设备故障，因此，及时发现并消除缺陷对提高变压器运行可靠性来说是非常重要的，变压器的检查维护工作便是以此为目的的开展。

多年来，变压器检修一直沿用定期检修和事后检修相结合的模式。在这种模式下，变压器的检查处理工作主要为了发现缺陷和消除缺陷。随着国家电网公司状态检修工作的推进，检查维护工作又有了为设备状态评估提供信息和依据的重要意义。

根据《检修规范》的规定，变压器及组部件的检查维护项目可分为例行检查和定期检查两类。例行检查一般是指为了及时掌握变压器运行情况，在变压器正常运行过程中进行的经常性检查项目；除例行检查外，还有一些检查项目因周期较长或必须在变压器停运后方可进行的归入定期检查范围。需停电方可进行的定期检查项目一般与变压器预试等停电相结合。关于例行检查和定期检查，应注意以下几点：

（1）检查处理过程中必须与带电部分保持足够的安全距离。

（2）定期检查时应包含可进行的所有例行检查项目。

（3）对于例行检查中发现的问题，若在不停电条件下无法处理的，则应根据具体情况安排停电检修。

二、变压器及组部件检查的周期

在定期检修工作模式下，检查维护工作有明确固定的周期。在状态检修工作模式下，检查维护工作规定了基准周期，检查维护的周期是以基准周期为基础，根据某类设备甚至某台设备的状态来进行调整的，总体来说是相对灵活的，但在每次调整确定后又是固定的，一般来说基准周期每 6 年调整 1 次。显然，在两种不同的检修工作模式下，检查周期的概念存在较大区别。

此外，变压器检查维护的项目及周期取决于变压器在供电系统中的重要性和运行条件、现场环境、气候以及变压器具体状况等因素。《检修规范》中所给出的检查维护项目和周期指的是大型变压器在正常工作条件下应进行的常规检查和维护，可根据具体情况并结合运行经验，有针对性地进行检查和维护工作。

（1）例行检查的周期。为及时了解变压器的运行情况，对于关系到变压器本体、冷却装置、套管、储油柜、压力释放阀、气体继电器等的工作状态、完整性的检查项目，《检修规范》要求此类项目的检查周期为1～3月。在Q/GDW 168—2008《输变电设备状态检修试验规程》中对此类项目的检查周期有更明确的要求：330kV及以上变压器的巡检周期为2周，220kV变压器的巡检周期为1个月，110kV/66kV变压器的巡检周期为3个月，在必要时还可缩短检查周期。

（2）定期检查的周期。根据《检修规范》规定，变压器本体、冷却装置、储油柜、压力释放阀的定期检查周期为1～3年或必要时；套管、低压控制回路、气体继电器、温度计等的定期检查周期为2～3年或必要时；红外测温项目根据电压等级的不同一般为1个月到半年。实际工作中，需停电方可进行的定期检查工作经常与停电检修或预防性试验相结合进行。

（3）变压器油的检查周期。根据《检修规范》规定，变压器油化试验属定期检查，各项目的检查周期见表ZY1600302001-1。

表 ZY1600302001-1　　　　　　变 压 器 油 检 查 周 期

序号	项目	周　期	序号	项目	周　期
1	外观	1～3年	5	油中溶解气体分析	新投运24h、3天、1周、3个月、6个月后进行；以后定期进行，220kV及以下变压器为6个月，330kV及以上变压器为3个月
2	耐压	35kV及以下变压器为3年，66kV及以上变压器为1年	6	含水量	330～500kV变压器为1年，其他为必要时
3	酸值测定	1～3年	7	介质损耗因数	330～500kV变压器为1年，其他为必要时
4	含气量	330～500kV变压器，新投运24h内取油样分析，以后每年进行	8	体积电阻率	330～500kV变压器为1年，其他为必要时

此外，还应注意当变压器运行过程中发生以下特殊情况时，应有针对性的进行部分项目的检查：

（1）对于持续过负荷运行或高温天气运行的变压器，应当加强温度和油位、压力释放阀、噪声和振动、红外测温、变压器油、散热装置、套管、气体继电器的检查。

（2）对于受到短路冲击的变压器，应进行温度和油位、压力释放阀、变压器油、绝缘电阻、气体继电器的检查。必要时还可进一步进行电压比校核、低电压阻抗测量（或绕组频谱试验），以判断变压器受损情况。

（3）对于受到大气或操作过电压冲击的变压器，应进行绝缘电阻、变压器油、套管、气体继电器等的检查。必要时还可进行局部放电测量以判断变压器受损情况。

三、变压器及组部件例行检查的项目及内容和质量要求

1. 变压器的例行检查

（1）检查温度和油位。

1）查看油面温度计和绕组温度计的指示，确认读数在正常范围之内，查看油位计指示，确认读数在正常范围之内。

2）核对油温和油位之间的关系，确认其符合标准曲线。

3）检查各温度指示器和铁磁式油位计的刻度盘上无潮气凝结。

（2）渗漏油检查。检查油箱、阀门、油管路等各密封处无明显渗漏油情况。

（3）噪声和振动。检查并确认运行中的变压器无不正常的噪声和振动。

2. 冷却装置的例行检查

（1）管（片）式散热器。

1）检查法兰、蝶阀等处无渗漏油情况。

2）检查冷却器上不存在明显的脏污。

3）检查冷却风扇运转正常。

（2）强油风（水）冷却器。

1）检查冷却器连接管、阀门、油泵、油流指示器等连接处无渗漏油情况。

2）检查冷却器上不存在明显的脏污。

3）检查冷却器运转过程中无不正常的噪声和振动。

4）检查冷却风扇和油泵运转正常，油流指示器工作正常。

3. 套管的例行检查

（1）检查套管外部及其安装法兰等处无明显的渗漏痕迹。

（2）检查套管外部无明显的裂纹、破损、放电痕迹、严重的脏污等异常现象。

（3）检查套管油位计指示在正常范围内，油位无突变。套管油色正常，不应有发黑、浑浊现象。检查油位计内不应有潮气凝结。

4. 其他组部件的例行检查

（1）储油柜。

1）检查储油柜各部位及相关联管、阀门等附件不存在渗漏油现象。

2）检查油位计外观良好，指示清晰。

3）检查干燥剂的状态，常用的干燥剂在状态良好时应是蓝色。检查油盒的油位是否正常，呼吸器及管道畅通，呼吸功能正常。

（2）气体继电器。检查集气盒中的气体集聚集情况，正常情况应无气体聚集。

（3）低压控制回路。检查端子箱、控制箱等的密封情况，不应有进水或积灰等现象。检查接线端子应无松动、锈蚀现象，电气元件应完整无缺损。

（4）有载分接开关操作机构。检查有载分接开关操作机构的密封情况，不应有进水或积灰等现象。检查接线端子应无松动、锈蚀现象，电气元件应完整无缺损。检查有载分接开关的分接位置及电源指示正常，操作机构中机械指示器与控制室内的分接开关位置指示一致。

（5）压力释放阀。检查本体压力释放阀无明显的渗漏痕迹，无曾经动作过的迹象。

四、变压器及组部件定期检查的项目及内容和质量要求

1. 变压器的定期检查

（1）红外测温。测量箱壁、套管及连接接头温度。额定负载条件下，箱壁不应有超出 80K 的局部过热现象；套管内部不应有局部过热现象；外部连接接头不应有超过 80K 的过热现象。

（2）绝缘电阻。测量连套管的绕组对地及绕组之间的绝缘电阻、吸收比和极化指数，测量结果同最近一次的测定值应无显著差别。一般而言，110kV 及以下变压器绕组的绝缘电阻不应小于 1000MΩ（20℃），220kV 及以上变压器绕组不应小于 2000MΩ（20℃）。

（3）介质损耗因数。测量连套管的绕组的介质损耗因数。测量结果与同类设备或历史数据相比应无显著差别并符合相应的标准。

（4）直流泄漏电流。测量绕组直流泄漏电流，测量结果与同类设备或历史数据相比应无显著差别。

（5）铁芯接地电流。测量铁芯及夹件的接地电流，测量结果应小于 100mA。

（6）铁芯绝缘电阻。测量铁芯对地及夹件的绝缘电阻，测量结果与历史数据比较应无显著差别。

（7）绕组直流电阻。测量连套管的各绕组的直流电组，测量结果同历史数据比较应无显著差别。

（8）表面和油漆。检查本体及附件的外观清洁状况，应无严重的锈蚀、脏污。

（9）变压器油。状态良好的变压器油外观应透明，无杂质或悬浮物。对变压器油一般进行耐压、酸值、含气量、介质损耗因数等项目的试验，试验结果应符合相应标准。

2. 套管的定期检查

（1）纯瓷套管。检查套管外部无裂纹、破损、脏污及放电痕迹，瓷套根部无放电痕迹。

（2）电容式套管。

1）瓷套。检查套管外部无裂纹、破损、脏污及放电痕迹，硅橡胶增爬裙或防污闪涂料（如 RTV）上无放电痕迹，瓷套根部无放电现象。

2）注油孔密封检查。检查注油孔螺栓胶垫密封良好。

3）末屏绝缘电阻。测量套管末屏对地的绝缘电阻，测量结果同历史数据相比应无显著差别。一般而言，绝缘电阻值不应小于 1000MΩ。

4）末屏接地。检查套管末屏的接地良好，无放电痕迹。

5）介质损耗因数和电容值。测量套管电容芯的介质损耗因数，测量结果同出厂值或历史数据比较不应有显著变化，一般而言，20℃时的介质损耗因数应不大于 2%。测量套管的电容值，测量结果同出厂值或历史数据比较不应有显著变化，一般而言，变化量不应大于 ±5%。

6）套管油分析。套管油中 H_2、CH_4、C_2H_2 含量超过以下值时应引起注意。

$H_2 \leqslant 500\mu L/L$

$CH_4 \leqslant 100\mu L/L$

$C_2H_2 \leqslant 2\mu L/L$（110kV 及以下），$1\mu L/L$（220～500kV）

3. 其他组部件的定期检查

（1）储油柜。

1）检查浮球和指针的动作同步，核对油位计指示是否真实准确。对于带有低油位报警功能的油位计，还应检查触头的动作正常。

2）检查储油柜下部集污盒，不应有杂质和水。

（2）气体继电器。检查气体继电器内部结构完好和动作可靠。

（3）低压控制回路。测量气体继电器、温度指示器、油位计、压力释放阀、冷却风扇、油泵、油流继电气、电流互感器、温控器等部件及其信号或控制回路的绝缘电阻，所有测量结果应不小于1MΩ。

（4）压力释放阀。检查压力释放阀微动开关的电气性能良好、连接可靠、绝缘良好，避免误发信。

（5）温度计。检查温度计座内有适量的变压器油，检查温度指示，压力式温度计和热电阻温度计的指示差值应在 3℃之内。

【思考与练习】

1. 变压器及其组部件需要进行哪些项目的例行检查维护工作？分别有哪些检查内容？

2. 变压器及其组部件需要进行哪些项目的定期检查维护工作？分别有哪些检查内容？

3. 当变压器运行过程中发生以下特殊情况时，应有针对性的进行哪些项目的检查？

（1）持续过负荷运行或高温天气运行。

（2）受到短路冲击。

（3）受到雷电冲击。

模块 2 变压器及组部件例行检查与处理（ZY1600302002）

【模块描述】本模块介绍了变压器及冷却装置、套管、分接开关等组部件例行检查的项目、内容和故障处理方法，通过故障分析、处理方法介绍，掌握变压器及组部件例行检查与处理的方法。

【正文】

一、变压器及组部件例行检查与处理的前期准备工作

1. 例行检查处理前的资料准备

查看变压器及相关附件的技术资料、检修记录及报告，了解其类型、参数、结构及特点，以便有针对性地对可能出现的、危害大的问题进行重点检查与维护。

2. 例行检查处理工作常用工、器具及材料的准备

（1）变压器例行检查及现场处理工作中常用的工、器具有：钥匙、记录卡、对讲机、应急灯、红外线测温仪、扳手、钳子、螺丝刀、锤子、油盘、铁撬棍等。

（2）变压器例行检查及现场处理工作中常用的材料有：橡胶板、堵漏胶、密封胶、螺栓、螺母、垫圈、清洁抹布等。

二、危险点分析与控制措施

变压器及组部件例行检查与处理的危险点分析与控制措施见表 ZY1600302002-1。

表 ZY1600302002-1 变压器及组部件例行检查与处理的危险点分析与控制措施

序号	危 险 点	控 制 措 施
1	头部碰伤	进入设备区必须戴好安全帽，值班员应互相监督、提醒
2	触电事故	检查和处理的全过程中必须与带电部分保持足够的安全距离
3	高压设备发生接地故障时进入危险区	高压设备发生接地故障时室内应保持4m以上的距离，室外应保持8m以上的距离，如需靠近或接触设备外壳时应穿绝缘靴，戴绝缘手套

三、变压器及组部件的例行检查与处理

（一）变压器的例行检查与处理

1 温度和油位

变压器长期过高温度运行会导致油质劣化、绝缘老化，甚至局部绝缘损坏等严重后果。运行过程中必须定期检查、记录变压器油温及曾经到过的最高温度值，并按照油温变化控制冷却装置的投切。

变压器油温检查时，主要查看油面温度计和绕组温度计指示值，油面温度计的读数应符合表ZY1600302002-2的要求。如油温异常，检查人员还应进一步根据检查时的负荷情况、环境温度、冷却装置投入情况以及历史记录进行综合分析判断和处理。

表 ZY1600302002-2 油 面 温 度 计 读 数 ℃

冷却方式	冷却介质最高温度	变压器最高顶层油温
自然循环自冷、风冷	40	95
强迫油循环风冷	40	85
强迫油循环水冷	30	70

变压器的绕组温度计并不是完全准确地反映绕组的实际温度，故其读数仅作参考。但应注意，当变压器空载时，绕组温度计的读数应与油温指示器基本相同。

变压器油位检查时，主要查看油位计指示，确认读数应在正常范围之内。储油柜采用管式油位计时，储油柜上会标有油位监视线，分别表示环境温度为-20℃、+20℃、+40℃时变压器对应的油位；如采用铁磁式油位计时，在不同环境温度下指针应停留的位置，由制造厂提供的曲线确定。

若油位指示突变为零或随温度变化异常，首先应确认设备是否漏油，若无漏油现象，则可初步判断为出现了假油位，应停电进行进一步检查处理。

检查油温和油位后，还应核对油温和油位之间的关系是否符合标准曲线。变压器油温和油位之间的关系的偏差超过标准曲线，一般由以下原因引起：

（1）变压器本体内残存气体未排放干净或储油柜中有空气。

（2）变压器油箱漏油。

（3）油位计或温度计故障。

（4）胶囊（或隔膜）破损。

（5）局部过热。

对于判断为可能存在局部过热的变压器，应进行油色谱分析，必要时可用红外测温设备进行进一步检测判断。当原因确定后应尽快解决或安排停电检修。

油温和油位检查过程中还应注意各温度指示器和铁磁式油位计的刻度盘上是否有潮气凝结，若有应查明原因并处理，对于无法解决的应尽快更换。

2. 渗漏油

常见的变压器渗漏主要是密封性渗漏和焊缝渗漏两种类型。密封性渗漏一般与密封件、密封面、装配等方面的质量缺陷有关，而焊缝和钢板沙眼的渗漏则是油箱等部件制造过程中的材料或工艺缺陷引起。一般而言，密封性渗漏问题较好解决，而焊缝渗漏彻底解决的难度较大。

渗漏油检查主要是查看油箱、阀门、油管路等各密封处及焊缝是否有渗漏痕迹，对于发现的密封性渗漏问题，应考虑更换密封件或渗漏部件。对于带电状态下无法更换，但是不影响安全运行的问题，

可留待变压器停电检修时一并处理。对于发现的焊缝渗漏问题，轻者可用堵漏胶等暂时处理，待变压器停电检修时一并修理；可能威胁安全运行的严重渗漏应尽快停电处理。具备条件的也可带电补焊。

3. 噪声和振动

变压器正常运行时铁芯、线圈、风机、油泵等部件会轻微振动并发出噪声，但其幅度有限且强度稳定、较均匀。变压器特殊的运行工况、内部出现缺陷或外部连接结构松动等会导致异常的噪声和振动。根据不正常的噪声和振动迹象往往能及时地发现一些重要的问题。下面是《110（66）kV～500kV油浸式变压器（电抗器）运行规范》中关于异常声音的判断及处理方法：

（1）变压器声响明显增大，内部有爆裂声时，应立即查明原因并采取相应措施，如对变压器进行电气、油色谱、绕组变形测试等试验检查。有条件者可进行变压器空载、负载试验，必要时还应对变压器进行吊罩检查。

（2）若变压器响声比平常增大而均匀时，应检查电网电压情况，确定是否为电网电压过高引起，如中性点不接地电网单相接地或铁磁共振等，也可能是变压器过负荷、负载变化较大（如大电机、电弧炉等）、谐波或直流偏磁作用引起。

（3）声响较大而嘈杂时，可能是变压器铁芯、夹件松动的问题，此时仪表一般正常，变压器油温与油位也无大变化，应将变压器停运，进行检查。

（4）音响夹有放电的"吱吱"声时，可能是变压器器身或套管发生表面局部放电。若是套管的问题，在气候恶劣或夜间时，可见到电晕或蓝色、紫色的小火花，应在清除套管表面的脏污，再涂RTV涂料或更换套管。如果是器身的问题，把耳朵贴近变压器油箱，则可能听到变压器内部由于有局部放电或电接触不良而发出的"吱吱"或"噼啪"声，此时应停止变压器运行，检查铁芯接地或进行吊罩检查。

（5）若声响中夹有水的沸腾声时，可能是绕组有较严重的故障或分接开关接触不良而局部严重过热引起，应立即停止变压器的运行，进行检修。

（6）当响声中夹有爆裂声时，既大又不均匀，可能是变压器的器身绝缘有闪击穿现象。应立即停止变压器的运行，进行检修。

（7）响声中夹有连续的、有规律的撞击或摩擦声时，可能是变压器的某些部件因铁芯振动而造成机械接触。如果是箱壁上的油管或电线处，可增加距离或增强固定来解决。另外，冷却风扇、油泵的轴承磨损等也发出机械摩擦的声音，应确定后进行处理。

（二）冷却装置的例行检查与处理

冷却装置的重要性在高温季节或重负荷情况下尤其显得突出。冷却装置检查即是为了及时的发现冷却装置上存在的影响运行或散热效率的因素。变压器冷却装置有管式散热器、片式散热器、风冷却器、水冷却器等多种形式，此处根据检查处理工作的特点，将其分为管（片）式散热器和风（水）冷却器两类叙述如下。

1. 管（片）式散热器

管式散热器和片式散热器都是自然油循环形式的散热装置，不包括油泵、油流继电器等附件，因其结构简单，运行维护方便而被广泛使用。有些片式散热器也与风机组合成为自然油循环吹风冷却形式使用，对于此类风机的检查也归入此处。

管（片）式散热器的例行检查内容主要是渗漏油、清洁和风机三个方面：

（1）渗漏油检查主要查看法兰、蝶阀等处有无密封性渗漏情况，对于连接法兰处的密封性渗漏，先重新紧固螺栓，若无效则应考虑更换密封件或渗漏部件。

（2）散热器的清洁不仅关系到设备的美观，更关系到散热器的散热效率。因此，当检查发现散热器表面及缝隙中的脏污附着严重时，应安排进行停电清洗。

（3）对于带有吹风装置的管（片）式散热器，例行检查时应注意散热风扇运转是否正常。对于不转的散热风扇，应查明原因并修复或更换。对于有异常的噪声和振动的风扇，首先应检查并排除支架或悬挂装置松动的情况，有些时候，风扇安装不当也会导致噪声和振动，可针对具体情况检查解决。对于确定是风扇或电动机损坏的情况，应尽快进行修复或更换。

2. 风（水）冷却器

风冷却器和水冷却器均是采用强迫油循环方式，一般由油泵、散热器、风扇（或水循环管路和水泵）及油流继电器等部分组成。风冷却器以空气为散热介质而水冷却器以冷却水为散热介质。风（水）冷却器因其散热容量大、体积小的特点被广泛用于大型电力变压器的散热。相对风冷却器而言，水冷却器的单位体积散热容量更大，但因其需要附加冷却水循环系统、并且运行维护不便，因此仅限于有特殊要求或条件的场合才被采用。

冷却器的例行检查内容主要是渗漏油、清洁、噪声振动和运转情况四个方面：

（1）渗漏油检查主要查看连接管、阀门、油泵、油流指示器等连接处有无渗漏油情况，对于连接法兰处的密封性渗漏，先重新紧固螺栓，若无效则考虑更换密封件或渗漏部件。带电状态下无法处理的渗漏可用堵漏胶等暂时处理，待变压器停电检修时一并处理。

（2）风冷却器的散热翅片密集，常年的吹风很容易导致灰尘、异物的堆积，从而导致散热效率的降低。因此对风冷却器应注意散热翅片的清洁。对于积污严重的风冷却器，可在停电时使用高压力（约500kPa）的水进行冲洗，清洗程度可根据排水的清浊来判定，水洗后应启动风扇使冷却器干燥。

（3）冷却器的油泵、风机（风冷却器）、循环水泵（水冷却器）是转动部件，运行过程中会有正常的声音和轻微的振动。检查过程中若发现明显的振动或金属碰撞等异常的声音时应确定声音或振动的来源，部件松动、变形或损坏常常是引起异常噪声、振动的原因，可针对具体情况进行维修或更换。需要注意的是，油泵的轴承是容易磨损的高转速部件，而且磨损产生的金属碎屑容易跟随油流进入变压器器身，成为故障隐患。因此油泵应采用 E 级或 D 级轴承，且油泵选型时应选用较低的转速（小于1500r/min）。对于运行中的高转速油泵应结合检修更换相应流量的低转速油泵。

（4）查看所有投运的风（水）冷却器的油泵是否运转正常，所有的风机（循环水泵）是否运转正常，油流指示器的指示是否与油泵的运行状态相符合。对于没有按照控制指令运行的设备，应对其电源、控制电路和设备本身进一步进行检查。油流继电器指示异常经常是因为其挡板损坏或脱落引起。

（三）套管的例行检查与处理

此处将套管的例行检查及异常情况处理分为纯瓷套管和电容式套管两类叙述如下。

1. 纯瓷套管

纯瓷套管有充油与不充油两类，35kV 纯瓷套管多为充油类型，不充油结构一般用于 10kV 及以下。充油套管顶部有放气孔，变压器投运前应进行放气，以保证套管内部充满变压器油。

纯瓷套管的检查内容主要是渗漏油、瓷套两方面：

（1）渗漏油检查主要是查看套管的固定法兰、头部密封、放气孔等处是否存在明显的渗漏痕迹（注意保持安全距离）。对于严重的渗漏应尽快安排停电处理，处理过程中应注意查找渗漏的原因，及时发现并处理瓷套开裂导致渗漏的情况。

（2）瓷套检查主要是查看瓷套上有无明显的裂纹、破损、放电痕迹、严重的脏污等异常现象（注意保持安全距离）。对于存在裂纹、破损的套管应尽快安排更换；对于有放电痕迹和脏污的套管，若情况严重，也应尽快停电检查清洗。

2. 电容式套管

纯瓷套管的例行检查内容主要是渗漏油、瓷套和油位三个方面：

（1）渗漏油检查主要是查看套管外部的瓷套接缝、安装法兰等密封处有无明显的渗漏痕迹（注意保持安全距离）。若发现瓷套接缝部位渗漏，则需立即安排停电检查处理；对于无法修复的套管必须更换。若发现安装法兰处的渗漏，视渗漏情况的严重程度决定是否立即检修。

（2）电容式套管的瓷套检查方法与纯瓷套管相同。

（3）电容式套管内充有变压器油，电容芯即浸泡在油中，保持足够的油量是电容式套管正常工作的前提。检查时应确认套管油位计指示在正常范围内，连续的几次检查中套管油位不应有突然的变化。油位的突变一般是因为渗漏引起，这种渗漏可能在套管外部无法找到迹象，因为套管油是可能从下节漏入了变压器本体的，对于油位异常的套管，应尽快安排停电检修或更换。通过油位计，还可以观察套管的油色，若有发黑、浑浊等现象，往往是套管内部放电或进水受潮，应进行套管油色谱和含水量测定。油位检查过程中还应注意油位计内不应有潮气凝结。

（四）储油柜的例行检查与处理

目前最常用的储油柜仍以胶囊式和隔膜式为主，以下内容主要围绕这两种形式进行。储油柜的例行检查内容主要是渗漏油、油位计和吸湿器三个方面：

（1）渗漏油检查主要查看储油柜各部位及相关联管、阀门等附件是否存在渗漏油现象。储油柜一般装设在最高位置，运行时油压较低，故渗漏油多以密封件损坏或安装不良等因素引起。鉴于与带电部分距离较近、高度较高等原因，对储油柜渗漏的处理一般在停电检修时进行。

（2）油位计检查主要是确认其外观完好，指示清晰。对于脏污的管式油位计应尽快清洁，对于开裂的管式油位计应安排停电更换；对于刻度盘上有潮气凝结的铁磁式油位计，也应尽快处理或更换。

（3）吸湿器检查时主要应进行以下内容：

1）检查干燥剂的状态，常用的变色硅胶干燥剂在状态良好时应是蓝色，潮解变色后成为浅紫色或红色。如果干燥剂的变色部分超过总量的 2/3，应重新干燥或更换。吸湿器中的干燥剂应是从下向上变色，检查时若发现上部吸附剂先发生变色，可能是吸湿器上部密封不可靠，应仔细检查。对于使用中的白色干燥剂，由于观察判断困难，建议更换。

2）查看吸湿器油盒中的油位。油位过低，干燥剂与空气长时间连通，失效加快，此时应清洁油盒，重新注入变压器油；油位也不可过高，否则可能在储油柜呼吸时将油吸入干燥剂中使之作用减弱。

3）检查确认吸湿器及管道畅通，呼吸功能正常。随着负荷或油温的变化，储油柜会有呼吸现象，此时油盒中应有气泡产生，如无气泡，则可能呼吸管道有堵塞现象，应及时处理。

（五）气体继电器的例行检查与处理

气体继电器的例行检查主要是查看集气盒中是否有气体聚集。若有气体，应密切观察气体的增量来判断变压器产生气体的原因，有气时，取瓦斯气体和变压器本体油进行色谱分析，综合判断。

若气体继电器内的气体为无色、无臭且不可燃，分析结果若是氧和氮含量较高，则可能是变压器渗漏所致。油泵负压区密封不良常常是引起变压器进水进气受潮和轻瓦斯发信的原因，此时应立即查清并停用渗漏管路对应的油泵，并及时消除进气缺陷。变压器充氮灭火装置（若有）漏气也可能造成气体继电器中积气，检查冲氮灭火装置气源即可发现此类问题。

若色谱分析结果证明积气中含有 H_2、CO、CO_2、CH_4、C_2H_2、C_2H_4、C_2H_6 等故障特征气体，则可能是变压器内部存在放电或过热，应进一步跟踪检查并结合其他手段进行分析判断。

为保证保护的可靠性，气体继电器每隔 3 年应进行校验。

（六）低压控制回路的例行检查与处理

此处低压控制回路包括端子箱、控制箱及与之相关的二次信号和控制线路。低压控制回路的例行检查内容主要集中在密封性和完整性两方面。

（1）密封性检查是指查看端子箱、控制箱等的密封情况，若发现进水或积灰等现象，应进行清扫处理，并查找出进水或积灰的原因并妥善解决。

（2）完整性检查是指检查所有接线端子和电气元件完好程度，对于松动的接线端子应重新紧固，对于锈蚀、损坏、缺失的端子及电气元件应及时处理或更换。

（七）有载分接开关操作机构的例行检查与处理

有载分接开关操作机构的例行检查内容主要是密封性、完整性和挡位核对三个方面。

（1）密封性检查是指查看有载分接开关操作机构的密封情况，若发现进水或积灰等现象，应进行清扫处理，并查找出进水或积灰的原因并妥善解决。

（2）完整性检查是指检查有载分接开关操作机构箱内所有接线端子和电气元件的完好程度，对于松动的接线端子应重新紧固，对于锈蚀、损坏、缺失的端子及电气元件应及时处理或更换。

（3）挡位核对主要是检查确认有载分接开关的分接位置及电源指示正常，操作机构中机械指示器与控制室内的分接开关位置指示一致。

（八）压力释放阀

压力释放阀是变压器油箱的压力保护装置，其例行检查内容主要是渗漏油和动作情况两方面。

（1）渗漏油检查主要是查看本体压力释放阀安装法兰及喷油口附近是否有渗漏痕迹，若发现渗漏油，首先应考虑本体内有异常压力存在，可重点检查以下各项：

1）储油柜呼吸器有否堵塞。

2）油位是否过高。

3）油温及负荷是否正常。

在以上原因均被排除后，应在停电检修时，进一步检查压力释放阀的弹簧、密封是否失效。

（2）动作情况主要是查看本体压力释放阀指示杆是否突出，是否有喷油痕迹。如有以上现象，说明压力释放阀曾动作过，除检查上面三项外，应进一步检查以下几项：

1）变压器是否受到短路电流冲击。

2）二次回路是否受潮。

3）储油柜中是否有空气。

4）气体继电器与储油柜间的阀门是否开启。

确定原因后应详细记录。若变压器曾受短路电流冲击，需对变压器绕组紧固及变形情况作进一步分析。

【思考与练习】

1. 变压器例行检查维护工作的特点及安全注意事项有哪些？

2. 变压器油温和油位之间为什么有着密切的关系？

3. 变压器渗漏油分为哪两类？引起的原因有哪些？

模块 3　变压器及组部件定期检查与处理（ZY1600302003）

【模块描述】本模块介绍了变压器及冷却装置、套管、分接开关等组部件定期检查的项目、内容和故障处理方法，通过故障分析、处理方法介绍，掌握变压器及组部件定期检查与处理的方法。

【正文】

一、变压器及组部件定期检查与处理的前期准备工作

1. 定期检查处理前的资料准备

查看变压器及相关附件的技术资料、检修记录及报告，了解其类型、参数、结构及特点，以便有针对性地对出现概率高、危害大的问题进行重点检查与维护。

2. 定期检查处理工作常用工、器具及材料的准备

（1）变压器定期检查及现场处理工作中常用的工、器具有：红外线测温仪、钳形电流表、绝缘电阻表、玻璃钢梯子、扳手、钳子、螺丝刀、测量尺、锤子、刮刀、锉、凿、吸尘器、铁撬棍、户外灯、容器、漏斗、油盘、透明软管等。

（2）变压器定期检查及现场处理工作中常用的材料有：表面油漆、防腐漆、刷子、溶剂、砂纸、金属刷、电线、焊锡、橡胶板、堵漏胶、螺栓、螺母、垫圈、清洁抹布等。

二、危险点分析与预控措施

变压器及组部件定期检查与处理的危险点分析与控制措施见表 ZY1600302003-1。

表 ZY1600302003-1　　变压器及组部件定期检查与处理的危险点分析与控制措施

序号	危险点	控制措施
1	碰伤	进入设备区必须正确佩戴安全帽，值班员应互相监督、提醒
2	高处跌落	高处作业时应使用安全带，严禁低挂高用
3	误入带电区域	检查和处理的全过程必须在指定的工作区域内进行
4	靠近带电部分	与变电站内带电部分保持足够的安全距离

三、变压器及组部件的定期检查与处理

（一）变压器的定期检查与处理

1. 红外测温

大型变压器因电流大、漏磁损耗大等原因，容易在油箱局部位置或套管接头等部位产生局部过热。长期的局部过热会引起变压器油劣化、连接部件烧蚀、密封件老化等问题。使用红外测温装置可有效发现此类问题。红外测温作为一种非接触的温度测量方法，因具有使用安全、方便、准确等显著优点，近年来在电力设备在线检查方面得到了广泛的应用。

检查时使用红外测温装置对箱壁、套管及其接头进行测量，并应记录当时负荷电流及环境温度等。在额定负载条件下测量结果应符合以下要求：

（1）箱壁不应有超出 80K 的局部过热现象。

（2）套管内部不应有局部过热现象。

（3）外部连接头不应有超过 80K 的过热现象。

若发现局部过热问题，首先应排除当时的特殊环境、运行等条件引起的短时异常。对于确定的设备缺陷应根据过热的程度采取措施；对于套管及其接头过热问题应尽快停电检修；对于油箱局部过热问题应及时记录，必要时可监测油样以确认过热的危害程度。

2. 绝缘电阻

绝缘电阻测量只需要一只绝缘电阻表即可进行，且是非破坏性试验，因此该试验是评价电气设备绝缘状况最基本、最简便的方法，在电气设备的制造、安装、运行的检查和检修各过程中应用十分广泛，它对于绝缘中存在的局部集中缺陷非常敏感。

变压器绕组绝缘电阻测量应使用 2500V 或 5000V 绝缘电阻表，测量绕组对地或对其他绕组的绝缘电阻、吸收比和极化指数，测量结果同最近一次的测定值应无显著差别。较全面判断绝缘状况应是以绝缘电阻值为基础，结合吸收比甚至极化指数来进行。一般而言，110kV 及以下变压器绕组的绝缘电阻不应小于 1000MΩ（20℃），220kV 及以上变压器绕组不应小于 2000MΩ（20℃），极化指数（R_{10m}/R_{60s}）应大于 1.5。

需要说明的是，随着绝缘材料及处理工艺的进步，经常出现变压器的绝缘电阻很高但吸收比较低的情况，这是变压器绝缘良好的表现。对于绝缘电阻过低而吸收比高的变压器，应进一步进行后面的介质损耗因数测量，以便找出原因。

3. 绕组的介质损耗因数

变压器介质损耗因数测量是在非测试绕组接地或屏蔽情况下，对测试绕组施加 10kV 电压，用介质损耗测量仪进行。此时测量的结果是连套管的绕组的介质损耗因数。将测量结果与同类设备或历史数据相比应无显著差别。一般而言，20℃时的绕组介质损耗因数不应大于下列数值：

（1）330～500kV 电压等级不大于 0.5%。

（2）66～220kV 电压等级不大于 0.8%。

（3）35kV 电压等级不大于 1.5%。

若介质损耗因数测量值明显偏低或下降，则说明变压器绝缘存在受潮等非集中性的缺陷，如绝缘受潮、绝缘油受污染等，视具体情况选择如热油循环、现场干燥、真空滤油等措施来处理。

若介质损耗因数测量值正常而绝缘电阻测量值偏低，则说明变压器绝缘中存在局部缺陷影响了绝缘电阻值。在排除外绝缘存在缺陷的可能性后，应进一步结合大修对内部绝缘进行检查和处理。

4. 绕组直流泄漏电流

绕组直流泄漏电流测量是在非测试绕组接地或屏蔽情况下，对测试绕组施加高压直流电压，测量其直流电流。其测量原理与绝缘电阻测量相同，但所加电压远高于绝缘电阻测量，故本试验有一定的破坏性，但正是因为试验电压较高的原因，本试验常可发现绝缘电阻测试未能发现的缺陷。测试结果与同类设备或历史数据相比不应有显著差别，如有，可逐步提高测试电压，如直流泄流电流相应变化，则很可能是套管瓷套开裂或绝缘受潮，应更换套管或针对绝缘进行干燥处理。

5. 铁芯接地电流

用钳形电流表测量铁芯、夹件的接地电流，测量值一般应小于 100mA。若铁芯、夹件的接地电流过大，则意味着铁芯内可能存在多点接地故障，应进一步对变压器油进行取样分析，以判断故障的严重程度，对于轻度故障，可将铁芯经电阻接地，限制铁芯接地电流至 100mA 以下暂时运行，铁芯多点接地故障应在检修时彻底处理。

6. 铁芯绝缘电阻

用 2500V 绝缘电阻表测量铁芯对地及夹件的绝缘电阻，测试结果与历史数据比较应无显著差别。若测量结果明显降低，则可能是铁芯与夹件间的绝缘损坏或积存有垃圾，应在检修时彻底处理。

7. 绕组直流电阻

绕组直流电阻测量是一项较为方便而有效的判定绕组、分接开关、套管等部件导电状况的试验。它能够反映绕组匝间短路、绕组断股、分接开关异常及套管接头接触不良等缺陷。实际的检查维护工作中，常常可有效判断出调压开关挡位异常等问题。一般而言，1～3 年或在变压器大修、无载开关调级后、变压器出口短路等情况下必须进行该试验。

对于大容量变压器，因绕组的直流电阻值很小，应使用精度较高的方法（如双臂电桥）进行测量。目前，操作简便且精度可靠的专用直流电阻测量仪已被广泛采用，使用此类仪器可高效准确的得到试验结果。测量绕组直流电阻时应当注意，由于材料的电阻率与其温度关系密切，所以在测量绕组直流电阻时必须注意记录其温度。一般而言，对于油浸式变压器，常使用顶层油温替代线圈平均温度，但必须确认这种替代的可靠性。例如，对于刚退出运行的变压器，其本体上、下温差明显，线圈温度肯定会高于油温，这种替代就是不可靠的。对于没有可靠温度信息的直流电阻测量结果，若仅是同时进行的三相测量，则三相之间的电阻比较是有价值的，但无论如何，其绝对电阻值是没有意义的。因此，无论是三相变压器还是单相变压器组的三相，都应尽可能同时间测量以减少温度引起的误差。

绕组直流电阻的测量结果（折算至同一温度）同历史数据比较应无显著差别。DL/T 596—1996 规定：1600kVA 以上的变压器，各相绕组电阻相互间的差别不应大于三相平均值的 2%；无中心点引出的绕组，线间差别不应大于三相平均值的 1%；1600kVA 及以下的变压器相间差别不大于三相平均值的 4%，线间差别不大于三相平均值的 2%变压器的直流电阻，同时要求与同温度下产品出厂实测值比较，相应变化不应大于 2%。Q/GDW 168—2008 要求：有中心点引出线时，应测量各个绕组的电阻；若无中心点引出线，可测量各线端的电阻，然后换算到相绕组，同一温度下各相绕组电阻的互差不大于 2%。此外，还要求同一温度下，测量值与初值的偏差不超过±2%。当变压器某相出现明显测量阻值异常时，首先应排除测量导线断股、套管头部接触不良等测量原因。对于确实存在绕组直流电阻异常的变压器，应根据情况进行一步检查套管、引线、开关甚至线圈，然后针对性地解决问题。

8. 表面和油漆

检查本体及附件的外观清洁状况，对于脏污处应进行清洁，对于脱漆、锈蚀的地方应，应用金属刷彻底清除锈蚀后再补刷底漆和面漆。

9. 变压器绝缘油

变压器油对于油浸式变压器中起着散热和绝缘的作用，变压器油的质量的好坏对变压器的可靠运行非常重要。对变压器油进行各种试验是判断变压器油品质的最有效方法。为了确保试验结果的准确性，我们首先应当保证取油样工作的正确，因为介质损耗因数、含水量、含气量、油中溶解气体分析等项目受取样方法的影响相当大。关于取油样工作，至少有以下几方面需要注意：

（1）取样工具。若需进行含气量、油中溶解气体分析等项目，应使用密封良好的玻璃注射器取油样；进行其他项目时，使用磨口瓶既可。取样工具一般是对于用注射器取样而言的，被广泛采用的工具是耐油橡胶管，但必须注意所用的橡胶管的材料和清洁程度都不应当污染油样。

（2）取样部位。取样部位应根据具体情况确定，但总体原则是：所取油样应有代表性，一般从油箱下部取样。

（3）取样操作。取样容器应经过可靠的清洗并烘干；取样前用干净的滤纸擦净出油嘴；正式取样前用放掉一些油冲洗管路，并将取样容器用油冲洗至少三遍；取样时应尽量避免气泡混入，若有气泡，应重新取样。

一般而言，常用的变压器油试验有以下几种：

（1）外观。本项目是检查油中杂质情况。优质的变压器油应透明、无杂质或悬浮物。对于浑浊、有杂质的变压器油，可采取过滤的方法处理，还可进一步使用真空滤油的方法进一步提高油的品质。

（2）耐压。本项目用于测定油的绝缘能力。试验时将变压器油按要求注入标准油杯中，施加工频电压直至油隙击穿，记录击穿时的电压值。按照 GB/T 507 的要求，一杯油应当重复以上步骤六次测试，取六次击穿电压的平均值作为其击穿电压。根据变压器的电压等级不同，对其变压器油的耐压要求也不同，具体如下：

1）新投运变压器油的工频击穿电压测试结果应满足以下要求：

a. 35kV 及以下电压等级不小于 35kV。

b. 66～220kV 时电压等级不小于 40kV。

c. 330kV 时电压等级不小于 50kV。

d. 500kV 时电压等级不小于 60kV。

2）运行中变压器油的工频击穿电压测试结果应满足以下要求：

a. 35kV 及以下电压等级不大于 30kV。

b. 66～220kV 时电压等级不大于 35kV。

c. 330kV 时电压等级不大于 45kV。

d. 500kV 时电压等级不大于 50kV。

（3）酸值测定。酸值是油中含有酸性物质的量。中和 1g 油中的酸性物质所需的氢氧化钾的毫克数称为酸值。以上所说的酸性物质包含有机酸和无机酸，但在大多数情况下，油中只含有机酸。新油所含有机酸主要为环烷酸。在储存和使用过程中，油因氧化而生成的有机酸为脂肪酸。酸值对于新油来说是精制程度的一种标志，对于运行中的变压器油来说，则是油质老化程度的一种标志，是判定变压器油是否能继续使用的重要指标之一。一般要求变压器油的酸值满足以下要求：

1）新投运变压器油的酸值不大于 0.03mgKOH/g。

2）运行中变压器油的酸值不大于 0.1mgKOH/g。

对于酸值超标的变压器油应进行处理。

（4）含气量。变压器油的含气量是指溶解在油中的所有气体的总量，用气体体积占油体积的百分数表示。变压器油溶解气体的能力较强，溶解气体的主要来源是空气，氢和烃类气体是在设备运行过程中由变压器油裂解而生成，一氧化碳和二氧化碳是固体绝缘自然劣化或遭破坏时被释放到油中的，这些气体的含量都很低，所以通常说的含气量实际上是指变压器油中的空气含量。

变压器油中溶解空气不多时，对油本身的绝缘性能并无明显危害。但当油中溶解气体较多时，易在油中产生气泡，引起局部放电危害绝缘。此外，油中溶解的氧气是导致变压器油老化氧化的直接原因。

330kV 及以上变压器用油的含气量测定的结果应符合以下要求：

1）交接试验或新投运变压器：不大于 1%。

2）运行中变压器：不大于 3%。

对于含气量超标的变压器油，可进行脱气处理。

（5）油中溶解气体分析。变压器油和纤维绝缘材料受到水分、氧气、热量以及铜和铁等材料催化作用会老化分解，生成 H_2、CO、CO_2、CH_4、C_2H_2、C_2H_4、C_2H_6 等气体并溶解于油中，这些气体被称为故障特征气体。正常运行情况下，变压器油中产生气体的速率是相当缓慢的，当变压器内部存在初期的故障或形成新的故障条件时，油中这些气体的含量会明显增加，因此，对变压器油中溶解气体进行分析是发现与判断变压器内部故障的有效手段。

变压器油中故障特征气体主要由以下原因引起：

1）变压器油过热分解。

2）油中固体绝缘介质过热。

3）火花放电引起油分解。

4）火花放电引起固体绝缘分解。

当发现变压器油中故障特征气体超标时，应缩短取样周期并密切监视气体增加的速率，为故障的判定和处理提供依据。用特征气体判断故障可参考 GB/T 7252。

（6）含水量。微量的水是可以溶解于油中的，虽然量不大，但却会大大降低油的击穿电压和绝缘材料的绝缘性能、加快其老化速度。过量的水甚至会使油发生乳化，丧失绝缘能力。本项目即是用于监测变压器油中水的含量。

1）新投运变压器油中含水量测定的结果应符合以下要求：

a. 110kV 及以下电压等级应不大于 20mg/L。

b. 220kV 电压等级应不大于 15mg/L。

c. 330～500kV 电压等级应不大于 10mg/L。

2）运行油中含水量测定的结果应符合以下要求：

a. 110kV 及以下电压等级应不大于 35mg/L。

b. 220kV 电压等级应不大于 25mg/L。

c. 330～500kV 电压等级应不大于 15mg/L。

当油中含水量超标时，可用真空滤油设备对油进行处理。当出现绝缘受潮时，还应采用热油循环方法脱去绝缘中的过量水分。对于严重的绝缘受潮引起的油中含水超标，应对器身进行干燥处理。

（7）介质损耗因数。由于存在着杂质、水分等成分，因此变压器油也有介质损失现象。一般来说，新油受到污染、运行油老化程度加深都会使油的介质损耗因数升高，油中若存在游离水或乳化水，对介质损耗因数有严重影响。因此，通过测量介质损耗因数可以监测变压器油的状态。

1）新投运变压器油的介质损耗因数测量结果应符合以下要求：

a. 330kV 及以下电压等级应不大于 1%（90℃）。

b. 500kV 电压等级应不大于 0.7%（90℃）。

2）运行油中介质损耗因数测量结果应符合以下要求：

a. 330kV 及以下电压等级应不大于 4%（90℃）。

b. 500kV 电压等级应不大于 2%（90℃）。

介质损耗因数超标的变压器油应进行进一步的分析，对于杂质、水分等因素引起的情况，可以通过滤油、脱水等方法处理。

（8）体积电阻率。变压器油的体积电阻率定义为：直流电压作用下，变压器油内部电场强度与稳态电流密度之比。显然，体积电阻率反映的是绝缘油中电导电流的大小，变压器油体积电阻率的大小与变压器的绝缘电阻密切相关。

1）新投运变压器油的体积电阻率测量结果应大于 $6 \times 10^{10} \Omega \cdot m$（90℃）。

2）运行中变压器油的体积电阻率测量结果应符合以下要求：

a. 330kV 及以下电压等级应不小于 $5 \times 10^{9} \Omega \cdot m$（90℃）。

b. 500kV 电压等级应不小于 $1 \times 10^{10} \Omega \cdot m$（90℃）。

若变压器油的体积电阻率过低，说明油中混入或老化生成了较多的导电物质。

（二）冷却装置的定期检查与处理

1. 管（片）式散热器

管（片）式散热器定期检查时首先应检查管式散热器和片式散热器及其管路、支架的脏污、锈蚀情况，必要时应进行清洁和油漆。然后用 1000V 绝缘电阻表测量冷却风机（若有）电气部分的绝缘电阻，测量结果应不低于 1MΩ。

2. 强油风（水）冷却器

强油风（水）冷却器定期检查时首先应进行清洁状况、运行状态和绝缘电阻三方面的检查。

（1）清洁检查主要是查看冷却器及管路、支架的脏污、锈蚀情况。每年至少用高压水清洁冷却管一次，每三年用高压水彻底清洁冷却管并重新油漆支架、外壳等部分。

（2）运行状态主要是检查油泵的运行状态，对于累计运行 10 年以上或运行时有异常声音的油泵轴承应予以更换。

（3）绝缘电阻测量主要是检查电器部件绝缘的状态。使用 1000V 绝缘电阻表测量油泵、油流继电气、风机等部件的绝缘电阻，测量结果应不低于 1MΩ。

对于风冷却器，还应用真空压力表检查其进油管道（或冷却器顶部）的压力，在开启油泵时进油管道的压力应大于大气压力。若压力表指示小于大气压力，应检查冷却管道有否堵塞现象（如进油口阀门关闭），此外应核对油泵的型号及性能参数是否匹配。

对于水冷却器，还应检查确认压差继电器或压力表的指示正常，压力值应符合制造厂的规定。检查时若发现冷却水中有油花，则很可能是水冷却器内部发生了漏水，该冷却器必须立即与变压器本体隔离以防止更多冷却水进入变压器内部，同时应对变压器油进行取样分析，以判断变压器内部进水的程度。

（三）套管的定期检查与处理

1. 纯瓷套管

纯瓷套管定期检查时，应仔细检查瓷套有无裂纹、破损、脏污及放电痕迹，瓷套根部有无放电痕迹。对于存在裂纹的瓷套必须更换；对于轻度破损的瓷套，可修复后继续使用；对于脏污的瓷套应用中性清洗剂清洗，然后用清水冲洗净后擦干；对于有污闪痕迹的瓷套，可考虑加装硅橡胶增爬裙或涂防污闪涂料。

2. 电容式套管

电容式套管定期检查时，除按照与纯瓷套管相同的方法检查瓷套外，还应进行注油孔密封检查、末屏绝缘电阻、末屏接地、介质损耗因数及电容值、套管油分析等检查内容，具体如下：

（1）注油孔密封检查。电容式套管注油孔的螺栓胶垫容易老化开裂，导致进水受潮。对于老化开裂的胶垫应及时更换。

（2）末屏绝缘电阻。电容式套管安装法兰位置附近有一小套管，用于将电容芯的最末一屏引出接地。本项目即使用绝缘电阻表测量该引出线对地的绝缘电阻。测量结果同历史数据相比应无显著差别。一般而言，该绝缘电阻值不应小于 1000MΩ。对于末屏绝缘电阻值过低的套管，应进一步对套管油进行取样分析。

（3）末屏接地。检查套管的末屏附近有无放电痕迹，若有则说明末屏接地不良，应重新确认末屏可靠接地。

（4）介质损耗因数和电容值。用介质损耗测量仪测量套管的介质损耗因数和电容值，测量结果同出厂值或历史数据比较不应有显著变化。一般而言，20℃时的介质损耗因数应不大于 2%，电容值的变化量不应大于 ±5%。介质损耗因数过大的套管，一般是因为受潮或套管油劣化引起，可对套管油取样进行进一步的分析。

（5）套管油分析。有时候需要对套管油进行取样分析，应当注意的是，由于套管内充油量有限且补油不便，因此在取样时放油量应尽量控制。对套管而言，含水量测定和油中溶解气体分析是两个有用且常用的项目。

套管油中溶解气体分析可以有助于判定套管内部的故障类型。套管油中常见的气体为 H_2、CH_4、C_2H_2。当套管油中气体含量超过以下值时应引起注意：

1）H_2 含量≤500μL/L。

2）CH_4 含量≤100μL/L。

3）C_2H_2 含量≤2μL/L（110kV 及以下），1μL/L（220～500kV）。

（四）其他组部件的定期检查与处理

1. 储油柜

储油柜定期检查内容主要是油位计和集污盒两方面。

（1）油位计的检查主要查看浮球和指针的动作是否同步，不能同步动作时应进行调整或更换。对于带有低油位报警功能的油位计，应检查确认触头工作可靠。由于假油位现象经常存在，定期检查时可用透明软管判断油位计指示是否准确，具体为：将一端连通储油柜底部以下的阀门，依管中油位高度可以检查油位指示的准确性。若出现假油位，应进行进一步检查处理。造成假油位现象的原因很多，常见的主要有以下几种：储油柜内残存气体、呼吸管不畅、管式油位计上部堵塞、铁磁式油位计机械故障等。一般情况下，将这些因素消除即可解决假油位问题。

（2）集污盒是一个装设在储油柜最低位置的容器，可以存积储油柜中可能析出的游离水和较重的杂质。集污盒下部装有阀门，可将这些有害物排出。定期检查时，应从集污盒下部放出的一些油进行检查。若含有杂质，应继续放油，直到积存的杂质排完为止；若是放出的油中含有水分，则不但应将水分排完，更需要进一步取变压器本体油样进行分析判断。

2. 气体继电器

定期检查时应对气体继电器进行开盖检查，确认其内部结构完好，动作可靠。对保护大容量、超高压变压器的气体继电器，还应加强其二次回路的检查维护工作。

3. 低压控制回路

定期检查时应用 1000V 绝缘电阻表测量气体继电器、温度计、油位计、压力释放阀、冷却风扇、油泵、油流继电气、电流互感器、温控器等部件及其信号或控制回路的绝缘电阻，所有测量结果应不小于 1MΩ。对绝缘电阻过低的部件或导线应进行进一步的检修或更换。

4. 压力释放阀

定期检查时应检查压力释放阀微动开关的电气性能、连接状况和绝缘状态，避免误发信号。为保证压力释放装置的可靠性，还应每隔三年对其进行校验。

5. 温度计

变压器温度计是一个由指示仪表、温包和毛细管三部分组成的密闭系统。温包放置在和变压器油温相同的温度计座内，温包内充有感温液体，当变压器油温变化时，感温液体的体积也随之变化，这一体积变化通过毛细管传递到指示仪表。在指示仪表内有弹性元件，将体积变化转变成机械位移，通过机械放大后，带动仪表指示，表示变压器的油温。指示仪表上还有可以设置超温报警的开关，当温度超过设定值时可以发出信号或跳闸。

为满足大型变压器使用单位远距离采集温度数据的需要，也有将温包做成复合结构的，即能输出 R100 铂电阻的信号，与 XMT 数显温控仪配合使用，可以远距离地传输温度信号。

定期检查时应检查各温控器的指示，压力式温度计和热电阻温度计的指示差值应在 3℃ 之内。现场温度指示、控制室温度指示、监控系统的温度指示三者基本保持一致，误差一般不超过 5℃。对于偏差过大的温度指示，应查明原因并对故障部件进行检修或更换。温度计座内缺油常常是导致其测量不准的原因，因此检查时应确认温度计座中注有适量的变压器油，温包浸没在变压器油中。为保证温度数据的准确性，温度计应每隔三年进行校验。

【思考与练习】

1. 变压器定期检查维护工作的特点及安全注意事项有哪些？

2. 变压器绝缘电阻、吸收比、极化指数、介质损耗因数都是判断绝缘状况的重要依据，具体应用中有何侧重？

3. 变压器油的取样工作有哪些注意事项？变压器油试验有哪些常见项目？

模块 4　变压器及组部件常见缺陷和故障检查与处理（ZY1600302004）

【模块描述】本模块介绍了变压器渗漏油、铁芯多点接地、油位异常、绕组直流电阻不平衡率超标、受潮等缺陷和故障的分析处理，通过处理方法介绍、案例分析，掌握变压器及组部件常见缺陷和故障的检查及处理方法。

【正文】

一、变压器及组部件常见缺陷和故障检查与处理

（一）变压器渗漏油的检查与处理

1. 渗漏油的类型

（1）密封件渗漏油。

（2）焊缝渗漏油。

2. 渗漏油的原因

（1）密封件质量不符合使用要求。

（2）密封件损坏或老化。

（3）密封件选用尺寸不当或位置不正。

（4）在装配时，对密封垫圈过于压紧，超过了密封材料的弹性极限，使其产生永久变形（变硬）而起不到密封作用或套管受力时使密封件受力不均匀。

（5）密封面不清洁（如焊渣、漆瘤或其他杂物）或凹凸不平，密封垫圈与其接触不良，导致密封不严，如套管 TA 的二次出线处。

（6）在装配时，密封件没有压紧到位而起不到密封作用。

（7）密封环（法兰）装配时，将每个螺栓一次紧固到位，造成密封环受力不均而渗油。

（8）焊缝出现裂纹或有砂眼。

（9）内焊缝的焊接缺陷，油通过内焊缝从螺孔处渗出。

（10）焊接较厚板时没有坡口或坡口不符合焊接要求，有假焊现象。

（11）平板钻透孔焊螺杆时，背面焊接不好造成渗漏油。

（12）非钻透平板发生钻透现象。

（13）箱盖或法兰在装配时与连接件间产生应力而翘曲变形，出现密封不严。

3. 渗漏油的处理

（1）密封件渗漏油的处理方法。

1）由于密封件原因引起的渗漏油，一般采用更换密封件的方法进行处理。

2）更换的密封件材料应选用丁腈橡胶。

3）更换的密封件尺寸与原密封槽和密封面的尺寸应相配合，清洁密封件并检查应无缺陷，矩形密封件其压缩量应控制在正常范围的 1/3 左右，圆形密封件其压缩量应控制在正常范围的 1/2 左右。

4）在更换新的密封件前，所有大小法兰的密封面和密封槽均应清除锈迹和修磨凸起的焊渣、漆膜等杂质，以及补平砂孔沟痕，要保证密封面平整光滑清洁。

5）对于无密封槽的法兰，密封件安装过程中要用密封胶把密封件固定在法兰的密封面上。

6）所有法兰、盖板装配时，紧固螺栓、螺母不得一次完成紧固，应按图 ZY1600302004-1～图 ZY1600302004-3 所示顺序均匀地循环紧固，至少循环 2～3 次以上，特别是最后一次紧固应用手动完成。

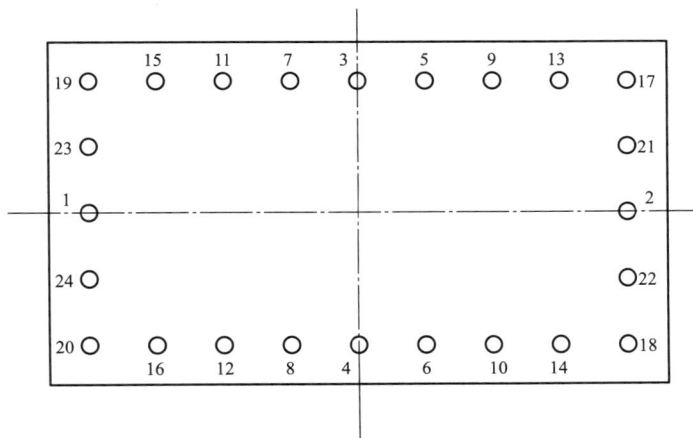

图 ZY1600302004-1　长方形盖板紧固螺栓顺序

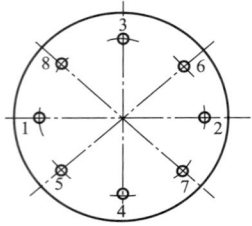

图 ZY1600302004-2　圆形法兰密封紧固螺栓顺序

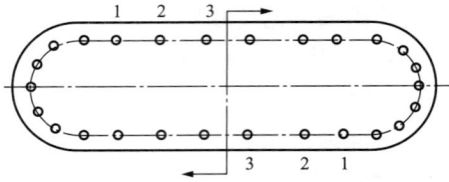

图 ZY1600302004-3　箱沿密封紧固螺栓顺序

（2）焊缝渗漏油的处理方法。

1）对因焊接或钢材本身缺陷造成的渗漏油，可使用带油补焊的方法进行处理。

2）补焊前后均应采油样做油的色谱分析，以免误认为可燃性气体含量增高是变压器故障所引起的。

3）清除焊缝渗漏处表面的污物、油迹、水分、锈迹等。

4）补焊点应在油面 100mm 以下。

5）使变压器内油面处于箱顶以下 100～150mm。

6）利用箱顶上的阀门接好真空管道进行抽真空，并维持真空度为 0.05MPa。

7）在持续真空下，选用合适的焊条，以电弧焊方式进行补焊，焊条采用φ3.2 及以下焊条。

8）补焊时应由上往下运焊，要在引弧后一次快速焊死漏处，焊接速度要快，一般控制点焊时间在 6s 以内。

9）因加强筋盖住了下面焊缝，处理时就要把部分加强筋挖孔进行焊缝、漏点补焊。

10）准备好合适消防器材，施工场地附近地面不能有易燃物，易溅进火花处用铁板挡好。

11）补焊完毕后仍需持续 0.05MPa 真空 30min。

12）如渗漏点在油箱顶部，则在本体储油柜的吸湿器联管处抽真空，使油箱内真空度均匀提升到 0.035～0.04MPa，进行带油补焊，补焊完毕后仍需持续 0.035～0.04MPa 真空 30min。

（3）法兰螺孔渗漏油的处理方法。

1）适用于变压器套管升高座、人孔、手孔等处法兰，由于内圈焊接有砂眼、裂纹致使绝缘油通过螺孔渗漏，对于这种渗漏油可采取在螺孔内垫密封橡胶头的办法进行处理。

2）变压器套管升高座、人孔、手孔等处法兰的螺孔一般为 M12 的螺孔，采用φ10 的密封胶条。

3）测量螺孔的长度，将橡胶圆条切成长度为螺孔长度的 1/2 的密封橡胶头，密封橡胶头的两端面应平整、水平，在所有螺孔中垫入密封橡胶头。

4）更换法兰的密封垫圈，盖上盖板，用全螺纹的 M12 螺柱替代原来的 M12 螺栓，将螺孔内的密封胶条压紧，再拧上 M12 螺母，将盖板压紧。

（4）散热器焊缝渗漏油的处理方法。

1）采用带油补焊的方法进行处理。

2）关闭散热器上下阀门，使散热器中的油与油箱内的油隔断。

3）从散热器下部的放油塞放出一部分油后关闭放油塞。

4）利用散热器上部的放气塞抽真空，并维持真空度为 0.05MPa。

5）在持续真空下，选用合适的焊条，以电弧焊方式进行补焊。

6）补焊结束后，打开散热器下部阀门，使油箱内的油进入散热器，待散热器上部放气塞出油立即关闭放气塞。

7）打开散热器上部阀门，使散热器可正常运行。

（二）变压器铁芯多点接地故障的检查与处理

1. 故障的原因

（1）箱顶上运输用的定位件，没有翻转过来或拆除掉。

（2）硅钢片翘曲触及夹件等结构件。

（3）穿芯螺栓绝缘套过短或破损使穿芯螺栓与硅钢片短接。

（4）油箱底部有异物，使硅钢片与油箱短路。

（5）铁芯绝缘受潮、有油泥或损伤。

（6）铁芯接地引线过长且未采取绝缘包扎措施。

2．故障的现象

（1）色谱异常。

（2）运行中用钳形电流表测量变压器铁芯接地电流，接地电流大于100mA。

（3）停电时，用绝缘电阻表测量铁芯绝缘电阻较低（如几千欧姆）或为零。

3．故障的处理

（1）变压器无法停电检修，若接地电流大于300mA时，应采取加限流电阻办法进行限流至100 mA以下，并适时安排停电处理。

（2）电容放电法。

1）铁芯绝缘电阻较低（如几千欧姆），可在变压器充油状态下采用电容放电方法进行处理。

2）采用电容放电冲击法排除，电容充放电电路如图ZY1600302004-4所示，电容C为50μF左右，直流电压发生器输出电压大约为1000V。

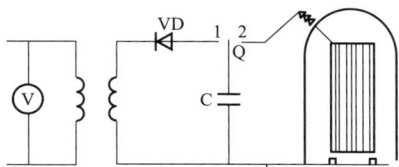

3）首先合双向开关Q到1侧，对电容C充电，充电后快速把开关Q合到2侧，对变压器故障点放电，反复进行几次，故障即可消除。

图 ZY1600302004-4　电容充放电电路

4）检查油箱顶盖上运输用的定位钉应翻转过来或拆除掉，否则导致铁芯与箱壳相碰。如定位钉与油箱绝缘，则不需翻转过来或拆除掉，检查定位钉与油箱间的绝缘应无损坏，否则也应拆除。

5）若不能消除故障，则应进入油箱或吊芯检修。

（三）变压器套管上部接线板发热故障的检查与处理

1．故障的原因

套管导电杆和接线板接触不良。

2．故障的现象

运行中用红外热像仪检测变压器套管导接线板温度明显偏高。

3．故障的处理

（1）变压器停电检修时，拆下套管上部的接线板，检查套管导电杆表面应无损坏，否则应处理，严重时应更换。

（2）清洁套管导电杆表面及接线板。

（3）在套管导电杆表面涂导电脂，重新安装接线板。

（四）变压器本体储油柜油位异常故障的检查与处理

1．故障的原因

（1）储油柜的吸湿器堵塞。

（2）储油柜的胶囊袋或隔膜损坏。

（3）管式油位计的小胶囊袋输油管堵塞。

（4）储油柜存在大量气体。

（5）指针式油位计失灵。

2．故障的现象

（1）变压器本体储油柜油位计油位显示异常升高或降低。

（2）用红外热像仪测量的实际油位与油位计显示不符。

3．故障的处理

（1）检查储油柜的吸湿器应无堵塞，否则检修或更换吸湿器。

（2）储油柜胶囊袋损坏处理方法。

1）关闭储油柜与本体间的蝶阀，打开储油柜顶部的放气塞，从储油柜的放油管放尽储油柜内的变压器油。

2）打开储油柜的盖板，更换胶囊袋。

3）密封储油柜盖板，由储油柜的注油管对储油柜注油。

4）储油柜排气，打开储油柜与本体间的蝶阀。

（3）储油柜隔膜损坏处理方法。

1）关闭储油柜与本体间的蝶阀，打开储油柜顶部的盖板，拉出隔膜上的密封塞。

2）将储油柜内的变压器油放至储油柜中部法兰以下 50mm 即可。

3）拆除上、下部储油柜间的螺栓，吊起上部储油柜，更换储油柜的隔膜。

4）安装上部储油柜，紧固上、下部储油柜间的螺栓，由储油柜的注油管对储油柜注油。

5）储油柜排气，打开储油柜与本体间的蝶阀。

（4）管式油位计的小胶囊袋输油管堵塞处理方法。

1）关闭储油柜与本体间的蝶阀，打开储油柜顶部的放气塞，放尽储油柜内的变压器油。

2）打开小胶囊室的盖板，拔出小胶囊袋与管式油位计连接的输油管。

3）在输油管中塞入一段弹簧以防止输油管弯折堵塞油路，弹簧的外径小于输油管内径 2mm，弹簧应伸入小胶囊袋内 10mm，并在小胶囊袋输油管根部用蜡线绑扎固定。

4）复装小胶囊输油管及小胶囊室的盖板，由储油柜的注油管对储油柜注油。

5）储油柜排气，打开储油柜与本体间的蝶阀。

（5）胶囊式储油柜排气处理方法。

1）对本体储油柜进行排气：拆下本体储油柜的吸湿器，防止吸湿器损坏，将空压泵与储油柜的吸湿器联管连接，启动空压泵加压至 0.025～0.03MPa，直至储油柜放气阀出油。

2）对于采用管式油位计的储油柜，应用密封件密封管式油位计上部进气孔，以防止管式油位计内的绝缘油溢出。

3）打开散热器或冷却器与本体间的阀门，打开升高座导油管、充油瓷套管、冷却器等附件最高位置放气塞进行排气，出油后即旋紧放气塞，并对气体继电器放气。

（6）隔膜式储油柜排气处理方法。

1）打开储油柜顶部的盖板，拉出隔膜上排气孔的密封塞。

2）用手不断将隔膜内的空气从排气孔排出，排尽隔膜内的空气后回装密封塞。

（五）变压器绕组直流电阻不平衡率超标故障的检查与处理

1. 故障的原因

（1）引线连接不紧密。

（2）分接开关触头接触不良或烧毁。

（3）引线电阻的差异较大。

（4）绕组并联导线断股。

（5）引线焊接松脱、虚焊、假焊。

2. 故障的现象

变压器绕组直流电阻不平衡率超标，不包括由于变压器结构原因引起绕组直流电阻不平衡率超标。变压器绕组直流电阻不平衡率的判断标准：① 1.6MVA 以上变压器，各相绕组电阻相互间的差别不应大于三相平均值的 2%；无中性点引出的绕组，线间差别不应大于三相平均值的 1%。② 1.6MVA 及以下的变压器，相间差别一般不大于三相平均值的 4%，线间差别一般不大于三相平均值的 2%。③ 与以前相同部位测得值比较，其变化不应大于 2%。

3. 故障的处理

（1）检查引线接线片和套管接线板间连接是否紧密，有无过热性变色和烧损情况，如有应进行处理。

（2）拧开引线接线片和套管接线板间的紧固螺母。

（3）清除引线接线片和套管接线板表面的氧化层。

（4）清除氧化层要做好防范措施，防止金属屑落入变压器中。

（5）锁紧引线接线片与套管接线板间紧固螺母，使其接触良好。

（6）如有低压套管手孔盖板，可通过手孔进行检修。

（7）检查分接引线接线片与分接开关触头连接有无松动、有无过热性变色和烧损情况，如有应进行以下处理。

1）拆开已松动的分接开关接线片，用砂纸清除分接引线接线片与分接开关触头表面的氧化层。

2）正确紧固分接引线接线片与分接开关触头，使其接触良好。

（8）检查分接开关动静触头接触应良好，否则进行检修。触头有氧化膜则来回切换开关以除去氧化膜。

（9）引线电阻的差异较大、绕组断股、虚焊等故障应进厂检修。

（六）变压器冷却器故障的检查与处理

1．故障的原因

（1）冷却器的风扇、潜油泵、油流继电器故障。

（2）风冷控制箱故障造成冷却器停运。

（3）风冷却器散热器风道间有堵塞。

2．故障的现象

（1）冷却器的风扇、潜油泵故障停运。

（2）油流继电器不能正确指示油流方向。

（3）油温异常升高。

3．故障的处理

（1）主变压器不停电更换故障潜油泵。

1）在更换潜油泵前，关闭潜油泵进出口阀门，拧开潜油泵放油孔，将潜油泵及管道内的剩油放入油桶中。如果潜油泵进出口阀门关不严，则不能不停电更换油泵，只能在变压器停电检修时采取抽真空更换油泵。

2）更换潜油泵时应使用专用工具拆除潜油泵接线、潜油泵进出口法兰螺栓，将潜油泵拆下。

3）更换新油泵，调换潜油泵密封件，潜油泵进出口法兰螺栓要从对角线的位置依次紧固，紧固顺序如图 ZY1600302004-2 所示。

4）更换好潜油泵后，复装潜油泵接线，保证潜油泵接线盒和电缆接口密封应良好。

5）打开潜油泵进出口阀门对潜油泵和管道放气注满油，应先打开潜油泵放气阀，再略微打开潜油泵出油阀，使变压器油缓慢注入潜油泵和管道内，待放气阀出油后，关闭放气阀，随后打开潜油泵的出油阀和进油阀，注意阀门打开后应检查蝶阀杆固定锁牢，以防止在运行中阀门自动关闭，造成油回路故障。

6）检查潜油泵本体、放油孔、各平面接口及潜油泵进出口法兰应无渗漏油。

（2）主变压器不停电更换故障风扇。

1）在更换风扇前，应检查确认风扇电源应拉开，拉开风扇控制回路小开关和熔丝。

2）拆开风扇防护罩，拆卸风叶，拆去风扇电动机接线和电动机固定螺栓，用专用滑轮和绳子将电动机扎牢并吊下，再将新电动机调换上。

3）调整电动机的同心度，左、右间隙不对时可直接移动电动机，高低不对时可调整底脚垫片。调整好电动机同心度后，紧固电动机底脚螺栓，并接好电动机接线，检查电动机引线各桩头螺栓应紧固，接线盒应密封好，可用密封胶进行密封。

4）装上风扇叶子，螺栓应均匀紧固，并检查风叶与风筒间隙上下左右应相等，最后装上风扇护罩。

5）合上冷却风扇电源，检查风扇转向应正确。

6）测量风扇三相电压，偏差应在380V（±5%）以内。

7）测量风扇三相电流应基本平衡，三相电流差值不超过平均值 10%，三相电流值不超过电动机额定电流值。

（3）主变压器不停电更换故障油流继电器。

1）在更换前首先要将冷却系统切换开关放至停用并拉开电源空气开关、控制回路小开关和熔丝。

2）关闭油流继电器两侧阀门，松开油流继电器的 4 个螺栓，将油流继电器内的剩油放入油桶中。如果流继电器两侧阀门关不死，则不能不停电更换，只能在变压器停电检修时采取抽真空更换油流继电器。

3）将油流继电器接线拆下，并做好记录，更换油流继电器及密封件，油流继电器螺栓要从对角线位置依次紧固。

4）按拆卸时的记号接好油流继电器接线，用万用表检测接线应正确，用绝缘电阻表检测绝缘应良好，一副动断接点和一副动合接点要按分控电气接线图接正确。

5）先打开油流继电器的放气阀，再打开油泵进油阀使变压器油进入油流继电器及管道，待放气阀出油后立即关闭放气阀，然后打开油泵出油阀，检查所有关闭过的阀门应在打开位置，检查阀门应有止动装置且可靠。

6）启动潜油泵，检查油流继电器指针应指在流动位置且无晃动、检查冷却器工作信号灯应亮、检查应无渗漏油、检查其他放至备用状态的部件应无启动。停用潜油泵时，油流继电器指针应指在停止位置。

（六）风冷控制箱常见故障的处理方法。

1）风冷控制箱常见故障为热继电器动作或空气开关跳闸，热继电器一般用作过载和缺相保护，空气开关一般用作短路保护。

2）将自动投入运行的备用冷却器组改投到"运行"位置。

3）如果是空气开关跳闸，应检查回路中有无短路故障点，可将故障冷却器组投"停用"位置，重新合上空开，若再次跳闸，则说明从空开到冷却器组控制箱之间的电缆有故障。若空气开关合上后未再次跳闸，则说明冷却器组控制箱及电动机之间的回路有问题。

4）如果是热继电器动作，可在恢复热继电器位置时，弄清是潜油泵电动机还是风扇电动机过载。再次短时投入冷却器组，观察油泵和风扇的电动机，并作如下处理：

a. 整组冷却器组不启动，应检查三相电压是否正常，是否缺相。

b. 若潜油泵过载，应稍等片刻，再恢复热继电器位置。

c. 若发现某个风扇声音异常，摩擦严重，可在控制箱内将故障风扇的电动机端子接线取下，恢复热继电器位置，然后试投入该冷却器组。

d. 如果气温很高，可能引起热继电器动作，可打开控制箱门冷却片刻，再次投入。

e. 若潜油泵声音异常，冷却器组不能继续运行，应更换潜油泵。

f. 检查热继电器 RJ 接点接触情况，如果热继电器损坏，应由检修人员及时更换。

（5）检查风冷却器散热器风道间有无隙堵塞，如有应用高压水枪（水压一般为 3～5bar）清洗冷却器组管，清洗工艺如下：

1）清洗前，使冷却器停止运行，拆下风扇保护罩和风扇叶片，这样冷却器的前后都能彻底清洗。

2）先用吸尘器在进风侧从上至下吸掉灰尘、杂物。

3）用高压水枪冲洗，由出风侧往进风侧方向冲洗，勿使杂物进入中间管族，以免杂物落入死区。

（七）吸湿器故障的检查与处理

1. 故障的原因

（1）吸湿器滤网堵塞或封盖没打开。

（2）吸湿器油杯内变压器油不足。

2. 故障的现象

（1）变压器储油柜油位计显示异常。

（2）吸湿器内硅胶快速受潮变色，或从上至下变色。

3. 故障的处理

（1）吸湿器滤网检查和处理方法。

1）缓慢打开吸湿器，防止放出残气时引起瓦斯动作。

2）将吸湿器内的硅胶倒出。

3）检查吸湿器底部的滤网有无堵塞现象，如有则进行检修或更换。

4）在吸湿器中倒入合格的硅胶。

（2）检查吸湿器底部油杯内的油位应高于呼吸口，否则应添加变压器油。

（八）变压器受潮故障的检查与处理

1. 故障的原因

变压器进水受潮；检修时的温度、湿度及暴露时间不符合标准，同时抽真空、干燥时间不够。

2. 故障的现象

（1）变压器油中含水量超标。

（2）绕组对地绝缘电阻下降。

（3）泄漏电流增大。

（4）变压器介质损耗因素增大。

（5）变压器油耐压下降。

3. 故障的处理

（1）查各连接部位是否有渗漏，如有按渗漏油整治进行检修。

（2）检查储油柜的胶囊或隔膜有无水迹和破损，如有应进行处理。

（3）检查套管尤其是穿缆式高压套管的顶部连接帽密封情况，如有渗漏应进行处理。

1）拧开高压套管顶部连接帽，用钢丝刷和无绒白布清洁法兰密封面。

2）更换密封垫圈，重新装配套管顶部将军帽，使其密封良好。

（4）必要时采用热油循环对器身进行干燥处理。

1）关闭冷取器与本体之间的阀门，将油从油箱的下部抽出，经真空滤油机加热、脱气后，再从油箱上部送回油箱，这样周而复始进行循环。

2）油的温度控制在 80℃ ±5℃。

3）热油循环整个过程的时间很长，时间的长短取决于油中的气体及水分的含量达到运行要求。

4）处理后应加强运行监视。

二、案例分析

（一）案例 1：变压器渗漏油案例分析

某电力公司 31.5MVA、110kV 主变压器进行油箱渗漏油的带油补焊后，第二年色谱检查分析异常。从特征气体的规律和 IEC 三比值法分析属放电兼过热性故障，色谱分析数据如表 ZY1600302004-1 所示。

表 ZY1600302004-1　　　　　　色 谱 分 析 数 据 对 比　　　　　　μL/L

项 目	氢气	甲烷	乙烷	乙烯	乙炔	总烃	判 断
第一年周期试验	14.67	3.68	10.54	2.71	0.20	17.09	正常
补焊后一周后	14.2	4.40	13.96	2.48	0.17	21.21	正常
第二年周期试验	97.9	103.3	31.6	131.3	19.7	285.8	放电兼过热

1. 原因

表 ZY1600302004-1 数据反映变压器存在放电兼过热故障，经复测无误，但变压器运行一直正常，停电进行电气试验，结论也正常完好。查看检修记录，记载着上一年因三处渗油而带油补焊，一处为散热器上部约 3cm 缝隙，另两处为箱罩上部 2cm 和 4cm 接头处，补焊时的温度达 1000℃，油遇高温裂化分解产生大量特征气体。补焊后的一周色谱分析，其目的是查补焊后油中气体上升情况，但未能

模块4

ZY1600302004

如实反映出来，原因可能是：

（1）所焊之处可能大致上为"死区"，虽运行一周，油借自身的上下层温差进行循环（该变压器没有强迫油循环系统），温差不大，循环不快，时间短，特征气体难以均匀分布于油中。

（2）取样或操作上的技术问题，如取样前放油冲洗量不够等。所以补焊一周后取油样进行色谱分析未能发现问题。运行一年后，因补焊产生的气体仍在油中，可能因当时未脱气处理，加之该主变压器油枕为气囊式充氮保护，油中气体无法自行散发出去。因此判断特征气体为补焊所致。

2. 解决方法

变压器停电后进行真空脱气处理，经脱气处理后监督跟踪分析，由起初一个月两次的跟踪分析，经三个月后无明显变化，而逐步改为一个月一次、两个月一次、三个月一次，至正常周期一年一次，正常运行至今，证实了分析判断的正确性。

3. 防范措施

（1）变压器带油补焊，需进行抽真空补焊。

（2）在持续真空下，选用合适的焊条，以电弧焊方式进行补焊，焊条采用 $\phi 3.2$ 及以下焊条。

（3）补焊时应由上往下运焊，要在引弧后一次快速焊死漏处，焊接速度要快，一般控制点焊时间在 6s 以内。

（4）补焊完毕后仍需持续真空 30min 以上。

（二）案例 2：有载开关渗油故障案例分析

某电力公司 110kV 主变压器本体油中溶解的 C_2H_2 含量偏高，如表 ZY1600302004-2 所示，该变压器已运行 15 年。

表 ZY1600302004-2　　　　　　　色 谱 试 验 数 据　　　　　　　μL/L

试验时间	H_2	CH_4	C_2H_6	C_2H_4	C_2H_2	总烃	CO	CO_2
2008-5-19	29.0	17.9	3.7	8.2	4.4	34.1	669	4727
2008-1-17	20.0	16.4	3.3	7.4	3.10	30.2	593	4013
2007-8-7	26.0	16.3	3.4	7.4	2.40	29.5	658	4357
2007-7-4	27.0	17.5	3.3	7.5	2.60	30.9	673	4699
2007-6-7	22.0	18.0	3.5	8.2	2.60	32.3	673	4458
2007-3-13	26.0	15.2	2.9	6.7	2.40	27.2	680	4225
2007-2-8	19.0	14.6	3.0	7.1	2.10	26.8	640	4199
2007-1-10	21.0	15.1	2.9	6.5	1.60	26.1	671	4244
2006-8-15	20.0	16.0	3.4	7.1	0.90	27.4	683	4802
2006-7-12	26.0	15.1	3.1	6.9	1.00	26.1	694	4703
2006-1-23	21.0	13.0	2.5	5.5	0.80	21.8	593	3702
2005-7-28	24.0	16.5	2.9	6.5	0.60	26.5	651	4484
2005-4-14	22.0	12.5	2.3	5.8	0.60	21.2	629	3456
2004-10-14	28.0	13.8	2.5	6.1	0.00	22.4	732	4307

1. 原因

该开关是国产组合式有载开关，根据该开关的资料可知，切换开关的油室采用绝缘纸筒制成。从色谱试验结果看，仅乙炔含量偏高，其他气体没有明显变化，如表 ZY1600302004-2 所示。根据运行经验，该开关经长期运行后绝缘纸筒可能变形而发生渗漏致使变压器本体油中乙炔含量偏高。

2. 解决方法

（1）有载开关进行吊芯检修，抽尽有载开关油室内的绝缘油并将油室清洁干净，对油室进行试漏。

（2）对变压器施加 0.035～0.04MPa 的压力，维持 3min 后即发现有载开关油室底部轴封处有渗油现象（见图 ZY1600302004-5），致使运行中有载开关油室内的绝缘油会进入变压器本体。

（3）用真空滤油机将变压器内的绝缘油抽尽，抽油的同时注入干燥空气（露点≤−40℃），真空滤油机抽油的同时已对变压器油进行脱气。

（4）更换有载开关油室轴封处的密封圈。

（5）对变压器进行真空注油，由于变压器底部有少许绝缘油无法抽尽，变压器真空注油后变压器内绝缘油仍有0.4μL/L 的乙炔。由于变压器绝缘吸附的绝缘油中仍含有较高的乙炔，变压器运行一段时间后，变压器油的乙炔含量将会有所升高但会逐步稳定。

（6）建议对该变压器在投运后一个月内每星期进行绝缘油色谱试验，对油中乙炔含量持续跟踪直至稳定。

图 ZY1600302004-5　油室底部轴封渗漏

3. 防范措施

有载开关油室采用绝缘板材料，绝缘板材料在油中长期浸泡容易发生变形，该开关已运行约 15 年，其他密封部位仍有可能发生渗漏，建议更换该有载开关以解决有载开关与本体连通的缺陷。

（三）案例3：分接开关触头接触不良案例分析

某电厂 240MVA、220kV 主变压器（SFP-24000/220）自投运以来，其内部产气速率较高，经常发生轻瓦斯动作，每年都需要进行脱气处理。经吊罩大修，在变压器内部清除了油泥杂质，并用油冲洗，在变压器内部更换了部分密封件，该变压器在随后两年中内部产气速率明显下降，乙炔含量一直维持在 1μL/L 以下。

然而，在两年后对该变压器的色谱分析中，乙炔含量升至 509μL/L，氢由 8 月的 66μL/L 下降至 53μL/L，乙烯由 35μL/L 上升至 44μL/L，其他气体含量没有明显变化。但是分析认为故障性质还不明显，同时考虑到色谱试验结果有分散性，决定不急于将该主变压器退出运行，而继续运行加强监视。不到十天，再次取样进行分析，乙炔含量由 5.9μL/L 下降到 1.3μL/L，氢由 54μL/L 下降至 43μL/L，乙烯由 39μL/L 下降至 26μL/L，其他气体含量下降较小。在 1～2 个月内继续取样分析，其气体含量基本不变。当时曾怀疑主变压器乙炔含量是否可能由潜油泵的轴承损坏而引起的，因此对每台潜油泵分别取样进行色谱分析，其气体含量与变压器本体取样结果相同，排出了潜油泵轴承损坏的可能性。

1. 原因

经对照分析，发现乙炔含量与负荷大小有关，如表 ZY1600302004-3 所示。

表 ZY1600302004-3　　　　　乙炔含量与主变压器负荷大小的关系

主变压器负荷（MVA）		色谱分析		主变压器负荷（MVA）		色谱分析	
平均负荷	最大负荷	乙炔含量（μL/L）	取样时间	平均负荷	最大负荷	乙炔含量（μL/L）	取样时间
180	240	—	—	110	180	5.5	10:30
160	240	6.5	9:30	80	120	4.2	10:00
120	180	5.8	21:30	60	150	3.3	9:30
170	200	—	—				

通过两三个月的跟踪观察，肯定了乙炔含量与该变压器所带负荷大小有直接关系，而发生乙炔的最大可能部位是 220kV 分接开关。为了确定变压器内部故障的性质，采用 AE-PD-4 型超声波局部放电测试仪器进行放电超声波定位测量。在探测过程中，当变压器负荷改变时，放电信号的幅值随之改变，并发现 220kV 分接开关在负荷增加到 80MVA 以上时，荧光屏上出现十分明显的电弧放电脉冲，而在负荷下降到 60MVA 以下时则完全消失。超过超声波局部放电测量，判断该主变压器的故障是 A 相分接开关局部接触不良，在负荷电流大的情况下出现电弧放电。

2. 解决方法

变压器停电检修，将该主变压器的油放完后，从人孔进入检查，果然发现 A 相选择开关最上面的一个动触头上部有一黄豆大的烧伤痕迹，用干布将其擦净并转动了位置。在大修之后，再对该变压器进行色谱跟踪分析，没有再发现乙炔含量，说明该故障已被确认和处理。

（四）案例 4：变压器绕组直流电阻不平衡率超标分析

某电力公司一台 SSZ9-63000/110 主变压器采用组合式有载开关，该开关吊芯检修后，开关切换波形正常，但直流电阻试验不合格，直流电阻值见表 ZY1600302004-4。

表 ZY1600302004-4　　　　　　　　　　　　　直 流 电 阻 值　　　　　　　　　　　　　　　　　Ω

分　接	A-O	B-O	分　接	A-O	B-O
1	0.287 5	0.287 3	10	0.251 4	0.251 6
2	0.282 4	0.282 2	11	0.257 1	0.255 5
3	0.284 4	0.286 1	12	0.262 8	0.262 0
4	0.276 7	0.273 5	13	0.273 4	0.278 5
5	0.279 7	0.282 2	14	0.270 4	0.271 6
6	0.261 9	0.262 6	15	0.279 3	0.281 6
7	0.258 5	0.261 8	16	0.281 9	0.282 0
8	0.253 1	0.251 7	17	0.287 8	0.287 6
9（a, b, c）	0.245 0	0.244 2			

1. 原因

检查试验接线回路无接触不良现象，对该有载开关再次吊芯，测量切换开关动触头与中性点触头间的电阻，最大电阻值 257μΩ，最小电阻值 51μΩ，符合要求。由此可见，有载开关的切换开关状态良好。

从有载开关的接线图分析，从分接 1 切换到分接 9，直流电阻值应有规律的递减，而从分接 9 切换到分接 17，直流电阻值应有规律的递增，差值约为 5～6mΩ（环境温度约 3℃）。从表 ZY1600302004-4 的数据来看，分接 3 的直流电阻值大于分接 2 的直流电阻值，分接 5 的直流电阻值大于分接 4 的直流电阻值，对应的分接 13 的直流电阻值也大于分接 14 的直流电阻值，存在明显缺陷，基本确定有载开关的选择开关存在接触不良的现象。

2. 解决方法

（1）放尽变压器油，打开人孔，钻芯检查有载开关。

（2）重新紧固切换开关绝缘筒外侧的三相输出端子引线和中性点输出端子引线，测量 A 相分接 1 到分接 9 的直流电阻，分接 3 的直流电阻值仍然大于分接 2 的直流电阻值，分接 5 的直流电阻值仍然大于分接 4 的直流电阻值。

（3）重新紧固选择开关三相引线（见图 ZY1600302004-6 中"Ⅰ"处），发现该处紧固引线的 6 个内六角螺栓都有松动现象，重新紧固。测量 A 相分接 1 到分接 9 的直流电阻，直流电阻值已满足从分接 1 到分接 9 递减的规律，但差值变化很大。

（4）从该有载开关的结构来看，选择开关各部件中可能影响变压器直流电阻的就剩下选择开关的动、静触头的接触电阻，从以上情况分析，选择开关的动、静触头可能存在氧化现象，因此对所有的静触头进行表面处理。

（5）选择开关静触头表面处理后，复测直流电阻值，符合要求。

3. 防范措施

图 ZY1600302004-6 中"Ⅰ"处三相引线的 6 个内六角螺栓在有载开关的制造厂已安装完毕，变压器制造厂应在装配有载开关时再次紧固 6 个内六角螺栓。

图 ZY1600302004-6　组合式
有载开关

（五）案例 5：变压器铁芯多点接地故障案例分析

某 20 000kVA、35kV 主变压器轻瓦斯动作频繁，每运行一周左右，气体继电器内就积聚约 2/3 容积的气体。主变压器温升较正常时偏高，但电气试验未发现绝缘不良或受潮。经采用集气袋收集气体继电器中的气体，并进行变压器油色谱分析其结果如表 ZY1600302004-5 所示。

表 ZY1600302004-5　　　　　　　　　色 谱 试 验 数 据　　　　　　　　　　　　μL/L

气体	H_2	CH_4	C_2H_6	C_2H_4	C_2H_2	总烃	CO	CO_2
含量	60	139	21	430	4.6	594.6	35	711

1．原因

色谱反映出 CH_4、C_2H_4 超标，总烃超标，C_2H_2 已接近注意值 5μL/L，H_2 及 C_2H_6 都有明显增长，但 CO、CO_2 增长不明显，说明故障点不是固体绝缘材料分解而致。

集气袋里面的气体易燃，更说明此主变压器存在故障，不是油中溶解的空气因天气变热而析出那么简单。

采用三比值编码法判断：

$$\frac{C_2H_2}{C_2H_4} = \frac{4.6}{430} < 0.1，编码为0$$

$$1 < \frac{CH_4}{H_2} = \frac{139}{60} < 3，编码为2$$

$$\frac{C_2H_4}{C_2H_6} = \frac{430}{21} > 3，编码为2$$

三比值编码组合为 0、2、2，且有乙炔（C_2H_2）产生，说明此主变压器内部可能存在 1000℃ 以上高温点，由于 CO、CO_2 不多，估计高温点属裸金属过热，或为接头接触不良，或为铁芯多点接地环流发热。

2．解决方法

经吊芯检查，接线头及分接开关均接触良好，无过热现象。用 2500V 绝缘电阻表测铁芯对地绝缘（接地铜片已解）发现铁芯仍接地，经进一步摇测上下铁芯的夹件、穿芯螺杆、底部垫脚对铁芯的绝缘，发现底部垫脚对铁芯的绝缘电阻很低，引起铁芯两点接地，产生铁芯与外壳间的环流造成高温发热。更换绝缘垫脚，并用真空滤油机对变压器油脱水脱气处理。投运后运行正常。

【思考与练习】

1．在对变压器进行补焊时，为什么要抽真空？

2．简述变压器绕组直流电阻不平衡率的判断标准。

3．简述在变电站现场处理变压器绝缘受潮的方法。

第八章　变压器的小修

模块 1　变压器及组部件小修周期、项目及内容和质量标准（ZY1600303001）

【模块描述】本模块介绍了变压器及冷却装置、套管、分接开关、非电量保护装置等组部件小修的内容和质量要求，通过概念描述、检查方法介绍，掌握变压器及组部件小修周期、项目及内容和质量标准。

【正文】

本模块主要以小修工作的具体内容为重点，所介绍的内容可满足开展状态检修工作的需要，小修周期和项目的确定仍以国家电网公司 2005 年《110（66）kV～500kV 油浸式变压器（电抗器）检修规范》（简称《检修规范》）为依据。对已推行状态检修的地区，在开展检修工作时，检修周期和项目的确定按照状态检修的相关标准或规定要求进行。

一、概述

1. 小修

根据《检修规范》的规定，无需吊罩或进油箱内部进行的检修工作称为小修。

2. 小修周期和项目

根据《检修规范》的要求，小修的项目应该是结合预防性试验进行相应的清洗（如冷却装置的散热管、片等）、检查、缺陷处理、校验、调整等检修工作，小修周期可以参照预防性试验周期执行。另外，《检修规范》还要求：油泵、风扇、温度计、气体继电器、油位计、二次控制电路、接地、紧固件等，应每 2～3 年检查一次，根据检查结果确定检修计划。

《检修规范》中所给出的小修项目和周期指的是在通常情况下进行的检修工作，根据状态检修的要求，设备的检修周期和项目是可以根据此类设备甚至某台设备的状态来进行调整的，运行单位可根据具体情况结合多年的运行经验，制定具体的检修、维护方案和计划。

二、变压器及组部件小修的内容和质量标准

变压器的局部缺陷检查及处理工作在模块 ZY1600302004 中有详细介绍。本模块重点介绍的是变压器及组部件的基本检查内容，现场操作时可根据各单位情况和设备状态，在确保安全和检修质量的前提下组织实施。

1. 主变压器各侧套管检查

（1）检查套管油位，要求油位正常，无渗漏油。

（2）清洁各套管瓷伞，要求套管表面清洁，无积灰。对涂刷 RTV 防污闪涂料的套管，应检查涂层的完整性和有效性，必要时进行补涂。

（3）检查各套管瓷套，要求套管表面无闪络、放电、破损痕迹。

（4）检查套管末屏小瓷套，要求末屏瓷套密封良好、无渗漏，末屏接地可靠。

2. 分接开关

（1）有载分接开关。其检修内容和质量标准参照模块 ZY1600308004 相关规定。

（2）无励磁分接开关。主要检查其手柄操作机构，具体内容是紧固螺栓，并转动检查。

1）操作机构转动灵活，转轴密封良好，无卡滞。

2）操作杆无弯曲变形，U 形拨叉应有弹簧，防止悬浮电位。

3）转动检查后测量直流电阻应合格。

3．散热器和冷却器

常用冷却装置根据使用要求不同，可分为散热器、风冷却器和水冷却器等。

（1）检查冷却器表面脏污附着程度，要求表面清洁无损坏，各阀门连接处无渗漏现象。冷却器管束间洁净，无堆积灰尘、昆虫、草屑等杂物。

（2）强油水冷却器应检查水室密封性，要求油样、水样化验合格。

4．油泵检查

（1）检查油泵密封情况，要求密封良好无渗油。

（2）检查油泵出口油流继电器指示，启动油泵进行试验，油泵启动时油流继电器应指向蓝色区域（油流继电器指针的指示方向应与油流方向一致），指针无抖动。

（3）检查油泵运转情况，应运转平稳无杂音。

（4）用 2500V 绝缘电阻表检查电动机绝缘，绝缘电阻应不小于 1MΩ。

5．风扇

（1）检查风扇叶轮与导风洞间隙，应无相互摩擦。

（2）用 2500V 绝缘电阻表检查风扇电动机绝缘，要求绝缘电阻不小于 1MΩ。

（3）检查风扇电动机运转情况，要求运转平稳无杂音。

6．储油柜油位及油位计检查

（1）检查储油柜油位，按温度曲线查对油位计指示正常。

（2）检查储油柜及联管、油位计密封情况，要求密封良好无渗漏油及油位计无进水痕迹。

（3）检查储油柜油位计信号回路，要求高、低油位发信正确。

7．变压器非电量保护装置

（1）测温装置检查。

1）检查温度计、温控器，要求指示正确。

2）检查温度计、温控器信号回路，要求回路良好发信正确。

（2）压力释放阀检查。

1）检查压力释放阀密封情况，要求密封良好，无渗油痕迹。

2）检查压力释放阀信号回路及动作情况，要求信号回路良好，发信正确，动作无卡死和脱扣情况。

（3）气体继电器检查。

1）检查气体继电器密封情况，要求密封良好，无渗油痕迹。

2）检查气体继电器信号回路，要求信号回路良好，发信正确。

3）检查气体继电器跳闸回路，要求跳闸回路良好，动作正确。

4）检查气体继电器取气装置，阀门开启，集气盒和管道要求无渗油。

8．吸湿器

（1）检查外观，玻璃罩清洁完好，管道连接无渗漏。

（2）吸附剂外观呈蓝色，说明吸附剂干燥完好；如吸附剂呈粉红色，则应干燥处理。

（3）吸附剂颗粒完整，距顶盖 1/6～1/5 高度的空隙。

（4）油位线应高于呼吸管口。

9．冷却器总控箱

（1）对冷却器总控制箱进行内部清扫，要求无积灰。

（2）对总控箱内各接线端子连接线、接线螺栓进行检查，要求连接导线无发热、烧焦、接线端子无松动。

（3）强油循环冷却器的控制箱应进行两个独立工作电源的自动切换试验。

（4）检查冷却器能按温度和负载控制冷却器的投切。

（5）检查冷却器故障后信号动作正确，并能自动投入备用冷却器。

（6）检查电动机过载、短路、断相保护动作正常。

10. 其他组件

（1）油箱及全部阀门塞子检修。

1）检查油箱，要求整体密封可靠，无渗漏油。

2）检查各阀门接头密封，要求无渗漏，密封可靠。

（2）接地系统检查。

1）要求接地无锈蚀，油漆色标正确清晰。

2）要求所有螺栓连接处应连接紧固。

【思考与练习】

1. 变压器及组部件的小修一般包括哪些内容？

2. 在小修过程中，如何根据现场检修情况进行测量和试验？

3. 实行状态检修后，原有的小修工作应如何进行？

模块 2 变压器及组部件的小修及更换（ZY1600303002）

【模块描述】本模块介绍了套管、冷却装置、油泵、风扇、非电量保护装置等变压器组部件的小修更换工作程序及相关注意事项，通过工艺流程及工艺要求介绍，掌握变压器及组部件检查及更换的方法和要求。

【正文】

变压器小修工作是无需吊罩或进油箱内部进行的检修工作，其中局部缺陷检查、处理工作在模块 ZY1600302004 中有详细介绍。本模块重点介绍的是变压器组部件的现场更换内容，因为对于现场不能及时修复的组部件，推荐进行更换，以保证变压器小修工作按时顺利完成。

一、作业内容

（一）变压器小修内容和流程

根据国家电网公司 2005 年《110（66）kV～500kV 油浸式变压器（电抗器）检修规范》，小修的工作内容应该是结合定期预防性试验进行相应的清洗（如冷却装置的散热管、片等）、检查、缺陷处理、校验、调整等检查工作，包括对套管瓷套表面、温度计、油位计、气体继电器、压力释放装置、控制箱及其二次回路等，或对于例行检查中发现的问题，因为在不停电条件下无法处理而安排的停电检修项目。

通常小修工作的基本流程可参照图 ZY1600303002-1。

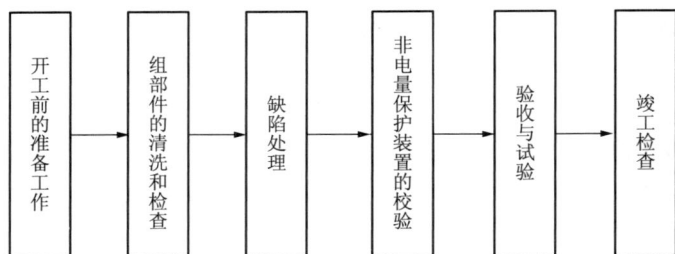

图 ZY1600303002-1 作业流程图

（二）工作重点程序

（1）检查导电排的紧固螺栓是否有松动现象，导电排的接头有无过热现象。

（2）清扫套管的瓷裙，检查瓷裙外表有无放电痕迹，表面有无碎裂、破损现象。

（3）清扫变压器的箱壳，并检查有无渗漏油的地方，如有应予以消除。

（4）检查全部冷却系统的设备是否完好，例如对自冷式变压器应清扫散热器表面的积灰，检查焊缝处有无渗漏油的地方；对风冷式变压器除与自冷式变压器相同的检查项目外，还应检查冷却风扇的工作情况是否正常；而对强迫油循环风冷式变压器，还应检查潜油泵的工作情况是否正常；对强迫油循环水冷式变压器，则应检查潜油泵及冷却水泵的工作情况是否正常，冷却器的外表有无渗漏油和渗漏水的现象。

（5）检查气体继电器有无渗漏油的现象，阀门的开闭是否灵活，动作是否正确可靠，控制电缆和继电器触点的绝缘电阻是否良好。

（6）检查储油柜的油面是否正常，油位计的表面应擦得清晰透明，以便观察。应放掉储油柜底部集污盒内的污油，同时要检查吸湿器的吸湿剂是否失效。

（7）对变压器各部位，例如本体、净油器、充油套管等处，均应取油样进行油化试验。

（8）测量上层油温的温度计应拆下进行校验，并检查测温管内是否充满变压器油。

（9）变压器绝缘预防性试验。

二、危险点分析与控制措施

变压器组部件小修及更换时危险点分析与控制措施见表 ZY1600303002-1。

表 ZY1600303002-1　　变压器组部件小修及更换时危险点分析与控制措施

序号	危 险 点	控 制 措 施
1	现场安全措施不合理或遗漏	核对确认现场安全措施与工作票所列安全措施一致
2	施工期间发生触电事故	确认主变压器各侧所连隔离开关、断路器均处于分闸状态，并挂"禁止合闸，有人工作"标示牌。确认主变压器各侧接地，确认主变压器四周已装设围栏并挂"在此工作"标示牌
3	检修变压器未退出保护，造成误动作	变压器所有保护均应退出，并注意电流互感器的二次回路对变电站继电保护的影响
4	使用吊车时，吊臂与相邻带电设备距离过近，会引起放电	注意吊臂与带电设备保持足够的安全距离：500kV 电压等级应不小于 8m，220kV 电压等级应不小于 6m，110kV 电压等级应不小于 4m，35kV 电压等级应不小于 3.5m
5	起吊时指挥不规范或监护人员不到位，易引起误操作	起重指挥及监护人员应是起重专业培训合格人员
6	吊臂回转引起起吊重心偏移和失稳	任务、分工明确，起重专人指挥使用统一标准信号、专人监护吊臂回转方向
7	登高设备使用不正确，会引起设备损坏或人员伤亡	上、下主变压器用的梯子应用绳子扎牢或派人扶住，梯子不能搭靠在绝缘支架、变压器围屏及线圈上
8	检修电源设备损坏或接线不规范，有可能导致低压触电	根据真空机组、空气压力泵等设备的电源功率选择合适的电源、接线盘和电源线。接线应根据设备使用说明书进行复核
9	高空作业（瓷套外观检查及搭头检查等工作）时高空坠落	高空作业时注意防滑，工作人员必须系保险带工作，若使用高架车，工作人员应将保险带拴在高架车作业斗上
10	拆卸、装配附件等野蛮操作造成损坏	拆装套管搭头时，套管上表面应覆盖，防止螺栓及工具跌下打破套管
11	工作人员间不协调好，擅自启动冷却系统伤人	启动冷却系统前，应通知全体工作人员，并在启动前大声呼唱
12	细小物件落入器身中	全体工作人员必须正确、合理使用劳保和安全防护用品，不允许带金属物品（如戒指、手表等）上变压器的器身检查
13	异物遗留在变压器内	设立现场工器具管理专职人员，做好发放及回收清点工作，并作记录

三、作业前准备

（一）作业施工方案

检修前应熟悉作业施工方案，包括本次检修的组织措施、安全措施和技术措施。其主要内容如下：

（1）人员组织及分工，并负责以下任务：安全、技术、起重、试验、工具保管、油务、质量检验等。

（2）施工项目及进度表。

（3）特殊项目的施工方案。

（4）检查项目和质量标准。

（5）关键工序质量控制内容及标准。

（6）试验项目及标准。

（7）确保施工安全、质量的技术措施和现场防火措施。

114

（8）主要施工工具、设备明细表，主要材料明细表。

（9）必要的施工图。

（二）检修场地

变压器的检修场地可以视检修项目及其实施的可行性来确定，同时应根据场所的具体情况做好防火、防雨、防潮、防尘、防摔落、防触电等质量安全措施。油罐、大型机具、拆卸组部件和消防器材应事先合理规划，实行定置管理。

（三）工艺装备

现场检修应具备充足合格干燥的材料和应有的组部件，以及完备的工艺装备和测试设备。在检修前，对检修项目中所需要的施工（含起重）设备应满足检修工艺要求；仪器仪表、工器具应试验合格，满足本次施工的要求；附件、材料的规格正确齐全；图纸及资料应符合现场实际情况。

1. 工器具

（1）起重设备和专用吊具，载荷应大于 2.5 倍的被吊物吨位。

（2）专用工、器具。如力矩扳手、各种规格的扳手等。

（3）滤油机、真空泵、空气压力泵等。如处理能力 3000～12 000L/h 的滤油机、每小时抽气量大于 2.5 倍变压器体积的真空泵、真空测量表计等。如检修 500kV 变压器还应配置两级真空泵。

（4）气割设备、电焊设备等。

2 材料

（1）绝缘材料。如各种规格大小的干燥绝缘纸板、皱纹纸、电缆纸、收缩带、白布带和绝缘油等。

（2）密封材料。如各种规格的条形、板型或成型密封胶垫。

（3）油漆。如绝缘漆、底漆和面漆等。

3. 备品备件

主要包括气体继电器、风扇电动机、油流指示器、变压器油、油泵、密封件、变色硅胶等，应根据实际需要配备。

4. 电源

根据滤油机、真空泵、空气压力泵等设备的电源功率选择合适的电源、接线盘和电源线。

5. 测试设备

（1）常规测试设备。如变比电桥、介质损耗因数仪、电阻电桥，各种规格的绝缘电阻表等。

（2）高压测试设备。如工频试验变压器、中频发电机、耐压设备和局放测试设备等。

四、更换操作步骤

变压器组部件的种类繁多，同时随着制造技术、工艺的不断进步，不同的生产厂家、不同的型号规格，在结构原理上存在一定的差别，因此这里主要介绍常见的变压器组部件更换的通用方法。在施工前应根据设备的具体情况编制相关作业指导书，确定具体的操作步骤和质量要求。

（一）变压器套管的更换方法

1. 纯瓷套管的更换

（1）拆除套管引线接头及安装螺母，将套管拆下。

（2）将准备换上的瓷套内、外表面擦洗干净。检查确认瓷件无损伤，零件完整。特别要注意密封面平整。

（3）拆下安装套管法兰上的盖板。通过法兰孔检查引线上端焊接是否可靠，引线外包绝缘是否完好。如存在问题，需经处理后再安装。

（4）清理安装套管的法兰，放置好密封胶垫。将导电杆穿过瓷套，再在导电杆上套上封环、瓷盖、衬垫并旋上螺母。然后先将瓷套安放在密封胶垫上，用压脚将瓷套压紧。瓷套固定后，再将导电杆上的螺母和锁紧螺母拧紧。

2. 穿缆式油纸电容套管的更换

（1）拆除高压套管引线接头及连接螺母（使用专用扳手），使引线头完全脱离套管接线头，将专用拉绳（端部挂有一个 M12 螺栓的直径为 8～12mm 的尼龙绳）的螺栓拧在套管引线头上，专用拉绳通过滑轮挂在起重机的吊钩上，控制引线在套管起吊时落下的速度，以确保引线头螺纹完好，防止引线头突然坠落损伤绕组和螺纹。

（2）使用专用钢丝，用卸扣固定在专用吊环上，钢丝绳套在吊机钩上。用一只手动链条葫芦通过钢丝套于吊机吊钩上，在套管储油柜下部 2～3 裙用ϕ10 白棕绳打绳扣，葫芦钩子与绳扣相连。调整好套管起吊的倾斜角度，拆除套管法兰的安装螺栓。在负责人的指挥下，随时调整套管起吊的倾斜角度，同时控制引线落下速度，将套管逐个拆离本体，并垂直放置于套管专用架上并用螺栓固定。

（3）用布或棉纱擦去准备换上的瓷套表面的尘土和油污。如有干擦不下的油漆之类玷污物，应使用溶剂擦洗。应把全部瓷裙擦净，直到显现本色。

（4）可拆卸的零件，如导电头（俗称将军帽）及 O 形密封垫圈等，擦净后用布包好备用。对 O 形密封垫圈应细心检查，如发现损伤、老化或与密封槽不配合必须更换，以免密封不可靠。

（5）用铁丝牵引白布球的方法，检查和清理导管的内壁，直到无绒白布上不见脏污颜色，然后用塑料布将导管的两头包封好。

（6）仔细检查瓷套（特别是注意两端头和黏合面）有无裂缝，瓷套两头的密封胶垫是否完好。如果发现有渗漏现象，一定要查明原因，并进行处理。现场无法处理时，则应更换套管。

（7）高压引线的引线接头的焊接应采用磷铜焊或冷压焊，不可用锡焊（锡焊时，如果与引线接头接触不良会因温升过高使锡熔化流进变压器中造成重大事故）。焊接以前须认真核算引线长度，使在最后穿入套管时长度适宜，不会有多余电缆积存于套管下部。按在出线电缆上所做的标记的铜线芯长度，减去接头长度，再加上引线接头的孔深，再放适当裕度（220kV 级套管裕度为 50～100mm，110kV 级套管裕度为 30～50mm，60kV 级套管裕度为 20～40mm），然后将多余部分铜线芯剪断，焊接完毕后，除去尖角、毛刺、焦斑、氧化皮，并在裸铜部位补刷 1032 号醇酸漆。

（8）当套管起吊到适当位置时，在导管中穿入提升引线的专用拉绳，拉绳通过滑轮挂在起重机的吊钩上。挂好专用拉绳后，便可把套管竖立到一定倾斜度。

（9）待套管吊到油箱上的安装法兰上方时，先从油箱中取出套管引线。如发现引线的外包白布带脱落露铜，应重新包扎好。然后将专用拉绳上的螺栓拧入引线接头的螺孔中。理顺套管引线（防止打结和划伤）和专用拉绳，将套管徐徐吊入升高座内，同时慢慢拉紧专用拉绳，使套管引线同步地向上升，直到套管就位。套管就位过程中，应有一位主装人员通过视察孔监视套管是否平稳地就位。及时指挥校正套管的吊装位置，防止碰伤绝缘或电缆。

（10）套管是否可下落到位，对于一般穿缆式引线，是检查引线的绝缘锥是否已进入套管均压球；对于使用成型绝缘件的引线，是检查套管端部的金属部件是否已进入引线的均压球。查明无误后，即可将套管下落到位，并可以拧紧固定套管法兰的螺栓。

（11）待拧紧套管法兰的固定螺栓后，将引线接头从套管顶部提出合适高度。提升时切勿强拉硬拽，以防引线根部绝缘或夹件损坏。然后一手抓住引线接头，另一手拆除拉绳，并旋上定位螺母。定位螺母的圆形端必须朝上而方形端向下。定位螺母拧到与引线接头上的定位孔对准时，插入圆柱销。在导电座上放好 O 形密封圈后，用专用扳手卡住定位螺母，便可旋上导电头，再用专用扳手将导电头和定位螺母用力背紧。然后撤去专用扳手，将导电头用螺栓紧固在导电座上。紧固时要将 O 形密封垫圈放正，并将其压紧到合适程度，以确保密封性能良好。

（12）经检查确认，引线进入均压球的位置合适，等电位联线的连接可靠，便可将视察孔盖板密封。

必须注意，如果不按上述要求进行操作，将可能引起以下事故：

（1）导电头下的 O 形密封垫圈密封不严，水从此处渗漏到线圈上，引起线圈烧毁。

（2）套管直立保存待装时，均压球内积水。安装时没有再检查一遍，套管插进油箱后，均压球中积水倾倒到线圈上，引起线圈烧坏。

（3）高压套管的下瓷套安装时碰裂，引起缓慢渗漏。运行一段时间后套管上部无油部分发生放电击穿，造成套管爆炸。

（4）220kV 级以上引线绝缘锥与套管均压球挤压太紧，引起引线绝缘折断，运行中引线对油箱放电。

（5）高压引线的绝缘锥未进入套管均压球造成变压器跳闸事故。

（6）均压球未拧紧，成为悬浮导体，局部放电试验时发现局部放电量超标，或者在运行中发现油中乙炔（C_2H_2）含量不断增加。

（7）穿过套管铜线的引线外包白布带脱落，引线与铜导管相碰，形成环流，造成引线烧伤，并使油中总烃增高。

（8）高压引线接头上的定位螺母台面朝下，无法用专用扳手与导电头拧紧，在正常运行中或线路短路时导电头过热烧坏。

（9）升高座的电流互感器引线小套管未拧紧，运行发生渗漏油。需放油后才能处理，避免引起不必要的停电事故。

（10）末屏接地小套管必须可靠接地，电容屏的最外层屏蔽极板（即接地屏），用一根不小于 $1mm^2$ 的软绞线套上塑料管引到接地小套管内的导电杆上，此套管称为测量端子，测量套管的介质损耗时才用它。当变压器正常运行或产品做耐压试验时，小套管用一个接地罩与中间法兰接通，此时，小套管必须良好、可靠地接地。末屏接地小套管发生断线大多由于运输或试验造成，可以测小套管绝缘，若为无限大或为零（是断线又接地）可判断为断线。小套管断线时可以将套管吊下平放于地上，拆下小套管进行锡焊。

（二）变压器散热器及冷却器的更换

在更换前应注意切断相应回路电缆的电源，拆前应注意妥善保护和防止工作时损坏电缆，接线头用塑料薄膜包扎，做好标记，标号套应完整无缺少。

1. 散热器的更换

（1）关闭散热器与油箱间的蝶阀，用开口油桶置于散热器下部，拧开散热器底部放油塞螺栓放油，然后打开上部放气塞，加快放油速度，开口筒中油用滤机抽至油罐。

（2）拆除散热器后放尽剩油，并用盖板密封。

（3）散热器安装前应用合格油进行清洗，散热器进出油管法兰直接与油箱上的蝶阀连接并靠联管支撑，打开蝶阀及散热器顶部的放气塞进行注油，待放气塞出油后将其关闭。散热器吊装时，如果安装法兰与油箱联管法兰的尺寸有偏差，可暂时将下法兰对正戴上螺母，然后将散热器提升或下降安装法兰。

（4）吹风冷却的散热器，将风扇电动机按图纸规定固定在支架上（加防振胶垫）装好风扇叶（均为向上吹风）紧固风扇叶的螺母均为反扣，一定要旋紧、锁紧。安装风扇电动机、接线盒、控制线和控制箱等。片式散热器底部吹风时风筒要固定均匀平衡。散热器之间用拉带联上防止强烈振动。强油风冷散热器在相邻两组散热器下部共用一组风机，用可前后伸缩的升降车将风机拖起至安装位置，然后用连接板将风机可靠固定在相邻两组散热器的下部。风扇的旋转方向一定要向上吹风，否则可将接线盒内任意两根引线调换一下。

2. 冷却器的更换

（1）关闭冷却器与油箱间的蝶阀，用开口油桶置于冷却器下部，拧开冷却器底部放油塞螺栓放油，然后打开上部放气塞，加快放油速度，开口筒中油用滤机抽至油罐。

（2）拆除冷却器后放尽剩油，并用盖板密封。

（3）准备安装的冷却器从包装箱内吊出时，要平吊出，即吊四个吊拌。然后平放在离地面不低于500mm 的架子上以便于清洗处理和起吊，对于潜油泵已装在冷却器上运输的冷却器，在起立时不能使潜油泵受力。风冷却器吊装时，要用两副吊钩起立，确保冷却器油平放状态平稳过渡到垂直状态。

（4）强迫油循环风冷却器安装前要进行外观检查，表面清理，并应打开上、下部端盖盖板，对内部清洁进行检查，然后密封好，用合格变压器油循环清洗。可用油压或气压方法检漏，试漏标准：0.25～0.275MPa、30min 应无渗漏。对于充氮运输保管的风冷却器，要进行内部检查，确认无异物可不清洗。

（5）冷却器安装逆止阀（单相阀）时要注意安装方向，装在冷却器下部联管时箭头要指向变压器主体，装在上部联管者箭头要指向冷却器。

（6）拆装运输的潜油泵安装前打开进出口封盖，拿出运输用压紧弹簧，检查清洁情况后再装在冷却器上。对于水平安装的潜油泵一定要注意放气。

（7）冷却器联管安装应参照总装图，联管上的温度计座应向上，放气塞向上。不能用联管单独支撑冷却器，装配冷却器联管时，吊车应吊住支架或拉紧螺栓后方可摘去吊绳。风冷却器与变压器本体连接时，首先将下部法兰对正，紧固件处于松弛状态，然后调整桥式起重机车和联管对正上部法兰。调整冷却器垂直和水平处于良好状态，最后上下同时紧固紧固件，固定支架、拖板及 U 形螺杆。

（8）冷却器装好后，最好与主体一并真空注油，当暴露时间不允许时也可以单独注油，单独注油时打开冷却器下部油门，从冷却器顶放气塞放气（包括净油器放气），气塞出油后关住气塞，然后启动潜油泵。

（9）潜油泵的转向必须正确，当泵体尾部有观察窗时，可以在泵启动时和刚刚停止时观察是否与箭头指示一致，当无观察窗可通过泵达到额定转数时，油流继电器能否指到红区，即标准流量处，如只能达到一半以下，而且指针颤动则潜油泵转动方向反了，风扇是从冷却器向主体外侧吹风。

3. 强油水冷却器的更换

（1）拆下差压继电器、油流继电器，关闭进水阀，放出存水，再关闭进油阀打开出油阀，放出冷却器本体油。

（2）拆除水、油联管，拆下上盖，松开本体和水室间的连接螺栓，吊出冷却器本体。

（3）水冷却器在安装前，必须进行密封试验，试漏标准：0.4MPa、30min 无渗漏或遵制造厂要求进行。

（4）拆装运输的潜油泵安装前打开进出口封盖，拿出运输用压紧弹簧，检查清洁情况后再装在冷却器上。对于水平安装的潜油泵一定要注意放气。

（5）冷却器联管安装应参照总装图，联管上的温度计座应向上，放气塞向上。不能用联管单独支撑冷却器，装配冷却器联管时，吊车应吊住支架或拉紧螺栓后方可摘去吊绳。

（6）冷却器带有净油器时，静油器的进出口切不可装反，应严格按图纸，冷却器用净油器上部为向净油器进油口，下部为出油口。

（7）冷却器装好后，最好与主体一并真空注油，当暴露时间不允许时也可以单独注油，单独注油时打开冷却器下部油门，从冷却器顶放气塞放气（包括净油器放气），气塞出油后关住气塞，然后启动潜油泵。

（8）潜油泵的转向必须正确，当泵体尾部有观察窗时，可以在泵启动时和刚刚停止时观察是否与箭头指示一致，当无观察窗可通过泵达到额定转数时，油流继电器能否指到红区，即标准流量处，如只能达到一半以下，而且指针颤动则潜油泵转动方向反了，风扇是从冷却器向主体外侧吹风。

（三）变压器油泵的更换

（1）在更换油泵前，应验电检查确认油泵电源应拉开，检查是否悬挂"禁止合闸，有人工作"警示牌。

（2）关闭油泵进出口阀门，拧开油泵放油孔，并回收好油泵和管道内剩油，以防止污染环境。如果阀门关不严，就不能更换油泵，这时也可以将冷却器上面一只油阀关闭，如果还是关不严，就要对变压器采取抽真空后，更换油泵。如果在更换油泵时，发现阀门关不严或失灵，在条件允许下和无备品件时，就用真空泵对变压器抽真空（应以阀门处渗油但不漏油为宜），并在检修报告中记录好不良阀门，在今后变压器大修时更换新阀门。

（3）更换油泵时应使用专用工具，拆除油泵接线、油泵进出口法兰螺栓，将油泵拆下。

（4）更换新油泵，调换油泵密封床，注意密封床要方正，油泵进出口法兰螺栓要对角线的位置起，依次一点一点地紧固。

（5）更换好油泵后，应清洁油泵，清洗工作现场，仔细接好接线，应可靠，注意油泵接线盒和电缆接口密封应良好。

（6）对油泵和管道放气注满油，应先打开油泵放气阀，再略开油泵出油阀，待管道和油泵内气排出后，关闭油泵放气阀，随后打开油泵的出油阀，注意蝶阀打开后，应检查蝶阀杆固定锁牢，以防止在运行中蝶阀自动关闭，造成油回路故障。

（7）检查油泵本体，放油孔，各平面接口及油泵进出法兰处应无渗漏油。

（8）对油泵进行调试时，要与相关班组和施工人员协调好并做好相应的安全措施。检查油泵转动方向应正确，供油量应正常，观察油流继电器指示指针应指在油流动位置且无跳动。油泵运转时应平稳，无振动，无定、转子碰擦声响，无异常声响。

（9）在工作结束时，要通知运行人员对主变压器气体继电器进行放气，并要求主变压器气体继电器跳闸信号改为报警信号运行，油泵开始运行计时 24h 后，方可恢复主变压器气体继电器从报警信号改为跳闸信号。

（四）变压器风扇的更换

（1）在更换风扇前，应验电检查确认风扇电源应拉开，检查是否悬挂"禁止合闸，有人工作"警示牌。

（2）在调换风扇使用梯子时，应用绳子将梯子扎牢，有专人扶好梯子配合，登高超过 1.5m 以上应使用安全带，使用工具不得上下抛掷，应使用工具袋。

（3）拆开风扇防护罩，拆卸风叶，拆去风扇电动机接线和电动机固定螺栓，用专用滑轮和绳子将电动机扎牢并吊下，再将新电动机调换上。

（4）将换上的电动机调整同心度，左右间隙不对，可直接移动电动机，高低不对可调整底脚垫片，调整好电动机同心度后，紧固电动机底脚螺栓，并接好电动机接线。注意电动机接线时，要检查电动机引线各桩头螺栓应紧固，接线盒应密封好，可用密封胶进行密封。

（5）装上风扇叶子，螺栓应均匀紧固，并检查风叶与风筒间隙上下左右应相等，最后装上风扇护罩拆除工作用梯子。

（6）对风扇进行调试时，要与相关班组和施工人员协调好，并做好相应的安全措施。合上冷却风扇电源，检查风扇转向应正确。

（7）对风扇测量三相运行电流，并检查三相运行电流应基本平衡。

（五）变压器油流继电器的更换

（1）在调换前首先要验电确认冷却系统电源已经切断，并检查是否悬挂"禁止合闸，有人工作"警示牌。

（2）油流继电器两侧阀门应关闭，将油流继电器四只螺栓松开，放出剩油，并回收好剩油。如果阀门关不严，就不能更换油流继电器，这时也可以将冷却器上面一只油阀关闭，对变压器采取抽真空后，直至阀门渗漏明显改善时，维持真空并且更换油流继电器。

（3）将油流继电器接线拆下，并做好记录，更换新油流继电器时，要换上新密封圈，并且要放正，四只紧固件要对角线方向敲紧，分四次敲紧，不能一次性敲紧，也不能敲得太紧，以防止油流继电器本体损坏。

（4）油流继电器接线时，要按记号接好，接线应可靠，并用 2500V 绝缘电阻表检测，绝缘应良好，用万用表检测接线应正确，一副动断接点和一副动合接点要按分控电气接线图接正确。对油流继电器进行充油放气，应先打开放气阀，然后打开油泵进油阀，待油流继电器及管道内空气全部排除后，再打开油泵出油阀，检查所有关闭过的阀门应在打开位置，检查阀门应有止动装置且可靠。

（5）启动油泵检查油流继电器指针应指在流动位置且无晃动，检查冷却器工作信号灯应亮，其他冷却器放至备用状态应无启动。停用油泵时，油流继电器指针应指在停止位置。

（6）在调试油流继电器时，检查油流继电器指针应平稳，无晃动且灵敏，指针指示应在各自区域内，各处无渗漏油，接线和其他部位密封应可靠良好，各发出信号应正确。

（六）变压器储油柜的更换

1．胶囊式储油柜

（1）打开储油柜安装法兰盖板和储油柜集污盒放油螺栓，用油盘接住储油柜内残油并检查是否有凝露水珠。

（2）放出储油柜内的存油，取出胶囊，倒出积水，清扫储油柜。

（3）检查胶囊的外观和密封性能，进行气压试验，压力为 0.02～0.03MPa，时间 12h，应无渗漏。

（4）清洁储油柜内壁，所有导气联管、导油管路内壁应用清洁白布绑在金属线上反复拉擦。

（5）用白布擦净胶囊，从端部将胶囊放入储油柜，防止胶囊堵塞气体继电器联管，联管口应有挡罩，如没有应加焊。

（6）将胶囊挂在挂钩上，连接好引出口。更换密封胶囊，装复盖板。

（7）用透明软管校核油位正常。

2. 隔膜式储油柜

（1）拆下各部联管（吸湿器、注油管、排气管、气体继电器联管等），清扫干净，妥善保管，管口密封。

（2）拆下指针式油位计连杆，卸下指针式油位计。

（3）分解中节法兰螺栓，卸下储油柜上节油箱并取出隔膜，清洁储油柜下节油箱。

（4）清洁储油柜上、下节油箱及更换密封胶垫。

（5）将隔膜平铺在储油柜下节油箱上，安装储油柜上节油箱，安装中节法兰螺栓。安装油位计和连杆。

（6）充油进行密封试验，压力 0.02～0.03MPa，时间 12h。

（7）用透明软管校核油位正常。

（七）变压器非电量保护装置的更换

1. 铁磁式油位计

铁磁式油位计是以储油柜隔膜或胶囊为感受元件的，再通过一对磁铁等传动机构使指针转动，间接显示出油位。这里介绍在隔膜式储油柜中的更换步骤。

（1）先打开储油柜手孔盖板，卸下开口销，拆除连杆与密封隔膜相连接的铰链，从储油柜上整体拆下铁磁式油位计。

（2）将需要更换的铁磁式油位计伸入柜中，其连杆用绳绑在柜顶内壁的钩环上，而不与隔膜相连，并用 WYJBX 电缆线进行插头焊接，按电路图引出高、低油位报警信号。

（3）安装时要用手连续将隔膜上下移动多次，检查表针的转动，刻度为 0 和 10 的最低和最高油位报警应正确。

（4）待变压器真空注油结束后，安装气体继电器，并从油箱上的油门或柜上的注放油管注油至正常油位。

（5）变压器注满油静置结束后，再从视察窗打开隔膜上的放气塞，有油溢出后，再正式把连杆与隔膜相连。

（6）根据油位指示牌上的油位指示曲线，可确定油位计指针的位置。

2. 压力释放阀

（1）在更换前应注意：切断相应回路电缆的电源，拆前应注意妥善保护和防止工作时损坏电缆，接线头用塑料薄膜包扎，做好标记，标号套应完整无缺少。

（2）从变压器油箱上拆下压力释放阀，清扫护罩和导流罩。

（3）压力释放阀均经过严格的出厂检验，安装时应先查看校验合格证书。

（4）将压力释放阀安装在连接用的法兰上，注意检查连接用胶圈。

（5）大型变压器压力释放阀附有专用升高座和蝶阀及护罩，护罩上喷油网要向变压器的外侧，护罩上开口要对准指示杆，不要影响指示杆活动。

3. 气体继电器

（1）在更换前应注意：切断相应回路电缆的电源，拆前应注意妥善保护和防止工作时损坏电缆，接线头用塑料薄膜包扎，做好标记，标号套应完整无缺少。

（2）关闭联管上的阀门，使储油柜与变压器本体油路隔断，松开连接螺栓，将气体继电器拆下。

（3）气体继电器均经过严格的出厂检验，安装时应先查看校验合格证书。

（4）气体继电器先装两侧联管，联管与油箱顶盖间的连接螺栓暂不完全拧紧，此时将气体继电器安装于其间，用水平尺找准位置并使入出口联管和气体继电器三者处于同一中心位置。

（5）气体继电器应保持水平位置；联管朝向储油柜方向应有 1%～1.5%的升高坡度；联管法兰密封胶垫的内径应大于管道的内径；气体继电器至储油柜间的阀门应安装于靠近储油柜侧，阀的口径应与管径相同，并有明显的"开""闭"标志。

（6）复装完毕后打开联管上的阀门，使储油柜与变压器本体油路连通，打开气体继电器的放气塞放气。

（7）气体继电器的安装应使箭头朝向储油柜，继电器的放气塞应低于储油柜最低油面 50mm，并便于气体继电器的抽芯检查。

（8）气体继电器与主体导油管连接处需加真空蝶阀，这个阀应按图纸要求先固定在导油管的法兰上压紧密封好。

（9）连接二次引线，并做传动试验。

4. 玻璃温度计和压力式温度计

（1）在更换前应注意：切断相应回路电缆的电源，拆前应注意妥善保护和防止工作时损坏电缆，接线头用塑料薄膜包扎，做好标记，标号套应完整无缺少。

（2）拆卸时，拧下密封螺母，连同温包一并取出，然后将温度表从油箱上拆下，金属细管盘好，细管的弯曲半径不小于 75mm，不得有扭曲、损伤、变形，包装好送校。

（3）玻璃温度计装前先将温度计座中装入变压器油，然后将橡胶封环套在温度计上将温度计插入座内，封环封在座口，使温度计刻度朝向梯子以便观察。然后护管固定在温度计上，顶部盖上罩，护管开口对正温度计刻度以便观察。

（4）压力式温度计采用气体（液体）膨胀的温度计毛细管安装时其弯曲半径不小于 75mm，不得扭曲、损伤和变形，安装前温度计要经过校验。

（5）将温度控制器安装于变压器箱盖上的测温座中。座中预先注入适量变压器油，将座拧紧、不渗油。

（6）将温度计固定在油箱座板上，其出气孔不得堵塞，并防止雨水侵入，金属细管应盘好妥善固定。

5. 电阻温度计

（1）在更换前应注意：切断相应回路电缆的电源，拆前应注意妥善保护和防止工作时损坏电缆，接线头用塑料薄膜包扎，做好标记，标号套应完整无缺少。

（2）拆卸时，拧下密封螺母，然后将温度计从油箱上拆下，包装好送校。

（3）电阻温度计安装前要求同指示仪表共同检测合格，指示仪表可供多支电阻测温元件共用。

（4）安装前温度计要经过校验，经校验合格，电阻温度计安装于变压器箱盖上的测温座中。座中预先注入适量变压器油，将电阻温度计座密封拧紧、不渗油。

6. 突发压力继电器（常见于 **ABB** 开关附件）

（1）在更换前应注意：切断相应回路电缆的电源，拆前应注意妥善保护和防止工作时损坏电缆，接线头用塑料薄膜包扎，做好标记，标号套应完整无缺少。

（2）拆卸时，拧下螺母，然后将压力继电器从法兰上拆下，包装好送校。

（3）压力继电器应从包装箱中取出，并检查外观无破损，电缆密封套已固定。

（4）用 O 形密封圈、四个 M10 螺栓、垫圈和螺母将压力继电器安装到法兰上。

（5）将阀杆置于试验位置，从压力继电器的试验接头上将帽盖拆下，然后连接气泵和压力计，升压至压力继电器跳闸。读出压力值并与指示牌上所示的压力之对照。

（6）当压力下降时，检查报警信号是否消失。

（7）检查后，将阀杆转回到运行位置并把帽盖安装到试验接头上。

（八）变压器吸湿器的更换

（1）将吸湿器从变压器上卸下，倒出内部吸附剂，检查玻璃筒是否破损。

（2）将干燥的吸附剂装入吸湿器内，并在顶盖下面留出 1/6～1/5 高度的空隙。

（3）更换密封垫。

（4）将集油杯拧下，卸除密封垫圈，按油面线高度在集油杯内注入变压器油后拧上。

（5）将吸湿器从变压器上卸下的四个螺栓装到呼吸管法兰上。吸湿器法兰螺栓要从对角线的位置起，依次一点一点地紧固。

（6）检查密封良好，无渗漏。

五、注意事项

（1）应对本体及附件锈蚀部位进行除锈补漆，补漆前的除锈务必彻底。

（2）变压器应无渗漏油现象，储油柜及充油套管油位正常。

（3）事故排油设施应完好，所有阀门处于开启状态。

（4）变压器套管外观清洁，相色标志正确。小车的制动装置应牢固。

（5）铁芯必须保证一点接地，铁芯、线圈绝缘电阻应无异常。

（6）呼吸器油位正常，干燥剂（硅胶）颜色正常。

（7）无载分接开关三相指示位置一致，有载开关顶盖上的快速机构位置指示与操动箱显示器位置应一致。同时手动操作检查开关所有挡数，机械限位应正常。

（8）变压器带电部位对地的外部空间距离应满足表 ZY1600303002-2 的规定（测量时，三相大电流套管上部接线板装配位置朝向应一致）。

表 ZY1600303002-2　　　　　空气中套管绝缘距离参考值　　　　　mm

电压等级 （kV）	套管之间距离 （正常值/最小值）	套管对地距离 （正常值/最小值）	电压等级 （kV）	套管之间距离 （正常值/最小值）	套管对地距离 （正常值/最小值）
6	150/80	150/80	110	1000/840	1050/880
10	200/110	200/110	154	1380	1430
20	—/150	—/150	220	2000/1700	2100/1750
35	400/300	400/315	330	—	—
66	600/570	650/590	500	—	—

（9）所有控制、信号接线连接紧固，无松动脱落；电流互感器二次闭合回路和它的接地端头连接应正确。

（10）所有装置排气（气体继电器、套管、电缆盒、有载开关顶部、泵、冷却器、散热器、升高座、管路等）。拧松放气塞放气，当冒油时快速拧紧，放气完毕。

（11）变压器油击穿电压、水分含量测试结果合格。

（12）填写小修记录。包括站名、变压器编号、铭牌、小修项目、更换部件及检修日期、环境温度、变压器温度等，并注明检修人员。

（13）工作完成后，应做到"工完、料尽、场地清"，才可以交工作票，退出检修现场。

六、检修报告的填写

1. 基本要求

检修报告应结论明确。检修施工的组织、技术、安全措施、检修记录表以及修前、修后各类检测报告附后。各责任人及检查、操作人员签字齐全。

2. 主要内容

内容应包括变电站名称，被检变压器的设备运行编号、产品型号、制造厂、出厂时间、投运时间、历次检修经历、本次检修地点、检修原因、主要内容、检修时段、检修工时及费用情况、完成情况综述（包括增补内容及遗留内容，验收人员，验收时间及验收意见，检修后的设备及工程质量评价，以及对今后运行所作的限制或应注意事项等）。最后还应注明报告的编写、审核及批准人员。

【思考与练习】

1. 简述穿缆式油纸电容套管的更换步骤和注意事项。

2. 在运行中应怎样更换变压器的潜油泵？

第九章 变压器的大修

模块 1 变压器大修周期、内容和质量要求（ZY1600304001）

【模块描述】本模块介绍了变压器的铁芯、线圈、引线、油箱及组部件的的大修内容和质量标准，通过工艺要求介绍，掌握变压器大修周期、项目、内容和质量要求。

【正文】

本模块主要以变压器大修工作的具体内容为重点，所介绍的大修工作内容可满足开展状态检修工作的需要，大修周期和项目的确定仍以国家电网公司《110（66）kV～500kV 油浸式变压器（电抗器）检修规范》为依据。对已推行状态检修的地区，在开展检修工作时，可按照状态检修的相关标准或规定要求进行确定检修周期和项目。

一、概述

根据国家电网公司《110（66）kV～500kV 油浸式变压器（电抗器）检修规范》（简称《检修规范》）的规定，本模块所述变压器大修是指现场对变压器进行吊罩（芯）检修或不吊罩进入变压器本体的检修，变压器是指国家电网公司系统的 110～500kV 油浸式变压器。组部件现场检查和维护主要是变压器部分附件的解体检修，不涉及附件的更换。模块中所涉及的变压器结构为现场检修所需了解的大型变压器的基本结构，详细的变压器结构知识请参照模块 ZY1600301001 和 ZY1600301004，变压器各组部件的结构和作用参照模块 ZY1600301003。

目前，国家电网公司大力推行变压器的状态检修。状态检修是企业以安全、环境、效益等为基础，通过设备的状态评价、风险分析、检修决策等手段开展设备检修工作，达到设备运行安全可靠、检修成本合理的一种设备检修策略。开展状态检修的主要目的是提高检修的针对性和有效性，从而提高设备可靠性，降低设备的维修成本。

在定期检修工作模式下，检修工作有明确固定的周期。在状态检修工作模式下，检修工作虽然也有周期，但这个周期是可以根据此类设备甚至某台设备的状态来进行调整的，是相对灵活的。

而按照设备状态检修的要求，设备检修应该是基于巡检及例行试验、诊断性试验、在线监测、带电检测、家族缺陷、不良工况等状态信息作出设备状态的评价。根据评价结果选择合适检修方式。

二、变压器的大修周期

变压器检查大修周期取决于变压器在供电系统中所处的重要性和运行环境、安装现场的环境和气候，以及历年运行和预防性试验等情况。结合国家电网公司《110kV～500kV 油浸式变压器（电抗器）管理规范》及检修规范的相关规定，变压器的大修周期如下：

（1）1998 年后投运的 110～220kV 变压器大修周期，调整为寿命检修，不再执行原来的 12～15 年大修周期的规定。同时，强调执行好有关设备评价和评估的要求。

（2）经过检查与试验并结合运行情况，判定存在内部故障或本体严重渗漏油时，或制造厂对大修周期有明确要求时，应进行本体大修。对由于制造质量原因造成故障频发的同类型变压器，可进行大修。

三、变压器的大修项目

变压器的大修一般包括以下项目，检修人员可根据变压器的检修要求确定相应的检修项目：

（1）绕组、引线及磁（电）屏蔽装置的检修。

（2）铁芯、铁芯紧固件（穿芯螺杆、夹件、拉带、绑带等）、压钉、压板及接地片的检修。

（3）油箱检查与修理。

（4）分接开关、套管、吸湿器、油泵、风扇等附属设备的检修。

（5）阀门及全部密封胶垫的更换和组件试漏。

（6）器身干燥处理及油箱复位。

（7）清扫油箱并进行喷涂油漆。

（8）大修的试验和验收。

四、变压器大修的检查内容及质量要求

变压器内部的检修，主要是针对器身的检修工作。根据器身结构可分为铁芯、绕组、引线部分的检修。

（一）变压器铁芯的大修内容及质量要求

（1）检查铁芯表面，要求铁芯应平整、清洁，无片间短路或变色、放电烧伤痕迹；铁芯应无卷边、翘角、缺角等现象；油道应畅通，无垫块脱落和堵塞，且应排列整齐。

（2）检查铁芯结构紧固情况，要求紧固件应拧紧或锁牢。

（3）检查铁芯绝缘。

1）铁芯绝缘应完整、清洁，无放电烧伤和过热痕迹。

2）铁芯组间、夹件、穿芯螺栓、钢拉带绝缘良好，其绝缘电阻应无较大变化，并有一点可靠接地。

3）铁芯接地片插入深度应足够牢靠，其外露部分应包扎绝缘，防止铁芯短路。

4）铁芯对夹件及地绝缘电阻应不小于$100M\Omega$。

（二）变压器绕组的大修内容及质量要求

（1）检查相间隔板和围屏有无破损、变色、变形、放电痕迹。

1）围屏应清洁，无破损、无变形、无发热和树枝状放电痕迹，绑扎紧固完整，分接引线出口处封闭良好。

2）围屏的起头应放在绕组的垫块上，接头处应错开搭接，并防止油道堵塞。

3）检查支撑围屏的长垫块应无爬电痕迹，相间隔板应完整并固定牢固。

4）静电屏应清洁完整，无破损、无变形、无发热和树枝状放电痕迹，对地绝缘良好，接地可靠。

5）若发现异常应打开围屏作进一步检查。

（2）检查绕组表面是否清洁，匝绝缘有无破损，油道是否畅通。

1）绕组应清洁，无油垢，无变形，无过热变色，无放电痕迹。

2）整个绕组无倾斜、位移，导线辐向无明显弹出现象。

3）油道应保持畅通，无油垢及其他杂物积存。

4）导线缠绕应紧密，绝缘完好无缺。

5）绕组圆整度、内外径尺寸、高度等应符合技术要求。

6）外观整齐清洁，绝缘及导线无破损。

（3）检查绕组各部垫块有无位移和松动情况。垫块应无位移和松动情况；各部垫块应排列整齐，辐向间距相等，轴向成一条垂直线，支撑牢固，有适当压紧力，垫块应外露出绕组的导线。

（4）绕组轴向压紧（必要时）。绕组垫块的轴向预紧力应大于$20kg/cm^2$；绝缘老化状态在三级，不宜再进行液压。

（5）检查绝缘状态（必要时）。绝缘老化状态分如下四级：

1）良好绝缘状态，又称一级绝缘：绝缘有弹性，用手指按压后无残留变形；或聚合度在750mm以上。

2）合格绝缘状态，又称二级绝缘：绝缘稍有弹性，用手指按压后无裂纹、脆化；或聚合度在750～500mm之间。

3）可用绝缘状态，又称三级绝缘：绝缘近脆化，呈深褐色，用手指按压时有少量裂纹和变形；或聚合度在500～250mm之间。

4）不合格绝缘状态，又称四级绝缘：绝缘已严重脆化，呈黑褐色，用手指按压时即酥脆、变形、

脱落；或聚合度在 250mm 以下。

（三）变压器引线及绝缘支架的检查内容及质量要求

（1）检查引线及引线锥的绝缘包扎有无变形、变脆、破损，引线有无断股，引线与引线接头处焊接情况是否良好，有无过热现象。

1）引线绝缘包扎应完好，无变形、起皱、变脆、破损、断股、变色现象。

2）对穿缆套管的穿缆引线应用白纱带半叠包一层；35kV 及以上变压器引线应进行圆化处理，不应有毛刺和尖角；引线绝缘的厚度及间距应符合标准的规定。

（2）检查引线（必要时）。

1）引线应无断股损伤现象。

2）接头表面应平整、光滑，无毛刺、过热性变色现象。

3）接头面积应大于其截面积的 1.5 倍以上；引线长短应适宜，不应有扭曲和应力集中现象。

（3）检查绝缘支架。

1）绝缘支架应无破损、裂纹、弯曲变形及烧伤现象。

2）绝缘支架与铁夹件的固定可用钢螺栓，绝缘件与绝缘支架的固定应用绝缘螺栓。

3）两种固定螺栓均需有防松措施（220kV 及以上变压器不得应用环氧螺栓）。

4）绝缘固定应可靠，无松动和串动现象。

5）绝缘夹件固定引线处应垫以附加绝缘，以防卡伤引线绝缘。

6）引线固定用绝缘夹件的间距，应考虑在电动力的作用下，不致发生引线短路。

（4）检查引线与各部位之间的绝缘距离。

1）引线与各部位之间的绝缘距离应不小于标准的规定。

2）对大电流引线（铜排或铝排）与箱壁间距，一般应大于 100mm（这里是指大型变压器而言），并在铜（铝）排表面应包扎一层绝缘。

3）紧固所有螺栓，均应处在合适紧固状态。

五．变压器油箱的大修内容及质量要求

（1）检查油箱焊缝应无渗漏点。

（2）油箱外面应洁净，无锈蚀，漆膜完整。

（3）油箱内部应洁净，无锈蚀、放电现象，漆膜完整。

（4）磁（电）屏蔽装置固定牢固，无放电痕迹，可靠接地。

（5）器身定位装置不应造成铁芯多点接地现象。

（6）结构件应无松动放电现象，固定应牢固。

（7）管道内部应清洁，无锈蚀、堵塞现象。

（8）管道连接应牢固，在易变形之处可采用软连接方式（如波纹管）。

（9）固定于下夹件上的导向绝缘管，连接应牢固。

（10）法兰结合面应光滑、平整、清洁。

（11）密封试验，在储油柜内施加 0.03～0.05MPa 压力，24h 不应渗漏。

六、变压器组部件大修内容及质量要求

变压器组部件包括无励磁开关、有载开关、套管、油泵、风扇、储油柜、吸湿器和冷却装置等主要部件，这里介绍变压器组部件的大修内容及质量要求。

（一）变压器无励磁开关的检查内容及质量要求

变压器常用的无励磁开关包括盘形无励磁开关、鼓形无励磁开关、筒形（管形）无励磁开关。无励磁开关的检修项目、内容和质量要求详见模块 ZY1600307002。

（二）变压器有载开关的检查内容及质量要求

变压器的有载开关可分为箱顶式安装和钟罩式安装两种方式，变压器吊罩（吊芯）时有载开关的拆装应根据安装方式进行。有载开关的检修项目、内容和质量要求详见模块 ZY1600308004、ZY1600308005。

（三）套管的检查内容及质量要求

套管与绕组相连接，绕组的电压等级决定了套管的绝缘结构。套管的使用电流决定了导电部分的截面和接线头的结构。所以，套管由带电部分和绝缘部分组成。带电部分包括导电杆、导电管、电缆或铜排。绝缘部分分为外绝缘和内绝缘，外绝缘为瓷套，内绝缘为变压器油、附加绝缘和电容型绝缘，内绝缘又称为主绝缘。套管可分为纯瓷套管、充油式套管和电容式套管。

1．纯瓷套管的检查内容及质量要求

（1）外表面应完整性和清洁度，瓷套表面应清洁，无放电、裂纹、破损、渗漏现象。

（2）密封应无渗漏。

2．导杆式套管的检查内容及质量要求

（1）外表面完整性和清洁度，瓷套表面应清洁，无放电、裂纹、破损、渗漏现象。

（2）导电杆与连接头应完整无损，无放电、油垢、过热、烧损痕迹。

（3）绝缘筒（包括带覆盖层的导电杆）应完整，无放电、油垢痕迹，并处于干燥状态。

（4）密封应无渗漏。

3．电容式套管

不推荐解体检修，应对套管外表面进行检查，瓷套表面应清洁，无放电、裂纹、破损、渗漏现象。

（四）变压器油泵检查内容及质量要求

油泵是一种特制的潜在油内电动机型离心泵。电动机定子、转子均在油中使油系统构成密封循环系统。油泵通过法兰连接到冷却器的管路中去。目前逐步采用低扬程，大流量，低转速的油泵，以降低噪声。

（1）叶轮应无变形及磨损，牢固平稳。

（2）轴承挡圈及滚珠应无损坏。

（3）轴承转动应灵活。

（4）轴承累计运行时间 10 年左右应予以更换。

（5）前后轴应无损坏，直径允许公差为 ±0.006 5mm。

（6）前后端盖应清洁无损坏。

（7）转子短路环无断裂，铁芯无损坏及磨损，无放电痕迹，绕组应无过热现象。

（8）定子外壳应清洁，绕组绝缘良好，铁芯无损坏放电痕迹，绕组应无过热现象。

（9）油泵各处的间隙应符合厂方的规定。

（10）引线与绕组的焊接应无脱焊及断线。

（11）法兰、压盖及过滤网应洁净，无损坏、堵塞，材质符合要求。

（12）油路应清洁，畅通。

（13）接线盒中引线、绝缘板与接线柱尾部应焊接牢固，无脱焊及断线，接线盒内部清洁无油垢及灰尘。

（14）绝缘电阻值应不小于 1MΩ。

（15）直流电阻，三相互差不超过 2%。

（16）运转试验，运转应平稳、灵活、声音和谐，无转子扫膛、叶轮碰壳等异音，三相空载电流基本平衡，不渗漏。

（五）变压器风扇检查内容及质量要求

（1）叶轮应无变形及磨损，牢固平稳；外表应清洁，通风畅通。

（2）轴承挡圈及滚珠应无损坏。

（3）轴承转动应灵活。

（4）轴承累计运行时间 10 年以上可予以更换。

（5）前后轴应无损坏，直径允许公差为 ±0.006 5mm。

（6）前后端盖应清洁无损坏。

（7）转子短路环无断裂；铁芯无损坏及磨损，无放电痕迹；绕组绝缘良好，应无过热现象。

（8）定子外壳应清洁，绕组绝缘良好，应无过热现象；铁芯无损坏放电痕迹。

（9）接线盒检查，引线、绝缘板与接线柱尾部应焊接牢固，无脱焊及断线，接线盒内部清洁无油垢及灰尘。

（10）绝缘电阻值应不小于 1MΩ。

（11）直流电阻试验，三相互差不超过 2%。

（12）运转试验，运转应平稳、灵活、声音和谐，无转子扫膛、叶轮碰壳等异音，三相空载电流基本平衡，不渗漏。

（六）变压器储油柜检查内容及质量要求

1. 胶囊式储油柜

（1）外表面应清洁，无锈蚀。

（2）内表面应清洁，无毛刺、锈蚀和水分。

（3）管式油位计内油清晰、无杂质，油位清晰可见，油位标示线指示清晰；指针式油位计内部无油垢，指针偏转灵活，可见清晰正确；无假油位现象。

（4）管道表面应清洁，管道应畅通无杂质和水分。

（5）胶囊无老化开裂现象，密封性能良好；压力 0.02～0.03MPa，时间 12h，应无渗漏；胶囊洁净，联管口无堵塞。

（6）更换密封件，密封良好无渗漏，应耐受油压 0.05MPa，6h 无渗漏。

2. 隔膜式储油柜

（1）外表面应清洁，无锈蚀。

（2）内表面应清洁，无毛刺、锈蚀和水分。

（3）指针式油位计内部无油垢，指针偏转灵活，可见清晰正确；指示清晰正确，无假油位现象。

（4）管道表面应清洁，管道应畅通无杂质和水分；若有安全气道，则应和储油柜间互相连通；呼吸畅通。

（5）隔膜无老化开裂、损坏现象，清洁、密封性能良好；压力 0.02～0.03MPa，12h 应无渗漏；油位计的伸缩杆伸缩自如，无折裂现象。

（6）更换密封件，密封良好无渗漏，应耐受油压 0.05MPa，6h 无渗漏。

（七）变压器储油柜用吸湿器检查内容及质量要求

（1）玻璃罩应清洁完好。

（2）检查吸附剂，新装变色吸附剂应经干燥，颗粒不小于 3mm；在顶盖下应留出 1/6～1/5 高度的空隙；失效的吸附剂由蓝色变为粉红色，经干燥后可还原呈蓝色；吸附剂不应碎裂、粉化。

（3）管道应畅通无堵塞现象。

（4）密封完好应无渗漏。

（5）检查油封罩是否完整、安装是否正确，油位线应高于呼吸管口，并能起到长期呼吸作用。

（八）冷却装置检查内容及质量要求

1. 散热器

（1）内外表面应无渗漏点，表面应洁净，无锈蚀，漆膜完整。

（2）密封试验。试漏标准：片式散热器 0.05MPa、10h；管状散热器 0.1MPa、10h。与本体相符。

2. 冷却器

（1）表面清洁，无锈蚀，漆膜完整。

（2）冷却管应无堵塞，密封良好。

（3）密封试验。试漏标准：0.25～0.275MPa，30min 应无渗漏；与本体相符。

3. 强迫水冷却器

（1）表面应清洁，无锈蚀，漆膜完整。

（2）冷却器本体内部洁净，无水垢、油垢，无堵塞现象。

（3）密封试验。试漏标准：0.4MPa，30min 应无渗漏或遵制造厂要求进行；与本体相符。

【思考与练习】

1. 变压器铁芯的检修内容有哪些？
2. 变压器附件中散热器、冷却器及强油水冷却器的试漏标准是什么？
3. 变压器绝缘老化如何分类？

模块 2　变压器器身的现场大修（ZY1600304002）

【模块描述】本模块介绍了变压器现场吊罩检修和现场不吊罩进入变压器检修，通过工艺流程及相关注意事项的介绍，掌握变压器现场大修的工艺要求及质量标准。

【正文】

一、概述

变压器在长期运行中，由于受到电磁振动、氧化作用、电腐蚀、热老化、事故的电磁力、电击穿及外界因素的作用，造成变压器的零部件质量下降，影响到变压器的性能或者危及安全可靠运行。这时可根据变压器的缺陷程度，对变压器进行检修。本模块介绍了电力变压器器身现场大修的作业内容、危险点分析与控制措施、作业前准备工作和操作步骤及工艺要求。按现场情况，器身现场大修可分为吊罩（芯）检修和不吊罩进入变压器本体检修，着重介绍了变压器内部器身中铁芯、绕组、引线等部件的检查方法和修理工艺。制定本模块的目的是规范操作、保证检修的合理性、准确性，指导变压器器身现场检修工作，提高检修后变压器设备运行的可靠率。

二、变压器吊罩（芯）进行器身大修

（一）作业内容

对于平顶式油箱结构的变压器需将器身从油箱中吊出进行器身检修，称之为吊芯；而钟罩式油箱结构的变压器将上节油箱吊起即可进行器身检修，称之为吊罩；变压器吊罩（芯）进行器身大修工艺流程如图 ZY1600304002-1 所示。

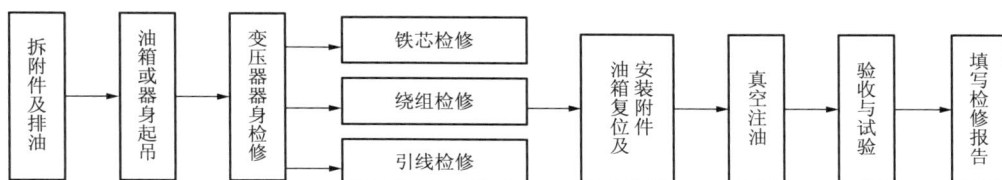

图 ZY1600304002-1　变压器吊罩（芯）大修工艺流程

（二）危险点分析与控制措施

变压器器身现场大修的危险点分析与控制措施见表 ZY1600304002-1。

表 ZY1600304002-1　　变压器器身现场大修的危险点分析与控制措施

序号	危　险　点	控　制　措　施
1	吊臂回转时相邻设备带电，距离过近，会引起放电	吊车进入检修现场后，合理布置其位置。确保吊臂回转时与周围带电部位有足够的距离
2	起吊时引起误操作	指挥规范或监护人员到位
3	吊臂回转引起起吊重心偏移和失稳	确认吊车撑脚撑实
4	起重引起设备损坏或人员伤亡	起重工作规范并使用工况良好的起重设备
5	低压触电	检修电源设备应正常或接线应规范
6	高空坠落	高空作业时佩戴安全带并按规定挂靠
7	拆卸、装配附件等野蛮操作造成损坏	拆装时应轻拿轻放，禁止野蛮施工
8	吊罩（芯）时晃动、钩挂损坏变压器的器身	起吊时应操作规范，指挥规范
9	器身检查时触电	在做检修过程中试验时，工作负责人应确认无检修人员在器身上工作
10	冷却系统启动伤人	工作人员间协调好，不得擅自启动冷却系统

续表

序号	危 险 点	控 制 措 施
11	变压器绝缘受潮、受损、受污、着火	在检修器身应按要求穿着,不得吸烟
12	异物遗留在变压器内	工器具编号,由专人保管
13	变压器抽真空时,真空泵电源失电,真空泵油被吸入变压器油箱,污染变压器绝缘	确保检修电源正常工作
14	明火操作时,防火安全	动火时,应有专人监护,并准备好灭火器

（三）作业前准备

（1）在检修前应熟悉现场工作环境,了解检修目的及检修方案的各个环节,根据检修方案准备检修工具、设备及相应的附件。

（2）在检修前,检查所需要的施工（含起重）设备、仪器、仪表、工器具应满足检修工艺要求,附件、材料的规格正确齐全。

（3）工器具的准备。

1）设备和工具。

a. 起重设备和专用吊具,载荷应大于 2.5 倍的被吊物重量。

b. 专用工、器具及各种规格的扳手。

c. 真空注油设备。包括真空滤油机或板式滤油机、真空机组、真空测量表计等。

d. 露点低于-40℃的干燥空气或氮气。

e. 气割设备、电焊设备等。

2）材料。

a. 绝缘材料。如各种规格、干燥的绝缘纸板、皱纹纸、电缆纸、收缩带、白布带和绝缘油等。

b. 密封材料。如各种规格的条形、板型或成型密封胶垫。

3）电源。根据真空滤油机、真空机组等设备的电源功率选择合适的电源、接线盘和电源线。

4）测试设备。

a. 常规测试设备。如变比电桥、介质损耗因数仪、电阻电桥,各种规格的绝缘电阻表等。

b. 高压测试设备。如工频试验变压器、中频发电机、耐压设备和局放测试设备等。

（四）操作步骤及工艺要求

1. 拆附件及排油

拆附件及排油前应清洁油罐、油桶、管路、油泵等,保持清洁干燥,无灰尘、杂质和水分,清洁完毕后做好密封措施。然后进行拆附件及排油工作。

（1）按工艺步骤拆卸所有套管,拆卸工艺可参照模块 ZY1600303002。

（2）气体继电器、磁力式油位计、温度计、升高座、压力释放阀、油泵、冷却风扇电动机等二次接线应分别拆开,拆除二次电缆前做好标记,接线头用塑料薄膜包扎。

（3）对需要对位复装的部位做记号,对联管、升高座、冷却器等附件做好编号和连接记号并防止记号被擦掉,记录开关的挡位位置,对油箱渗漏油点做好标记。

（4）排油前,关闭冷却器蝶阀并打开油枕顶部放气塞。

（5）冷却器逐只放油,用开口油桶置于冷却器下部,拧开冷却器底部放油塞放油,然后打开上部放气塞,加快放油速度,开口油桶中的油用滤机抽至油罐。

（6）变压器吊芯。

1）从变压器注放油阀门排油,当变压器内油面处于箱顶以下 100～150mm,即可开始拆卸上部定位装置、储油柜、箱盖上套管、开关法兰等部件。

2）将变压器内剩余油排尽,拆卸箱沿上的螺栓,吊开箱盖,箱盖不能直接放在地上,应将其放置在预先准备的方木上。

3）检修人员穿上专用衣裤、戴上鞋套,由人孔处进入油箱内部拆卸器身下部定位。

4）吊出器身,把器身放在预先准备的油盘上,开始检修工作。

（7）变压器吊罩。

1）从变压器注放油阀门排油，当油位低于变压器各附件位置即可开始拆卸储油柜、套管、开关法兰等附件。

2）排出全部的油，拆卸箱沿上的螺栓。

3）吊起上节油箱，上节油箱不能直接放在地上，应将其放置在预先准备的方木上，开始检修工作。

2．上节油箱或器身的起吊工作要求

（1）起重工作应分工明确，专人指挥，并有统一信号。

（2）根据变压器钟罩（或器身）的重量选择起重工具，包括起重机、钢丝绳、吊环、U 型挂环、千斤顶、枕木等。

（3）起重前应先拆除影响起重工作的各种连接。

（4）如系吊器身，应先紧固器身有关螺栓。

（5）起吊变压器整体或钟罩（器身）时，钢丝绳应分别挂在专用起吊装置上，遇棱角处应放置衬垫；起吊 100mm 左右时，应停留检查悬挂及捆绑情况，确认可靠后再继续起吊。

（6）起吊时钢丝绳的夹角不应大于 60°，否则应采用专用吊具或调整钢丝绳套。

（7）起吊或落回钟罩（或器身）时，四角应系缆绳，由专人扶持，使其保持平稳。

（8）起吊或降落速度应均匀，掌握好重心，防止倾斜。

（9）起吊或落回钟罩（或器身）时，应使高、低压侧引线，分接开关支架与箱壁间保持一定的间隙，防止碰伤器身。

（10）当钟罩（或器身）因受条件限制，起吊后不能移动而需在空中停留时，应采取支撑等防止坠落措施。

（11）吊装套管时，其斜度应与套管升高座的斜度基本一致，并用缆绳绑扎好，防止倾倒损坏瓷件。

（12）采用汽车吊起重时，应检查支撑稳定性，注意起重臂伸张的角度、回转范围与临近带电设备的安全距离，并设专人监护。

3．器身检修

变压器器身大修包括铁芯、绕组、引线的检修工作。

（1）变压器铁芯检修。

1）用清洁无绒白布擦净铁芯表面的油垢和杂质。

2）硅钢片如果有卷边、翘角等现象出现，则应用木槌仔细修复。

3）检查铁芯油道垫块应排列整齐，轻敲油道垫块应无松动现象；检查铁芯油道内应无异物。

4）检查压板与上铁轭间应有明显的均匀间隙；检查钢压板的接地片螺栓应无松动；绝缘压板应保持完整，无破损和裂纹，并有适当紧固度。

5）使用 1000V 绝缘电阻表测量铁芯与穿芯螺杆、钢拉带间的绝缘电阻，与历次试验相比较无明显变化。

6）打开上夹件与铁芯间的连接片和钢压板与上夹件的连接片，使用 2500V 绝缘电阻表（对于运行年久的变压器可使用 1000V 绝缘电阻表）测量铁芯对夹件及地绝缘电阻应不小于 100MΩ，测量完毕后将连接片复位牢靠。

7）使用扳手及力矩扳手逐个紧固铁芯上、下夹件，上梁，侧梁，垫脚，压钉，穿芯螺杆的紧固件。

8）检查铁芯电屏蔽情况，用 1000V 绝缘电阻表测量铁芯电屏蔽对地的绝缘电阻，绝缘电阻应大于 100MΩ。

9）检查铁芯接地片的连接及绝缘状况，铁芯只允许一点接地，接地片一般用厚度 0.5mm，宽度不小于 30mm 的紫铜片，插入 3～4 级铁芯间，对大型变压器插入深度不小于 80mm，其外露部分应包扎绝缘，防止短路铁芯。

10）必要时应该检查铁心硅钢片是否有短路现象，可采用以下方法进行初步测量：将铁芯与夹件连接的接地片打开，将 12～24V 的直流电压施加在铁芯上铁轭的两端，然后用毫伏计分别测量各级铁芯段的电压降，如图 ZY1600304002-2 所示。对称级的电压降应相等，如果测量时发现某一级电压降非常小，则说明可能有片间局部短路故障。对电压降小的一级进行检查，找出短路点，并对硅钢片短路点进行短路修理。撞击或电弧烧伤的短路铁芯片，要撬开铁芯片，塞入薄绝缘或云母片。如发现大范围损坏的硅钢片，应考虑返厂检修。

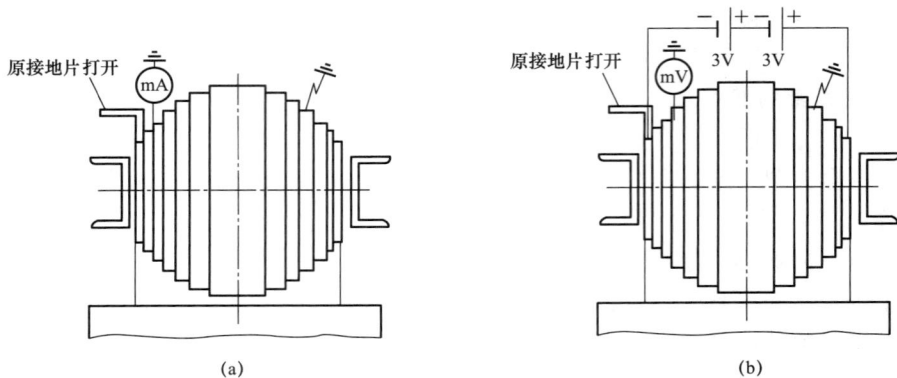

图 ZY1600304002-2　检测铁芯是否接地

(a) 用交流法检测铁芯接地点；(b) 检测电压接线图

（2）变压器绕组检修。

1）检查相间隔板和围屏应无破损、变色、变形、放电痕迹，经过评估怀疑变压器绕组有异常时则应解开围屏对绕组进行检查。

2）检查绕组的绝缘应无破损，检查绝缘的老化程度，可分为四个等级（具体分级要求参见模块 ZY1600304001），属四级绝缘的绕组，必须进行恢复性大修更换绕组。

3）检查绕组应无变形，包括整个绕组无倾斜、移位，绕组幅向无变形。

4）检查线饼之间的垫块应无松动位移，若有松动则应在原来松动的垫块之间垫入干燥的垫块并打紧，垫块不可垫在线饼与原垫块之间，以防将绕组绝缘碰破；如绕组垫块有位移应用木槌对发生位移的垫块部分进行整形。

5）检查绕组出线的外包绝缘应良好，若有枯焦的现象，则应拆开检查，对大电流的接头更应加强检查。

6）清洁绕组表面及其油道，不能有泥污和纤维毛头附在表面和油道中，必要时可用软刷子刷清，导线绝缘表面不能有毛刺、划痕、起皱。

7）检查上、下端绝缘距离、相间绝缘距离有无异常。

8）检查器身的紧固情况，三相绕组应进行轴向压紧、紧固。

9）如果发现有金属粉末和粒子，应分析原因和来源，并采取相应措施。

（3）变压器引线检修。

1）引线大都凸出于绕组，交错地与其他部件连接，在检查中，要仔细检查其对各部件的绝缘距离，机械强度的可靠性。

2）引线对各部件的绝缘距离应满足原结构绝缘要求，在检查过程中，若超过规定，需与有关人员商量作改进措施，对引线进行整形或加包绝缘。

3）检查引线完整性，引线外包绝缘应完整、紧密，不得有碰伤痕迹、松动现象，否则用干燥后皱纹电缆纸或白纱带弥补加固。

4）检查裸露的引线焊接处，焊接应平整，其接触面积至少要大于截面积的 2 倍以上，不得附有任何砂粒和虚焊现象。检查引线绝缘若有异常，应打开绝缘检查引线内部。

5）检查引线及支架的牢固性，为防止短路时的剧烈振动和变形，引线应具有足够的机械强度，紧固所有支架上的螺栓，引线不得有摇晃现象，如发现支架间距过大应用母线将引线绑扎加固。

4. 复装变压器

（1）用无绒白布清洁油箱内表面，按上节油箱或器身的起吊工作要求复装上节油箱或箱盖。

（2）更换箱沿密封垫，最好使用制造厂所提供专用密封件，必要时可由检修人员进行配制。密封件对接处采用斜接，斜接长度为直径的 3～5 倍，用专用胶粘牢，最后装上钟罩或箱盖。钟罩安装前，必须注意在上、下节油箱分节处的密封垫条和限位钢丝的状态（密封垫条不应有损伤和残余变形，而且接缝中心应放在任意一个螺栓的附近），然后压紧箱沿螺栓，把密封垫压紧到 2/3 起始厚度，就认为达到了标准。

（3）更换其他拆卸过的密封垫，应选用优质耐油橡胶垫，要求其弹性、硬度、吸油率、抗老化性能等均符合质量标准规定；清洁法兰密封面，对于不平整的法兰面应用锉刀挫平。

（4）安装压紧橡胶垫时，要保持压缩率在 1/3。对于多螺栓的盖板密封时，长方形盖板、圆形法兰密封、箱沿密封紧螺栓顺序如图 ZY1600302004-1～图 ZY1600302004-3 所示。

（5）压缩时，密封胶条不得挤出法兰限位槽。所有紧固螺栓不得一次紧固到底，应按顺序循环紧固，至少循环 2～3 次以上。

5. 真空注油

在变压器复装结束后，检查分接开关挡位正确后进行真空注油。真空注油参见模块 ZY1600305002。

6. 大修后进行试验和验收

（1）变压器大修后的试验。在变压器大修后应根据实际情况选择相应的试验项目，以达到考核变压器状态的目的。对检修人员而言，应该了解试验项目的目的，根据需要在现场做好相应的配合工作。

（2）变压器大修后验收内容。

1）实际检修项目是否按计划全部完成，检修质量是否合格。

2）审查全部试验结果和试验报告。

3）整理大修原始记录资料，特别注意对结论性数据的审查。

4）作出大修技术报告（应附有试验报告单、气体继电器电器试验单等必要表格）。

5）如有技术改造项目，应按事先签订的施工方案、技术要求及有关规定进行验收。

（3）投运前的项目检查。

1）各部位是否漏油，各项电气试验是否合格。

2）变压器的储油柜和充油套管的油位正常，隔膜式储油柜的集气盒内应无气体。

3）所有温度计读数是否一致、正确，整定值应符合要求。

4）各项分接开关指示位置是否一致并已固定。

5）进行各升高座的放气，使其完全充满变压器油，气体继电器内应无残余气体。

6）吸湿器内的吸附剂数量充足、无变色受潮现象，油封良好，能起到正常呼吸作用。

7）无励磁分接开关的位置应符合运行要求，有载分接开关动作灵活、正确，闭锁装置动作正确，控制盘、操作机构箱和顶盖上三者分接位置的指示应一致。

8）储油柜、冷却装置、净油器等油系统上的阀门均在"开"的位置，储油柜油温标示线清晰可见。

9）高压套管的接地小套管应接地，套管顶部将军帽应密封良好，与外部引线的连接接触良好并涂有电力脂。

10）风扇电动机旋转方向是否正确，有无碰撞和振动。

11）信号温度计的触点指针是否调到要求位置。

12）冷却器电源回路及控制回路是否正确可靠，潜油泵旋转方向是否正确、控制开关手柄是否在需要的位置上。

13）各组件有无损伤。

14）相色标志、铭牌、字牌是否齐全正确。

15）建议在投运前于各组件再排一次残余气体。

16）变压器箱盖上及本体有无遗留杂物，及现场清理。

7. 填写检修报告

变压器检修记录及报告是记载变压器运行、检修过程状态和运行、检修过程结果的文件，是变压器运行质量管理体系文件的一个重要组成部分，它在变压器运行质量管理体系中发挥着重要的作用。

报告填写时按填写要求进行填写，应注意记录用笔要求、记录的原始性、记录的清晰准确、笔误的处理、空白栏目的填写及签署要求。

（五）注意事项

（1）器身检查如在露天进行时，应选在无尘土飞扬及其他污染的晴天进行。

（2）器身暴露在空气中的时间应不超过如下规定：空气相对湿度不大于 65% 时为 16h，空气相对湿度不大于 75% 时为 12h；器身暴露时间是从变压器放油时起至开始抽真空或注油时为止，如超出规定时间不大于 4h，则可延长持续高真空时间至器身曝露空气中的时间。

（3）若器身曝露在空气中进行检查，则周围空气温度不宜低于 0℃，且器身温度应不低于周围环境温度，否则应用真空滤油机循环加热油，将变压器加热，使器身温度高于环境温度 5℃ 以上。

（4）检查器身时，应由专人进行，穿着无纽扣、无金属挂件的专用检查工作服和鞋，并戴清洁手套，寒冷天气还应戴口罩。

（5）进行器身检查所使用的工具应由专人保管并应编号登记，防止遗留在油箱内或器身上。

三、变压器不吊罩进入变压器本体的器身大修

（一）作业内容

变压器不吊罩进入变压器本体的器身大修是指检修人员由变压器人孔进入变压器内部，对变压器器身上的绕组、引线、铁芯等组件进行检查和维修的一种检修方法。其检修工艺流程与吊罩（芯）检修的检修工艺流程略有不同，如图 ZY1600304002-3 所示。

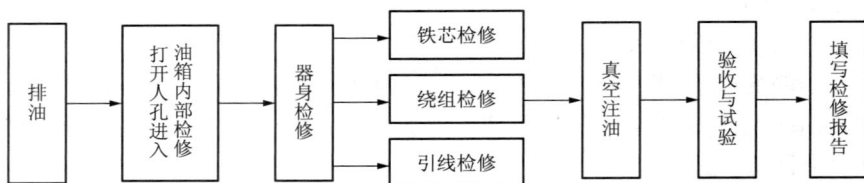

图 ZY1600304002-3　变压器不吊罩进入变压器本体大修工艺流程

（二）危险点分析与控制措施

变压器不吊罩进入变压器本体大修危险点分析与控制措施见表 ZY1600304002-2。

表 ZY1600304002-2　　变压器不吊罩进入变压器本体大修危险点分析与控制措施

序号	危　险　点	控　制　措　施
1	低压触电	检修电源设备应正常或接线应规范
2	高空坠落	高空作业时佩戴安全带并按规定挂靠
3	拆卸、装配附件等野蛮操作造成损坏	拆装时应轻拿轻放，禁止野蛮施工
4	吊罩（芯）时晃动、钩挂损坏变压器的器身	起吊时应操作规范，指挥规范
5	器身检查时触电	在做检修过程中试验时，工作负责人应确认无检修人员在器身上工作
6	冷却系统启动伤人	工作人员间协调好，不得擅自启动冷却系统
7	变压器绝缘受潮、受损、受污、着火	在检修器身应按要求穿着，不得吸烟
8	异物遗留在变压器内	工器具编号，由专人保管
9	变压器抽真空时，真空泵电源失电，真空泵油被吸入变压器油箱，污染变压器绝缘	确保检修电源正常工作
10	明火操作时，防火安全	动火时，应有专人监护，并准备好灭火器

（三）作业前准备

不吊罩进入变压器本体检修前的准备工作可以参照"吊罩（芯）检修前的准备工作"部分。而在采用该种检修方法应特别注意以下事项：

（1）对于充油变压器，工作人员达到现场后，先记录环境温度和湿度，进行排油工作。在油排尽后，使用氧气测量仪测量油箱内部空气，达到规定数值后（含氧量>18%）人方可进入油箱内。

（2）对于充氮气变压器，工作人员达到现场后，首先记录剩压，环境温度、湿度和气压，必须打开所有通气孔，排尽氮气后并充以干燥空气，使用氧气测量仪测量油箱内部空气，达到规定数值后（含氧量＞18%）方可进入油箱内。

（3）进行器身检查所使用的工具应由专人保管并应编号登记，防止遗留在油箱内或器身上。

（四）操作步骤及工艺要求

（1）排油工艺方法及要求如图 ZY1600304002-4 所示。按充干燥空气排油回路示意图，接好全部充干燥空气管路，用铜丝将橡胶管头扎紧，使之不漏气，并将回油管一端接在下节油箱的闸阀上，另一端接油泵及回油管，并将回油管通入油罐或油桶。检查整个回路，无误后，将回油管所连下节油箱的放油阀打开。开启油泵和干燥空气发生器，开始充干燥空气回路。

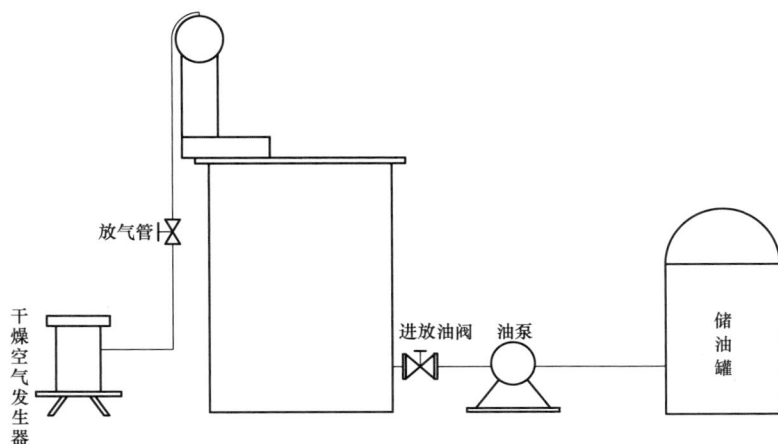

图 ZY1600304002-4 变压器充干燥空气排油回路示意图

（2）器身检修工艺。不吊罩进入变压器本体检修有一定的局限性，通常是针对变压器某一方面进行检修，亦可认为是对器身的一种检查工作，检修人员可以根据变压器内部环境、结构空间来进行检修工作。对不吊罩进入变压器本体检修的工艺要求与吊罩（芯）器身检修的要求一样。因此，检修人员进入油箱内部后，可以根据吊罩（芯）器身检修的要求对器身进行检修。对于发现问题但无法检修的情况，应找出对策以确定检修方案。

（3）更换相关密封件（参照吊芯检修部分）。

（4）真空注油（详见模块 ZY1600305002）。

（5）不吊罩进入变压器本体检修后验收和试验（参照吊芯检修部分）。

（6）填写检修报告（参照吊芯检修部分）。

【思考与练习】

1. 铁芯片若有铁锈应如何处理？铁芯片涂漆的目的是什么？

2. 油箱复位的注意事项有哪些？

3. 变压器大修后有哪些验收内容？

4. 试画出变压器充干燥空气排油回路示意图。

模块 3 变压器油箱及各组部件的现场大修（ZY1600304003）

【模块描述】本模块介绍了变压器油箱及分接开关、套管、油泵、风扇等组部件的现场大修工作程序及相关注意事项，通过作业流程和检修方法介绍，掌握变压器油箱及各组部件现场检修的工艺要求和质量标准。

【正文】

一、概述

本模块包含了电力变压器现场检修的油箱及组部件的检修流程、检修注意事项、工具设备要求、检修项目、作业程序、检修后试验和验收等。制定本指导书的目的是规范操作、保证检修的合理性、准确性，为电力变压器检修提供依据，提高检修后变压器设备运行的可靠率。

二、作业内容

在变压器进行器身大修时，油箱及其他组部件的检修可以同时进行，没有明确的层次关系。而在实际的大修工作中，可多项检修工作同时进行，以达到缩短检修时间的目的。

油箱的检修主要是对油箱的渗漏油处理及对油箱内部磁（电）屏蔽的检查。组部件的检修是以解体检修为主，包括对套管、油枕、油泵、风扇等部件的检修。

三、危险点分析与控制措施

变压器油箱及组部件大修危险点分析与控制措施见表 ZY1600304003-1。

表 ZY1600304003-1　　　　变压器油箱及组部件大修危险点分析与控制措施

序号	危　险　点	控　制　措　施
1	低压触电	检修电源设备应正常或接线应规范
2	高空坠落	高空作业时佩戴安全带并按规定挂靠
3	拆卸、装配附件等野蛮操作造成损坏	拆装时应轻拿轻放，禁止野蛮施工
4	异物遗留在变压器油箱或附件内	工器具编号，由专人保管
5	明火操作时，防火安全	动火时，应有专人监护，并准备好灭火器

四、作业前准备

（1）在检修前，应充分详细地了解检修方案的各个环节。根据检修方案准备检修工具、设备及相应的附件。熟悉现场工作环境，了解检修目的。

（2）检修工器具、材料的准备。现场检修应具备充足合格干燥的材料和应有的组部件，完备的工艺装备和测试设备。在检修前，对检修项目中所需要的施工（含起重）设备应满足检修工艺要求；仪器仪表、工器具应试验合格，满足本次施工的要求；附件、材料的规格正确齐全。

1）工器具。

a 起重设备和专用吊具，载荷应大于 2.5 倍的被吊物吨位。

b 专用工、器具。如力矩扳手、各种规格的扳手等。

c. 气割设备、电焊设备等。

2）材料。

a. 绝缘材料。如各种规格大小的干燥绝缘纸板、皱纹纸、电缆纸、收缩带、白布带和绝缘油等。

b. 密封材料。如各种规格的条形、板型或成型密封胶垫。

c. 油漆。如绝缘漆、底漆和面漆等。

3）电源。根据设备选择合适的电源、接线盘和电源线。

4）测试设备。各种规格的绝缘电阻表等。

五、操作步骤及工艺要求

（一）油箱检修方法

（1）对油箱上焊点、焊缝中存在的砂眼等渗漏点进行补焊，消除渗漏点。

（2）清扫油箱内部，清除积存在箱底的油污杂质，油箱内部洁净，无锈蚀，漆膜完整。

（3）清扫强油循环管路，检查固定于下夹件上的导向绝缘管，连接是否牢固，表面有无放电痕迹，打开检查孔，清扫联箱和集油盒内杂质。导向管连接牢固，绝缘管表面光滑，漆膜完整，无破损、无放电痕迹。

（4）检查钟罩（或油箱）法兰结合面是否平整，发现沟痕应补焊磨平，法兰结合面清洁平整。

（5）检查器身定位件及其绝缘（有的是压钉，有的是压圈），防止定位件造成铁芯多点接地。

（6）在检查磁（电）屏蔽装置时，应检查屏蔽板与油箱连接应无松动放电现象，固定应牢固，无放电痕迹并可靠接地。

（二）变压器组部件大修方法

变压器组部件大修一般包括分接开关、套管、油泵和储油柜等组部件的检修，在变压器大修时，并不是每个组部件都要进行检修，应按照检修方案的要求，对相应的组部件进行检修。

1. 变压器无励磁分接开关的检修（详见模块 ZY1600307002）

2. 变压器有载分接开关的检修（详见模块 ZY1600308006、ZY1600308007、ZY1600308008、ZY1600308010）

3. 变压器套管的检修

（1）变压器纯瓷式套管的检修。

1）检查瓷套有无损坏，瓷套应保持清洁，无放电痕迹，无裂纹，裙边无破损。

2）密封应无渗漏。

（2）变压器导杆式套管的检修。

1）检查瓷套有无损坏，瓷套应保持清洁，无放电痕迹，无裂纹，裙边无破损。

2）套管解体时，应依次对角松动法兰螺栓，防止松动法兰时受力不均损坏套管。

3）拆卸瓷套前应先轻轻晃动，使法兰与密封胶垫间产生缝隙后再拆下瓷套，防止瓷套碎裂。

4）拆导电杆和法兰螺栓前，应防止导电杆摇晃损坏瓷套，拆下的螺栓应进行清洗，丝扣损坏的应进行更换或修整，螺栓和垫圈的数量要补齐，不可丢失。

5）取出绝缘筒（包括带覆盖层的导电杆），擦除油垢，绝缘筒及在导电杆表面的覆盖层应妥善保管（必要时应干燥），防止受潮和损坏。

6）检查瓷套内部，并用无绒白布擦拭，瓷套内部清洁、无油垢。

7）有条件时，应将拆下的瓷套和绝缘件送入干燥室进行轻度干燥，然后再组装，干燥温度 70～80℃，时间不少于 4h，升温速度不超过 10℃/h，防止瓷套裂纹。

8）组装时与拆卸顺序相反，注意绝缘筒与导电杆相互之间的位置，中间应有固定圈防止窜动，导电杆应处于瓷套的中心位置，更换拆卸过的。

9）套管复装后可根据情况在套管外侧根部喷涂半导体漆，半导体漆应喷涂均匀。

10）密封应无渗漏。

4. 变压器油泵的检修

（1）油泵的解体检修。

1）更换油泵马达轴承。

2）检查油泵内各部件，并进行清洗，清除法兰上的密封胶，要求油泵内部干净、整体无损坏。

3）检查叶轮，应无变形及磨损。

4）检查轴承挡圈，应无损坏。

5）检查转子短路环及铁芯，转子短路环应无断裂，铁芯应无损坏及磨损。

6）检查并清扫定子外壳、绕组及铁芯，定子外壳应清洁、绕组绝缘良好、铁芯无损坏。

7）检查引线与绕组的焊接情况，应无脱焊及断线。

8）清洗分油路内的污垢，分油路应洁净、畅通。

9）清洗接线盒内部，更换接线盒及接线柱的密封胶垫，引线与接线柱尾部应焊接牢固，用 500V 绝缘电阻表测量绝缘电阻应不小于 0.5MΩ。

10）大修后应更换全套密封垫圈。

（2）油泵检修后回装。

1）大修后应更换所有密封处的胶垫和密封环，并重新进行组装，其中包括前后端盖、过滤网、压盖、法兰、各部油塞的密封胶垫及密封环。

2）将轴承放入油中加温至 120～150℃时取出，安装在转子后轴上（或用特殊的套筒，顶在轴承的内环上，用手锤轻轻敲击套筒顶部，将轴承嵌入）。

3）将后端盖放在工作台上，首先放入过滤网及两侧胶垫，再放入 O 形胶圈。

4）将转子后轴承对准后端盖轴承室，在前轴头上垫木方，用手锤轻轻敲击木方后轴承即可进入轴承室。

5）在后端盖安装法兰处套上主密封胶垫。

6）将定子放在工作台上，转子穿入定子腔内，此时后端盖上的分油路孔要对准定子上的分油路孔，再拧紧前端盖与定子连接的螺栓。

7）把前端盖放入定子止口处，再拧紧前端盖与定子连接的螺栓。

8）将两个前轴承放在油中加热至 120～150℃取出，套在前轴上，或用特制的套筒顶在轴承的内环上，用手锤轻轻敲击套筒顶部，将轴承嵌入前轴承室，再用特制的两爪扳手将轴承挡圈拧紧。

9）将圆头平键装入转轴的键槽内，再将叶轮嵌入轴上。

10）带上止动垫圈，拧紧圆头螺母，将止动垫圈撬起锁紧。

11）用磁力千分表测量叶轮跳动及转子轴向窜动间隙。

12）在定子外壳的法兰处套上主密封胶垫，扣上蜗壳，拧紧蜗壳与定子连接的螺栓。

13）各部油塞，包括放气塞、测压塞，均应采用橡胶封环或橡胶平垫密封。

14）运转试验。

5. 变压器风扇的检修

变压器风扇的检修包括叶轮解体检修和电动机解体检修。

（1）叶轮解体检修。

1）将止动垫圈打开，旋下盖形螺母，退出止动垫圈，把专用工具（三角爪）放正，勾在轮壳上，用力均匀缓慢拉出，将叶轮从轴上卸下，锈蚀时可向键槽内、轴端滴入螺栓松动剂，同时将键、锥套取下保管好。

2）检查叶片与轮壳的铆接情况，松动时可用铁锤铆紧。

3）将叶轮放在平台上，检查叶片安装角度。

（2）电动机解体检修。

1）首先拆下电动机罩，然后卸下后端盖固定螺栓，从丝孔用顶丝将后端盖均匀顶出，拆卸时严禁用螺丝刀或扁铲撬开。

2）检查后端盖有无破损，清除轴承室的润滑脂，用内径千分尺测量轴承室尺寸，检查轴承室的磨损情况，严重磨损时应更换新端盖。

3）卸下前端盖固定螺栓，从顶丝孔用顶丝将前端盖均匀顶出，连同转子从定子中抽出。

4）用三角爪将前端盖从转子上卸下（前端盖尺寸较小时，可将转子直立，轴伸端朝下，下垫木方，将前端盖垂直用力使其退出）。

5）卸下轴承挡圈，取出轴承，检查前端盖有无损伤，清除轴承室润滑脂并清洗干净，测量轴承尺寸，严重磨损时，应更换前端盖。

6）将转子放在平台上，用平板爪取下前后轴承；不准用手锤敲打轴承外环卸轴承。

7）检查转子短路条及短路环有无断裂，铁芯有无损伤。

8）测量转子前后轴直径，超过允许公差或严重损坏时应更换。

9）清扫定子线圈，检查绝缘情况。

10）打开接线盒，检查引线是否牢固地接在接线柱上。

11）检查清扫定子铁芯。

12）用 500V 绝缘电阻表测量定子线圈绝缘电阻标准。

（3）风扇回装。

1）将洁净的转子放在工作台上，把轴承挡圈套在前轴上。

2）把在油中加热到 120～150℃的轴承套在前后轴上或用特制的套筒顶在轴承内环上，垂直用手锤嵌入，注意钢球与套不要打伤。

3）将转子轴伸端垂直穿入前端盖内，之后在后轴头上垫木方，用手锤将前轴承轻轻嵌入轴承室中，再从前端盖穿入圆头螺栓，将轴承挡圈紧牢，圆头螺栓处涂以密封胶。

4）将定子放在工作台上，定子止口处涂密封胶。

5）将前端盖和转子对准止口穿进定子内，拧紧前端盖与定子连接的螺栓，再将后端盖放入波形弹簧片，对准止口，用手锤轻轻敲打后端盖，使后轴承进入轴承室，拧紧后端盖与定子连接的圆头螺栓，最后将电动机后罩装上；装配端盖螺栓时，要对角均匀地紧固，用油枪向后、前轴承室注入润滑脂，约占轴承室 2/3；装配时注意钢球与套不要打伤。

6）将电动机安装在风冷却器上，用螺栓固定在风筒内。

7）更换密封垫和胶圈，将垫圈、密封胶垫、锥套、平键、护罩、叶轮安装在电动机轴伸端，叶轮与锥套间用密封胶堵塞，拧紧圆螺母和盖型螺母，将止动垫圈锁紧撬起。

8）试运转。

6. 变压器储油柜的检修

（1）胶囊式储油柜的检修。

1）打开储油柜的盖板，放出储油柜内的存油，取出胶囊并倒出积水，清洁储油柜。

2）检查胶囊的密封性能，进行气压试验，压力为 0.02～0.03MPa，时间 12h，应无渗漏。

3）用白布擦净胶囊，从端部将胶囊放入储油柜，将胶囊挂在挂钩上，连接好引出口。

4）更换密封胶垫，复装盖板。

（2）隔膜式储油柜的检修。

1）拆下各部联管（吸湿器、注油管、排气管、气体继电器联管等），清扫干净，妥善保管，管口密封。

2）拆下指针式油位计连杆，卸下指针式油位计。

3）拆卸储油柜法兰的螺栓，卸下储油柜上节油箱，检查隔膜应无渗漏痕迹并清洁隔膜。

4）清洁上、下节油枕并更换密封胶垫。

5）检修后按解体相反顺序进行组装。

（3）油位计的检修。

1）管式油位计检修。

a. 油位计玻璃管应透明，没有浮球的可增加浮球，使油面显示清楚。

b. 更换油位计的密封件。

c. 油位计应标有–30℃、20℃、40℃三条油面线，油面线位置为：① –30℃应能见到油面，位于油位计下孔处，不得过高过低；② 20℃位于储油柜直径垂直高度的45%～50%处；③ 40℃位于储油柜直径垂直高度的55%～60%处。

2）指针式油位计的检修。① 首先将油位计整体拆卸。② 检查传动机构是否灵活，有无卡轮、滑齿现象。要求传动机构工作正常，转动灵活。③ 检查主动磁铁和从动磁铁是否耦合和同步转动，指针指示是否与表盘刻度相符，否则应调节限位块，调好后紧固螺栓以防松脱。连杆摆动45°时，指针应旋转270°。从"0"位置指示到"10"位置，应传动灵活，指针正确，如图 ZY1600304003-1 所示。④ 检查限位报警装置动作是正确，否则应调节凸轮或开关位置。当指针在"0"最低油位和"10"最高油位时，应分别发出信号。⑤ 更换密封垫后进行复装，应使密封良好，无渗漏现象。

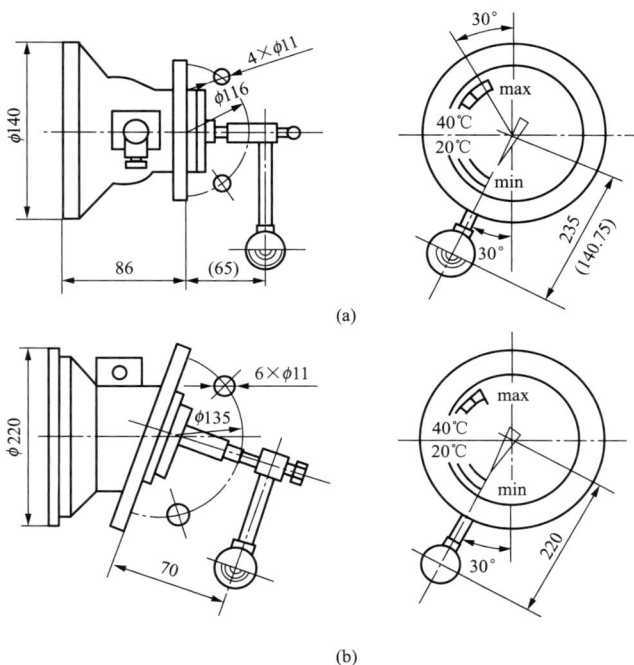

图 ZY1600304003-1 UZF 型铁磁式油位计

（a）UZF-A 型；（b）UZF-B 型

（4）变压器吸湿器的检修。

1）将吸湿器从变压器上卸下检查玻璃罩并清扫。

2）把干燥的吸附剂装入吸湿器内，并在顶盖下面留出 1/6～1/5 高度的空隙。

3）失效的吸附剂置入烘箱干燥，干燥温度从 120℃升至 160℃，时间 5h，还原后再用。

4）更换胶垫（密封件）。

5）在油杯中注入变压器油，油面应高于吸湿器的呼吸口，并将罩拧紧（新装吸湿器，应将密封垫拆除）。

6）为防止吸湿器摇晃，可用卡具将其固定在变压器油箱上。

（三）大修后试验和验收

1. 油箱及各组部件大修后的试验

（1）油箱渗漏试验，在储油柜内施加 0.03～0.05MPa 压力，24h 不应渗漏。总体试漏合格。

（2）油泵检修后的主要试验项目。

1）用 500V 绝缘电阻表测量电动机定子绝缘电阻应不小于 0.5MΩ。

2）测量绕组的绝缘电阻，三相互差不超过 2%。

3）将泵内注入少量合格的变压器油，接通电源试运转，运转应平稳、灵活、声音和谐。

4）转子扫膛、叶轮碰壳等异音，三相空载电流基本平衡。

5）油压密封试验，各部密封良好，无渗漏。

（3）风扇检修后的主要试验项目。

1）用 500V 绝缘电阻表测试定子绕组绝缘电阻，绝缘电阻值应不小于 0.5MΩ。

2）测量定子线圈的直流电阻，三相互差不超过 2%。

3）拨动叶轮转动灵活后，通入 380V 交流电源，运行 5min，风扇电动机运行平稳、声音和谐、转动方向正确。

2. 油箱及各组部件大修后的验收

（1）实际检修项目是否按计划全部完成，检修质量是否合格。

（2）审查全部试验结果和试验报告。

（3）油箱及各组件表面漆膜喷涂均匀，有光泽，无漆瘤。

（4）油箱及各组件铭牌、标牌及油面标志齐全，固定牢靠。

（5）油箱真空注油后，应无明显变形或变形小于箱壁厚度的 1.5 倍。

（四）填写检修报告

变压器油箱和组部件的检修报告都是变压器检修报告的组成部分，因此检修报告的填写要求与器身检修的报告一致。

【思考与练习】

1. 简述油浸式变压器油箱的检修工艺。

2. 简述变压器油泵的检修工艺。

第十章　变压器现场滤油及真空注油

模块 1　变压器现场滤油（ZY1600305001）

【模块描述】本模块介绍了变压器现场滤油的工器具准备、操作步骤及相关注意事项，通过作业流程介绍，掌握变压器现场滤油的方法。

【正文】

一、作业内容

当变压器油的品质达不到运行变压器油的要求，变压器应进行现场滤油，现场滤油的重点为：过滤掉油中的杂质、除去油中的水分和气体，使油的工频击穿电压、含水量、含气量符合变压器投运前油的要求。变压器现场滤油设备采用板式滤油机和真空滤油机，板式滤油机专门过滤杂质和过多水分，一般用于 35kV 及以下变压器的现场滤油；真空滤油机可除去油中的杂质、水分及气体，一般用于 110kV 及以上变压器的现场滤油；但应根据变压器油的污染程度及现场滤油要求采用板式滤油机或真空滤油机。

二、危险点分析与控制措施

变压器现场滤油危险点分析与控制措施见表 ZY1600305001-1。

表 ZY1600305001-1　　　　变压器现场滤油危险点分析与控制措施

序号	危　险　点	控　制　措　施
1	电气设备绝缘不良而带电	外露的可接地的部件及变压器外壳和滤油设备都应可靠接地
2	检修电源设备损坏或接线不规范，有可能导致低压触电	根据真空滤油机的电源功率选择合适的电源、接线盘和电源线，检查检修电源设备应良好，接线应根据设备使用说明书进行复核
3	吊臂回转引起起吊重心偏移和失稳	确认吊车撑脚撑实
4	起重引起设备损坏或人员伤亡	起重工作规范并使用工况良好的起重设备
5	吊臂回转时相邻设备带电，距离过近，会引起放电	吊车进入检修现场后，合理布置其位置，注意吊臂与带电设备保持足够的安全距离：500kV 电压等级不小于 8m，220kV 电压等级不小于 6m，110kV 电压等级不小于 4m，35kV 电压等级不小于 3.5m

三、工作前准备

1. 编制方案

工作前应先勘察变电站现场，了解电源的电压、容量及位置，确定真空滤油机、储油罐等设备的定置图并编制检修方案，根据变压器的滤油要求，确定变压器现场滤油所需的设备及工器具，根据变压器结构及滤油要求，确定滤油管道连接方式及滤油工艺过程。

2. 主要设备和工器具

（1）采用板式滤油机进行现场滤油所需的主要设备和工器具。包括压力式滤油机、储油罐、注油用管道、干燥硅胶罐（内装粒度为 $\phi 3 \sim \phi 7mm$ 的硅胶）。

（2）采用真空滤油机进行现场滤油所需的主要设备和工器具。包括真空滤油机、储油罐、油泵、注油用管道、电阻真空表或麦氏真空表、真空压力表、干燥空气或氮气。

四、操作步骤

1. 采用板式滤油机进行现场滤油

（1）滤油前先将滤纸放在温度为 80℃ ±5℃ 的烘箱内烘干 24h 后放入干净的密封箱内备用。

（2）进行滤油管路连接，当将变压器内的油通过板式滤油机抽入储油罐时，板式滤油机的进油阀接变压器的放油阀，出油阀接储油罐；当将储油罐内的油通过板式滤油机抽入变压器时，板式滤油机的进油阀接储油罐，出油阀接变压器的放油阀。

（3）在滤油管路中串入干燥硅胶罐用以吸附油中的酸性氧化物及树脂、纤维杂质等，用过的硅胶经筛选后在 400℃ 的干燥炉中加热，烘干后可恢复其性能重复使用。

（4）启动板式滤油机，先打开出油阀再打开油泵，然后慢慢打开进油阀，使压力升到 2～3kgf．cm^2。

（5）通过板式滤油机将变压器内的变压器油抽入储油罐中，完成一次滤油。将储油罐中的油注入变压器前在板式滤油机出口取油样进行油试验，如油试验的结果符合验收标准，则将储油罐中的油注入变压器；如油试验的结果不符合验收标准，则将储油罐中的油注入变压器后再次进行滤油，直至油试验合格。

（6）滤油过程中不断检查滤油机各部件的运行情况，发现异常和漏油及时处理，并不断清除滤网内的杂物。

（7）根据油质不同，决定更换滤纸的次数，换出滤纸，将滤纸清洁后放入烘箱干燥后使用。

（8）滤油结束，停机时先关进油阀再停机，最后关闭出油阀。

2．采用真空滤油机进行现场滤油

（1）在变压器储油柜的放气管上接干燥空气或氮气（露点≤−40℃）。

（2）进行滤油管路连接，当将变压器内的油通过真空滤油机抽入储油罐时，真空滤油机的进油阀接变压器的放油阀，出油阀接储油罐；当将储油罐内的油通过板式滤油机抽入变压器时，真空滤油机的进油阀接储油罐，出油阀接变压器的放油阀。

（3）通过真空滤油机从变压器的放油阀将变压器油抽出储存在储油罐中，在变压器排油时注入干燥空气或氮气并保持油箱中 0.005～0.01MPa 的正压。

（4）通过真空滤油机将变压器内的油抽入储油罐中，完成一次滤油。

（5）将储油罐中的油注入变压器前在真空滤油机出口取油样进行油试验，如油试验的结果符合验收标准，变压器进行真空注油（真空注油按模块 ZY1600305002）。如油试验的结果不符合验收标准，则将储油罐中的油注入变压器后再次进行滤油，直至油试验合格才能进行真空注油。

（6）如变压器的电压等级为 35kV 及以下，直接通过真空滤油机将储油罐中的油从变压器的注油阀注入变压器中。

（7）变压器真空滤油结束，先关闭加热器，为了冷却加热器应让油继续循环 15min，然后关闭罗茨泵，真空泵继续运行 30min 后可关闭真空滤油机。

3．滤油后的排气

（1）对本体储油柜进行排气。

1）胶囊式储油柜排气。拆下本体储油柜的呼吸器，防止呼吸器损坏，将空压泵与储油柜的呼吸器联管连接，启动空压泵加压至 0.025～0.03MPa，直至储油柜放气阀出油。对于采用管式油位计的储油柜，应用密封件密封管式油位计上部进气孔，以防止管式油位计内的绝缘油溢出。

2）隔膜式储油柜排气处理。打开储油柜顶部的盖板，拉出隔膜上排气孔的密封塞，用手不断将隔膜内的空气从排气孔排出，排尽隔膜内的空气后回装密封塞。

（2）打开升高座导油管、充油瓷套管、冷却器等附件最高位置放气塞进行排气，出油后即旋紧放气塞，并对本体气体继电器放气。

（3）变压器静置，在变压器投运前，再次对变压器进行放气。

4．验收

变压器现场滤油后应取油样进行油试验，变压器油的性能应符合出厂技术资料要求及相关技术标准，但不得低于表 ZY1600305001-2 的要求。

表 ZY1600305001-2　　　　　　　　变 压 器 油 性 能 要 求

电压等级 （kV）	耐压值 （2.5mm，kV）	含水量 （mg/L）	tanδ （90℃）	油中气体含量
35	≥35	≤20	≤0.01	—
66	≥40	≤20	≤0.01	—
110	≥40	≤20	≤0.01	—
220	≥40	≤15	≤0.01	—
330	≥50	≤10	≤0.01	≤1%
500	≥60	≤10	≤0.007	≤1%

五、注意事项

（1）检查注油设备、注油管路是否清洁干净，新使用的油管亦应先冲洗干净。

（2）检查清洁油罐、油桶、管路、滤油机、油泵等，应保持清洁干燥，无灰尘杂质和水分，清洁完毕应做好密封措施。

（3）雨雪天或雾天不宜进行现场滤油工作。

（4）滤油过程中会损失少许变压器油，如需补充不同牌号的变压器油时，应先做混油试验，合格后方可使用。

【思考与练习】

1. 变压器现场滤油勘查变电站现场，需了解哪些要点？

2. 进行真空滤油时应注意哪些异常情况？

3. 变压器排油的同时为什么要注入干燥空气或氮气？

模块 2　变压器的真空注油工艺（ZY1600305002）

【模块描述】本模块介绍了变压器真空注油的准备工作、操作步骤及相关注意事项，通过作业流程介绍，掌握变压器真空处理的过程控制和真空注油的要求。

【正文】

一、作业内容

大型油浸式电力变压器在器身检修或接触空气后，必须进行真空注油。变压器在持续抽真空的情况下，把已经处理合格的变压器油通过真空滤油机从注油口注入变压器。一般来说，330kV 及以上的变压器还需要进行热油循环，以进一步除去变压器器身上的水分和气体。

二、危险点分析与控制措施

变压器真空注油危险点分析与控制措施见表 ZY1600305002-1。

表 ZY1600305002-1　　　　　变压器真空注油危险点分析与控制措施

序号	危　险　点	控　制　措　施
1	电气设备绝缘不良而带电	外露的可接地的部件及变压器外壳和滤油设备都应可靠接地
2	检修电源设备损坏或接线不规范，有可能导致低压触电	根据真空滤油机的电源功率选择合适的电源、接线盘和电源线，检查检修电源设备应良好，接线应根据设备使用说明书进行复核
3	吊臂回转引起吊重心偏移和失稳	确认吊车撑脚撑实
4	起重引起设备损坏或人员伤亡	起重工作规范并使用工况良好的起重设备
5	吊臂回转时相邻设备带电，距离过近，会引起放电	吊车进入检修现场后，合理布置其位置，注意吊臂与带电设备保持足够的安全距离：500kV 电压等级不小于 8m，220kV 电压等级不小于 6m，110kV 电压等级不小于 4m，35kV 电压等级不小于 3.5m

三、工作前准备

1. 编制方案

工作前应先勘查变电站现场，了解电源的电压、容量及位置，确定真空滤油机、储油罐等设备的定置图并编制检修方案，根据变压器的实际情况，确定变压器真空注油所需的设备及工器具，根据变压器安装使用说明书的要求，确定变压器极限真空和维持时间，根据变压器结构，确定真空注油方式，即带储油柜或不带储油柜。

2. 真空机组的检查

（1）检查真空泵内的油位。

（2）检查真空泵内的油中应没有液态水。

3. 主要设备及工器具

真空滤油机、真空泵机组、注油用管道、电阻真空计、真空压力表、连通管（本体与有载开关抽真空连接）、储油罐、油泵。

四、操作步骤

变压器真空注油包括管路连接及管路泄漏检查、变压器的真空处理、注油、排气、静置、验收等过程。

1. 管路连接及管路泄漏检查

（1）使用可抽真空储油柜时，抽真空管路安装时应打开储油柜本体内部和胶囊呼吸管道间的隔离阀以保持负压平衡（应参照该储油柜使用说明书进行），连接图如图 ZY1600305002-1 所示。

（2）储油柜不具备抽真空条件时，可在油箱顶部蝶阀处或在气体继电器联管法兰处，安装抽真空管路和真空表计，接至抽真空设备，连接图如图 ZY1600305002-2 所示。

（3）有载调压变压器，应抽出分接开关油室内变压器油单独储存，用连通管将有载开关油室与变压器油箱连通，使有载开关与变压器本体同时抽真空。

（4）检查抽真空设备管路不得漏气，注油用管路必须接在油箱底部的注油阀上，通过滤油机接至油罐。

（5）启动真空泵并当真空计开始读数时，检修人员应在变压器本体上下巡视所有法兰密封位置，巡视过程中可以用耳朵靠近听或用手掌贴近方式检查密封位置是否有漏气情况。

（6）巡视检查情况正常后，可均匀提高真空度到 0.067MPa，关闭抽真空管路，在 30min 内油箱内真空度下降不超过 670Pa，可视为密封良好，否则应检查所有法兰密封位置。

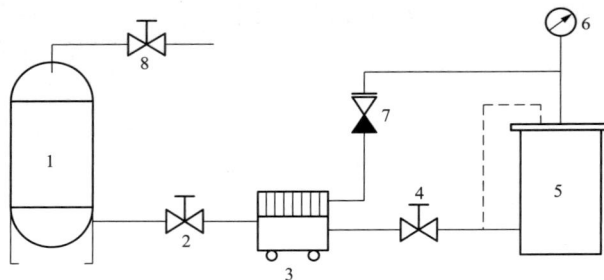

图 ZY1600305002-1　不带储油柜进行真空注油连接示意图

1—油罐；2、4、8—阀门；3—真空滤油机；5—变压器；6—真空计；7—逆止阀

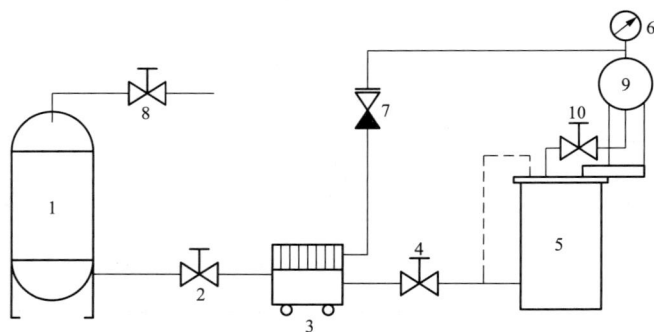

图 ZY1600305002-2　带储油柜进行真空注油连接示意图

1—油罐；2、4、8、10—阀门；3—真空滤油机；5—变压器；6—真空计；7—逆止阀；9—储油柜

注：图中虚线表示真空注油宜从油箱顶部管道注入。

2．变压器真空处理

（1）密封检查合格后，再打开抽真空管路，变压器的极限真空按变压器出厂技术资料要求，220kV电压等级均匀提高真空度到 0.1MPa，500kV 电压等级真空残压小于 13Pa（330kV 电压等级参照 500kV 电压等级执行）。抽真空时，应监视并记录油箱的变形情况（一般不应超过油箱壁厚两倍），发现异常立即停止抽真空。

（2）当变压器的真空度达到规定要求后，关闭真空泵和变压器本体间的阀门并停止抽真空，进行真空泄漏检验：真空泄漏 $V \leqslant 15\,000$ L·Pa/min。

$$V = (P_2 - P_1) / 30V_1$$

式中 P_1——停止抽真空后 5min 时的真空度，Pa；

P_2——停止抽真空后 35min 时的真空度，Pa；

V_1——变压器本体油的体积，L。

（3）真空泄漏检验合格后继续抽真空，抽真空维持时间按原出厂技术资料要求进行，一般情况下真空维持时间 220kV 电压等级不少于 12h，500kV 电压等级不少于 24h。

3．变压器真空注油

（1）真空注油。

1）在真空状态下注入合格的、加温到 50～60℃的变压器油，注油速度应小于 5t/h，注油时应继续抽真空。

2）注油开始时，工作人员应仔细检查注油用透明管是否有气泡等异常情况，如有应立即停止注油，并检查注油管道系统各接口的密封情况。

3）在注油过程中，工作人员应每小时检查注油管道系统各接口的密封情况及有无异常现象。

4）通过储油柜抽真空进行注油时，无有载开关的变压器可一次将油注到储油柜离底部 1/3 刻度处；带有载开关的变压器注油至箱盖 100～200mm 时停止注油，保持真空维持时间可按原出厂技术资料要求，一般情况下 220kV 电压等级不少于 4h，500kV 电压等级不少于 8h。拆除有载开关与本体间的连通管。

5）未通过储油柜抽真空进行注油时，注油至箱盖 100～200mm 时停止注油，保持真空维持时间可按原出厂技术资料要求，一般情况下 220kV 电压等级不少于 4h，500kV 电压等级不少于 8h。

注入变压器内油的性能应符合出厂技术资料要求及相关技术标准，但不得低于表 ZY1600305001-2 的要求。

（2）变压器补油。

1）变压器经真空注油后补油时，需经储油柜注油管注入，严禁从下部注油阀注入，注油时应使油流缓慢注入变压器至规定的油面为止。

2）变压器补油时，应先打开将散热器或冷却器、集油联管、储油柜的蝶阀及储油柜的放气管。

3）为保证变压器本体油面不会下降过快致使器身暴露，开始注油时，先打开散热器或冷却器的上部位置蝶阀，待储油柜油位计有显示油位上升后，再打开散热器或冷却器的下部位置蝶阀。

4）按油面上升高度逐步打开升高座导油管、冷却器（散热器）等最高位置放气塞进行排气，出油后即旋紧放气塞。

（3）热油循环。

1）对于 330kV 及以上的变压器，需要进行热油循环。

2）关闭冷却装置与变压器本体之间的阀门，然后接通热油循环系统的管路，通过真空滤油机进行热油循环，使热油从专用滤油阀或油箱顶盖上的蝶阀进入油箱，从油箱下部的活门流回真空滤油机。

3）在循环过程中，滤油机的出口油温控制在（65±5）℃范围内。当环境温度低于 15℃（全天平均温度）时，应在油箱外表面采取保温措施。

4）热油循环的时间要同时满足下面两条规定：① 不少于 48h；② 不小于 3 倍的变压器总油重除以通过滤油机的每小时油量。

4．变压器排气

（1）胶囊式储油柜充油排气。由储油柜注油管将油注满储油柜，直至放气管或放油塞出油，再关闭注油管和放气管或放油塞，管式油位计上部呼吸塞处应该用密封垫密封，以防止管式油位计中的油溢出。从变压器储油柜注油管排油，此时空气经吸湿器自然进入储油柜胶囊内部，至油位计指示规定油位为止。

（2）胶囊式储油柜充气排气。加油至油位计指示规定油位，用干燥空气或氮气连接吸湿器法兰进行缓慢充气，充气压力控制在 0.025～0.03MPa 内，直至放气管或放油塞出油，再关闭注油管和放气管或放油塞。解除干燥空气或氮气与吸湿器的连接，此时空气经吸湿器处排出，至油位计指示规定油位为止。

（3）隔膜式储油柜排气。将磁力油位计调整至零位，拉出隔膜上排气孔的密封塞，用手不断将隔膜内的空气从排气孔排出，排尽隔膜内的空气后回装密封塞。由注油管向隔膜内注油达到比指定油位稍高，再次打开排气孔的密封塞充分排除隔膜内的气体，经反复调整达到指定油位。发现储油柜下部集气盒油标指示有空气时，应用排气阀进行排气。

5. 静置

真空注油后变压器静置时间按变压器出厂技术资料要求进行，在静置期间，应每隔 12h 进行放气。

6. 验收

（1）校准油位。用透明塑料软管一头连接气体继电器放气塞，另一头拉至油位计或示油管处，打开气体继电器放气塞，检查油位计或示油管液面与透明塑料软管液面是否一致，如不一致调整油位计齿轮或示油管液面使得油位计指针或示油管液面与透明塑料软管液面处于同一高度，回复气体继电器放气塞。

（2）密封性能试验。从储油柜顶部加气压 Δp（MPa），气压值按下式规定计算

$$\Delta p = 0.045 - h\rho \times 10^{-2}$$

式中　h——储油柜中油面至压力释放阀法兰的高度距离；

　　　ρ——变压器油密度，取 0.85kg/dm^2。

加气压维持时间 24h，应无渗漏和损伤。

（3）注油 24h 后，应从变压器底部放油阀（塞）采取油样进行化验与色谱分析。

五、注意事项

（1）检查注油设备、注油管路是否清洁干净，新使用的油管亦应先冲洗干净。检查清洁油罐、油桶、管路、滤油机、油泵等，应保持清洁干燥，无灰尘杂质和水分，清洁完毕应做好密封措施。变压器抽真空时，防止真空泵电源失电，真空泵油被吸入变压器油箱，污染变压器绝缘。

（2）变压器的抽真空应按制造厂图纸要求并遵守制造厂规定，防止胶囊袋破裂或不能承受全真空变压器油箱、附件（储油柜、散热器等）在抽真空时的过度变形。抽真空前应关闭不能抽真空的附件阀门，如储油柜（可抽真空储油柜阀门可不关闭）、有载开关储油柜阀门，其他阀门应处于开启位置。

（3）雨雪天或雾天不宜进行真空注油工作。

（4）补充不同牌号的变压器油时，应先做混油试验，合格后方可使用。

【思考与练习】

1. 变压器现场滤油勘查变电站现场时需要了解哪些要点？

2. 补充不同牌号的变压器油时，为什么应先做混油试验？

3. 变压器注油后应如何补油？

模块 2

ZY1600305002

第十一章　变压器的现场安装

模块1　变压器的现场安装工作内容和质量标准（ZY1600306001）

【模块描述】本模块介绍了变压器现场安装的前期工作、安装工作质量标准、投入运行前的试验及工程交接验收等工作内容，通过作业流程介绍，掌握变压器的现场安装工作内容和质量标准。

【正文】

一、变压器现场安装的作业内容

本模块所述内容为各类大、中型变压器新购置或大修后，由制造厂或修理厂运至使用现场，进行安装前验收，合格后进行安装、试验、试运行及安装使用交接的全过程。变压器的现场安装类似于变压器的总装配，是在现场的重新装配。中小型变压器多是整体运输，或是只拆下少量组件运输，安装工作较为简单。大型变压器的安装工作则较为复杂，其安装工作流程如图 ZY1600306001-1 所示。

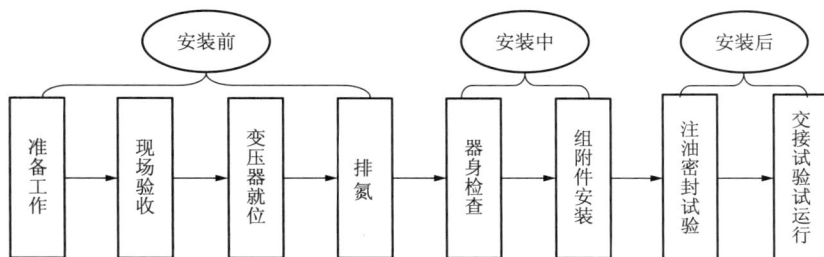

图 ZY1600306001-1　变压器现场安装工作流程图

（1）准备工作。包括技术资料的准备，安装计划的制订，起重、真空干燥、试验等设备和工器具的准备，消防安全器材的配置，场地布置与清理。

（2）现场验收。是指出厂文件和资料的核对与验收，主体、组附件的验收。

（3）变压器就位。指变压器牵引、顶升就位。

（4）排氮。充氮运输的变压器需将内部氮气排尽。

（5）器身检查。指器身的检查、试验和回装。因现多为免吊芯变压器，故此项工作可省略。

（6）组部件安装。安装变压器升高座、套管、储油柜、气体继电器等组部件。

（7）注油、密封试验。变压器真空注油、热油循环（必要时）、补油、静置，进行整体密封检查。

（8）交接试验、试运行。包括交接试验、冲合闸试验、试运行，以及交接验收。

二、危险点分析与控制措施

变压器现场安装的危险点分析与控制措施见表 ZY1600306001-1。

表 ZY1600306001-1　　　　变压器现场安装的危险点分析与控制措施

序号	危 险 点	安 全 控 制 措 施
1	起重不规范，会引起设备损坏或人员伤亡	注意吊臂与带电设备保持足够的安全距离
2	高空作业时高空坠落	登高工作人员必须系保险带工作，且保险带必须正确悬挂
3	非免吊芯变压器器身检查时触电，或吊罩时晃动、钩挂损坏变压器器身	吊罩时，在变压器钟罩四个方向都需定位，四面设专人监视，注意观察钟罩与器身附件的间隙，严防偏位而碰撞器身

续表

序号	危 险 点	安 全 控 制 措 施
4	不能承受全真空变压器油箱和附件（储油柜、散热器等），在抽真空时的过度变形而报废	在抽真空前，首先应确定变压器油箱的机械强度、允许抽真空的范围。最简便的方法是装置油箱变形的标志
5	免吊芯进箱检修时，出现人员不适、遗留异物或损伤绝缘等	应注意箱内的氧气含量、湿度、人员清洁。设立现场工器具管理专职人员，做好发放及回收清点工作，并作记录

三、变压器现场安装的前期工作

（一）变压器的现场验收检查

变压器运到现场后，应核对确认到货设备本体、附件及资料齐全、规格正确，如发现存在缺陷和问题及时处理。

1. 文件核对

按订货合同逐项与产品铭牌进行校对，查其是否相符。按变压器"出厂技术文件一览表"查对技术文件、组件、附件、备品备件是否齐全。出厂技术文件根据 GB 1094 中规定，制造厂每台设备（包括标准组件）应该有全套的安装使用说明书、产品合格证书、出厂试验记录、产品外形尺寸图、运输尺寸图、产品拆卸件一览表、装箱单、铭牌或铭牌标志图及备件一览表等。这些技术文件应当妥善保管，以备日后工作中查阅。

2. 外观检查

大型变压器运输时油箱上部安装有冲击记录仪，以记录设备在运输和装卸过程中受冲击的情况。验收时应检查并记录冲击记录仪上的数据，以判断设备内部是否有可能受损伤。一般心式变压器控制冲击力在 $3g$ 以下，其他类型的变压器可按制造厂的要求；当冲击力超出时，必须与运输方、制造厂和甲方月户共同验证，检查内部器身受冲击力的情况。

检查油箱及附件应无锈蚀及机械损伤，外观正常。检查油箱的密封性，有无因运输之故造成新的渗漏和密封损坏、紧固螺栓松动等。因为带油运输的变压器顶部一段一般无油，只有要求每个螺栓都紧固良好，才能防止进水，而油位以下部分应无渗漏。充气运输的设备，检查压力可以作为油箱是否密封良好的参考，必要时，应对油箱中的残油进行含水量的测量。组、附件管路中应清洁、无异物和油水。

（二）变压器的卸车和就位

1. 卸车

卸车的基本方法有起重法和牵引法两种，前者运用垂直力，而后者运用水平力。

（1）用起重法卸车时，必须使用特大型起重机。起吊钢丝绳必须挂在起吊整体的吊拌上。为了防止事故，必须进行静载检查和动载试吊。按预定目标将变压器放到另一运输车的平台上，或者放在预先准备好的枕木垛上，便完成了卸车。

（2）用牵引法卸车时，需先在运输车附近用枕木或钢材筑起坚实的平台，然后用千斤顶将变压器顶起，在运输车平台和筑起的平台上敷设钢轨。变压器上专设的千斤顶支架都要使用，并尽量同步提升，以均匀受力。当把变压器用千斤顶降落到钢轨上，并拖离运输车后，便完成了卸车。

2. 就位

可使用滚杠运输就位或液压顶推滑移法就位。滚杠运输是机械设备最简便、最常用的运输方法。利用滚杠搬运设备的主要工具有滚杠、滑车及牵引设备等，使用时应注意：

（1）滚杠的数量和间距应该根据设备的重量来决定。

（2）放置时应将滚杠的端头放整齐，避免长短不一，两端应伸出设备外面 300mm 左右。

（3）搬运设备遇有上下斜坡时，要用拖拉绳索牵制。

（4）牵引时应时刻注意各牵引工具的受力，不能疏忽而因受力过度造成断裂、弹出，使设备或人身受到伤害。

（三）排氮

现大型变压器大都采用充氮运输，为了人身安全、避免窒息，安装前必须将内部氮气排尽。

注油排氮是方法之一。进口设备大都采用充干燥空气运输，也可采用注油排气方法。排氮前，应将油箱内的残油排放干净。排氮时，注入的绝缘油电气强度应达到油的交接标准，绝缘油经真空净油机从变压器下部油门注入，氮气经顶部排出。为将氮气排尽，需将油充至顶部。为防止由于温度变化油膨胀，排完氮后，应将油位下降，降到高出铁芯上沿 100mm 以上，以免内部绝缘受潮。注油后需静置 12h 以上，以使内部绝缘件浸透油。

另可采用抽真空排氮的方式，较为简单，但要注意油箱的强度。当油箱内含氧浓度大于 18%时，可判断氮气已排尽，人能进入内部。

若变压器需吊芯检查，则可吊罩后将器身暴露 15min 以上，待氮气充分扩散后，人员才可以接近。

四、变压器现场安装的内容和质量要求

（一）安装的现场要求

安装主要成套组件（套管、分接开关的驱动机构、压力释放阀等）时，必须在相对湿度不大于 75%的干燥晴朗的天气下进行。安装过程中，要把打开盖板和人（手）孔的时间控制到：空气相对湿度不大于 65%时，不应超过 16h；空气相对湿度不大于 75%时，不应超过 12h。

（二）组部件的安装及其质量要求

1. 带有互感器的升高座的安装

套管安装前得先安装升高座。需要时升高座里有保护和测量用的内装式电流互感器。500～750kV套管升高座的绝缘纸筒是由几个不同直径的、彼此相套的酚醛纸筒组成，纸筒下部有用以穿过绕组引线的缺口，如图 ZY1600306001-2 所示。固定纸筒时，必须注意纸筒缺口对绕组的位置正确，不使有碍引出线或划破引线绝缘。吊绳倾斜时，必须使升高座放气塞的位置在最高点。为了便于套管安装，电流互感器和升高座的中心线应一致。下放绝缘纸筒时必须特别小心，不允许碰上硬质东西、损坏纸筒。升高座装到并固定在油箱上之后，应把绕组的软引线拉出，固定在法兰上。

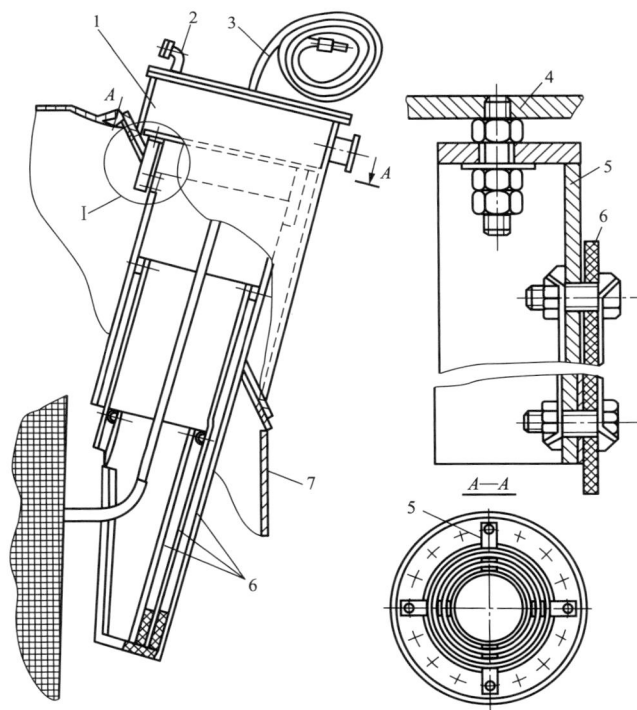

图 ZY1600306001-2　500～750kV升高座装入式电流互感器的安装

1—升高座；2—管接头；3—绕组引线；4—升高座里的法兰；

5—角钢；6—酚醛纸筒；7—变压器油箱

2. 套管的安装

（1）40kV 及以下套管的安装。40kV 及以下绕组引线通常采用便于安装和拆卸的导杆式或穿缆式套管引出。穿缆式套管即在变压器制造时导杆已直接焊到绕组的软引线上。这两种套管的固定和密封方法类似。安装套管时应注意，电气接触可靠，套管和导电杆密封要严密，软连接线在变压器里的分布位置要正确。套管软连接线之间、套管各相与其他接地部分和导电部分之间的绝缘距离，通常应不小于 50mm（连接线每边包绝缘厚 3mm 时）。

（2）63kV 及以上套管的安装。63kV 及以上引线的引出，采用全密封式或不全密封式的高压充油套管，以及胶纸绝缘的高压套管。这些套管体积大、重量重。安装前，将经试验和检查过的套管放在专用支架上，以便利用现成的起吊机械进行套管安装。套管的起吊、安装如图 ZY1600306001-3 所示。

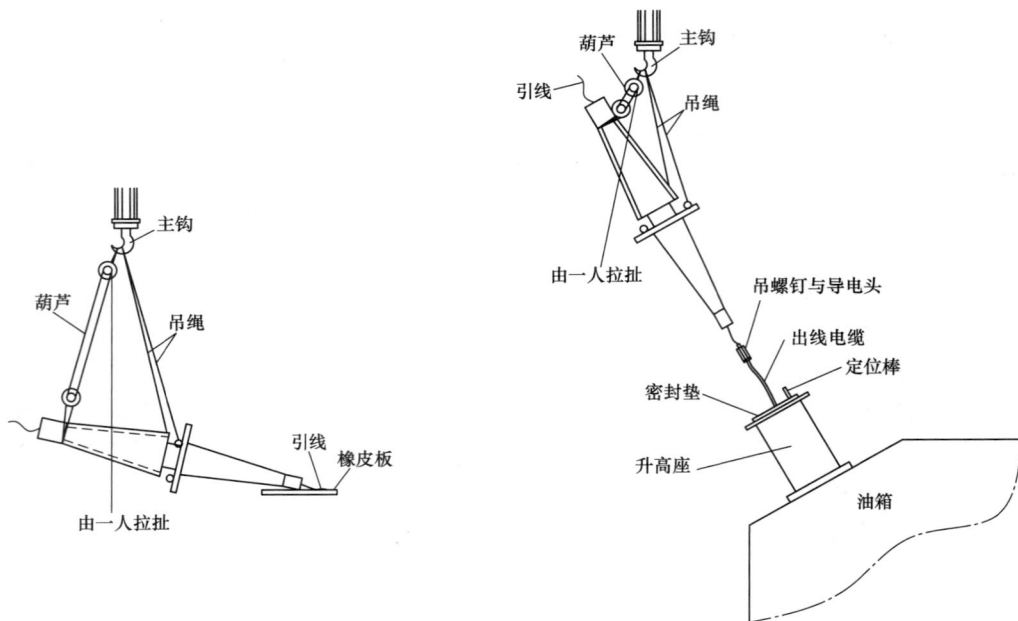

图 ZY1600306001-3　63kV 以上套管的起吊安装图

吊起时，检查均压罩应完整，其绝缘覆盖层应没有损伤。倾斜时，应注意套管支撑法兰上的管接头和塞子在最高位置；非密封式结构的套管，应注意套管上油位计的玻璃应处在与倾斜面垂直的平面上。

套管装入油箱时通过视察窗观察套管的位置和引线的拉紧状况，以及引线在均压罩里和套管中心管里的位置。如果升高座内部有酚醛纸筒结构，那套管均压罩应在酚醛纸筒的轴线上，仔细检查均压罩与变压器绝缘之间的距离以及均压罩与纸筒之间的距离，都应符合各种电压等级规定的绝缘距离尺寸等技术要求。

安装非穿缆式结构的 500kV 套管时，均压罩的安装和绕组引线的连接都是在油箱里面进行的，如图 ZY1600306001-4 所示。

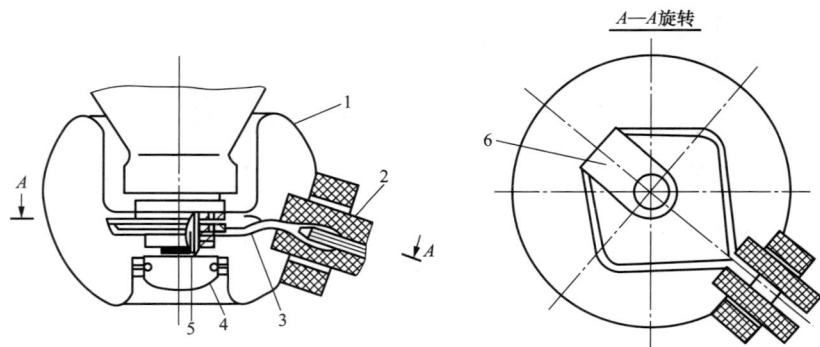

图 ZY1600306001-4　非穿缆式结构的 500kV 套管的连接

1—均压罩；2—引线的绝缘部分；3—引线的软质部分；4—盖；5—套管的接触螺杆；6—引线的接触片

绕组的绝缘引线焊上一个接触片，接触片连接在套管的接触螺杆上。套管均压罩上有两个孔：侧面的孔用于通过绕组的引线，下面的孔用于固定套管。为了减轻在油箱里操作的工作量，建议在安装套管之前对均压罩和电缆接头紧固件进行试装配。套管顶部结构的密封至关重要，由于顶部结构密封不良而导致水分沿引线渗入变压器线圈造成烧坏事故者不少。

近来，有的变压器厂制造的500kV变压器的高压套管与引出线的接口采用密封波纹盘结构（即魏德迈结构），此种结构安装时较复杂，故应严格按制造厂的规定进行。

现在一些电容芯套管为了试验方便将末屏引出。末屏应良好接地。

（3）封闭母线接线变压器用的110～500kV套管的安装。封闭母线与变压器的连接常采用竖直、倾斜和水平三种安装方式的充油式套管，一些新结构的变压器主要采用竖直和倾斜两种方式。安装与相应电压等级的一般套管相同。

安装后，变压器套管在密封外罩里，高压电缆套管也是安装固定在这个外罩里，电缆套管和变压器套管的载流导杆用连接线连接起来。密封外罩安装在变压器的油箱上。在安装外罩及注油时，必须遵守电缆套管的安装要求。

3. 储油柜的安装

储油柜是用于保持和控制油箱里所必需的油量。一般有载调压变压器的储油柜里有一个专用的间隔，用于保持和控制有载调压装置切换开关油室里所需的油位，也有装单独储油柜的。

安装前要检查储油柜、连接管内部表面清洁情况，无机械损伤，必要时用干燥的变压器油冲洗，并进行密封试验。应注意连接管焊缝的完整性，排除因运输时连接管损坏的缺陷。

安装指针式油位计前，先检查油位计传动机构的完整性，擦净防腐油，检查油位计的工作情况。然后把带浮筒的连杆固定到磁铁联轴节的轴上，检查连杆和油位计指针位置是否一致。油位计安装后，检查指针与外壳的保护玻璃、连杆与储油柜的凸出部分是否接触。检查过程中，要修复好在组装成套件时以及运输和储存期间造成的所有密封不严的地方。可以用热的干燥变压器油（50～60℃）充到油位计的上限标志并在此状态下至少静置3h，发现有渗油痕迹时及时处理。

在安装油位计、油位继电器等拆卸运输的组件后，将储油柜固定至变压器油箱上。有些大型变压器的储油柜是安装和固定在单独的基础上。

安装吸湿器前必须检查其玻璃筒是否破损，硅胶是否呈蓝色（国产）或橙色（进口），若变色及时更换。对吸湿器油封油位的要求，是为了清除吸入空气中的杂质和水分。但对于胶囊式变压器，有些产品为使胶囊易于伸缩呼吸，规定不要油封，或少放油封。

4. 保护装置的安装

（1）气体继电器。气体继电器安装在变压器油箱和储油柜之间的油管上，盖上的箭头应指向油从变压器油箱向储油柜流动的方向。大型变压器的气体继电器配有取气样装置，该装置的连接应在气体继电器安装和充油之后进行。

气体继电器安装前应检验其严密性、绝缘性能并作流速整定，一般根据各运行单位技术要求执行。根据运行经验，以下数据供参考。继电器整定范围：自然冷却的变压器为0.8～1.0m/s，强油循环冷却的变压器为1.0～1.3m/s，500kV等级的变压器为1.3～1.4m/s，一般大型变压器宜取上限值，偏差不应大于0.05m/s。容量为8000kVA及以上的变压器，连接管径为80mm；容量为6300kVA及以下的变压器，连接管径为50mm。有载调压开关的气体继电器连接管径为25mm，其流速整定为1.0m/s以上。

（2）压力释放阀。压力释放阀装在箱盖或箱壁相对的法兰上，一般大型变压器安装两个压力释放阀，并借助管接头装有定向排油的导油管。安装时，如制造厂图纸无明确表示时应注意方向，使喷油口不要朝向邻近的设备。压力释放阀出厂时已经过严格试验和检查，各紧固件和接合缝隙均涂有固封胶，阀门的各零件不应自行拆动，以免影响其密封和灵敏度。凡拆动过的阀门必须重新试验，合格后方能使用。

（3）信号式（压力式）温度计。检查和调整接触系统之后，将信号式温度计测温筒完全插进并固定在专用管座里（管座在油箱的上部，内填入2/3容积的变压器油）。安装温度计外壳时应注意使刻度盘处于竖直方向。金属细管不许急剧弯曲（弯曲半径不小于75mm），否则会导致金属细管堵塞损坏密封性。

5. 冷却装置的安装

冷却装置安装前应按标准或制造厂规定的压力值进行密封试验。一般散热器，规定用 0.05MPa 表压力的压缩空气进行检查应无渗漏。强迫油循环风冷却器，制造厂规定为 0.25MPa 的压力。强迫油循环水冷却器，应分别检查水、油系统无渗漏，一般水压在 0.5MPa 左右。

安装散热器时注意散热器法兰与蝶阀的配合、密封。安装后打开蝶阀，向散热器注油，并打开放气塞放出空气。油浸风冷系统装有带有三相异步电动机的轴流式风扇。安装之前，特别注意风扇电动机和叶轮。长期储存的，还要检查电动机轴承中的润滑油和测量定子绕组的电阻。电动机受潮时，安装前要进行干燥。风扇安装后，先用手转动一下，然后试验性地投入电动机，检验风扇的运行情况。当出现风扇振动时，必须校正平衡。风冷自动控制箱装在变压器的油箱上或单独的基础上，以方便操作维修为准。安装时，必须注意控制箱门和电力电缆、控制电缆接头的密封质量。冷却系统安装之后进行自动控制和手动控制时的电路运行试验。试验之前，必须用 500V 的绝缘电阻表测量所有电路对地的绝缘电阻和检查风扇叶轮的旋转方向，所有电路的绝缘电阻（包括电动机的定子绕组）应不低于 0.5MΩ。当叶轮的旋转方向不正确时，必须改变电动机的旋转方向。

应特别注意，有些变压器制造厂生产的 YF 型强迫油循环风冷却器，早期的净油器只在出口处装有滤网，这就规定了油流方向，不得装反，否则吸附剂会被冲入变压器内。

6. 开关的安装

参见第十二章和第十三章的相关部分。

7. 二次回路电缆的安装

装在变压器上的保护装置和装入式电流互感器的所有两次回路电缆都放在一个金属软管内，并顺着油箱引到端子接线盒上。金属软管用金属夹子和螺栓固定在箱壁上，软管端头固定在配电端子接线盒的密封盖内。配电端子接线盒通常固定在变压器的油箱上。盒的侧壁上装有密封进线电缆和固定电线的金属软管用的密封盖，下壁上装有密封出线电缆的密封盖，其他不用的密封盖都应关死。

由变压器的配电箱来的冷却器风扇电源和保护、信号回路导线，为避免这些导线损伤或腐蚀，靠近设备箱壁处应有保护措施，如使用铁管、金属板或用金属软管等。安装时应注意美观、整齐。

8. 本体、中性点和铁芯接地安装

（1）变压器本体油箱应在不同位置分别有两根引向主接地网不同地点的水平接地体。每根接地线的截面应满足设计的要求，油箱接地引线螺栓紧固，接触良好。

（2）110kV（66kV）及以上绕组的中性点接地引下线的截面应满足设计的要求，并有两根分别引向主接地网不同地点的水平接地体。

（3）铁芯接地引出线（包括铁轭有单独引出的接地引线）的规格和与油箱间的绝缘应满足设计的要求，接地引出线可靠接地。引出线的设置位置有利于监测接地电流。

（三）真空注油、补油和静置、整体密封检查

变压器安装完毕，应进行真空注油、补油和静置、整体密封检查等工作，其内容及要求见模块 ZY1600305002。检查各部位应无渗漏油现象，油位高低符合规定，且无假油位。密封试验应合格。

（四）交接试验及试运行

1. 交接试验

安装后的试验用于检查变压器及其组件在投入运行前时基本参数，发现潜在的故障。大型电力变压器从工厂出厂试验合格到投入电网运行，要经过一个复杂的运输和安装过程，此过程之后的变压器的质量状况，与出厂试验时相比较，可能会发生不同程度的变化，有时甚至可能发生破坏性的变化。为了验证这种变化的程度是否会影响变压器安全运行，国家标准规定要进行交接试验。由于变压器安装后的质量状况与出厂试验时的状况有所不同，作为运行的比较基准，交接试验结果更为直接。

根据 GB 50150—2006《电气装置安装工程 电气设备交接试验标准》规定，电力变压器的交接试验项目应包括下列内容：

（1）绝缘油试验或 SF₆ 气体试验。

（2）测量绕组连同套管的直流电阻。

（3）检查所有分接头的变压比。

（4）检查变压器的三相接线组别和单相变压器引出线的极性。

（5）测量与铁芯绝缘的各紧固件（连接片可拆开者）及铁芯（有外引接地线的）绝缘电阻。

（6）非纯瓷套管的试验。

（7）有载调压切换装置的检查和试验。

（8）测量绕组连同套管的绝缘电阻、吸收比或极化指数。

（9）测量绕组连同套管的介质损耗角正切值 $\tan\delta$。

（10）测量绕组连同套管的直流泄漏电流。

（11）变压器绕组变形试验。

（12）绕组连同套管的交流耐压试验。

（13）绕组连同套管的长时感应电压试验带局部放电试验。

（14）额定电压下的冲击合闸试验。

（15）检查相位。

（16）测量噪声。

试验时，所列试验必须按规定的顺序进行。GB 50150—2006 对交接试验的程序没有做明确规定。但实际执行时分成四个步骤：

（1）第一步——性能参数测定，其中包括直流电阻、变压比、检查接线组别和极性。

（2）第二步——绝缘性能试验，其中包括绝缘电阻、$\tan\delta$、直流泄漏电流和绝缘油试验。

（3）第三步——绝缘耐压试验，其中包括交流耐压试验和局部放电试验。

（4）第四步——试运行试验，其中包括有载分接开关检查、冲击合闸试验、声级测定以及绝缘油中溶解气体的色谱分析。

特别要注意操作的安全问题。试验时应大声呼唱。

2. 试运行及交接验收

变压器经交接试验、验收，符合试运行条件后开始试运行。试运行期间应带额定负荷，若无此条件，一般按系统情况可供给的最大负荷，连续运行 24h 后即可认为试运行结束，可移交生产。一些工厂企业变电站完工后，而其他生产用电工程尚未完工，无负荷可带，故提出空载运行 24h 也可交工。但变压器不经带负荷 24h 考核就移交生产，是不合适的，有些情况应有其他办法来解决。

大型变压器的铁芯和夹件都经过套管引出接地，故规定铁芯和夹件的接地套管应予以测试绝缘电阻后可靠接地。

为了尽量放出残留空气，强迫油循环的变压器应启动全部冷却装置，进行循环，500kV 变压器都规定循环时间 4h 以上。

有中性点接地的变压器，在进行冲击合闸时，中性点必须接地。在以往工程中由于中性点未接地而进行冲击合闸，造成变压器损坏，故应引起十分注意。

为了避免变压器承受冲击电流，易从高压侧冲击合闸为宜。变压器中如三绕组 500/220/35～60kV 的中压侧过电压较高，也不强行非从高压侧冲击合闸。对发电机变压器组结线的变压器，当发电机与变压器间无操作断开点时，可以不作全电压冲击合闸。对此问题，应由各方协商决定。

进行交接验收时，应同时移交技术文件，这是新设备的原始档案资料和运行及检修时的依据。移交的资料应正确齐全。

五、变压器现场安装的注意事项

（1）盖板打开后，变压器里不许落进灰尘、污物和无关的东西，这些东西在工作开始前必须仔细地从油箱盖板四周和成套组件外清除掉，而且把安装场地的尘源也清除掉。

（2）目前国内的变压器渗漏油现象仍较普遍，其密封是关键。各种法兰连接的安装时，除了可靠的固定以外，要特别注意保证法兰连接的密封性，均匀地把密封垫厚度压缩 1/3。连接前先检查一下连接的状况，这时必须注意：

1）连接法兰的平行度，法兰面不应有凹陷和其他的损伤，保证机械完整性、接缝质量；限位钢丝的分布应当紧密地布置在法兰的表面上，并没有妨碍、碰擦密封垫的突出部分和弯曲部分。

2）密封垫不应有裂痕、断裂和残余变形，即使有一点损伤，也必须更换新的。密封垫条的所有对接端头，都要有一个坡度，并打平用胶水仔细地黏合，接头坡度的长度应大于垫条厚度的1～2倍。

3）不要把油弄到密封垫的表面上，否则会造成密封渗油。

（3）变压器上装有各种口径和规格的阀门，以及排气、放油的密封塞。要保证阀门在变压器油介质中正常工作，不成为渗漏油的隐患。平面蝶阀切合时活门处允许稍有小漏，在变压器安装工艺里，必须考虑到这一点，但要保证转轴的密封。密封塞安装时，必须注意塞体和管接头的螺牙松动和完整状况。

（4）总装完毕后，应接好接地线及避雷装置。应注意变压器绕组不允许通过油箱或外壳（干式）接地，变压器油箱必须与变电站的总接地回路相连接，操作过程中不可疏忽大意。

【思考与练习】

1. 变压器安装前的准备工作有哪些？

2. 变压器安装63kV及以上电压等级的套管有什么技术要求？

3. 变压器投入运行前要做哪些电气试验？

第十二章　无励磁分接开关的检修

模块 1　无励磁分接开关的基本知识（ZY1600307001）

【模块描述】本模块介绍了无励磁分接开关的基本工作原理、变压器绕组分接头的引出常规、无励磁分接开关的分类及接线方式和技术要求，通过概念介绍、原理讲解，掌握无励磁分接开关的基本知识。

【正文】

一、无励磁分接开关的基本工作原理及用途

变压器调压的基本工作原理建立在变压器的变比 $K = U_1/U_2 = N_1/N_2$ 的理论基础上。在变压器停电（无励磁）状态下，通过调整无励磁分接开关（以下简称无励磁开关）的挡位，来改变变压器分接头的工作位置，以达到调整变压器输出电压的目的。

常见的两种无励磁开关原理接线如图 ZY1600307001-1 所示。

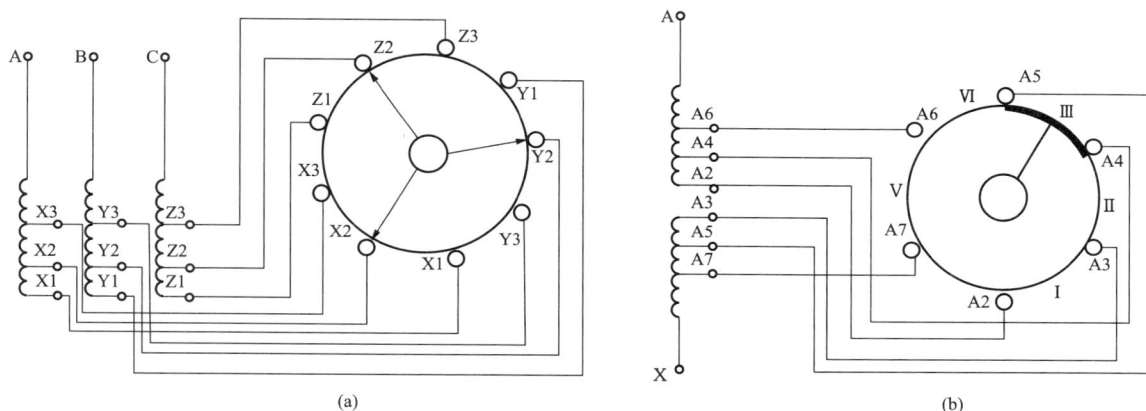

图 ZY1600307001-1　常见的无励磁开关原理接线图

（a）三相无励磁开关、中性点线性调压接线；（b）单相无励磁开关、中部单桥跨接调压接线

图 ZY1600307001-1（a）为一个三相无励磁开关、中性点线性调压方式接线图，动触头每转动一个挡位，就同时将变压器三相分接绕组从一个分接头调整至另一个分接头而实现了调压。图 ZY1600307001-1（b）为单相无励磁开关、中部单桥跨接调压方式接线图，分相依次转动动触头，即可以实现调压绕组的分接头 A2A3、A3A4、A4A5、A5A6、A6A7 的跨接，从而实现了调压。

二、变压器绕组分接头的引出常规

1. 分接头引出的绕组

从理论上讲，分接头从哪一侧绕组引出都可以，但一般都从高压侧引出，这是因为一般变压器高压绕组套在低压绕组的外面，分接头引出和连接方便一些。同时高压侧一般电流较小，分接引线和无励磁开关的载流部分截面可以选小一些，接点接触不良的问题也较易解决。

2. 分接头引出的部位

从调压的角度来讲，分接头从变压器绕组首端、中部或末端引出都可以。但从绝缘的角度考虑，一般按分接头引出部位将无励磁开关的对地绝缘水平分为两类，见表 ZY1600307001-1。

表 ZY1600307001-1 无励磁开关对地绝缘水平分类

类别	I	II
用途	用于绕组的中性点	用于除绕组中性点以外的部位

对于绕组为分级绝缘的变压器，用于绕组中性点调压的无励磁开关，对地绝缘水平只需满足中性点对地绝缘水平的需要就可以了。

3. 绕组分接头级电压及调压范围

电力变压器常见的级电压及调压范围：6～10kV 一般为 3 挡，调压范围为 ±5%；35kV 及以上一般为 5 挡，调压范围为 ±2×2.5%。对于电网结构不尽合理，按上述调压范围选择不能满足要求时，可以扩大其调压范围，现有的无励磁开关产品完全能满足需要。

三、无励磁开关的分类

（一）分类和标识代号

（1）按结构方式分类。共分五类，其结构方式的标志代号见表 ZY1600307001-2。

表 ZY1600307001-2 无励磁开关结构方式分类

结构方式	盘 形	鼓 形	条 形	笼 形	筒形（管形）
结构特征	分接端子分布在一个圆形盘上。立式布置	分接引线柱沿圆周方向均布，并置于一绝缘筒内	分接端子分布在一条直线上	分接端子分布在笼式绝缘杆上	在笼形开关上引进了绝缘筒和纯滚动动触头
代 号	P	G	T	L	C

（2）按相数分类。分为三相（代号 S）、单相（代号 D）和特殊设计的两相（代号 L）；三个单相无励磁开关组合可由一个操动机构进行机械联动。

（3）按调压方式分类。分为线性调（Y接或△接）、正反调（Y接或△接）、单桥跨接（中部）、双桥跨接。

（4）按操动方式分类。分为手动操作（无标识）和电动操作（代号 D）两类。电动操作按其电动机构与无励磁开关连接方式分为复合式（头部电动）和分开式（箱壁安装）。

（5）按触头结构分类。分为夹片式（代号 A）、滚动式（代号 B）和楔形式（代号 C）。

（6）按安装结构分类。分为立式（L）和卧式（W）。

（7）按安装方式分类。分为箱顶式和钟罩式。

（8）按调压部位分类。分为中性点调压、中部调压和线端调压三类。调压方式和调压部位的标志代号见表 ZY1600307001-3。

表 ZY1600307001-3 无励磁开关调压方式和调压部位的标志代号

结构方式 \ 调压方式	线性调	中性点调压	正反调	中部调单桥跨接	双桥跨接
盘形无励磁开关	I	III	—	II	—
条形无励磁开关	—	III	—	II	—
鼓形无励磁开关	I	—	VI	II	III
笼形无励磁开关	IV	—	II	V	VII
筒形无励磁开关	I	—	VI	II	III

（二）安装方案（配置模块）

由于无励磁开关品种规格较多，其操作方式、安装方式、开关出线方式多种多样，为了避免用户、变压器制造商、开关供应商在沟通上有障碍或失误以及相互确认的繁琐，最有效的办法是提高无励磁分接开关的安装标准化水平。有些制造厂将条形、鼓形和筒形三种基本结构的无励磁分接开关，按其安装方式进行模块化配置分为操作方式、安装方式和出线方式的三种组合，每种方式又有五种配置，所以行业里称为"555"模块化配置，见表 ZY1600307001-4。

表 ZY1600307001-4　　　　　　　无励磁开关安装"555"模块化配置表

模块序号	1	2	3	4	5
操作方式	手动上操作	手动侧操作	手动地面操作	电动上操作	电动侧操作
安装方式	夹件式安装	落地式安装	卧式安装	平顶式安装	钟罩式安装
出线方式	轴向单出线	轴向双出线	径向单出线	径向双出线	仅有接线端子

　　"555"模块化配置的平台建立，使产品型号与实物具有唯一对应，即无励磁分接开关型号的前缀与原标准统一。其后缀为三个模块化配置，其中第一模块为 5 种不同标准的操作方式由业主选择，第二模块中 5 种不同标准的安装方式，第三模块中 5 种不同标准的出线方式可供变压器制造者选择。这给变压器设计者在进行安装结构设计时带来较大方便。

　　（三）型号含义
　　举例如下：

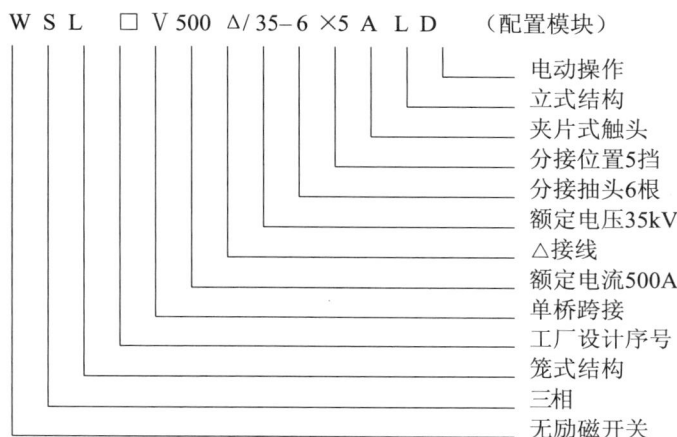

　　　　　WSL □ V 500 △/35-6 ×5 A L D　（配置模块）

- 电动操作
- 立式结构
- 夹片式触头
- 分接位置5挡
- 分接抽头6根
- 额定电压35kV
- △接线
- 额定电流500A
- 单桥跨接
- 工厂设计序号
- 笼式结构
- 三相
- 无励磁开关

四、常用无励磁开关的接线方式

　　无励磁开关基本接线方式，分为线性调（Y接或△接）、单桥跨接（中部）、双桥跨接、正反调（Y接或△接）四种，如图 ZY1600307001-2 所示。

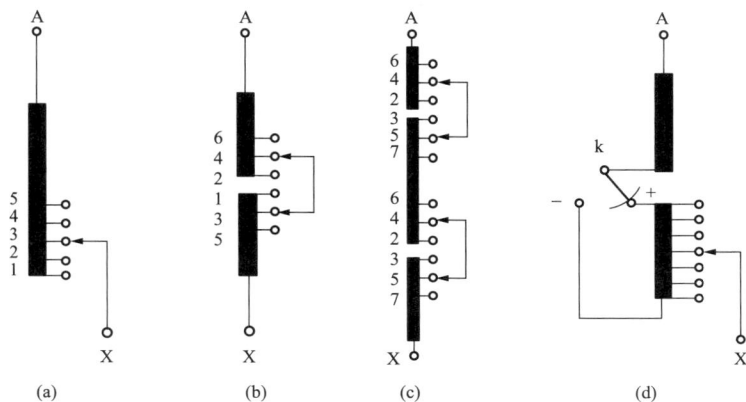

图 ZY1600307001-2　无励磁开关基本接线图
（a）线性调；（b）单桥跨接；（c）双桥跨接；（d）正反调

　　图 ZY1600307001-2 中，图（a）为线性调压接线，特点为基本绕组加上线性调压绕组，调压范围一般为 10%，通常用于电压为 35kV 及以下配电变压器或电力变压器。图（b）为单桥跨接调压接线，实质是中部调压电路，也是无励磁调压常用的调压方式，主要适用于电力变压器。图（c）双桥跨接接线，实质是中部并联调压方式，适用于容量较大电力变压器。图（d）为正反调压接线，正反调为基本绕组加上可正接或反接的调压绕组，在相同的调压绕组上，调压范围增加了一倍，或在相同的调压范围下，可减少调压绕组抽头数目，一般适用于电力变压器或配电变压器的无励磁调压。

五、无励磁开关技术要求

（一）使用条件

（1）无励磁开关的环境温度见表 ZY1600307001-5。

表 ZY1600307001-5　　　　　　　　　　**无励磁开关的环境温度**

无励磁开关环境	温　度（℃）	
	最　低	最　高
空气	−25	40
油（或液体）	−25	100

（2）电动机构的环境温度：最低温度−25℃，最高温度40℃（配用电动机构的）。

（二）额定值

（1）额定通过电流（A）：20、63、125、250（300）、400、630、800、1000、1250、1600、2000、2500、3150、4000、5000、6300。

（2）额定电压（kV）：10、（15）、35、66、110、（150）、220、330、500。

（3）额定调压范围：电力变压器 ±5%、±2×2.5%、±3×2.5%、±4×2.5%。

（4）分接位置数：电力变压器 3、5、7、9。

（5）额定频率（Hz）：50、（60）。

（6）相数：无励磁开关本身结构的相数，一般有三相、单相、"1+2相"或特殊设计的两相。

（三）性能要求

1. 触头接触电阻

一般制造厂给出的保证值不大于350μΩ。GB/T 10230.2—2007《分接开关应用导则》中规定，接触电阻测量可作为诊断性检查或作为检修制度的一部分，以识别或防止因触头弹簧老化和触头过热引起的问题。作为指导性判断，如果接触损耗 $P=I^2R$（其中，I 为电流，R 为接触电阻）大于100W，则可能出现过热。

2. 触头温升

GB 10230.1—2007《分接开关性能要求和试验方法》规定，连续载流触头在通以 1.2 倍最大额定通过电流下，对变压器油的温升一般不超过表 ZY1600307001-6 中规定值。

表 ZY1600307001-6　　　　　　　　　　**无励磁开关的触头温升限值**　　　　　　　　　　K

触 头 材 料	空 气 中	油（或液体）中
裸铜	25	15
表面镀银的铜/合金	40	15
其他材料	协商	15

3. 抗短路能力

连续载流触头承受的短路电流值见表 ZY1600307001-7。

表 ZY1600307001-7　　　　　　　　　　**连续载流触头承受的短路电流值**

额定通过电流（A）	20	63	125	250	400	500	630	1000	1250
热稳定电流（kA）	0.5	1.57	2.5	5.0	6.0	7.5	9.45	10	12.5
动稳定电流（kA）	1.25	3.9	6.25	12.5	15	18.75	23.5	25	31.25
短路电流/额定通过电流	25 倍		20 倍		15 倍			10 倍	
动稳定电流/热稳定电流	2.5 倍								

注　表中数值 630A 及以下开关较 GB 10230.1—2007 规定稍严格。

4. 机械寿命

GB 10230.1—2007 规定，手动操作的无励磁开关机械寿命大于 2000 次，带电动机构的无励磁开关机械寿命大于 2 万次。

5. 密封性能

无励磁开关所有密封件和密封部位应能耐受住 60kPa 的压力及真空试验。密封试验通常采用油柱静压法或泵压法进行。型式试验：油温 90℃±10℃、压力 60kPa、24h。出厂试验：室温的油、压力 200kPa、5min。

6. 绝缘性能

无励磁开关的绝缘水平与其所连接的变压器绕组有关。

（1）对于 I 类无励磁开关的对地绝缘，或 II 类无励磁开关的对地绝缘和相间绝缘，其绝缘水平应符合表 ZY1600307001-8 规定的要求。

表 ZY1600307001-8 　　　　　　　无励磁开关的对地（或相间）绝缘水平 　　　　　　　　　　　　kV

电压等级	设备最高工作电压（有效值）	额定雷电冲击耐受电压（峰值）全波（1.2/50μS）		工频耐受电压（有效值 1min）		额定操作冲击耐受电压（峰值）
		对地	相间	对地	相间	
10	12	75	75	35	35	—
15	17.5	105	105	45	45	—
20	24	125	125	55	55	—
35	40.5	250	250	95	95	—
66	72.5	325	325	140	140	—
110	126	550	550	230	230	—
220	252	1050	1050	460	460	850
330	363	1175	1175	510	510	950
500	550	1675	1675	680	680	1300

注 应符合 GB 10230.1—2007 规定。

（2）对于无励磁开关的内部绝缘水平，在相关绝缘部位上所进行的雷电冲击（全波与截波）和外施 1min 交流工频的电压试验来验证。每一特定结构方式的无励磁开关，制造厂在产品使用说明书中均应给出其内部绝缘水平值。

7. 局部放电试验

只对设备最高电压 U_m 为 126V 及以上的 II 类无励磁开关进行本试验（ I 类无励磁开关不要求进行此试验）。

【思考与练习】

1. 为什么变压器无励磁开关一般都装在高压侧？

2. 无励磁开关按对地绝缘水平分几类？是如何划分的？

3. 无励磁开关按调压接线方式分几类？试画出四种常用的调压接线原理图。

4. 无励磁开关触头接触电阻、触头温升是如何规定的？

5. 一台型号为 WDG-1000/110-6×5 无励磁开关，请解释其含义。

6. 一台 20 000kVA 的 110kV 电力变压器，无励磁调压，标称电压为 110±2×2.5%/35±2×2.5%/10.5kV。现高压侧分接头运行在额定电压挡位，中压侧运行在最高电压挡位，实际输出电压中压侧偏高，低压侧偏低，如何调整其分接头？

模块 2　无励磁分接开关的检修和故障处理（ZY1600307002）

【模块描述】本模块介绍了无励磁分接开关的检修和故障处理，通过原理讲解、工艺要求及处理方法介绍，了解无励磁分接开关的结构原理，掌握无励磁分接开关的调整、检修和常见故障处理的基本方法。

【正文】

一、常用无励磁分接开关（简称无励磁开关）结构简介

（一）盘形无励磁开关结构原理

盘形无励磁开关在安装结构上为立式设置。尽管它的结构型式较多，但结构原理都大同小异。它由接触系统、绝缘系统和操作机构三部分组成。按其触头结构有滚动式和夹片式两种，如图 ZY1600307002-1 所示。

盘形无励磁开关具有结构合理、手感强、转动灵活、到位准确、密封性能好、接触电阻小等特点，按其调压方式分为中性点调压（III）、中部调压（II）、线端调压（I）三种，按相数又分为三相（S）和单相（D）两种，主要供 10～35kV 配电变压器选用。

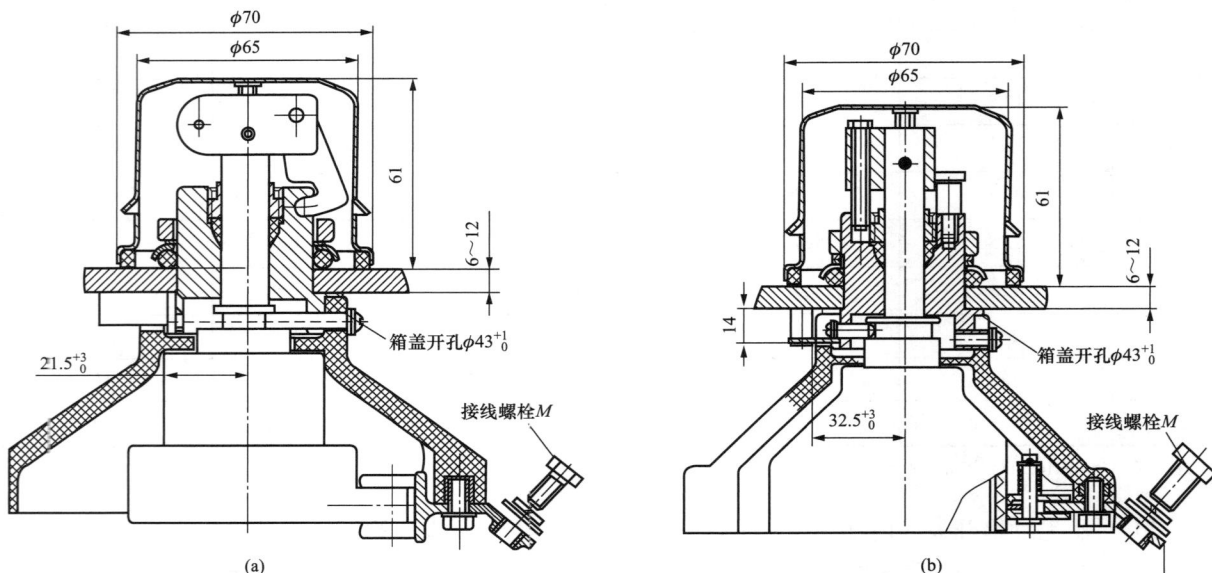

图 ZY1600307002-1　盘形无励磁开关触头结构图

（a）滚动式；（b）夹片式

（二）鼓形无励磁开关结构原理

鼓形无励磁开关静触头为多柱触头式，如图 ZY1600307002-2 所示，动触头嵌入两相邻静触头之间，并跨接该两分接头。动触头采用滚环式结构，早期采用的盘形弹簧，现改用圆柱式弹簧取代，接触稳定可靠。近年来部分制造厂家还在触环内增设滚动轴承，实现了动触环的纯滚动运动，转动更灵活，到位更准确，触头接触压力更均匀可靠。部分公司还在开关本体上增设了触头自动定位器，在变压器外部操作时能准确判断无励磁开关定位在正中位置，进一步提高了可靠性，同时还消除了机构与本体离合时可能产生的悬浮电

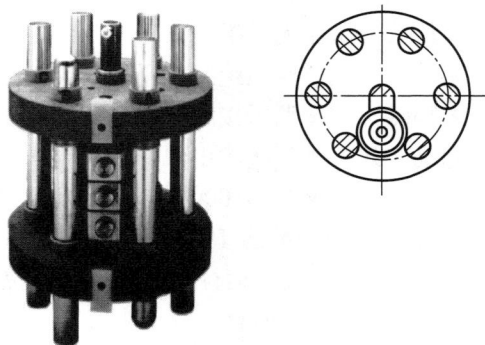

图 ZY1600307002-2　鼓形无励磁开关静触头结构原理图

位放电现象。

鼓形无励磁开关由操动机构和开关本体两大部分组成。操动机构中设有工作指示和定位锁紧装置，具有操作方便，手感极强，接触压力均匀、定位准确的优点。这类开关的动触头采用偏转推进机构，主轴转过死点后自动归位，从而可靠的完成分接变换操作。开关本体采用绝缘筒隔离，体积小，静触头电场分布好。主要绝缘结构件均采用 E 级以上绝缘材料，具有电气和机械强度好的优点。为了便于观察触头接触及核对接线，主绝缘筒上设有观察窗口。小电流无励磁开关静触头为柱上端进线，大电流无励磁开关静触头为柱上、下端并联进线。结构上有卧式和立式；传动方式分为上部传动和下部传动，相数有单相和三相，部分生产厂还有特殊生产的"1＋2"相。接线原理覆盖了线性调、单桥跨接、双桥跨接、Y-△转换、串并联及正反调多种接线原理。电压可到 420kV，电流可到 6300A，被广泛的应用于各种类型的电力变压器。

（三）筒形（管形）无励磁开关结构原理

近年来，有些制造厂研发的筒形无励磁开关，把笼形无励磁开关与鼓形无励磁开关的技术进行组合，结构如图 ZY1600307002-3 所示。

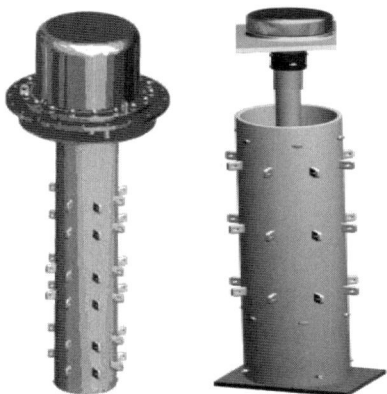

图 ZY1600307002-3　筒形无励磁开关

本系列产品特点：在笼形无励磁开关上引进了纯滚动触头，使其既具备笼形无励磁开关操作特点又具备鼓形无励磁开关触头特点；由于采用筒形结构，外观简洁明快；转动力矩轻盈，到位手感清晰；采用外封闭内循环散热系统，散热效果好，触头温升低；其电流大小仅通过并联动触环数量及静触头轴向增长来达到目的。因而该系列无励磁开关比夹片式触头无励磁开关外形尺寸要小，电场分布也更均匀，局部放电量较低。将笼形无励磁开关绝缘杆撑条结构变为整体绝缘筒结构，刚度与电场大大改善。其一般安装于变压器一端，相对于笼形无励磁开关占用变压器内部空间较小。筒形无励磁开关按相数有单相和三相两种；按传动方式分有上部传动和下部传动两种；按操作方式有手动操作和电动操作两种，操作可靠性高，杜绝了误操作事故的发生。分别适用于箱顶式和钟罩式变压器安装；尤其适用于大容量的变压器配套使用。

二、无励磁开关调整操作

过去，大部分电力变压器无励磁开关均采用手动操作，并将操作手柄设置于变压器顶盖上。近年来对于一些大型变压器，由于操作无励磁开关时爬高不便，通过传动系统，采用了地面或侧面手动操作方式，个别一些电力变压器也有采用电动操作方式。由于无人值守变电站的发展，智能化要求不断提高，无励磁开关带远程位置显示器的也越来越多。

（一）调整操作顺序

（1）将变压器停电并做好安全措施，办理工作票。

（2）测量变压器运行分接头的直流电阻。

（3）松开无励磁开关的定位螺栓。

（4）将无励磁开关转动几次，以消除氧化膜，再旋转到所需分接头位置。

（5）连同变压器绕组测量调整后分接头的直流电阻，确认调整后分接头位置与调度通知相符。

（6）拧好定位螺栓，结束工作票，方可将变压器投运。

（二）调整操作注意事项

（1）盘形和鼓形等部分无励磁开关，调整操作时有明显的手感，而条形等部分无励磁开关，调整操作时手感不强，应由有经验的调整人员操作。目前条形无励磁开关用的已较少。

（2）对 220kV 及以上的大型变压器，调整分接头后，除测量直流电阻外，建议增加变压器的变比试验再进行确认。

（3）电动操作的无励磁开关，在正常情况下，建议将电动操作机构的操作电源断开。

（4）操作机构引至变压器下部的无励磁开关，务必采取严密的防误操作措施。

（5）当变压器的直流电阻不平衡时，通过调整无励磁开关得以消除时，不宜简单的就认为是无励磁开关接触不良，应反复的测试确认。

三、无励磁开关检修周期及检修项目

1. 检修周期

正常情况下无励磁开关的大修和小修与变压器的大修和小修周期同步进行。

2. 大修项目

（1）对触头系统进行检查检修，并测量接触电阻确保接触良好。

（2）检查绝缘杆、绝缘件无剥裂变形。

（3）检查传动系统良好并处理渗漏油、更换密封垫。

（4）连同变压器绕组测量直流电阻正常。

3. 小修项目

（1）紧固操作机构法兰螺栓，检查处理操作机构部位的渗漏油。

（2）连同变压器绕组测量直流电阻正常。

4. 危险点预控、工器具与材料准备

与变压器大修和小修相同，参照相关模块进行。

四、无励磁开关检修工艺及质量标准

（一）无励磁开关检修工艺及质量标准

（1）无励磁开关拆卸前做好相别和位置标志，装复时核对相别和位置标志。拆装前后指示位置必须一致，各相手柄及传动机构不得互换。

（2）操作杆拆下后，放入变压器油中或用干净塑料纸包上，防止受损、受潮。检查操作杆绝缘良好，应无弯曲变形。

（3）检查无励磁开关绝缘件无剥裂变形及损伤，发现有剥裂变形及损伤的绝缘件应予以更换。

（4）检查无励磁开关各零部件螺栓紧固，对部分硬木螺栓紧固时用力均匀，防止损坏。要求各部位零部件螺栓紧固无松动。

（5）检查无励磁开关触头无烧伤痕迹、氧化变色（镀银层有轻微变色属正常现象）、镀层脱落、碰伤痕迹，弹簧无松动，弹力良好，触头接触严密。

（6）检查分接引线连接牢靠无松动。

（7）用 0.02mm 塞尺检查触头接触是否良好，要求触头接触紧密无间隙。

（8）必要时，测量接触压力，用专用的测压计或弹簧秤来测量。测量的触头最小接触压力是在触头串联的信号灯熄灭时，或动静触头间放置的厚度小于 0.1mm 的塞片能自由活动时的分离力。接触压力应在 20～50N 或符合制造厂规定。

（9）测量接触电阻，用电桥法或电压降法来测量。若用电压降法测量时电流应小于额定通过电流的 1/3。测量前应对无励磁开关进行 1～3 个操作循环的分接变换。接触电阻应小于 350μΩ。

（10）用干净变压器油对无励磁开关触头、绝缘件、操作杆进行清洗，用无绒毛白布擦拭干净。

（11）装复前检查操作杆传动机构操作灵活，无卡滞。要求操作灵活，无卡滞。定位螺钉固定后，动触头应处于静触头中间。定位螺钉不别劲。

（12）装复前检查操作杆转轴部位密封良好，安装注油后应无渗漏。

（13）检查无励磁开关绝缘操作杆下端槽形插口与开关转轴上端圆柱销的接触是否良好，如有接触不良或放电痕迹应加装弹簧片。

（14）更换箱盖与无励磁开关法兰盘之间的密封垫，确保安装后无渗漏。

（二）无励磁开关检修注意事项

（1）对于三个单相无励磁开关采用三相联动时，拆卸前应做好定位标记，连接前检查三相位置必须一致。复装后检查三相联动位置指示和各相实际动作应一致。

（2）对于箱壁或地面操作的传动机构，对传动轴及传动机构进行检修，连轴正确、牢靠并进行校验，复装后滑动部位加润滑油，操作灵活无卡滞。

模块 2

ZY1600307002

（3）带远程位置显示器的无励磁开关，远方位置指示和就地操作机构位置指示和各相分接开关实际位置应一致。

（4）带电动操作机构的无励磁开关，参照有载分接开关电动操作机构的检修项目进行。

（5）对于箱顶式结构的三相笼式、管式无励磁开关，主变压器吊罩前必须从人孔进入变压器箱体内，拆除分接引线。复装分接引线时核对标记，检查分接引线各部的带点距离符合要求，检查分接引线松紧程度，不得使分接开关受力变形。

五、无励磁开关常见故障及处理

1. 触头接触不良导致发热

（1）故障特征：触头接触不良导致发热，变压器油色谱分析指标超标。

（2）原因分析：① 定位指示与开关接触位置不对应，使动触头不到位；② 触头接触压力不够（压紧弹簧疲劳、断裂或接触环各向弹力不均匀）；③ 部分触头接触面有缺陷，接触面小使触点烧伤；④ 穿越性故障电流烧伤开关接触面。

（3）检查与排除方法。首先连同变压器绕组一起做直流电阻，其运行挡位的直流电阻明显升高，若另调整一个挡位再做直流电阻，若直流电阻仍然偏高，可初步判断确为无励磁开关触头过热，必要时进行吊芯检查。若另调整一个挡位再做直流电阻，其阻值不大时，可将变压器暂时加运，继续进行色谱跟踪并进一步判断故障点。

2. 变压器箱盖上无励磁开关密封渗漏油

（1）故障特征及原因分析。如系箱盖与无励磁开关法兰盘之间渗漏油，可能是箱盖与无励磁开关法兰盘之间静密封圈失效。如系转轴与法兰盘或座套之间渗漏油，可能是转轴与法兰盘或座套之间动密封圈失效。

（2）检查与排除方法。首先用扳手轻轻紧固无励磁开关法兰盘螺栓或轴套的压紧螺母，看是否奏效。若不奏效，将变压器油位放至箱盖以下，更换密封圈。近年来部分制造厂家给无励磁开关转轴密封设置了内、外两级，可不放油进行外级密封圈更换，较好地解决了操作机构部位的渗漏油问题。

3. 操作机构不灵，不能实现分接变换

（1）故障特征及原因分析：① 操作杆转轴与法兰盘或座套之间密封过紧；② 无励磁开关触头弹簧失效，动触头卡滞。均可造成操作机构不灵，不能实现分接变换。

（2）检查与排除方法：若是操作杆转轴与法兰盘或座套之间密封过紧，调整操作杆转轴与法兰盘或座套之间密封环塞子，既要不渗漏油，还要保证操作灵活。若是无励磁开关触头弹簧失效，动触头卡滞，则要将变压器进行吊罩，对无励磁开关进行检修或更换。

4. 挡位变动，电阻值不变，且机构转动力矩很小

（1）故障特征及原因分析：① 绝缘操作杆下端槽形插口未插入开关转轴上端圆柱销；② 操作杆断裂。

（2）检查与排除方法。将变压器油位放至箱盖以下进行检查，若是绝缘操作杆下端槽形插口未插入开关转轴上端圆柱销，拆卸操作杆，重新安装即可；若是操作杆断裂，则检查操作杆并更换。

5. 变压器直流电阻不稳定或增大

（1）故障特征：变压器直流电阻不稳定或增大。

（2）原因分析：① 分接引线与无励磁开关连接的螺栓松动；② 触头接触压力降低，表面烧伤；③ 长期不运行的触头表面有油膜或氧化膜。

（3）检查与排除方法。若是分接引线与无励磁开关连接的螺栓松动，检查紧固分接引线与无励磁开关连接的螺栓。若是触头接触压力降低，表面烧伤，更换触头弹簧，触头轻微烧伤时用砂纸打磨，烧伤严重时，更换触头。若是长期不运行的触头表面有油膜或氧化膜，操作 3～5 个循环后再测试。

6. 变比不符合规律

（1）故障特征及原因分析：变比不符合规律，① 分接位置乱挡；② 分接引线接错。

（2）检查与排除方法。若是操作机构和分接开关的连接有误，重新连接并效验。若是分接引线接错，配合直流电阻试验确认，重新连接分接引线。

模块 2

ZY1600307002

7. 变压器油色谱分析有微量放电故障

（1）故障特征：变压器油色谱分析有微量放电故障。

（2）原因分析：绝缘操作杆下端槽形插口与开关转轴上端圆柱销的接触不良，发生悬浮电位放电。

（3）检查与排除方法。绝缘操作杆下端槽形插口与开关转轴上端圆柱销之间加装弹簧片，确保接触良好。

【思考与练习】

1. 无励磁开关均有哪些类型？试简述其工作原理，并指出各有哪些优缺点？（变压器班、修试班）

2. 如何调整无励磁开关？都有哪些注意事项？

3. 简述无励磁开关检修工艺过程和质量标准。

4. 无励磁开关常见的故障有哪些？如何进行处理？

5. 有一台变压器在运行中色谱指标偏高，用三比值法判断为过热性故障，怀疑无励磁开关可能有问题，如何对该故障进行查处？

第十三章 有载分接开关的检修

模块 1 有载分接开关的基本知识（ZY1600308001）

【模块描述】本模块介绍了有载分接开关的用途、类别及基本工作原理，通过概念介绍、原理讲解，熟悉有载分接开关的基本电路构成和触头动作过程，掌握其基本的工作原理。

【正文】

一、有载分接开关的用途及优点

无励磁分接开关最大的缺点是不能带负荷调压，一般区域负荷变化较大或网络结构不合理的变电站，一年最多调整 1～2 次，电压合格率很难满足用户的要求。而有载分接开关（以下简称有载开关）可以在变压器运行（负载）状态下随时对电压进行调整，可以有效提高电压质量，近年来得到广泛应用。

二、有载开关的类别

1. 常见有载开关型谱

常见有载开关型谱见表 ZY1600308001-1。

表 ZY1600308001-1　　　　　　　　常见有载开关型谱表

制造厂		油浸式		油浸真空		干式真空	电子式	空气式	油浸式
		组合式	复合式	组合式	复合式	组合式	组合式	简易复合式	
贵州长征电气股份有限公司	开关	M（ZY1A）、MD、MB、MT、MG	V（FY30）			KY			SY□Z
	机构	MA7B、MAE	MA9B、MAE			ZDT40B			
吴江远洋电气有限责任公司	开关	C1、SYXZ	F1					MFK	SY□ZZ
	机构	DQB1、DQB2	CDF					WGYK	
上海华明电力设备制造有限公司	开关	CM、CMB、CMD、	CV、SV	SHZV、SHJV、		CVT、CZ	CT	CK	SY□ZZ、CF
	机构	CMA7、SHM	CMA9、SHM	SHM		CMA9		HMK-10	
西安鹏远开关有限责任公司	开关	Z	F						F□
	机构	DCY	DCF						
德国 MR 公司	开关	M、RM、R、G	V	VR	VV	VT			
	机构	ED100、MA7	ED100、MA9	ED100	ED100	ED100			
ABB 公司	开关	UC	UB						
	机构	BUE	BUL						

2. 有载开关的分类

（1）按整体结构分类，分为组合式和复合式两大类。

1）组合式有载开关的结构特点为：切换开关和分接选择器功能独立，分步完成。即分接选择器触头是在无负载电流的状况下选择分接头之后，切换开关触头再进行切换把负荷电流转换到已选的另一个分接头上。

2）复合式有载开关把分接选择器和切换开关功能结合在一起，其触头是在带负荷状况下一次性完成选择切换分接头的任务。

（2）按过渡阻抗分类，分为电阻式和电抗式两种。目前国内生产的有载开关均为电阻式。按过渡电阻的数量又分为单电阻过渡式、双电阻过渡式、四电阻过渡式、六电阻过渡式。

（3）按绝缘介质和切换介质分类，分为油浸式有载开关、油浸式真空有载开关、干式有载开关。干式有载开关按其绝缘介质和灭弧介质又分为干式真空、干式 SF₆ 气体和空气式有载开关。

（4）按相数分类，分为单相、三相和特殊设计的（Ⅰ+Ⅱ）相。

（5）按调压方式分类，分为线性调压、正反调压和粗细调压三种。

（6）按安装方式分类，有埋入式安装与外置式安装、顶部引入传动与中部引入传动、平顶式（连箱盖）安装与钟罩式安装等方式。

（7）按触点方式分类，分为有触点与无触点两种。无触点有载开关也称为电子式有载开关，负载从一个分接转换到另一分接时由晶闸管这类电力电子器件来完成，因而无电弧产生，从根本上解决了有载开关电气寿命短的问题。

3. 有载开关的型号含义

（1）仿 MR 型有载开关型号如下所示：

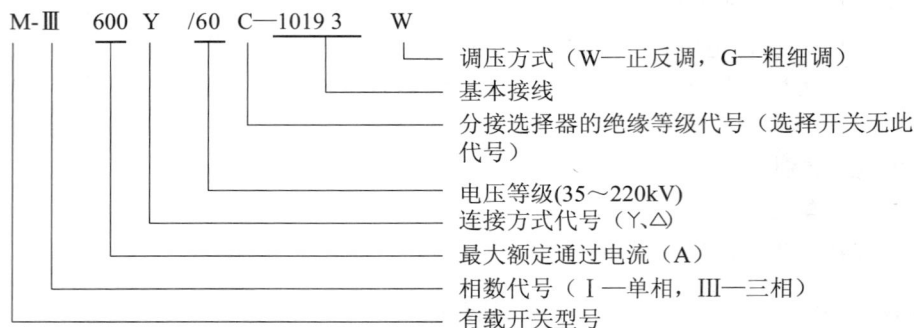

M-Ⅲ 600 Y /60 C—10193 W

- 调压方式（W—正反调，G—粗细调）
- 基本接线
- 分接选择器的绝缘等级代号（选择开关无此代号）
- 电压等级（35～220kV）
- 连接方式代号（Y，△）
- 最大额定通过电流（A）
- 相数代号（Ⅰ—单相，Ⅲ—三相）
- 有载开关型号

注：基本接线 10193W，指固有分接位置为 10，工作分接位置数为 19，中间位置数为 3。

（2）简易复合式有载开关型号如下所示：

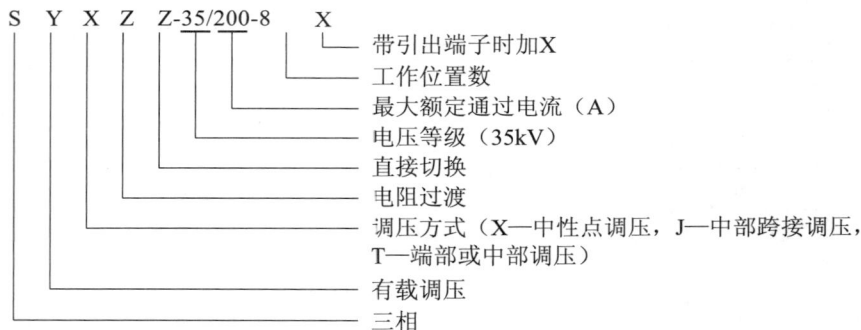

S Y X Z Z-35/200-8 X

- 带引出端子时加X
- 工作位置数
- 最大额定通过电流（A）
- 电压等级（35kV）
- 直接切换
- 电阻过渡
- 调压方式（X—中性点调压，J—中部跨接调压，T—端部或中部调压）
- 有载调压
- 三相

三、有载调压变压器绕组分接头的引出常规

1. 分接头引出的绕组

因为一般变压器高压绕组套在低压绕组的外面，而且高压侧一般电流较小，所以分接头一般都从高压侧引出。有载调压变压器调压级数较多，大部分有载调压变压器分接绕组单独做成，套在高压绕组的外部。

2. 常见的分接头引出部位

一般按分接头引出部位将有载开关的对地绝缘水平分为两类：用于绕组中性点开关的为Ⅰ类，用于除绕组中性点以外部位的为Ⅱ类。对于绕组为分级绝缘的变压器，用于绕组中性点调压的有载开关，对地绝缘水平只需满足中性点对地绝缘水平的需要就可以了。电力系统常见的电力变压器高压绕组几乎全是星形接线，所以常见的有载调压变压器大多为中性点调压。

3. 常见的绕组分接头级电压及调压范围

电力系统常见的绕组分接头级电压及调压范围：一般 10（6）～35kV 电力变压器，选用 7～9 级，每级电压为线电压的 1.25%；110kV 级以上电力变压器，选用±8 级较多，每级电压为线电压 1.25%。电网结构不尽合理，按上述调压范围选择不能满足要求时，可以扩大调压范围。现有的有载开关产品完全能满足需要。

四、有载开关技术性能参数

（一）有载开关额定使用条件

（1）有载开关的环境温度：见表 ZY1600308001-2。

表 ZY1600308001-2　　　　　　　有载开关的环境温度　　　　　　　　　　　℃

有载开关环境	温　度	
	最低	最高
空气	−25	40
液体（油）	−25	100

（2）电动机构的环境温度：最低温度−25℃，最高温度 40℃。

（3）开关在变压器上安装与地面倾斜度不超过 2%。

（二）有载开关额定值

1. 额定通过电流和最大额定通过电流

（1）额定通过电流是指变压器在运行中通过有载开关流到外部电路的能长期承载的负荷电流值，因分接位置不同，其对应的电流也不等，所以，一台有载开关可以有一组额定通过电流与其对应的相关级电压组合。

（2）最大额定通过电流是指有载开关设计能长期承载并切换的最大允许额定通过电流。显然，额定通过电流小于等于最大额定通过电流。它也是用于进行触头温升、负载切换试验和短路试验的基准电流。该数据在产品使用说明书均给出。国产有载开关最大额定通过电流序列见表 ZY1600308001-3。

表 ZY1600308001-3　　　　　国产有载开关最大额定通过电流序列

电压等级（kV）	最大额定通过电流范围（A）	备　注
10~35	100（125、160），200，400	一般简易复合式开关采用
35~110	200，350，500，600	一般三相 M、V 型和 MD 型开关采用
110~220	700，800；1000，1200，1500，1600，2400	一般单相 M、V 型和 MD、MG 等型开关采用

2. 额定级电压和最大额定级电压

（1）额定级电压是指相对于每个额定通过电流，接到变压器分接绕组两相邻分接头间的最大允许级电压。

（2）最大额定级电压是指有载开关设计的额定级电压的最大值。显然，额定级电压小于等于最大额定级电压。该组数据在产品使用说明书均给出。国产有载开关最大额定级电压序列见表 ZY1600308001-4。

表 ZY1600308001-4　　　　　　国产有载开关最大额定级电压序列

开关类型	MD 型	M 型	V 型		简易复合式-35	简易复合式-10
最大额定级电压（V）	4000	3300	10 接点	1500	600	300
			12 接点	1400		
			14 接点	1000		

3. 额定级容量

额定级容量定义为额定通过电流与额定相关级电压的乘积。显然它要小于最大额定级电压与最大额定通过电流的乘积。该项数据在产品使用说明书均已给出。

设备选型时，由于受额定级容量的限制，当额定通过电流用到最大值时，则最大额定级电压要比产品使用说明书中给出的数值小；或当额定级电压用到最大值时，则最大额定通过电流要比产品使用说明书中给出的数值小；或当选配的变压器级电压和通过电流都在有载开关最大额定级电压和最大额定通过电流允许的范围内，还要核算级容量在产品允许的额定级容量范围内。

4. 相数

有载开关本身结构相数，有单相（Ⅰ）、三相（Ⅲ）和特殊设计两相（Ⅱ）。

5. 设备额定电压和设备最高工作电压

设备额定电压一般采用电力系统标称电压，我国采用的标称电压有 10、35、63、110、220kV。设备最高工作电压为设备额定电压的 1.15 倍。该组数据部分厂家在产品使用说明书中均给出，部分厂家只给出设备最高工作电压。设备最高工作电压代表了有载开关的绝缘水平。

6. 动、热稳定电流

动、热稳定电流是指有载开关发生短路后能承受短路电流的能力。动、热稳定试验短路电流取值范围见表 ZY1600308001-5。

表 ZY1600308001-5　　　　　　动、热稳定试验短路电流取值范围

最大额定通过电流（A）	100 及以下	200	300	400 及以上
短路电流倍数	20	17.5	14.5	10

动稳定电流用短路电流峰值表示，一般按 2.5 倍短路电流确定。热稳定电流一般用 2s 短路电流有效值表示。该组数据在产品使用说明书中各厂家均给出，各厂家取值时一般均比规定的试验短路电流要大、比热稳定时间要长，即实际试验的条件比规定的试验条件更严酷。

7. 工作位置数

工作位置数是指有载开关的调压级数。该组数据在产品使用说明书中制造厂均以基本电路图的形式给出。常见的国产有载开关调压级数见表 ZY1600308001-6。

表 ZY1600308001-6　　　　　　常见的国产有载开关调压级数

电路形式	不带转换选择器	正反调或粗细调
M、MD 型	9、11、13、15、17	±4、±5、±6、±7、±8、±9、±11、±13、±15、±17（±8、±10、±12、±14、±16）
V 型	9、11、13	±4、±5、±6、±9、±11、±13（±8、±10、±12）
简易复合式	7、8、9、10	

注　括号内为不常用的。

8. 额定频率

有载开关设计的交流频率，我国均采用 50Hz。

（三）有载开关性能要求

1. 触头温升

按 GB 10231.1—2007《分接开关　第 1 部分：性能要求和试验方法》，运行中连续载流的各式触头通以 1.2 倍最大额定通过电流，温升不超过表 ZY1600308001-7 中的规定值。

表 ZY1600308001-7　　　　　　有载开关的触头温升限值

触 头 材 料	空气中（K）	液体（油）中（K）
裸铜	35	20
表面镀银的铜/合金	65	20
其他材料	协商	20

2. 过渡电阻器温升

按 GB 10230.1—2007，在 1.5 倍最大额定通过电流和相关额定级电压下连续操作半个循环，电阻器对周围介质的温升应满足：对于在空气环境中的有载开关，不应超过 400K；对于在油（液体）介质中的有载开关，不应超过 350K。

3. 切换试验

（1）工作负载试验。按 GB 10230.1—2007，切换开关和选择开关触头，在最大额定通过电流和相关额定级电压分接变换 5 万次应正常。

（2）开断容量试验。按 GB 10230.1—2007，在 2 倍的最大额定通过电流和相关额定级电压分接变换 40 次应正常。

4. 绝缘水平

有载开关绝缘分为外绝缘（主绝缘）和内绝缘（纵绝缘）两种。

（1）外绝缘。在单相和三相中性点星形接法（Ⅰ类）有载开关上，外绝缘即为对地绝缘。在中性点以外其他部位连接的（Ⅱ类）三相有载开关上，外绝缘为对地绝缘和相间绝缘。两者都由设备最高电压 U_m 并对照相关的标准来决定，其标准符合 GB 10230.1—2007 规定，与无励磁开关相同，见表 ZY1600308001-7。

操作冲击试验只适用于 U_m=252kV 及以上（Ⅱ类）产品并符合 GB/T 16927.1—1997《高电压试验技术　第一部分：试验要求》规定；局部放电试验只适用于 U_m=126kV 及以上（Ⅱ类）产品，并符合 GB 10230.1—2007 规定。

（2）内绝缘。有载开关的内绝缘是指有载开关的内部，即以下部分绝缘水平：a——同相的细调分接绕组始末端，当带粗调时细调分接绕组末端与粗调分接绕组末端之间；b——细调分接绕组任意抽头相间，粗调绕组末端的相间；c_1——粗调绕组的始端与电流输出的细调分接端或中性点之间；c_2——粗调分接绕组始端的相间；d——同相粗调分接绕组始末端之间；a_0——在工作的分接与预选的分接之间的绝缘水平。

对于有载开关的内绝缘水平，制造厂通常把有载开关内部绝缘水平设计时划分为 4～5 个绝缘等级，即可经济地满足整个使用范围。不同型号的有载开关有着不同内部绝缘水平，其内部绝缘水平的数据见各自产品使用说明书。有载开关的内绝缘水平由变压器制造厂设计者负责逐点进行校核把关。GB 10230.1—2007 标准未做具体规定。

5. 机械寿命和电气寿命

按照 GB 10230.1—2007 的要求，有载开关机械寿命大于 50 万次，电气寿命大于 5 万次。目前国产 M 型、V 型、MD 型等有载开关机械寿命可达到 80 万次以上，电气寿命达 20 万次以上。该组数据在产品使用说明书中制造厂均给出。

6. 工作压力

工作压力指有载开关油室正常情况下能承受的最大工作压力，按照 GB 10230.1—2007 的要求，试验压力为 2×10^4 Pa。该组数据在产品使用说明书中制造厂均给出。国产有载开关一般工作压力设计为 3×10^4 Pa。

7. 密封性能

按照 GB 10230.1—2007 的要求，切换开关和选择开关的油室应能耐受住 24h 的 6×10^4 Pa 压力及真空度试验。

8. 爆破盖超压保护压力

爆破盖超压保护压力指切换开关和选择开关的油室内压力达到超压保护压力时的动作值。该数据在产品使用说明书有些厂家给出，有些厂家未给出，而且各厂家给出的数据差异较大，见表 ZY1600308001-8。

表 ZY1600308001-8　　　　　　　　爆破盖超压保护压力　　　　　　　　　　　　　　kPa

厂家	贵州长征电气股份有限公司	吴江远洋电气有限责任公司	上海华明电力设备制造有限公司	西安鹏远开关有限责任公司
爆破压力	400～-500	200	300×（1±20%）	200～-300

GB 10230.1—2007 对爆破盖超压保护压力值未做具体规定。其值一般应小于油室的机械强度压力。国产有载开关油室的机械强度压力值一般为 $4×10^6$ Pa。

9. 油流继电器及整定油速

大部分厂家推荐使用的油流继电器型号为：QJ4G-25，油流速度和按 DL/T 574—1995《有载分接开关运行维修导则》的规定为 1.0～1.2×（1±10%）m/s。

五、有载开关的基本工作原理

有载开关的基本电路主要由过渡电路、选择电路和基本调压电路组成，它们分别对应的主要元件为切换开关、分接选择器和转换选择器。分析有载开关的基本工作原理，重点是分析这三部分电路及元件的工作原理。

（一）过渡电路的工作原理

1. 单电阻过渡电路

单电阻过渡电路为非对称单臂接线，一般触头接通程序为"2—1—2—1—2"，即在图 ZY1600308001-1（a）中两个触头接通，在图 ZY1600308001-1（b）中变为一个触头接通，依次类推完成其切换过程，如图 ZY1600308001-1 所示。

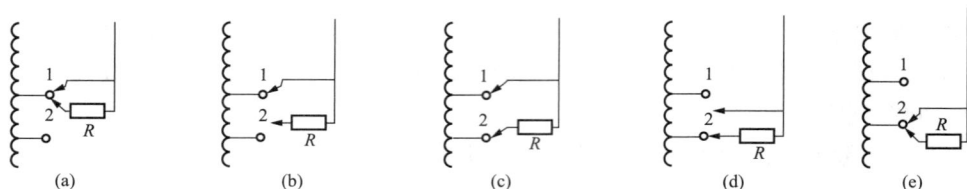

图 ZY1600308001-1　有载调压单电阻过渡电路切换过程

过渡电路是跨接于不同分接间限制环流而设置的过渡电阻的电路。工作原理为"架、拆"分接间电阻"桥"，由几步跳跃式从一个分接过渡到相邻一个分接，比圆滑式过渡相比结构大为简化。

2. 双电阻过渡电路

双电阻过渡电路为对称双臂接线，通常 V 型和 M 型有载开关触头接通均按"1—2—1—2—1—2—1"程序变换。

V 型有载开关的"1—2—1—2—1—2—1"过渡电路切换过程如图 ZY1600308001-2 所示，图 ZY1600308001-2（a）中一个触头接通，图 ZY1600308001-2（b）中两个触头接通，图 ZY1600308001-1（c）中又变成一个触头接通，依次类推完成整个切换过程。

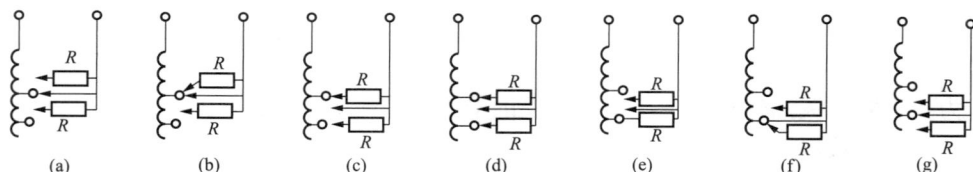

图 ZY1600308001-2　V 型有载开关的"1—2—1—2—1—2—1"过渡电路切换过程

M 型有载开关的"1—2—1—2—1—2—1"过渡电路切换过程如图 ZY1600308001-3 所示。整个切换过程触头的接通顺序与 V 型有载开关完全相同。

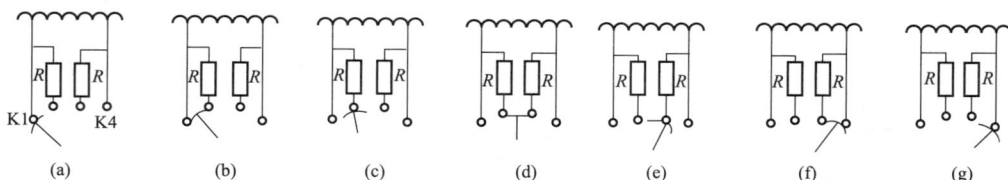

图 ZY1600308001-3　M 型有载开关的"1—2—1—2—1—2—1"过渡电路切换过程

在模块 ZY1600308002 中，将对切换过程中负荷电流和循环电流的变化规律，每个触头的开断电流和触头恢复电压以及输出电压进行分析，并对双电阻过渡电路按"2—3—2—3—2"和"1—2—1—2—1—2—1"程序变换的输出电压和电流变化进行分析比较。

（二）选择电路的工作原理

选择电路是为选择绕组分接头所设计的一套电路，其对应的元件是有载开关的分接选择器。图 ZY1600308001-4 所示为选择电路示意图。

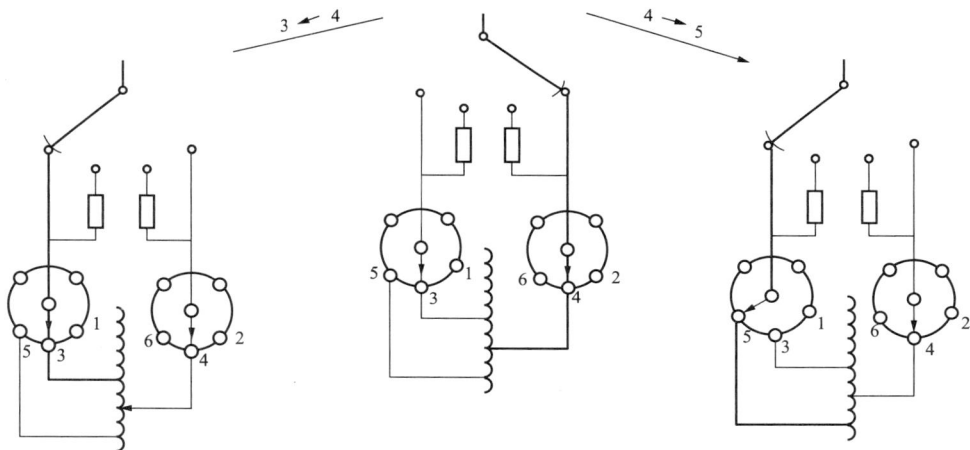

（1）复合式有载开关直接在各个分接头上依次选择与切换。

（2）组合式有载开关的分接选择器设置单、双数触头组，并分别对应切换开关的单、双数侧。有载开关变换操作在两个转换方向交替组合，如图 ZY1600308001-5 所示。假定有载开关原运行于 4 挡，双数侧分接选择器触头 4 运行，设单数侧分接选择器触头 3 已接通。此时若要将有载开关从 4 挡调至 3 挡，切换过程分接选择器不动，切换开关从双数侧切换至单数侧即可。此时若要将有载开关从 4 挡调至 5 挡，切换过程分接选择器单数侧首先从 3 切换至 5，切换开关再从双数侧切换至单数侧即可完成操作。

组合式有载开关的分接选择器的特点是：结构上采用笼式结构，圆周旋转切换方式，结构简便，易实现分接头按单、双数两层设置，动触头与中心环相连，级进转动切换犹如人的双腿，依次选择相邻分接头。

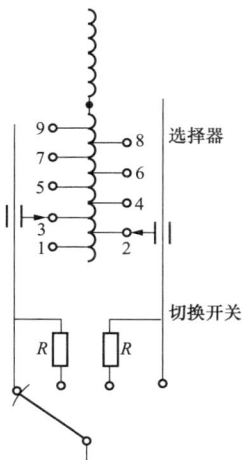

图 ZY1600308001-4　选择电路示意图

图 ZY1600308001-5　分接选择器动作顺序

（三）基本调压电路的工作原理

基本调压电路分为线性调、正反调和粗细调三种。其对应变压器绕组和分接头及转换选择器。

（1）线性调。如图 ZY1600308001-6（a）所示，基本绕组连接调压绕组，无转换选择器，调压范围一般不大于 15%。

（2）正反调。如图 ZY1600308001-6（b）所示，基本绕组与极性选择器连接，可正接或反接调压绕组，调压范围增大 1 倍。

（3）粗细调。如图 ZY1600308001-6（c）所示，基本绕组上有一粗调段，用于"+"或"−"接分接绕组，调压范围扩大 1 倍。从绝缘方面看，绕组布置复杂，绝缘强度要求较高。粗细调以节能、安匝易平衡和抗短路能力强等优点在电力变压器和工业变压器上获得应用。

（四）有载开关电路组合及整定工作位置

将有载开关过渡电路、选择电路、基本调压电路这三部分电路进行组合，就构成了完整的有载开关调压电路。在实际工作中，制造厂将有载开关各种电路进行组合时，即各部件进行组装时，给各部件规定了一定的位置，即整定工作位置。有载开关在整定工作位置下总装、连接、调试后，方能保证其工作的可靠性，一旦连接错位就会造成有载开关故障。由此可见，有载开关的整定工作位置对指导有载开关的总装、连接、调试是非常重要的。

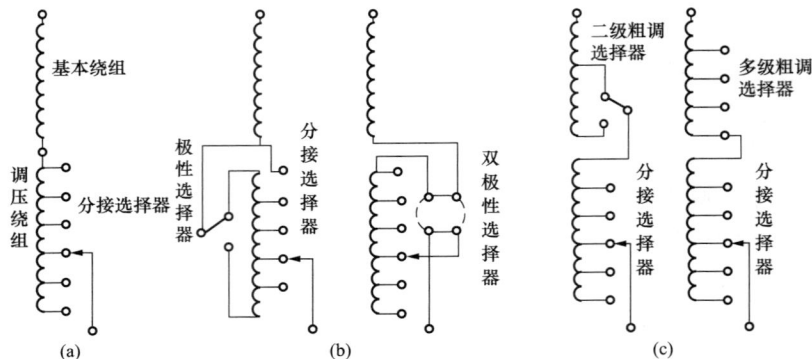

图 ZY1600308001-6　三种基本调压电路

(a) 线性调；(b) 正反调；(c) 粗细调

有载开关整定工作位置图是有载开关一张极其重要的指导性图。它不仅示意了各有载开关的接线端子的实际布置和相应的调压电路，还反映出有载开关变换操作中各触头的动作顺序，更重要的是指出了特定有载开关的整定工作位置，即有载开关各触头所处的工作位置。

不同规格的有载开关，有不同的整定工作位置图。下面分别以线性调和正反调的调压电路为例来确定整定工作位置。

(1) 线性调压电路的整定工作位置。线性调压电路的整定工作位置实质上就是分接选择器的固有分接位置数的中间位置。其调压级数等于分接头最大工作位置数。以 9 挡有载开关为例，它的整定工作位置数是在 "5" 分接位置上。若线性调的调压电路有 n 级调压，其整定工作位置 $m=(n+1)/2$，并规定整定位置应在 $n \rightarrow 1$ 变换方向的第 m 位置上。它的典型例子如图 ZY1600308001-7 所示。

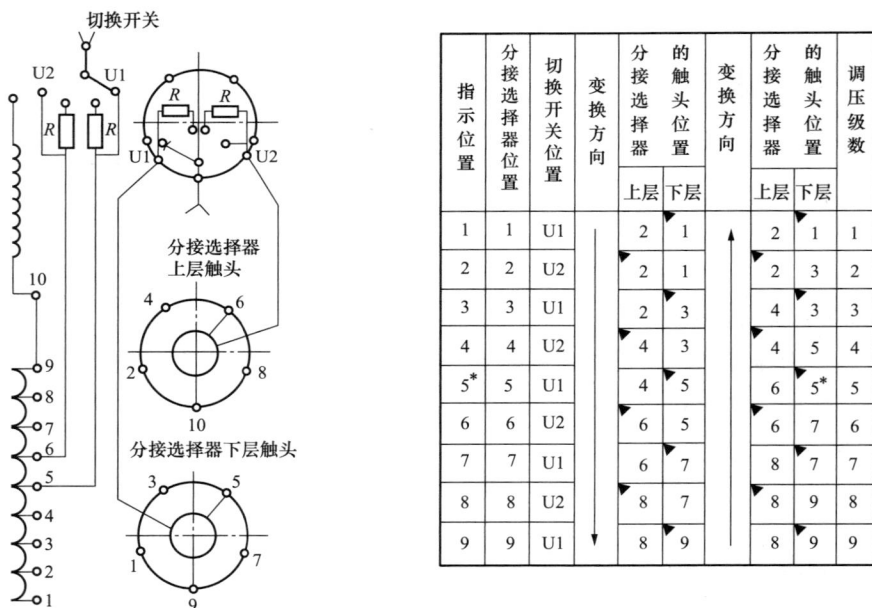

指示位置	分接选择器位置	切换开关位置	变换方向	分接选择器的触头位置 上层	分接选择器的触头位置 下层	变换方向	分接选择器的触头位置 上层	分接选择器的触头位置 下层	调压级数
1	1	U1		2	1▼		2	1▼	1
2	2	U2		2▼	1		2	3▼	2
3	3	U1		2	3▼		4▼	3	3
4	4	U2		4▼	3		4	5▼	4
5*	5	U1		4	5▼		6▼	5*	5
6	6	U2		6▼	5		6	7▼	6
7	7	U1		6	7▼		8▼	7	7
8	8	U2		8▼	7		8	9▼	8
9	9	U1		8	9▼		8	9▼	9

图 ZY1600308001-7　线性 10090 调压电路的整定工作位置图

注：1. 图示位置为整定工作位置，标有*符号标志。

2. 分接选择器触头位置▼标志系工作触头。

（2）正反调压电路的整定工作位置。对于正反调的调压电路，整定工作位置就是分接选择器的工作位置数的中间位置。假定为 n 级调压，其中间位置数为 m，则整定工作位置数 $K=(n+m)/2$。例如：10191W 调压电路中，n 为 19 级，m 为 1，K 必然是 10；而 10193W 调压电路，n 为 17 级，m 为 3，K 也等于 10。它们的典型调压电路及其整定工作位置如图 ZY1600308001-8 所示。

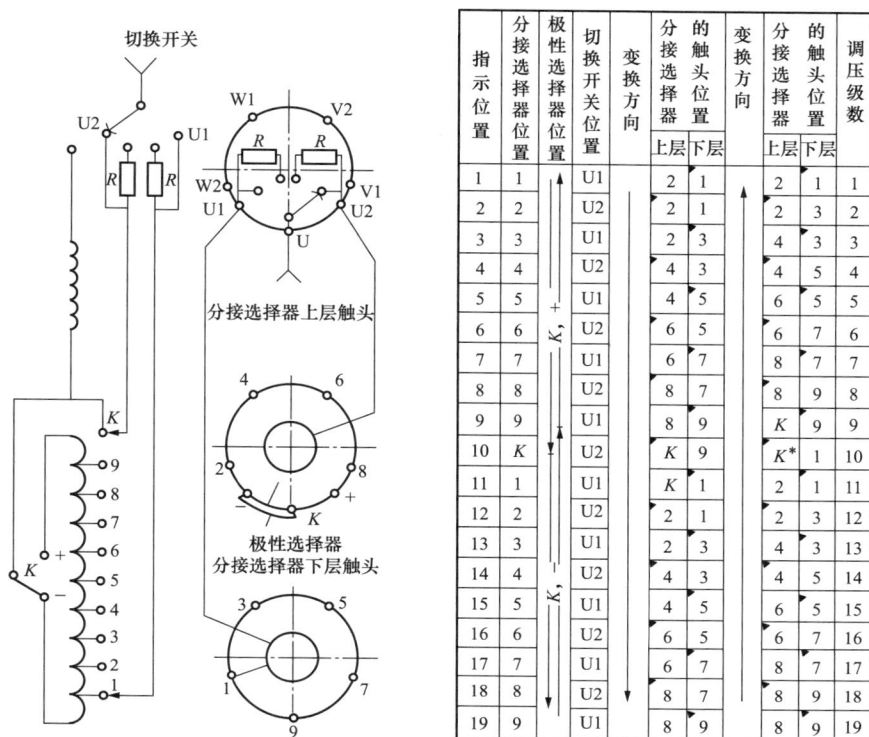

指示位置	分接选择器位置	极性选择器位置	切换开关位置	变换方向	分接选择器的触头位置 上层	下层	变换方向	分接选择器的触头位置 上层	下层	调压级数
1	1		U1		2	1		2	1	1
2	2		U2		2	1		2	3	2
3	3		U1		2	3		4	3	3
4	4		U2		4	3		4	5	4
5	5	$K,+$	U1		4	5		6	5	5
6	6		U2		6	5		6	7	6
7	7		U1		6	7		8	7	7
8	8		U2		8	7		8	9	8
9	9		U1		8	9		K	9	9
10	K		U2		K	9		K*	1	10
11	1		U1		K	1		2	1	11
12	2		U2		2	1		2	3	12
13	3		U1		2	3		4	3	13
14	4	$K,-$	U2		4	3		4	5	14
15	5		U1		4	5		6	5	15
16	6		U2		6	5		6	7	16
17	7		U1		6	7		8	7	17
18	8		U2		8	7		8	9	18
19	9		U1		8	9		8	9	19

图 ZY1600308001-8　10191W（±9 级）正反调压电路及整定工作位置图

注：1. 图示位置为整定工作位置，标有 * 符号标志。

2. 分接选择器触头位置▶标志系工作位置。

（3）依据整定工作位置图，各调压电路位置变化的规律如下：

1）有载开关在任何位置反向操作时，不需要进行分接选择，只需切换开关进行切换。

2）有载开关如从 2 挡调至 3 挡，单数分接选择器 1→3，切换开关双→单；有载开关如从 3 挡调至 4 挡，双数分接选择器 2→4，切换开关单→双。这就是说：双数选择器接通电路，下一个动作一定是单数选择器预选；单数选择器接通电路，下一个动作一定是双数选择器预选；而且两者的动作都符合级进原则。

3）正反调和粗细调（一个粗调级）的调压电路中，其整定工作位置是分接选择器工作位置数的中间位置，它取决于调压级数 n 和中间位置数 m，即 $K=(n+m)/2$。

4）整定工作位置在 $n→1$ 变换方向上进行确定，即极性选择器处在"$K，—$"位置接通，粗调选择器处在"$0，-$"位置接通。

5）从 $1→n$ 方向调整与 $n→1$ 方向调整，极性选择器或粗调选择器在通过其整定工作位置时动作。如 10191W 电路，当从 $1→n$ 操作时，随触头从 10→11 挡一起动作；$n→1$ 操作时，随触头从 10→9 挡一起动作。

【思考与练习】

1. 有载开关按调压方式分为哪几类，各有什么特点？

2. 什么是整定工作位置？如何确定整定工作位置？

3. 现场有一台运行的 10193 有载开关，现运行在 3 挡，如何将其调至整定工作位置？

模块 2 有载分接开关的过渡电路分析（ZY1600308002）

【模块描述】 本模块介绍了有载分接开关常用的过渡电路基本工作原理，通过概念介绍、原理讲解，掌握有载分接开关单电阻、双电阻过渡电路理论分析方法，了解切换开关触头开断容量以及负载功率因数的影响，掌握过渡电阻阻值的计算。

【正文】

一、单电阻过渡电路分析

有载分接开关（以下简称有载开关）的单电阻过渡电路，其过渡电阻为非对称单臂接线，主通断触头和过渡触头接通过程一般为"2—1—2—1—2"程序，其切换过程如图 ZY1600308002-1 所示，相量图如图 ZY1600308002-2 所示。

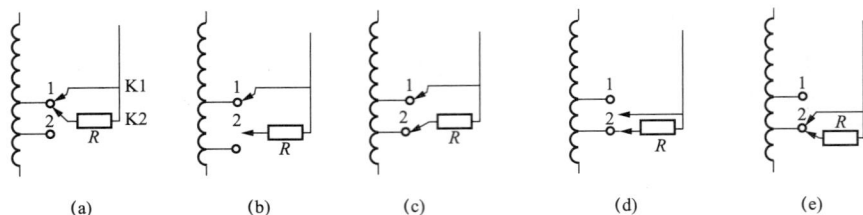

图 ZY1600308002-1 单电阻过渡电路切换过程

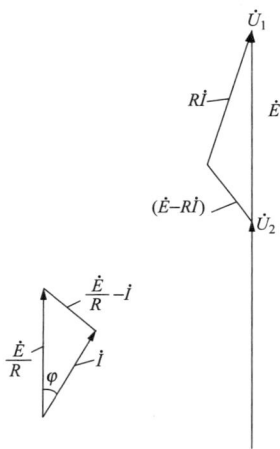

图 ZY1600308002-2 单电阻"2—1—2"过渡电路相量图

（1）图 ZY1600308002-1（a）：起始状态，对应图 ZY1600308002-2 中的输出电压为 $\dot{U}_1$、电流为 $\dot{I}$，负载电流 $\dot{I}$ 与 $\dot{U}_1$ 的相位角为 φ。

（2）图 ZY1600308002-1（b）：触头 K2 离开分接头 1 还未到达分接头 2 时，输出电压仍为 $\dot{U}_1$、电流仍为 $\dot{I}$，均不变。

（3）图 ZY1600308002-1（c）：触头 K2 切换到分接头 2 上，K2 通过的电流对应图 ZY1600308002-2 中的环流 $\dot{E}/R$ 并与 $\dot{U}_1$ 同相，触头 K1 通过的电流为 $\dot{E}/R-\dot{I}$。输出电压为 $\dot{U}_1$、电流为 $\dot{I}$，仍不变。

（4）图 ZY1600308002-1（d）：触头 K1 已离开分接头 1 而尚未到达分接头 2，对应图 ZY1600308002-2 中输出电压 $\dot{U}_1$ 降低了 $\dot{I}R$，触头 K1 开断电流为 $\dot{E}/R-\dot{I}$，恢复电压为 $\dot{E}-\dot{I}R$。

（5）图 ZY1600308002-1（e）：触头 K2 已切换到分接头 2，至此，切换过程即全部结束。对应图 ZY1600308002-2 中输出电压 $\dot{U}_1$ 降低了一个分接级电压 $\dot{E}$ 到 $\dot{U}_2$。

从以上切换过程分析得出，输出电压两次变化，其相量图像一面尖旗，故称为非对称尖旗循环电路。

二、双电阻过渡电路分析

双电阻过渡电路为对称双臂接线，触头接通程序有"1—2—1—2—1—2—1"和"2—3—2—3—2"两种。

1. 双电阻"1—2—1"程序变换的过渡电路分析

双电阻按"1—2—1—2—1—2—1"程序变换的过渡电路的切换过程如图 ZY1600308002-3 所示，相量图如图 ZY1600308002-4 所示。

（1）图 ZY1600308002-3（a）：切换前运行状态，主通断触头 K 闭合，接通分接头 1 电路。对应图 ZY1600308002-4 中输出电压为 $\dot{U}_1$，通过 K 的为负载电流 $\dot{I}$，负载电流 $\dot{I}$ 与 $\dot{U}_1$ 的相位角为 φ。

（2）图 ZY1600308002-3（b）：主通断触头 K 和过渡触头 K1 均闭合，仍接通分接头 1 电路。输出

电压为 $\dot{U}_1$、电流为 $\dot{I}$，仍不变。

（3）图 ZY1600308002-3（c）：主通断触头 K 分离而燃弧，其开断电流为 $\dot{I}$，K 断口的恢复电压为 $\dot{I}R$。

对应图 ZY1600308002-4，主通断触头 K 开断息弧后，因 $\dot{I}$ 通过 R，使输出电压 $\dot{U}_1$ 降低了 $\dot{I}R$，即 $\dot{U}' = \dot{U}_1 - \dot{I}R$。

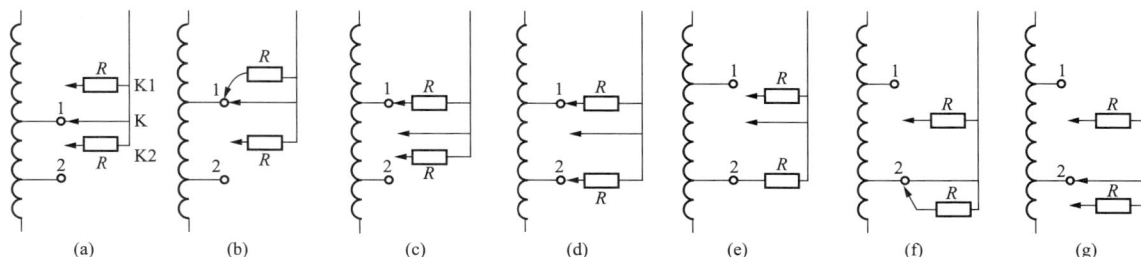

图 ZY1600308002-3　双电阻"1—2—1—2—1—2—1"过渡电路切换过程

（4）图 ZY1600308002-3（d）：过渡触头 K1、K2 桥接分接头 1、2 电路，这时 K1、K2 通过的负载电流均为 $\dot{I}/2$。同时在这一分接绕组中产生环流为 $\dot{E}/(2R)$，且与 $\dot{U}_1$ 同相。对应图 ZY1600308002-4 中，K1、K2 通过的合电流分别为：$\dot{I}_{K1} = \dot{E}/(2R) + \dot{I}/2 = (\dot{E}/R + \dot{I})/2$，$\dot{I}_{K2} = \dot{E}/(2R) - \dot{I}/2 = (\dot{E}/R - \dot{I})/2$。对应图 ZY1600308002-4，输出电压降低了：$\dot{U}'' = \dot{U}_1 - \dot{I}_{K1}R = \dot{U}_1 - \dot{E}/2 - \dot{I}R/2$。

（5）图 ZY1600308002-3（e）：过渡触头 K1 分离而燃弧，则开断的电弧电流为 $\dot{I}_{K1}$，恢复电压为：$\dot{U}_{K1} = \dot{E} + \dot{I}R$。过渡触头 K1 开断而熄弧后，分接头 2 只接过渡触头 K2，这时 K2 通过的为负载电流 $\dot{I}$，对应图 ZY1600308002-4，则输出电压 $\dot{U}_1$ 降到：$\dot{U}''' = \dot{U}_1 - \dot{E} - \dot{I}R$。

（6）图 ZY1600308002-3（f）：K、K2 均闭合，接通分接头 2 电路，负载电流 $\dot{I}$ 通过 K，输出电压 $\dot{U}_1$ 恢复到：$\dot{U}_2 = \dot{U}_1 - \dot{E}$。

（7）图 ZY1600308002-3（g）：过渡触头 K2 断开，K 接通分接头 2 运行，输出电压仍为 $\dot{U}_2 = \dot{U}_1 - \dot{E}$。切换过程全部结束。

由分接头 2 向分接头 1 变换，原理与结果是相同的。通过以上对切换过程的分析，按"1—2—1—2—1—2—1"程序变换的过渡电路，输出电压共经过 4 次变化，其相量图像一面旗子，故称其为对称旗循环过渡电路。

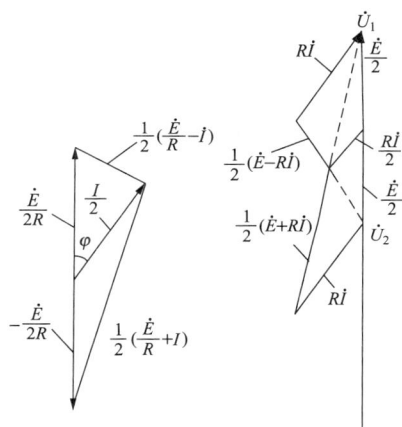

图 ZY1600308002-4　双电阻"1—2—1"过渡电路相量图

2. 双电阻"2—3—2"程序变换的过渡电路分析

双电阻按"2—3—2—3—2"程序变换的过渡电路的切换过程如图 ZY1600308002-5 所示，相量图如图 ZY1600308002-6 所示。

（1）图 ZY1600308002-5（a）：切换前运行状态，主通断触头 K1 闭合，接通分接头 1 电路。对应图 ZY1600308002-6 中输出电压为 $\dot{U}_1$，通过 K1 的为负载电流 $\dot{I}$，负载电流 $\dot{I}$ 与 $\dot{U}_1$ 的相位角为 φ；过渡触头 K2 通过单数侧电阻 R 与分接头 1 电路接通，单数侧 R 中无电流通过。

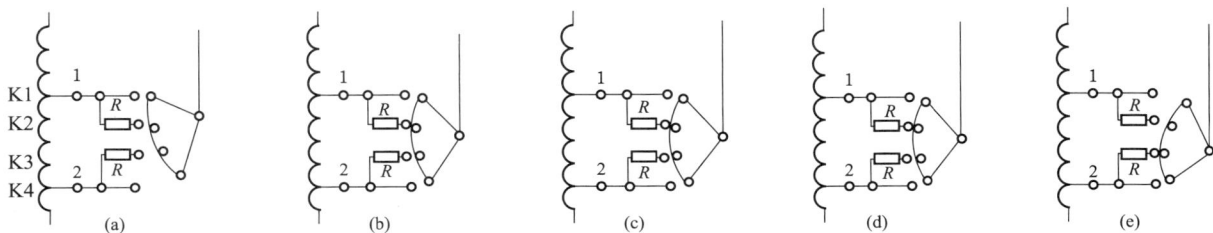

图 ZY1600308002-5　双电阻"2—3—2—3—2"过渡电路切换过程

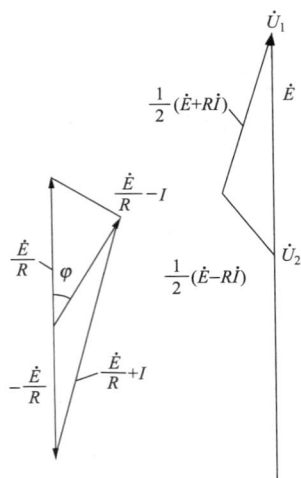

图 ZY1600308002-6 双电阻"2—3—2"
过渡电路相量图

（2）图 ZY1600308002-5（b）：主通断触头 K1 和过渡触头 K2 仍在闭合状态，过渡触头 K3 再通过双数侧电阻 R 与分接头 2 电路接通，这时通过 K1、双数侧电阻 R、分接绕组形成回路，通过双数侧电阻 R 回路的环流为 $\dot{E}/R$。通过 K1 回路的电流为 $\dot{E}/R+\dot{I}$，输出电压仍为 $\dot{U}_1$，单数侧 R 中仍无电流通过。

（3）图 ZY1600308002-5（c）：主通断触头 K1 分离而燃弧，其开断电流为 $\dot{E}/R+\dot{I}$。这时，单数侧电阻 R 与双数侧电阻 R 桥接分接绕组，形成的环流为 $\dot{E}/(2R)$，每个电阻上的负载电流为 $\dot{I}/2$，通过单数侧电阻 R 回路合电流为 $\dot{E}/(2R)+\dot{I}/2$。通过双数侧电阻 R 回路的环流为 $\dot{E}/(2R)-\dot{I}/2$。输出电压变为：$\dot{U}'=\dot{U}_1-[\dot{E}/(2R)+\dot{I}/2]R=\dot{U}_1-1/2(\dot{E}+\dot{I}R)$。K1 断口恢复电压为 $1/2(\dot{E}+\dot{I}R)$。

（4）图 ZY1600308002-5（d）：过渡触头 K2、K3 仍在闭合状态，主通断触头 K4 与分接头 2 电路接通，这时通过 K4、单数侧电阻 R、分接绕组形成回路，通过单数侧电阻 R 回路的环流为 $\dot{E}/R$。通过 K4 回路的电流为 $\dot{E}/R-\dot{I}$，输出电压变为 $\dot{U}_2=\dot{U}_1-\dot{E}$，双数侧 R 中无电流通过。

（5）图 ZY1600308002-5（e）：过渡触头 K2 分离而燃弧，其开断电流为环流 $\dot{E}/R$。通过 K4 回路的电流为负载电流 $\dot{I}$，输出电压仍为 $\dot{U}_2=\dot{U}_1-\dot{E}$。过渡过程全部结束。

由双数侧向单数侧变换，原理与结果是相同的。通过以上对切换过程的分析，按"2—3—2—3—2"程序变换的过渡电路，输出电压共经过 2 次变化，其相量图像一面尖旗，故称其为对称尖旗循环过渡电路。

3. 双电阻"1—2—1"电路和"2—3—2"电路比较

对双电阻"1—2—1—2—1—2—1"变换程序（对称旗循环过渡电路）与"2—3—2—3—2"变换程序（对称尖旗循环过渡电路）这两种电路的输出电压和电流变化以及主通断触头、过渡触头开断电流和恢复电压的安全可靠性进行比较，结论见表 ZY1600308002-1。

表 ZY1600308002-1　　　　双电阻不同触头变换程序性能比较

序号	项目	"1—2—1—2—1—2—1"程序	"2—3—2—3—2"程序
1	过渡电路	对称双臂接过渡电阻，V 型开关 3 个触头，M 型开关 4 个触头（不包括主触头）	对称双臂接过渡电阻，V 型开关 3 个触头，M 型开关 4 个触头（不包括主触头）
2	输出电压变化	4 步变化，相量图外观像一面旗子，故称对称旗循环	2 步变化，相量图外观像一面尖旗，故称对称尖旗循环
3	安全性	主通断触头开断电流为 $\dot{I}$，断口恢复电压为 $\dot{I}R$，切换任务轻，安全性能好	主通断触头开断电流为 $\dot{E}/R+\dot{I}$，断口恢复电压为 $1/2(\dot{E}+\dot{I}R)$，切换任务重，安全性能差

从表 ZY1600308002-1 看出，"1—2—1—2—1—2—1"变换程序优于"2—3—2—3—2"变换程序，因此，V 型与 M 型有载开关均采用"1—2—1—2—1—2—1"对称旗循环过渡电路。

双电阻式结构简单，经济性好，适用中小容量有载开关。

三、切换开关触头开断容量

有载开关过渡电路对应的部件为切换开关，其主要作用是带负荷变换分接位置，它是有载开关的心脏，其安全可靠性取决于主、弧触头的开断电流和恢复电压。

采用电阻式过渡电路的原理实现分接变换，归纳起来分为对称旗循环、对称尖旗循环以及非对称尖旗循环操作法三大类。按照前面对各式过渡电路分析结论，将各触头切换任务汇总归纳见表 ZY1600308002-2。

表 ZY1600308002-2　　　　　电阻式有载开关主通断触头和过渡触头任务

序号	开关形式	变换操作循环	电路图	触头操作顺序	主（通断）触头任务				过渡触头任务			
					触头	开断电流	恢复电压	操作次数	触头	开断电流	恢复电压	操作次数
1	切换开关	对称旗循环	（电路图）	W 开断	W	I	IR	$N/2$	X	$(E/R+I)/2$	$E+IR$	$N/4$
				Y 接通						$(E/R-I)/2$	$E-IR$	$N/4$
				X 开断	Z	I	IR	$N/2$	Y	$(E/R+I)/2$	$E+IR$	$N/4$
				Z 接通						$(E/R-I)/2$	$E-IR$	$N/4$
2		对称尖旗循环	（电路图）	L 接通	J	$E/R+I$	$(E+IR)/2$	$N/4$	K	E/R	E	$N/2$
				J 开断		$E/R-I$	$(E-IR)/2$	$N/4$				
				M 接通	M	$E/R+I$	$(E+IR)/2$	$N/4$	L	E/R	E	$N/2$
				K 开断		$E/R-I$	$(E-IR)/2$	$N/4$				
3	选择开关	对称旗循环	（电路图）	C 开断	B	I	IR	N	A	$(E/R+I)/2$	$E+IR$	$N/2$
				B 开断								
				C 接通								
				A 开断					C	$(E/R-I)/2$	$E-IR$	$N/2$
				B 接通								
				A 接通								
4		非对称尖旗循环	（电路图）	T 开断	T	I	IR	$N/2$	S	E/R	E	$N/2$
				T 接通								
				S 开断		$(E/R-I)$	$(E-IR)$	$N/2$		0	0	$N/2$
				S 接通								

（1）表 ZY1600308002-2 中 1、3 项为对称旗循环过渡，在对称旗循环这种分接变换的操作法中，在两个方向，主通断触头均于循环电流开始流过前断开通过的负荷电流，过渡触头要断开通过的负荷电流和循环电流的合电流。主通断触头开断任务较轻。

（2）表 ZY1600308002-2 中第 2 项为对称尖旗循环过渡，在对称尖旗循环这种分接变换的操作法中，在两个方向，主通断触头于循环电流开始流过后断开通过的负荷电流和循环电流的合电流，过渡触头只断开通过的循环电流。主通断触头开断任务较重。

（3）表 ZY1600308002-2 中第 4 项为非对称尖旗循环过渡，在非对称尖旗循环的分接变换的操作法中，当有载开关转向一个方向时，主通断触头于循环电流开始流过前断开通过的负荷电流，过渡触头要断开循环电流；而有载开关转向另一个方向时，过渡触头不开断电流，主通断触头于循环电流开始流过后断开通过的负荷电流和循环电流的合电流。主通断触头在两个方向的开断任务不等。

有载开关的触头切换任务与它所采用的循环操作法的方式有关。不同的循环操作法虽都能满足全部的切换过程，但它们的相应触头切换任务是不相同的。鉴于组合式切换开关和复合式选择开关都承担负载电流的转换任务，所以在设备制造和选型时按其特点合理应用。

四、负载功率因数对触头开断容量的影响

由于切换开关其主、副触头在切换过程中的开断电流与负荷电流密切相关，所以负载的功率因数对触头开断容量必然有一定影响。下面以双电阻对称旗循环过渡电路为例进行分析。

（1）主通断触头 W、Z 开断容量由下式确定

$$P_W = P_Z = U_W I_W = I^2 R \qquad (ZY1600308002-1)$$

（2）过渡触头 X、Y 开断容量由下式确定

$$P_X = P_Y = U_X I_X = \frac{E^2}{2R} + \frac{I^2 R}{2} \pm EI\cos\varphi \qquad (ZY1600308002-2)$$

因 $\dot{I}R$ 与 $\dot{I}$ 同相位，所以主通断触头 W、Z 开断容量与负载功率因数无关。因环流与负荷电流相位不同，过渡触头的开断容量与负载的功率因数有关。其负载功率因数对开断任务的影响见表 ZY1600308002-3。

表 ZY1600308002-3　　　　　　电阻式有载开关负载功率因数对开断任务的影响

开关型式	操作循环	主通断触头		过渡触头	
		触头	负载功率因数的影响	触头	负载功率因数的影响
切换开关	对称旗循环	W 和 Z	无	X 和 Y	在功率因数为 1.0 时，任务最重
	对称尖旗循环	J 和 M	在功率因数为 1.0 时，任务最重	K 和 L	无
选择开关	对称旗循环	B	无	A 和 C	在功率因数为 1.0 时，任务最重
	非对称尖旗循环	T	有 $N/2$ 次操作无影响	S	无
			有 $N/2$ 次操作在功率因数为 1.0 时，任务最重		

五、双电阻旗循环过渡电路阻值的计算

仍以双电阻对称旗循环过渡电路为例进行分析，其结论为：仅考虑主通断触头开断容量选择过渡电阻，R 越小，主通断触头的开断容量越小；仅考虑过渡触头开断容量选择过渡电阻，对式（ZY1600308002-2）求导并令其等于零得 $R = E/I$ 时开断容量为最小。兼顾主通断触头、过渡触头的开断容量选择过渡电阻，即

$$\sum P = P_W + P_X = I^2 R + \frac{E^2}{2R} + \frac{I^2 R}{2} \pm EI\cos\varphi$$

对其求导并令等于零，解得

$$R = 0.577E/I \qquad (ZY1600308002-3)$$

由上述可见，过渡电阻选用系数为 $n=0.577$。显然，当 n 取得小对主通断触头灭弧有利，当 n 取得大对过渡触头灭弧有利，一般应综合考虑。选用过渡电阻，一般忽略暂态，只按交流稳态考虑匹配，选用原则如下：

（1）有利于改善触头切换任务；

（2）有利于提高触头寿命；

（3）有利于提高工作可靠性。

综合上述三原则外，考虑实际运行负荷状况，过渡电阻匹配值见表 ZY1600308002-4。

表 ZY1600308002-4　　　　　　过渡电阻匹配值

匹配值	单电阻过渡 $R=nU_s/I_N$	双电阻过渡 $R=nU_s/I_N$		备　注
		V 型	M 型	
理论最佳值	1	0.577	0.577	
实际匹配值	1.2	0.8～0.9	0.6～0.8	

注　M 型单相有载开关（三相触头直接并联而成），n 应取 0.3～0.4。
　　U_s—级电压；I_N—负载电流；R—过渡电阻。

最重要的是切换开关的切换时间要快，过渡电阻和分接绕组的热稳定（温升）要满足要求，主触头和过渡触头的耐电弧性能要好。

【思考与练习】

1. 试画出对称旗循环过渡电路的切换过程及相量图。

2. 为什么说双电阻"1—2—1"程序变换的过渡电路要优于双电阻"2—3—2"程序变换的过渡电路？

3. 对称旗循环过渡电路，负荷功率因数对触头开断容量有哪些影响？

4. 对称旗循环过渡电路，过渡电阻选用系数为 $n=0.577\sim1$，选大一点好还是选小一点好？

模块 3 有载分接开关的控制原理（ZY1600308003）

【模块描述】 本模块介绍了有载分接开关常用电动操动机构工作原理，通过原理讲解、概念介绍，掌握有载分接开关对控制装置功能的要求，掌握常用电动操动机构工作原理，掌握电动操动机构检修方法。

【正文】

一、常用电动操动机构的结构原理

1. 概述

目前国内各有载分接开关（以下简称有载开关）生产厂家，均以生产仿西德 MR 技术的 M 型和 V 型有载开关为主。目前这些类型开关在系统运行的数量最多。与 M 型和 V 型有载开关配套的同类型电动操动机构，各生产厂家的型号编码均不同，见表 ZY1600308003-1。

表 ZY1600308003-1　　　　　　　各生产厂家电动操动机构编码

生 产 厂 家	M 型开关电动操动机构编码	V 型开关电动操动机构编码
上海华明电力设备制造有限公司	CMA7 型 SHM–Ⅰ	CMA9 型 SHM–Ⅱ
贵州长征电气股份有限公司	MA7、MA7B（DCJ10）、MAE	MA9、MA9B（DCJ30）、MAE
吴江远洋电气有限责任公司	DQB2 型	DCF1 型
西安鹏远开关有限责任公司	DCY3	DCF

同类开关配用的同类型操动机构，虽然国内各生产厂家型号编码不同，但结构原理几乎完全相同。

近年来，某制造厂采用机电分装和无触点转换的创新理念，研发的 SHM–Ⅰ（Ⅱ）型电动机构，是 CAM7 和 CMA9 电动机构的更新换代的产品，已在系统运行一定数量，运行情况良好。某制造厂研发生产的 MAE 型智能电动机构，与 CZK–100B 智能控制器连接，可以取代 MA7、MA7B、MA9、MA9B 实现对 M、V、MD 等型有载开关的驱动和控制，接线进一步简化。

2. 结构原理

下面以 MA7 型电动操动机构（以下简称电动机构）为代表进行介绍。该型电动机构由箱体、传动装置、控制装置和电气控制设备等组成。

（1）传动装置包括电动机、楔形皮带轮、终端位置保护机械制动装置、手动操作装置等。传动机构安装在铸铝合金的箱内，电动机通过十齿的楔形皮带减速。手动操作是通过与大楔形轮上一对伞齿轮传动，并带有手动与电动操作的安全联锁保护装置。

（2）控制装置由控制行程开关的凸轮盘、分接位置变换指示轮、机械位置指示器、操作次数计数器、远方位置信号发送器等组成。分接变换指示轮和凸轮盘均为每个分接变换操作转动一圈。分接变换指示轮分成 33 格，红线左右两格的绿色带域指示凸轮行程开关的"停止"工作位置。机械位置指示轮上还带有两端点位置的机械限位和电气限位的保护机构。远方位置信号发送器与控制室内的分接位置显示器联用。

（3）电气控制设备由交流接触器、顺序开关、控制回路等组成。在电动机构中，电器元件几乎是集中布置。为了避免布置错误，制造厂一般均提供二次回路及电器元件布置图和相应符号标志。

（4）机械动作原理。电动机构采用逐级控制的工作原理，它的动作由单一控制信号启动后不受外界干扰而完成。此动作取决于每一分接变换操作过程转动一圈的级进控制凸轮盘。

当电动机启动时，经小楔轮带动大楔轮转动，由于大楔轮与传动轴是一套轴结构，并用机械离合器连接。因此，大楔轮传动力经机械离合器传至传动轴，从而带动有载开关进行分接变换操作。

控制器的控制齿轮经传动轴上的轴齿轮传动，带动分接变换操作指示轮及行星齿轮机构转动，于是机械位置指示器跟随转动，并指示机构动作的工作位置。远方位置信号发送器根据不同位置传送出分接变换工作位置的信号。计数器由分接变换指示轮控制，每一次分接变换操作，计数器动作一次，显示有载开关累计操作的次数。当分接变换指示轮上出现 4 格绿色带域时，机械控制的凸轮开关处于"停止"位置，电动机经交流接触器短接制动，完成一次分接变换操作。

当电动机操作至 1 或 n 两个终端极限位置时，机械位置指示盘继续转动，带动该盘槽内限位挡块，拨动终端位置杠杆机构拨指，断开相应 1 或 n 位置的电气限位开关（先断开控制回路，再断开电动机回路），使电动机构不能向超越 1 或 n 位置的方向转动。当限位开关失灵时，电动机构继续向超越 1 或 n 的位置方向转动，终点位置杠杆机构拨动掣爪插入大楔轮的楔槽内，掣住大楔轮和小楔轮，使电动机构堵转至电源开关 Q1 动作，从而实现终端极限位置机械限位。

极限位置保护装置 3 级，动作顺序为：先由控制回路的电气限位开关动作，再由电动机主回路的电气限位开关动作，最后由机械制动装置动作。

3. M 型有载开关配用电动机构技术参数

M 型有载开关配用 MA7 型电动机构技术数据见表 ZY1600308003-2。

表 ZY1600308003-2　　　　M 型有载开关配用 MA7 型电动机构技术数据

电动机参数	功率	0.75kW	1.1kW	每级变换手柄转数	33
	电压	220/380V 三相		最大工作位置数	35
	电流	3.48/2.01A	4.76/2.75A	控制加热回路电压	AC220V
	频率	50Hz		控制回路激励功率	120W
	额定转速	1400r/min		固定加热器功率	50W
每级变换传动轴转数		33		绝缘水平（50Hz，1min）	2000V
传动轴输出转矩		18N·m	26N·m	机械寿命	50 万次以上
每级变换电动时间		约 5s		质量	84kg

4. V 型有载开关配用电动机构技术数据

V 型有载开关配用 MA9 型电动机构技术数据见表 ZY1600308003-3。

表 ZY1600308003-3　　　　V 型有载开关配用 MA9 型电动机构技术数据

电动机参数	功率	0.37kW	每级变换手柄转数	30
	电压	220/380V 三相	最大工作位置数	27
	电流	1.94/1.12A	控制加热回路电压	AC220V
	频率	50Hz	控制回路激励功率	60W
	额定转速	1400r/min	固定加热器功率	30W
每级变换传动轴转数		2	绝缘水平（50Hz，1min）	2000V
传动轴输出转矩		45N·m	机械寿命	50 万次以上
每级变换电动时间		约 4.5s	质量	63kg

二、常用电气二次回路控制原理分析

下面以 M 型有载开关电动机构（MA7 型）电气二次回路原理为例介绍，V 型有载开关电动机构（MA9 型）电气回路原理大同小异，原理接线如图 ZY1600308003-1 所示。

（一）正常启动操作

（1）操作准备。合上电源保护开关 Q1，主回路触点 Q1（1，2）、（3，4）、（5，6）及控制回路触点 Q1（13，14）接通，主回路和控制回路电源接通。

（2）启动（1→n 方向分接变换操作）。按动线路 13 上的操作按钮 S1，S1（3，4）闭合，同时 S1（1，2）打开，接触器 K1 吸合，线路 12 上 K1（13，14）闭合，K1 自锁。线路 20 中 K1（53，54）闭合，接触器 K3 吸合，电动机 M1 启动，朝 1→n 方向运转。

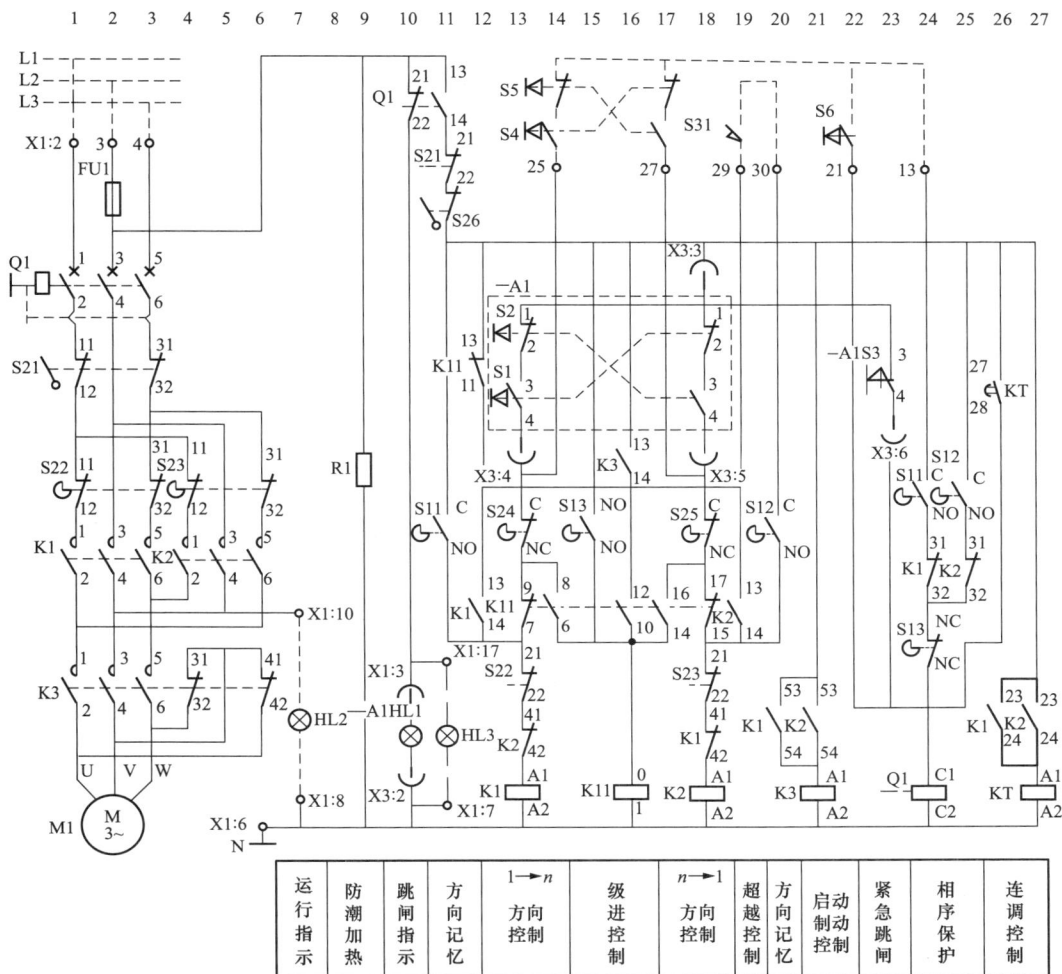

图 ZY1600308003-1　MA7 型电气二次回路原理接线图

（3）逐级操作。S11、S12、S13 为顺序操作的凸轮组行程开关，其动作顺序及时间如图 ZY1600308003-2 所示。电动机朝 1→n 方向运转，S11 动作，线路 11 上的 S11（C，NO）触点闭合，此时接触器 K1（A1，A2）可由 S11（C，NO）供电，接触器 K1 仍吸合，电动机构继续朝 1→n 方向运转。

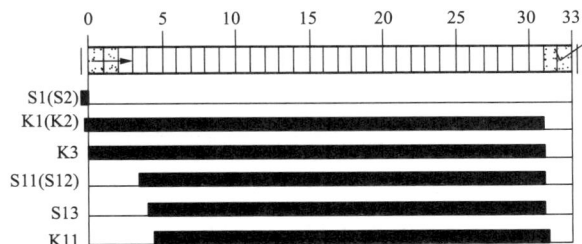

图 ZY1600308003-2　凸轮行程开关动作顺序

注：各控制元件的动作闭合顺序为 S1（S2）、K1（K2）、K3、S11（S12）、S13、K11；
断开顺序为 S1（S2）、S13、S11（S12）、K1（K2）、K3、K11。

180

電動機繼續運轉至 S13 動作，線路 15 上 S13（NO，NO）觸點閉合，中間繼電器 K11 吸合，K11（13，11）、（9，7）斷開，K11（8，6）、（12，10）、（16，14）閉合，此時 K11 通過線路 15 上的 S13（NO，NO）和線路 16 上的 K3（13，14）、K11（12，10）通電，由於線路 12 中的 K11（13，11）斷開，K1 僅由線路 11 上的 S11 保持。電動機運轉至停止前，凸輪行程開關 S13（NO，NO）先斷開，K11 仍通過線路 16 中 K3（13，14）、K11（12，10）通電保持吸合。

一旦電動機構運行，就與按鈕 S1（或 S2）所處狀態無關。這是因為運行過程中 K11 一直處於吸合狀態，斷開了 S1（或 S2）操作 K1（或 K2）的線路。假如一直按住 S1（或 S2）不放，K11 在線路 14（或 17）上的觸點（6，8）（或 14，16）使之保持吸合。K1（或 K2）、K3 釋放後，電動機停轉。但因 K11 保持吸合，K1（或 K2）就不能再次吸合。所以，電動機構只能完成一級分級變換操作。

（4）停止。當一級分接變換操作結束時，凸輪行程開關 S11（C，NO）斷開，K1 失電釋放，線路 20 中的 K1（53，54）斷開，K3 失電釋放，斷開電動機主回路。同時 K3 的（31，32）、（41，42）接通，電動機自激能耗制動，電動機迅速停轉。K3 釋放的同時，使線路 16 中 K3（13，14）斷開，K11 釋放，為下次分接變換操作做好準備，即電動機構處於待操作狀態。

（5）n→1 方向分接變換操作。按動操作按鈕 S2，接觸器 K2 吸合，接觸器 K3 通電吸合，電動機朝 n→1 方向運轉，直至凸輪行程開關 S12 動作，其後運行原理與 1→n 方向的原理相似。

（6）超越中間位置控制性能。對於三個中間位置的有載開關（如 10193W），在超越中間位置時，要求電動機構備有超越接點，使進入或離開中間位置時電動機構自動再操作一次。這一要求由超越控制回路（線路 19）上的超越接點 S31 完成，它利用遠方位置信號發送器上的接點來實現。

（二）安全保護功能

1. 兩端點位置保護

兩端點位置保護包括電氣限位保護和機械限位保護兩種，見圖 ZY1600308003-3。

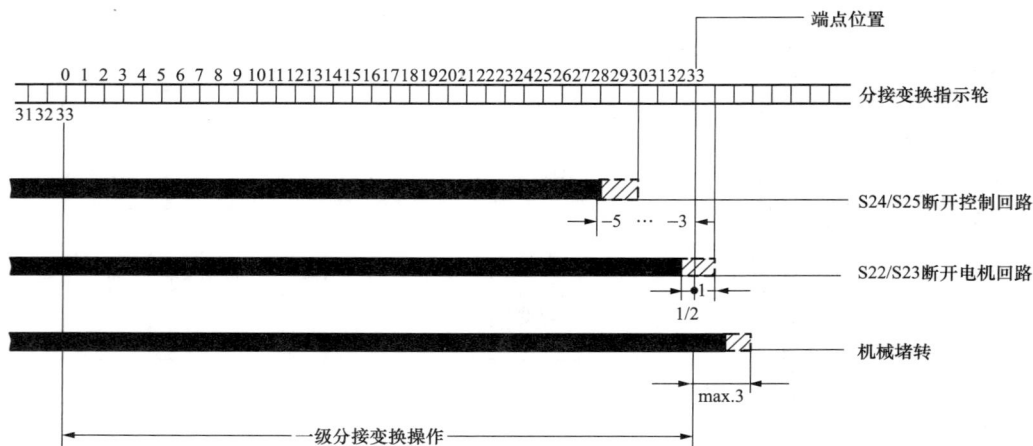

圖 ZY1600308003-3　限位開關以及機械堵轉的動作程序

電氣限位保護分控制回路保護和主回路保護兩種，當電動機構即將到達兩端點位置時，控制回路的行程開關 S24 或 S25 動作，使 S24（或 S25）的動斷觸點（C，NC）斷開，使接觸器 K1 或 K2 不能通電激勵。若行程開關 S24 或 S25 失靈，向超越終端位置方向繼續運轉時，S22 或 S23 行程開關動作，斷開 K1 或 K2 的控制線路和電動機主回路，電動機停轉。

機械限位保護是從保護的安全可靠出發而設置的。MA7 型和 MA9 型電動機構均設置有機械堵轉的極限位置保護方式。它採用釜底抽薪方式，在達到極限位置後，當電氣極限位置保護失靈，電動機構堵轉，迫使電源保護開關跳閘，切斷電動機主回路，於是電動機構停止轉動。

2. 手動操作保護

手柄插入手動操作軸孔，此時安全保護開關 S21 和 S26 動作，從而斷開主回路及控制回路電源。此時電動機構不能電動操作。手動操作後，從軸孔中拔出手柄時，S21、S26 復位。

模塊 3　　ZY1600308003

3. 旋转方向保护

为了保证电动机构按要求的方向旋转，对电动机三相电源的相序应有识别的要求。若电源相序不符合要求时，以按动按钮 S1 为例，K1 吸合，电动机错误地朝 $n \rightarrow 1$ 方向旋转，S12（C，NO）闭合，则通过 S12（C，NO）、K2（31，32）、S13（NC，NC）使电动机保护开关 Q1 跳闸，电动机停转。此时调换电源相序，手动返回原工作位置，合闸 Q1，即可正常工作，否则 Q1 合不上或合闸后返回原工作位置。

4. 电源电压中断恢复后电动机构自动再启动

电动机构操作过程中，电源电压若中断，因 S11（或 S12）已动作，电源恢复后，K1（或 K2）由于 S11（或 S12）没有复位而重新吸合，电动机构朝未完成的运行方向继续运转，直到完成一级分接变换。

5. 紧急断开电源

电动机构运转过程中，如需使电动机构停止运转，按紧急脱扣按钮 S3 或与 S3 并联的远端紧急脱扣按钮 S6，使 Q1 分励脱扣，断开电动机电源，电动机构停止运转，Q1 分闸后指示灯 HL1 亮。

6. 联动保护

为防止电动机构出现不正常的联动，导致有载开关联调（滑挡），电动机构内装有时间继电器 KT。当一次分接变换操作启动时，K1（或 K2）在线路 26（或 27）中的触点（23，24）闭合，KT 通电开始计时。一次分接变换正常完成后，K1（或 K2）的触点（23，24）打开，则 KT 断电复位。若电动机构发生联动，导致 K1（或 K2）持续吸合，KT 持续通电，到了整定时间后 KT 动作，使 KT 在线路 26 中的触点（27，28）闭合，Q1 激励跳闸，断开电动机的电源及控制回路电源，阻止分接变换的继续进行，防止了开关的滑挡联调。

KT 动作的整定时间有两种：带有中间超越位置的电动机构，动作时间整定为 13.5s，无中间超越位置的动作时间整定为 7s。

（三）信号指示功能

电动机构为了运行安全可靠，应带有操作方向指示、分接变换在进行中指示、紧急断开电源指示、完成分接变换次数指示、就地和遥远工作位置指示等指示装置。

1. 操作方向的指示

操作方向指示有电动操作方向指示和手动操作方向指示两种。电动操作方向指示是在箱盖或箱体内按钮处标有操作方向 $1 \rightarrow n$ 或 $n \rightarrow 1$ 的符号牌。手动操作方向指示是在手柄孔处及其两侧标有操作方向指示箭头，并且手柄孔盖板上标有手动操作转数的标志，以免操作方向发生错误。

2. 分接变换在进行中的指示

分接变换在进行中的指示采用信号灯法。该信号灯安装在远方的控制室内。标准设计是在分接位置指示器上带有该信号灯指示；特殊设计是利用控制机构上转轴附加一组凸轮控制行程开关动作与否来指示。当电动机构分接变换操作时，指示灯亮；电动机构停止转动时，指示灯熄灭。

3. 紧急断开电源指示

当紧急断开电源时，电源保护开关 Q1 跳闸，辅助触点 Q1（21，22）闭合，接通紧急跳闸指示回路指示红灯亮。合上电源保护开关，辅助触点 Q1（21，22）断开，指示红灯熄灭（HL1 或 HL3）。

4. 完成分接变换次数指示

电动机构带有一个 5 位或 6 位的机械计数器。每完成一次分接变换之后，机械计数器累计完成操作的次数。这个计数可直接通过观察窗阅读，不必打开箱盖。

5. 就地和遥远工作位置指示

（1）就地工作位置指示。就地工作位置指示指的是电动机构本身工作位置的指示，它通过分接指示轮和机械位置指示器把工作位置反映出来，分接变换指示轮转动一圈就完成一次分接变换操作，机械位置指示器上标牌转过一个相应级数，这个位置指示可以直接从箱盖上观察窗看到。

（2）遥远工作位置指示。为了在远离有载开关和电动机构的控制室了解有载开关所处的分接位置，需要遥远工作位置的指示。它利用电动机构中远方位置信号发送器把有载开关分接位置信号通过电缆传到远方控制室内，并通过相应的接收装置显示分接装置。

三、电动机构的检修

1. 电动机构的检修

（1）打开机构箱门，切断电源开关或将就地/远方转换开关切到"就地"位置。

（2）观察电动机构上的计数器，记录计数器上的操作次数。

（3）检查机构箱的密封性能：门封条是否老化龟裂，上面是否有油迹（通常门封条为非耐油橡胶，油浸后会变形失效），机构箱内应无潮气、灰尘，金属件表面应无锈蚀，电器元件应无霉变痕迹，机构箱应密封良好，应符合防潮、防尘、防小动物的要求。

（4）对机构箱进行清扫，要求清洁干净。

（5）检查电动机构、传动齿轮、各元器件应完好无损。检查各元器件是否安装牢固。用扳手逐个检查并紧固各部位固定螺栓。

（6）检查连线接头应连接牢靠；检查箱内是否有掉落下的螺钉，用螺丝刀逐个紧固端子排上连接线。

（7）对机械滑动接触部位加适量润滑脂，如：手动操作的轴上、限位开关的滑动支架、位置信号输出盘的触头和轴承处、控制齿轮的接触部分。检查制动部位无油迹。

（8）早期的电动机构采用齿轮传动，观察孔内润滑油位是否符合要求，若油的颜色浑浊且呈乳黄色，需及时更换，注意油不能加太满防止溢出，同时检查齿轮盒是否有渗漏现象。

（9）检查加热器及恒温控制器是否完好，用手靠近加热器但不能触摸它有明显热感（未切断电源开关情况下），若加热器不能正常工作，必须及时更换。

（10）检查电动机构与有载开关的分接位置指示应完全一致。

（11）检查电动机电源熔丝匹配正确，一般取电动机额定电流的2～2.5倍。

（12）检查电动机构箱安装垂直度不大于5°，垂直传动轴是否垂直，传动轴的连接螺栓是否紧固，紧锁片是否锁定。早期传动轴用销子和螺母固定，检查螺母是否松脱，开口销是否止退。

（13）用500～1000V绝缘电阻表摇测二次回路应绝缘良好。

（14）检查顺序开关动作程序应正常。用手柄操作电动机构，在S11（S12）由凸轮驱动动作后，继续转动手柄1/8～1/2圈（手柄转1圈等于分接变换指示轮转1格）后S13才动作。在分接变换完成后，分接变换指示轮上的红线到观察孔中央前2～1.5圈S11（S12）释放，S13释放略比S11（S12）早一点。1→n方向检查S11、S13，n→1方向检查S12、S13，如图ZY1600308003-4所示。

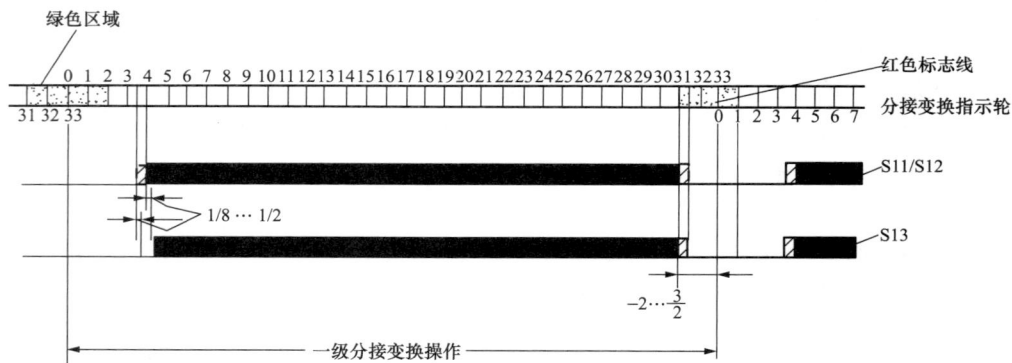

图 ZY1600308003-4　凸轮控制的 S11（S12）与 S13 动作程序

2. 手摇操作检查

（1）手摇操作有载开关，逐挡检查1→n和n→1方向电动机构、传动齿轮连接正确，动作灵活，无卡滞现象。

（2）检查电动机构与有载开关的分接位置指示在每挡是否一致。

（3）检查电动机构分接位置指示与远方分接位置指示在每挡是否一致。

（4）检查计数器动作应正确，无论哪个方向每完成一级分接变换，计数器在原数字上加 1。

（5）听觉测试电动机构与有载开关的动作程序是否符合产品要求。

（6）检查电气限位开关：手摇到两个端点位置时，缓慢地向超极限方向转动，仔细听可听见两级限位开关的动作声响，返回时可听见两级限位开关的返回声响。

（7）检查机械限位：手摇到两个端点位置时，缓慢地向超极限方向转动，仔细听可听见两级限位开关的动作声响，继续向超极限方向转动，若手感有明显的阻碍，即已发生机械堵转，说明机械限位功能完好。若转动 1.5～3 圈后无明显的阻碍，应做出正确判断，不得继续强制向超极限方向转动，查明原因进行处理。

3．电动操作检查

（1）检查保护回路。在电动机保护开关断开情况下，用手柄操作电动机构至 S11 或 S12 动作时停止，这时必须是 S13 还没动作，合上电源保护开关，抽出手柄，这时电机保护开关应动作跳闸。

（2）将开关手摇调至整定工作位置，给上电源，检查电源指示灯亮。做好就地电动操作准备。

（3）检查电源相序。按 1→n 或 n→1 按钮，观察机构转动的方向与所按按钮方向相符（S1 启动时电动机转动方向为逆时针，S2 启动时电动机转动方向为顺时针）。若不符，电源相序保护应动作跳闸，或立即按紧急停车按钮，断开电源进行调整。

（4）完成一级分接变换后，检查电动机构内的分接变换指示轮是否停在规定的绿色区域内，中间的红线是否停在观察孔内，否则应检查原因并处理。

（5）检查紧急停车功能。按 1→n 或 n→1 按钮，电动机构正常启动，随后按紧急停车按钮，电源保护开关跳闸，电动机构应立即停运。

（6）检查继电功能。当电动机构在进行一个分接变换操作未完成之前，人为使电源突然中断，电动机构动作中断，一旦电源恢复后，电动机构自动再启动，继续完成这一级分接变换操作。

（7）检查逐级控制功能。

1）每操作一次只能前进一挡。若操作一次后动作了一挡仍不停车，立即按紧急停车按钮，断开电源检查顺序开关。

2）始终保持操作指令不撤除，观察电动机构在进行一个分接变换之后，是否能自动停止操作，且分接变换指示轮是否停在规定的绿色区域内。

（8）检查中间挡位超越功能。在 9a、9b、9c 切换时，在 9a、9c 挡不停车实现超越。

（9）检查手摇闭锁功能。插上手摇柄时，电气回路应被闭锁，电动机构应不能操作。

（10）检查两个端点位置电气闭锁功能。当开关运行至极限挡位时，继续按超极限方向按钮，电气回路应被闭锁，机构应不动作。若机构被启动，立即按紧急停车按钮，断开电源进行闭锁回路检查。

（11）将就地/远方转换开关切到"远方"位置，在主控室进行远方操作，检查 1→n 或 n→1 操作时挡位指示正确，操动机构动作正常，重点再检查一下远方紧急停车功能正常。

【思考与练习】

1．MA7 和 MA9 型电动操动机构每级分接变换时间和手摇圈数有哪些不同？

2．局部画出 MA7 型电动操动机构电机保护回路图，并对照图简述旋转方向保护工作原理。

3．局部画出 MA7 型电动操动机构联动保护回路图，时间继电器整定有何规定？并对照图简述联动保护工作原理。

4．如何手摇检查 MA7 型电动操动机构顺序开关功能？

5．如何手摇检查 MA7 型电动操动机构限位功能？

6．如何检查判断 MA7 型电动操动机构保护回路是否正常？

模块 4　有载分接开关检修周期及项目（ZY1600308004）

【模块描述】本模块介绍了有载分接开关的检修周期及项目、检修前期准备工作、变压器吊罩时分接开关的拆装，通过概念描述、工艺要求介绍，掌握有载分接开关的检修管理工作及变压器吊罩时有载分接开关的拆装方法。

【正文】

一、变压器吊罩时分接开关的拆装

有载分接开关（以下简称有载开关）分箱顶式安装和钟罩式安装两种方式。

1. 变压器吊罩时箱顶式安装的分接开关拆装

箱顶式安装方式是一种常见的安装方式，其有载开关头部与绝缘筒之间连为一体，其安装方式是将有载开关头部法兰固定在变压器箱顶的安装法兰上。当变压器吊罩时，必须先排完变压器本体绝缘油，然后打开人孔，进入变压器箱体内，拆除有载开关的全部分接引线，拆除有载开关与变压器箱体之间的中性点连线。检查有载开关与变压器芯体完全分离，连同变压器钟罩和分接开关一体吊离。安装时按拆卸的逆顺序进行。

2. 变压器吊罩时钟罩式安装的分接开关拆装

钟罩式安装方式是一种特殊设计可拆卸开的有载开关头部。其由两部分组成：① 中间支撑法兰，它与绝缘筒及筒底连接构成油室，临时安装在变压器铁轭上伸出的预支架上；② 头部法兰，它的上法兰面囤装在变压器钟罩的安装法兰上，两个法兰之间通过密封件和紧固件连接一起，它的下法兰面与中间支撑法兰也通过密封件和紧固件连接一起，两个法兰之间位置是确定的，并有安装标记。变压器吊罩时，不需从人孔进入油箱拆除分接引线，只需将选择开关油室的中间支撑法兰与头部法兰分离，单独将变压器油箱（包括有载开关头部法兰和电动操动机构）吊离即可。安装时按拆卸的逆顺序进行。

具体拆装工艺见模块 ZY1600308006 和模块 ZY1600308007。

二、有载开关的检修周期及项目

（一）大修周期及项目

1. 大修周期

（1）按 DL/T 574—1995《有载分接开关运行维修导则》第 6.3.1 条规定，有载调压变压器大修的同时，相应进行有载开关的大修。

（2）按 DL/T 574—1995 第 6.3.3 条规定，有载开关新投运 1～2 年或分接变换 5000 次，切换开关或选择开关应吊芯检查一次。

（3）按 DL/T 574—1995 第 6.3.5 条规定，运行中有载开关累计分接变换次数达到所规定的检修周期分接变换次数限额后，应进行大修。如无明确规定，一般每分接变换 1 万～2 万次或 3～5 年亦应吊芯检查。DL/T 574—1995 和制造厂推荐的检修周期分接变换次数见表 ZY1600308004-1。

表 ZY1600308004-1   有载开关检修周期分接变换次数

型　号	DL/T 574—1995 规定	制造厂推荐的检修年限
MⅢ型 300	50 000 次/5～6 年	50 000～100 000 次/4～5 年
MⅢ型 500/600	50 000 次/5～6 年	50 000～100 000 次/4～5 年
MⅠ型 500/600	70 000 次/5～6 年	70 000～100 000 次/4～5 年
MⅠ型 800	50 000 次/5～6 年	50 000～80 000 次/4～5 年
MⅠ型 1200	35 000 次/5～6 年	35 000～70 000 次/4～5 年
VⅠ/Ⅲ型 200	40 000 次/5 年	40 000～70 000 次/5～6 年
VⅠ/Ⅲ型 350	40 000 次/5 年	40 000～70 000 次/5～6 年
VⅠ/Ⅲ型 500	30 000 次/5 年	30 000～50 000 次/5～6 年
VⅠ型 700	30 000 次/5 年	30 000～70 000 次/5～6 年
SY□ZZ 型	10 000 次	5000～10 000 次

实际在配置时，有些有载开关较变压器额定电流大得多。另外，有载开关加装在线滤油装置后，

检修操作次数可大幅度延长。以ⅤⅠ/Ⅲ型350开关为例，表ZY1600308004-2为部分厂家对有载开关实际电流小于最大额定通过电流和加装在线滤油装置后给出的检修操作次数。

表ZY1600308004-2　　　　　　有载开关实际电流小于最大额定通过电流和加装

在线滤油装置后给出的检修操作次数

型　号	贵州长征电气股份有限公司		西安鹏远开关有限责任公司		
	实际负荷电流	检修操作次数	实际负荷电流	检修操作次数	加装在线滤油装置后
ⅤⅠ/Ⅲ型350	≤200A	100 000 次	≤200A	100 000 次	150 000 次

对于油浸式真空有载开关，制造厂推荐的检修周期分接变换次数为100 000次/5年，并不要求加装在线滤油装置。

2. 大修项目

按DL/T 574—1995《运行维护导则》第6.9条规定，有载开关大修项目如下：

（1）有载开关芯体吊芯检查、维修、调试。

（2）有载开关油室的清洗、检漏和维修。

（3）头盖、快速机构、伞齿轮、传动轴等检查、清扫、加油与维修。

（4）储油柜及其附件的检查与维修。

（5）油流控制继电器（或气体继电器）、过压力继电器、压力释放装置的检查、维修与校验。

（6）自动控制装置的检查。

（7）储油柜及油室绝缘油的处理和试验。

（8）电动机构及其他器件的检查、维修与调试。

（9）各部位密封检查，渗漏油处理。

（10）自动控制回路、电气控制回路的检查、维修与调试。

（11）有载开关与电动机构的连接校验与调试。

（12）在线净油装置的检查、维修。

3. 切换开关吊芯检修有关要求

（1）检修工作应选在无尘土飞扬及其他污染的情况下进行，施工环境清洁，并应有防尘措施，雨雪天或雾天不应在室外进行。一般不宜在空气相对湿度超过75%的条件下进行。如相对湿度大于75%时，应采取必要措施。

（2）切换开关吊芯检修器身暴露在空气中的时间，按DL/T 574—1995规定见表ZY1600308004-3。

表ZY1600308004-3　　　　　　有载开关器身暴露在空气中的时间规定

环境温度（℃）	>0	>0	>0	<0
空气相对湿度（%）	65 以下	65～75	75～85	不控制
持续时间不大于（h）	24	16	10	8

有载开关器身暴露在空气中的时间按表ZY1600308004-3控制。时间计算由开始放油算起（未注油的有载开关，由揭盖或打开任一堵塞算起），直至开始注油或抽真空为止。DL/T 574—1995给出的有载开关器身暴露在空气中的时间一般较制造厂给出的时间宽松，这是考虑了变压器本体检修的时间。

周围空气温度一般不宜低于0℃，有载开关器身温度不宜低于周围空气温度。

（3）施工同时应注意与带电设备保持安全距离，准备充足的施工电源及照明，安排好储油容器、大型机具、拆卸附件的放置地点和消防器材的合理布置等。

（4）分接变换中承载高速运动的螺栓及止退片，动触头转轴上的固定螺栓以及触头连接的螺杆和自锁螺母，均为高强度紧固件，拆卸下来后必须更换，不得重复使用，也不能用普通的标准件来代替。

一般制造厂及安装（检修）工艺中均给出了紧固力矩，如无明确规定，推荐按表 ZY1600308004-4 的紧固力矩操作。

表 ZY1600308004-4   螺 栓 的 紧 固 力 矩

序号	有载开关上常见的螺栓规格	推荐的紧固力矩（N·m）	备　注
1	M6	10×（1±10%）	绝缘件与金属件连接取下限
2	M8	24×（1±10%）	
3	M10	49×（1±10%）	
4	M12	84×（1±10%）	

（二）小修周期及项目

1．小修周期

按 DL/T 574—1995 第6.3.1条规定，有载调压变压器小修的同时，相应进行有载开关的小修。

关于变压器小修周期，DL/T 573—1995《电力变压器检修导则》规定，在正常情况下，一般每年小修一次。在执行中，供电部门对于变压器的小修一般配合主变压器试验周期进行，即每年停电进行预防性试验时、安排消缺和清扫检查维护即视为小修。

2．小修项目

按 DL/T 573—1995 第6.10条规定，有载开关小修项目如下：

（1）转动部位及传动齿轮盒的检查并加油。

（2）电动机构箱的检查与清扫。

（3）各部位的密封检查。

（4）油流控制继电器（或气体继电器）、过压力继电器、压力释放装置的检查。

（5）电气控制回路的检查。

（6）在线净油装置的检查、维修。

3．关于临时性检修

供电部门对于临时性检修基本上定义为消缺，即针对有载开关运行中暴露出的一些缺陷及故障并根据轻重缓急（不定期）安排进行排查和处理，具体见模块 ZY1600308010。

三、关于分接选择器和转换选择器检修

按 DL/T 573—1995 第6.9条规定的有载开关大修项目实质是针对切换开关和选择开关芯体提出的检查、维修与调试项目。对于组合式有载开关，未提及分接选择器、转换选择器以及切换开关油箱外部的触头及接点等检修问题。因这些元件均处于主变压器油室中，应与主变压器同时进行检修。具体检修工艺见模块 ZY1600308007。

四、检修前准备工作

1．检修前设备评估

（1）查阅运行和缺陷记录，了解有载开关运行状况和缺陷情况。

（2）检修前试验：与变压器整体做直流电阻和变比试验，并与出厂及历史数据比较。

（3）操作试验：对有载开关进行一个循环的操作，检查机构和传动系统是否正常。

（4）依据了解和发现的问题对设备进行状态评估。

2．编制检修施工方案

（1）依据了解和发现的缺陷及设备状态评估结论，确定重点检修项目；依据 DL/T 574—1995 第6.9条规定，确定常规的检修项目。

（2）检修人员组织及分工（组织措施）：明确工作负责人和工作班成员，指定施工安全管理员、质量管理员、材料管理员、起重负责人，并明确责任，落实到人。一般大修工作，工作班成员5～6人。一般小修工作，工作班成员2～3人。

（3）依据确定的检修项目，制订检修细节（技术措施）：

1）查阅有关图纸资料，进一步掌握设备结构和检修工艺。

2）制订检修工作程序卡，明确质量标准。

3）依据检修工作量，确定工期。

4）了解天气情况，确定开工日期，测量并记录环境温度和湿度。

（4）危险点分析和预控（安全措施）：

1）勘察施工现场，安排检修场地。

2）选择吊车安放位置，吊车支点地面的强度满足要求，目测吊臂活动区域与带电设备距离应符合规定。

3）在变压器顶盖上工作时，安全带无处悬挂，制订防止高空坠落的措施。

4）落实现场的防火措施。

（5）编制检修备品备件、材料准备明细表，见表 ZY1600308004-5。

表 ZY1600308004-5　　　　检修备品备件、材料准备明细表

序号	备品材料类别	M 型有载开关检修备品备件	V 型有载开关检修备品备件
1	一般易损件	（1）头盖及 S 管放气螺钉的密封件各 2 只	各部位密封圈（$D \times d$，mm×mm） 7.5×2.5、15×3、19.5×3 10×3.5、46×5.7、347×10 360×8、371×6、415×4.5 各 1 套
		（2）头盖密封圈 1 只	
		（3）切换开关弧形板固定螺栓及锁紧片各 24 只	
		（4）静弧触头与过渡电阻连接的导电片 12 组	
		（5）电动机构箱门封 3m	
		（6）新结构切换开关静触头固定压板和沉头螺钉各 12 个	
		（7）水平及垂直轴连接止退的开口销 4 只，锁紧片 8 只	
		（8）用作显示器的数码管 2 只	
2	需更换用备件	（1）用于更换切换开关动触头连接的编织线 12m，固定编织线的螺杆 6 只，自锁螺母 30 只	需更换的弧触头依据所检修的开关类型确定数量，主、副弧触头中有一个不合格时，应更换全部弧触头
		（2）用于更换切换开关弧触头的铜钨触头各 24 个，固定弧触头的六角螺栓和锁紧片各 24 只	
3	消耗材料	变压器油，清洗用的毛刷、白布，塑料纸，铁丝，润滑油等，依据所检修的有载开关类型确定数量	

（6）编制检修设备、专用工具、常规工具、器具、仪器仪表准备明细表，见表 ZY1600308004-6。

表 ZY1600308004-6　　　检修设备、专用工具、常规工具、器具、仪器仪表准备明细表

序号	类别	工器具明细	规格与数量	备注
1	检修设备类	（1）起吊设备及吊绳	依据现场吊芯条件确定	必要时备手动葫芦
		（2）压力滤油机及滤油纸和滤油管	1 套	
2	专用工具类	M 型有载开关专用工器具	V 型有载开关专用工器具	
		（1）钟罩式分接开关专用水平吊板 1 套	（1）钟罩式分接开关专用水平吊板 1 套	
		（2）用于测量切换开关弧触头烧伤程度的专用工具 1 件	（2）用于转换选择器动、静触头脱离的装卸扳手 1 件	
		（3）快速机构上扣的专用工具 1 件	（3）更换油室"O"形密封圈的专用扳手 1 件	
		（4）操作切换芯子的专用工具 1 件	（4）卸下油箱的专用起子 1 件	
		（5）安装切换芯子弧形板的楔子 1 件		
3	常规工具类	（1）套筒扳手（加摇把）	12、13、14、17mm 各 1 件	需要强调的是，在检修中一般不能使用活扳手
		（2）双头扳手	8mm×10mm、13mm×17mm、17mm×19mm、22mm×24mm 各 1 件	
		（3）内六角扳手	4、5、6、8mm 各 1 件	
		（4）螺丝刀（十字与一字）、钳子、尖嘴钳、卡尺、撬杠、榔头、冲头、塞尺等	各 1~2 件	

序号	类别	工器具明细	规格与数量	备　注
4	器具类	（1）工作台和安放动触头转轴的木质支架	各1件	
		（2）抽油和注油用的油罐、桶、盆，滴油用的盘子	1套	
5	仪器仪表类	（1）万用表、绝缘电阻表、测量电阻用的电桥	各1件	
		（2）测量触头压力的仪器	1件	
		（3）测量顺序开关动作顺序的仪器，如通灯等	1套	
		（4）测量触头动作程序的仪器，如示波器等	1套	

（7）办理开工许可手续。

（8）办理工作票，布置施工现场，进入检修状态。

五、填写检修报告

检修结束后，填写有载开关检修报告书，见表 ZY1600308004-7（表 ZY1600308004-7 是结合 M 型、V 型有载开关的检修工艺，给出的一份综合性的含检查记录的检修报告。有载开关的类型不同，其检修报告的格式也有所不同。使用单位可参考表 ZY1600308004-7 的格式，结合本单位使用的有载开关类型，设计适合本单位的检修报告书）。

表 ZY1600308004-7　　　　　　　有载开关检修报告书

变电站名称		变压器名称		检修级次	A、B、C、D
有载开关型号				制造厂	
出厂序号		出厂日期		投运日期	
上次检修至今操作次数			本次检修开工时间		
上次检修至今间隔时间			本次检修完工时间		

（一）切换开关（选择开关）的吊芯检修

吊芯开始时间（放油开始起）		吊芯终至时间（注油结束至）	
环境温度		环境湿度	
有载开关整定工作位置		吊芯时的实际工作位置	

检　修　项　目	质量标准	检修结论
（1）检查切换开关或选择开关所有紧固件	无松动	
（2）检查储能机构工作状态正常	无卡滞	
（3）检查储能机构的主弹簧、复位弹簧、爪卡	无变形断裂	
（4）检查各触头编织线	完整无损	
（5）检查切换开关主触头、主通断触头、过渡触头电弧烧损情况	符合制造厂规定	

（6）测量过渡电阻阻值，其阻值与铭牌值比较偏差

A 相		B 相		C 相		不大于±10%
名牌值		铭牌值		铭牌值		
实测值		实测值		实测值		

（7）测量每相单、双数侧，每对触头接触电阻

A 相		B 相		C 相		不大于350μΩ
单数侧	双数侧	单数侧	双数侧	单数侧	双数侧	

（8）必要时测定切换开关触头的切换程序，主要是切换时间

A 相	B 相	C 相	V 型 45～65ms M 型 35～55ms

续表

检 修 项 目	质量标准	检修结论
（二）切换开关芯体解体检修		
（1）检查弧形板（M型）	无破损开裂	
（2）检查软连接片（过渡弧触头引出到过渡电阻连线处）	良好、紧固	
（3）检查静弧触头（M型）	无严重烧损	
（4）检查静主触头、连接触头接触压力（用力按感觉弹簧的压力）与超程正常，无电弧烧伤痕迹及过热（M型）	无电弧烧伤痕迹及过热	
（5）检查隔弧板，隔弧板内侧有电弧烧灼的痕迹是允许的（M型）	无明显烧伤	
（6）检查动弧触头无严重烧损，检查动主触头的接触痕迹	正常	
（7）检查所有的绝缘件，尤其是动触头滑动槽部分	无损坏开裂	
（8）检查动触头上的紧固件、安装支架上的紧固件紧固（用力转动中间的衬套应无法转动）（M型）	良好、紧固	
（9）检查每组动触头组支架和转换选择器与主轴连接是否牢靠（V型）	紧固无松动	
（10）检查滚动触头应滚动灵活无卡滞（V型）	灵活无卡滞	
（11）用游标卡尺或专用工具，测量动、静弧触头的烧伤量	符合规定	
（12）检查动触头滑槽（M型）	完好无损	
（13）检查全部动静触头的紧固情况及止退片	紧固无松动	
（14）检查过电压保护间隙（M型）	5mm	
（15）检查转换选择器的动触头是否弯曲变形，必要时更换动触头（V型）	无弯曲变形	
（16）检查绝缘主轴是否弯曲变形（V型）	无弯曲变形	
（17）检查静弧触头的拆装更换情况		
（18）检查动弧触头的拆装更换情况		
（19）检查动触头编织线的拆装更换情况（10万次必须更换）		
（20）三相弧形板均装配完毕后，检查储能机构动作正常（M型）	正常	
（21）装复前将切换开关或选择开关及油室清洗干净	干净无脏污	
（三）分接选择器及转换选择器的检修		
（1）检查分接选择器及转换选择器的动、静触头	无烧伤变形	
（2）检查有载开关连接导线与分接选择器及转换选择器连接	无受力变形	
（3）对带正、反调的转换选择器，检查连接"K"端的分接引线与转换选择器的动触头支架（绝缘杆）在"+"和"−"位置上的间隙（M型）	不小于10mm	
（4）检查分接选择器与切换开关的6根连接导线，要求紧固件紧固，导线完好，与油箱底部法兰应有10mm的间隙（M型）	10mm	
（5）检查紧固件和传动机构	紧固并完好	
（6）手摇操作有载开关，逐挡检查1→n和n→1方向分接选择器及转换选择器的动、静触头分、合动作和啮合情况（M型）	分、合慢动作平滑、无卡滞，啮合良好	
（7）检查切换油室底部放油螺栓是否紧固	紧固	
（8）必要时，使用测压计测量触头的接触压力	符合规定	
（9）分别测量分接选择器及转换选择器每对触头的接触电阻（M型）	不大于350μΩ	
（四）附件的检修及安装		
（1）头盖至储油柜之间的管路及油流继电器连接	密封良好	
（2）检查压力释放阀及溢油放气孔	密封良好	
（3）检查头盖上的齿轮盒与传动齿轮盒，并更换润滑脂	要求无渗漏	
（4）检查有载开关油位，比变压器储油柜油位	低100～150mm	
（5）连接水平、垂直传动轴，轴向间隙	3mm	

续表

检 修 项 目	质量标准	检修结论
（6）连接水平、垂直传动轴，有载开关与电动机构位置	一致	
（7）联轴校验	正确	
（五）电动机构的检修		
（1）检查机构箱的密封性能	密封良好	
（2）对机构箱进行清扫	清洁干净	
（3）检查电动机构、传动齿轮、各元器件完好无损，各元器件是否安装牢固，用扳手逐个检查并紧固各部位固定螺栓	完好无损	
（4）检查连线接头	连接牢靠	
（5）对机械滑动接触部位加适量润滑脂	符合要求	
（6）检查制动部位	无油迹	
（7）检查加热器及恒温控制器	完好	
（8）用 500～1000V 绝缘电阻表摇测二次回路绝缘	良好	
（9）检查顺序开关动作程序	正常	
（10）手摇操作有载开关，逐挡检查 1→n 和 n→1 方向电动机构	无卡滞现象	
（11）检查电动机构与有载开关的分接位置指示	每挡一致	
（12）检查电动机构分接位置指示与远方分接位置指示	每挡一致	
（13）检查计数器动作	正确	
（14）听觉测试电动机构与有载开关的动作程序	符合要求	
（15）检查电气限位开关	正常	
（15）检查机械限位	正常	
（六）调整与测试		
（1）检查电动机保护开关的保护回路	正常	
（2）检查电源相序和旋转方向	正确	
（3）检查紧急停车功能	正常	
（4）检查继电功能	正常	
（5）检查逐级控制功能	正常	
（6）检查中间挡位超越功能	正常	
（7）检查手摇闭锁功能	正常	
（8）检查两个端点位置电气闭锁功能	正常	
（9）采用静压试漏法对油室进行密封检漏	正常	
（10）必要时对有载开关带电部位对地、相间、分接间、相邻触头间的绝缘进行油中工频耐压试验	合格	
（11）切换油室内绝缘油的击穿电压与含水量的测定	合格	
（12）油流控制继电器或气体继电器的动作校验	正常	
（13）有载开关不带电进行 10 个循环分接变换操作	正常	
（14）有载开关带电后进行 3 个循环分接变换操作	正常	
（七）检修遗留问题		
（八）检修总结		

工作负责人		填表日期	
班组成员			

班长或技术员审查意见：

模块 4

【思考与练习】

1. 你单位是如何确定有载开关的大修周期？你认为是否科学合理？
2. 有载开关的大修对环境温度、湿度有何要求？
3. 有载开关的大修项目有哪些？
4. 试编制一份有载开关检修施工方案。

模块 5　有载分接开关调试周期及项目（ZY1600308005）

【模块描述】本模块介绍了有载分接开关与电动机构的连接校验方法，有载分接开关试验项目、周期和标准以及有关试验方法及要求，通过原理讲解、概念介绍，掌握有载分接开关连接校验方法及有载分接开关的试验项目、周期和质量标准。

【正文】

一、有载分接开关与电动机构的连接校验

1. 连接校验的重要性

有载分接开关（以下简称有载开关）与电动机构连接校验的前提是：有载开关与电动机构的挡位指示必须一致。目的是：电动机构走完一个分接位置，有载开关正好完成一级分接变换操作。连接校验时，一般要求在整定工作位置进行。

（1）有载开关与电动机构一旦联轴错位，即挡位不一致时，在某一方向有载开关已到极限位置，而电动机构还未到极限位置，若连续向该方向运转，对于老旧式有载开关，会立即造成开关爆炸事故。对于 M 型和 V 型有载开关，因开关和机构中已设置了机械限位装置，会立即导致有载开关与电动机构发生堵转或断轴事故。

（2）有载开关和电动机构的连接校验，即要求在整定工作位置连接后，切换开关动作切换瞬时（或选择开关动作切换瞬时）到电动机构动作完成之间的时间间隔，对于两个旋转方向应是相同的。

（3）在任何时候，任何情况下，只要有载开关和电动机构的连接轴分离过，重新联轴时必须进行连接校验。必要时配合做变压器直流电阻和变比试验核对。

2. 连接校验方法

（1）首先将电动机构摇至与有载开关位置一致，连接好传动轴。然后从 $n \to 1$ 方向摇至整定工作位置。以绿色带域内的红色中心标志出现在观察窗中央为起始点。

（2）用手柄向 $1 \to n$ 方向摇动，待切换开关或选择开关动作时（听到切换响声），继续转动手柄直到电动机构分接变换指示轮（或盘）上绿色带域内的红色中心标志出现在观察窗中央时停止摇动，记下旋转圈数 m。

（3）反方向 $n \to 1$ 摇动手柄回到原来整定位置，同样按上述方法记下旋转圈数 K。若旋转圈数 $m=K$，说明连接无误，无须调整。若旋转圈数 $m \neq K$，对于 MA7 型电动机构 $|m-K| > 1$ 时，对于 MA9 电动机构 $|m-K| > 3.75$ 时，需要旋转圈数的差数平衡调整。

（4）松开电动机构垂直传动轴，用手柄向多圈数方向摇动 $|m-K|/2$ 圈，然后再把电动机构与垂直传动轴连接起来。

（5）按上述的步骤，再次检查旋转差数，直到校验出 $|m-K|$ 在规定的要求内为止。CMA7 电动机构的旋转方向指示轮共 33 格，手摇 1 圈旋转方向指示轮前进 1 格，也可以用记录格数的方法进行连接校验。

3. 连接校验举例

MⅢ500/110D–10191W 有载开关与 MA7 电动机构的连接校验如图 ZY1600308005-1 所示。

（1）自整定工作位置 10 挡摇至 11 挡，$m=7$ 圈。

（2）自 11 挡摇回整定位置 10 挡，$K=1.5$ 圈。

（3）计算。手柄旋转圈数的差数 $m-K=5.5$ 圈＞1 圈，调整圈数：$(m-K)/2 =5.5/2$ 圈=2.75 圈。

（4）松开垂直传动轴与电动机构的连接，按上述调整圈数将手柄向 10→11 挡方向转动 2.75 圈（约

3圈），然后再把垂直传动轴与电动机构连接起来。

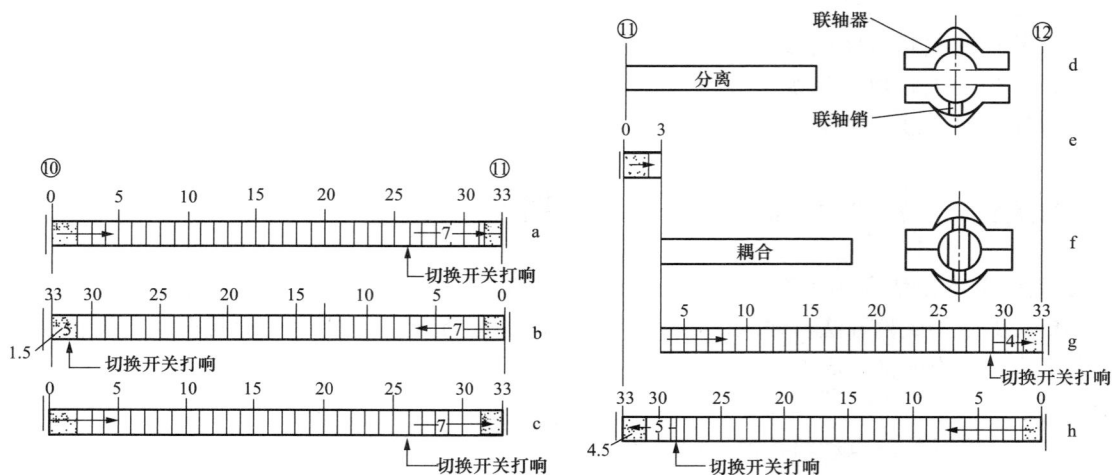

图 ZY1600308005-1 MⅢ500/110D-10191W 有载开关与 MA7 电动机构的连接校验

（5）重新检查两个转动方向的旋转差数是否平衡。10 挡摇至 11 挡 $m=4$ 圈，11 挡摇回整定位置 10 挡 $K=4.5$ 圈，完全满足要求。

二、有载开关的试验项目、周期和标准

按照 DL/T 574—1995《有载分接开关运行维修导则》第 4.1.3 条规定，以及其修订会议上专家组的意见，有载开关试验项目、周期、标准如下。

（一）绝缘电阻测量

（1）测量绝缘电阻，一般连同变压器绕组一并进行，没必要单独测量。只有有载开关在空气中暴露时间超过规定，怀疑绝缘受潮时，单独测量对地、相间及触头间绝缘电阻值。

（2）试验周期：交接时、大修时、吊芯检查时。

（3）试验标准：不作规定。但与上次试验数据比较，其绝缘电阻和吸收比不得有明显降低。

（二）测量过渡电阻值

（1）过渡电阻器阻值一般为欧姆级，推荐使用电桥法测量。采用电阻分流的并联双断口过渡电路应分别测量每一分支电路的过渡电阻器电阻。

（2）试验周期：交接时、大修时、吊芯检查时。

（3）试验标准：符合制造厂规定，一般与铭牌值比较偏差不大于 ±10%。

（三）测量触头的接触电阻

（1）测量前应分接变换一个循环。触头接触电阻通常采用双臂电桥法测量。一般应直接在被试触头上进行测量。

（2）试验周期：必要时。一般分接变换次数达到检修周期限额时的工作触头及更换新触头时必须测量。

（3）试验标准：符合制造厂规定，一般要求不大于 $350\,\mu\Omega$。

触头接触电阻测量可以作为诊断性检查使用或作为检修制度的一部分，以识别或防止因触头弹簧老化和触头过热引起的问题。若触头接触电阻明显增高，可能引发触头过热。

触头会不会发热，取决于有载开关的设计的接触电阻允许值和额定电流值。作为指导性判断，GB/T 10230.2—2007《分接开关 第 2 部分：应用导则》规定，如果触头功耗（触头电阻与电流二次方的乘积）大于 100W（在电流额定值很高时可能小些），则可能出现过热。因此，触头接触电阻值应力争符合表 ZY1600308005-1 的技术要求。

表 ZY1600308005-1　　　　　　触头接触电阻值的推荐要求

通过电流（A）	≤350	400	500	600	800	1000	1200	1500
接触电阻（μΩ）	500	400	250	180	100	60	40	25

（四）测量每个触头接触力

（1）用测量触头接触力的仪器或检查触头的压缩量或用塞尺检查接触情况。

（2）试验周期：必要时。

（3）试验标准：符合制造厂规定。测量每个触头接触力按 DL/T 574—1995 规定必要时测量，实际在现场部分触头无法测量，重点是检查触头的压缩量。部分触头可使用塞尺检查，用 0.02mm 塞尺以插不进去为合格。

（五）切换程序与时间测试

（1）制造厂规定的切换程序与时间如下：

1）实际的 M 型有载开关过渡电路如图 ZY1600308005-2 所示，K1、K6 为主触头，K2、K5 为主通断触头（主弧触头），K3、K4 为过渡触头（弧触头）。为了提高运行的可靠性，主触头 K1 先于主通断触头 K2 断开，主触头 K6 后于主通断触头 K5 接通，过渡过程不参与熄灭电弧，主要是提高承载负荷电流的能力。切换过程符合"1—2—1—2—1—2—1"程序。

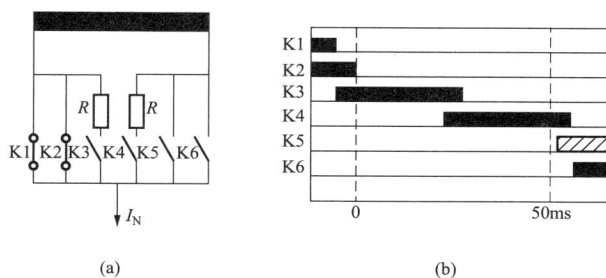

图 ZY1600308005-2　M 型有载开关触头接线和切换程序

（a）接线；（b）触头切换程序

2）实际的 V 型有载开关过渡电路如图 ZY1600308005-3 所示，A、B 为主触头，a、b 为主通断触头（主弧触头），a1、b1 为过渡触头（弧触头）。为了提高运行的可靠性，主触头 A 先于主通断触头 a 断开，主触头 B 后于主通断触头 b 接通，过渡过程不参与熄灭电弧，主要是提高承载负荷电流的能力。切换过程符合"1—2—1—2—1—2—1"程序。

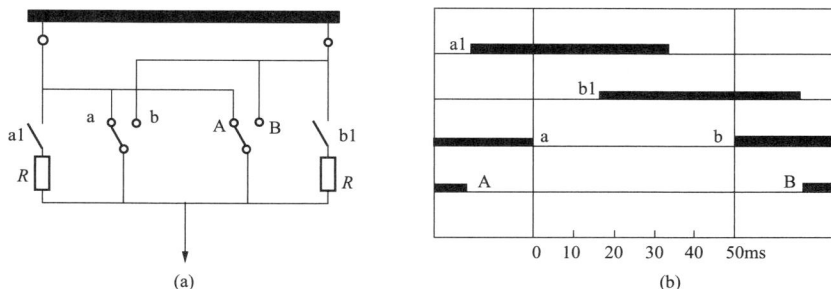

图 ZY1600308005-3　V 型有载开关触头接线和切换程序

（a）接线；（b）触头切换程序

（2）试验周期：必要时，一般要求在更换触头后必须测量。

（3）试验标准：正反方向的切换程序与时间均应符合制造厂要求。

切换开关触头变换程序和时间的测量，主要是检查切换开关每对触头在切换过程中接通和断开的时间是否满足制造厂规定的要求。即使触头在使用寿命即将结束时，也要保证其变换程序不变或变化不大，决不允许变换程序的错乱。若触头在切换过程中接通和断开的程序不满足制造厂规定的要求，就意味着这台开关已不能使用。

切换开关触头动作速度较快，一般采用示波图法测量。示波图法按其在触头上施加的电源电压又可分为直流和交流两种。交流示波的波形没有直流示波的波形直观，所以，国内有载开关生产厂家往往采用直流调试电路。

采用直流法时仅需在触头上施加 3～6V 的信号电压，且不需改变过渡电阻值，试验接线简单易行。但有时会因触头表面过于光滑造成油膜隔绝而出现示波图中断（"复零"）的现象，这是一种虚假现象。一般示波图中断（"复零"）在 2～3ms 内不予考核。示波图中断（"复零"）大于等于 4ms 时，应认真分析和查找原因。

1. M 型有载开关触头变换程序测量

M 型有载开关触头变换程序直流检示电路及示波图如图 ZY1600308005-4 所示。直流检示电路测量如图 ZY1600308005-4（a）所示。触头的机械振动往往只发生在触头闭合瞬间，所以，在示波图中，触头闭合处弹跳振动的波形相应能检示出来，如图 ZY1600308005-4（b）所示。触头振动允许时间通常不大于 4ms。

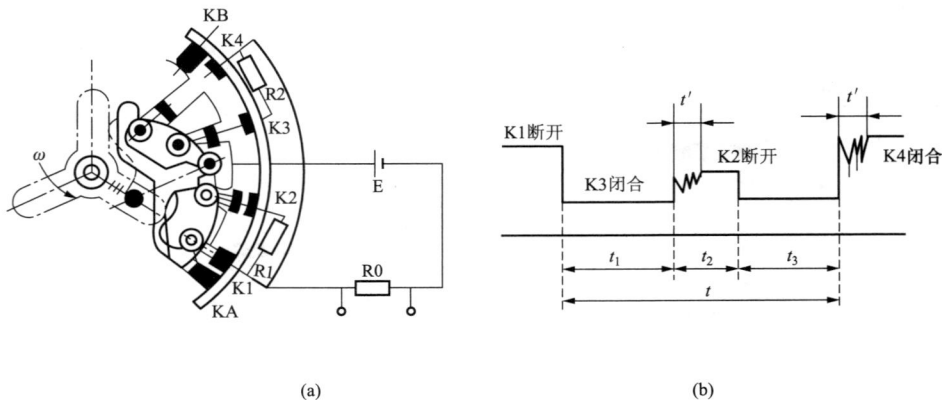

(a)　　　　　　　　　　　(b)

图 ZY1600308005-4　M 型有载开关触头变换程序直流检示电路及示波图

（a）复合波形检示电路；（b）复合波形示意图

KA、KB—主触头；K2、K3—过渡触头；R0—示波图电阻；t_1—单电阻时间（前半桥时间）；t_2—双单电阻时间（桥接时间）；

t_3—单电阻时间（后半桥时间）；t—切换总时间；t'—触头闭合弹跳时间

2. V 型有载开关触头变换程序测量

V 型有载开关双电阻过渡旗循环选择开关直流检示电路及典型波形如图 ZY1600308005-5 所示。

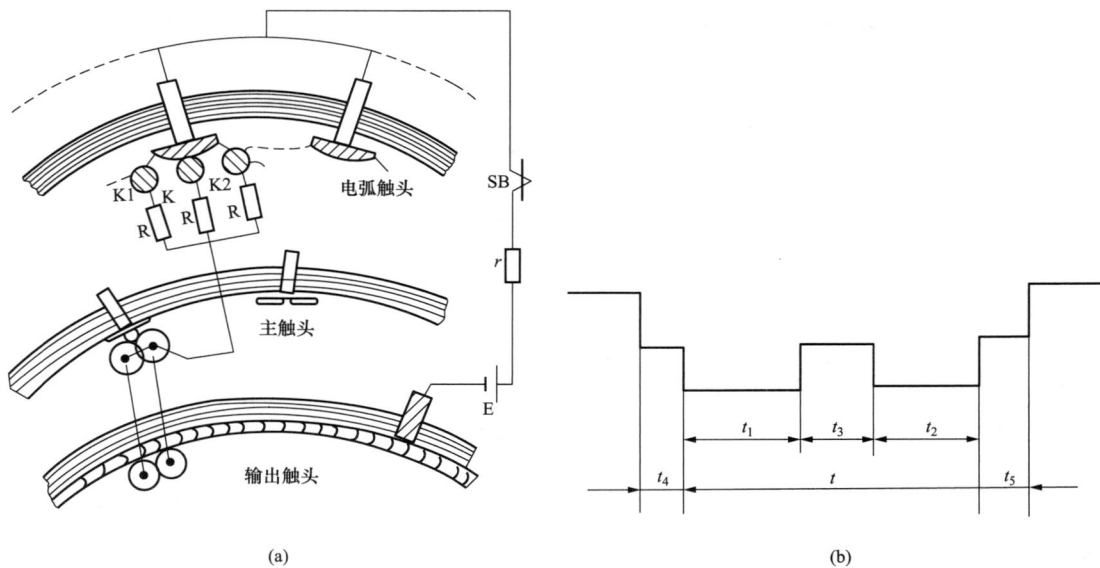

(a)　　　　　　　　　　　(b)

图 ZY1600308005-5　V 型有载开关双电阻过渡旗循环选择开关直流检示电路及典型波形示意图

（a）直流检示电路；（b）直流示波图

K—主通断触头；K1、K2—过渡触头；R—外接电阻；t_1—主通断触头切换时程；t_2—过渡触头切换时程；t_3—过渡触头桥接时程；

t_4—主通断触头与过渡触头重叠时程；t_5—主通断触头与另一过渡触头重叠时程；t—总的切换时程；

SB—示波器振子；E—直流电源

值得注意的是切换时程与介质和介质温度有关。在空气介质中切换时程要比油介质中切换时程短 3～5ms（20℃时），尤其在低温的油介质中，切换时程较慢，所以测量时尽可能在接近额定条件下测量。

对于三相星形连接有载开关，各相触头开断不同步，时间一般不作考核。但是，当三相有载开关触头直接并联作为单相有载开关使用或三相三角形连接有载开关时，三相触头开断最大不同步时间$\Delta t \leqslant$ 2～3ms。

关于切换开关触头变换程序和时间的测量，由于受各因素的影响，往往现场测量的结果达不到理想的波形，这样对分析判断有载开关的状态造成困难。据有关厂家售后部门介绍，曾多次在现场试验测得切换开关触头变换程序不合格，结果，解体检查未发现任何问题。所以，有关专著和制造厂建议，现场没有必要测量切换开关触头变换程序和时间，如果测量的话，唯一可利用的信息是测量总的切换时间。在 DL/T 574—1995 的修订会议上，专家组意见为必要时测量。

（六）动作顺序测试

（1）应在整个操作循环内进行。

（2）试验周期：交接时、大修时、必要时或按制造厂规定。

（3）试验标准：分接选择器、转换选择器、切换开关或选择开关触头的全部动作顺序，应符合产品技术要求。

有载开关触头动作顺序系指分接选择器、转换选择器和切换开关三者触头配合动作顺序。对于复合式有载开关系指转换选择器和选择开关两者触头配合动作顺序。现场通常以触头动作顺序来表示。

触头动作顺序的确定通常可以采用目测法或响声法进行。手摇电动机构进行分接变换操作，根据触头动作响声记录相应的操作圈数。

M 型和 V 型有载开关触头动作顺序见表 ZY1600308005-2。

表 ZY1600308005-2　　　　　M 型和 V 型有载开关触头动作顺序

部 件 状 态	M 型开关 MA7 机构手摇圈数	V 型开关 MA9 机构手摇圈数
开始	0	0
分接选择器动触头离开静触头	11～19	
分接选择器动触头接触另一静触头	20～21	
分接选择器动触头闭合，停止动作	≤25.5	
转换选择器动触头离开静触头	滞后于分接选择器动触头离开静触头	
转换选择器动触头接触另一静触头	超前于分接选择器动触头接触另一静触头	
转换选择器动触头闭合，停止动作	超前于分接选择器另一动触头闭合	
切换开关变换动作	27.5～28.5	<30
完成一级分接变换	33	30
联轴校验允许手摇圈数差	≥1	≥3.75

（七）油室内绝缘油的击穿电压、含水量测试

（1）有载开关注油前后各做一次。

（2）试验周期：交接时、大修时、每 6 个月至 1 年或分接变换 2000～4000 次。

（3）试验标准：应符合制造厂规定，一般交接或大修时与变压器本体绝缘油达到相同水平。运行中有载开关油室绝缘油的击穿电压，在 DL/T 574—1995 修订会议上，专家组修改意见为：Ⅰ类有载开关，击穿电压大于 30kV，含水量小于 40μL/L，运行中击穿电压低于 30kV 时，应停止自动电压控制器的使用，当击穿电压低于 25kV 时，含水量大于 40μL/L，应停止分接变换操作，并及时处理；

Ⅱ类有载开关，击穿电压大于 40kV，含水量小于 30μL/L，运行中击穿电压低于 40kV 时，应停止自动电压控制器的使用，当击穿电压低于 35kV 时，含水量大于 30μL/L，应停止分接变换操作，并及时处理。

对油浸式真空有载开关油室内的绝缘油还可增加色谱分析，以发现潜伏性故障。

（八）操作试验

（1）有载开关在变压器不通电下操作 3 个循环；投运后操作试验 1 个循环（若条件限制可进行几个分接变换）。

（2）试验周期：交接时、大修时、必要时或按制造厂规定。

（3）试验标准：切换过程中无异常现象，电气和机械限位动作正确并符合制造厂要求。

（九）测量连同分接开关的变压器绕组回路的直流电阻

（1）测量在连接校验后进行。一般应在所有分接位置测量。切换开关吊芯检查复装后，在转换选择器工作位置不变的情况下至少测量 3 个连续分接位置，在整定工作位置左右至少测量 3 个连续分接位置。测量前应分接变换 3～5 个循环。

（2）试验周期：交接时、大修时、吊芯时或连接校验后，1～3 年 1 次。

（3）试验标准：同变压器要求。不应出现相邻两个分接位置直流电阻相同或 2 倍级电阻。

（十）测量连同分接开关的变压器绕组变比

（1）在连接校验正确后进行测量。

（2）试验周期：交接时、大修时、连接校验后。

（3）试验标准：同变压器要求。

（十一）辅助回路的绝缘试验

（1）用 500～1000V 绝缘电阻表测量，当回路绝缘电阻在 10MΩ以上时可用 2500V 绝缘电阻表摇 1min 代替交流耐压，预防性试验仅测量绝缘电阻。

（2）试验周期：交接时、大修和小修时。

（3）试验标准：绝缘电阻不小于 1MΩ。

【思考与练习】

1. 有载开关为什么必须进行连接校验？

2. 用文字叙述一台有载开关连接校验的全过程？

3. 有一台有载开关，安装时已做过连接校验，后来在验收时因消缺进行过解轴检修，问消缺结束后还要不要再做连接校验？还要不要再做直流电阻和变比试验？

4. 有载开关测量过渡电阻值，与铭牌值比较偏差不大于多少？

5. 切换开关或选择开关油室绝缘油的击穿电压、微量水分试验，周期和试验标准是如何规定的？

6. 有载开关测量切换程序与时间，M 型开关、V 型开关其主通断触头分开到另一侧主通断触头闭合的时间不得小于多少？

模块 6 复合式有载分接开关的检修工艺及质量标准（ZY1600308006）

【模块描述】 本模块介绍了复合式有载分接开关的结构和检修工艺，通过概念介绍、原理讲解，了解 V 型有载分接开关的结构，掌握 V 型有载分接开关的检修工艺和质量标准。

【正文】

一、概述

复合式有载分接开关（以下简称有载开关）类型较多，但基本工作原理相同，它把切换开关和分接选择器功能结合在一起，其触头是在带负荷状况下一次性完成选择切换分接头任务。这类有载开关，在系统运行最多的具有代表性的属 V 型有载开关。目前国内各生产厂家，均以生产仿德国 MR 公司技术的 V 型有载开关为主，相对于 M 型开关结构比较简单，运行情况良好，在系统 35～110kV 中小型变压器上得到广泛应用。

V 型系列有载开关，各生产厂家均有各自的型号编码，见表 ZY1600308006-1。这些有载开关在结构、工作原理和技术性能上基本相同。

表 ZY1600308006-1　　　　　　　各生产厂家 V 型有载开关型号编码

生 产 厂 家	V型有载开关型号编码	生 产 厂 家	V型有载开关型号编码
上海华明电力设备制造有限公司	CV 型	吴江远洋电气有限责任公司	F1 型
贵州长征电气股份有限公司	V 型（FY30 型）	西安鹏远开关有限责任公司	F 型

V 型系列有载开关，它适用于额定电压 35～110kV，最大额定通过电流为三相 200、350、500A，单相 350、700A，频率为 50Hz（60Hz）的电力变压器或工业变压器。其中，三相有载开关可用于星形连接中性点调压和三角形连接端部或中部调压，单相有载开关可用于任意调压方式。

二、V 型有载开关的整体结构

V 型有载开关由选择开关、电动机构等主要部件构成，其整体结构如图 ZY1600308006-1 所示。它把切换与选择功能合一，构成选择开关，现场有时称为选切开关。

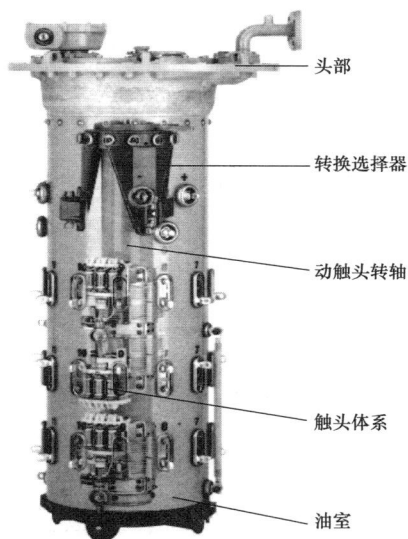

图 ZY1600308006-1　V 型有载开关的整体结构

V 型有载开关组成部件如下：

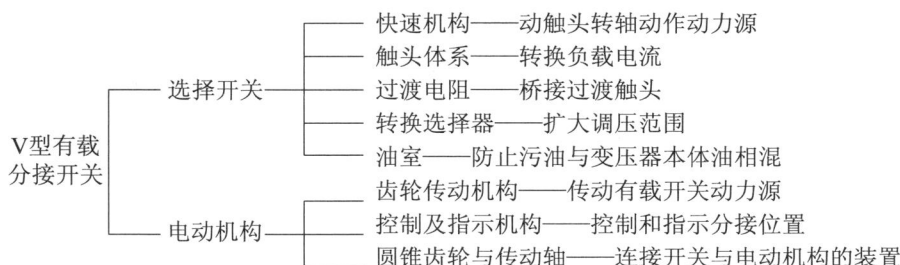

V型有载分接开关
- 选择开关
  - 快速机构——动触头转轴动作动力源
  - 触头体系——转换负载电流
  - 过渡电阻——桥接过渡触头
  - 转换选择器——扩大调压范围
  - 油室——防止污油与变压器本体油相混
- 电动机构
  - 齿轮传动机构——传动有载开关动力源
  - 控制及指示机构——控制和指示分接位置
  - 圆锥齿轮与传动轴——连接开关与电动机构的装置

三、V 型有载开关技术数据

1. 技术数据

V 型有载开关技术参数见表 ZY1600308006-2。

表 ZY1600308006-2　　　　　　V 型有载开关技术参数

序号	分类特征	型号 / 细项	V200	V350	V500	V700
1	最大额定通过电流（A）		200	350	500	700
2	相数		3 / 3 / 1	3 / 3 / 1	3 / 3	1
3	连接方式		Y / △	Y / △	Y / △	
4	额定频率（Hz）		50、60			
5	最大额定级电压（V）	圆周筒 10 个触头	1500	1500	1500	1500
		圆周筒 12 个触头	1400	1400	1400	1400
		圆周筒 14 个触头	1000	1000	—	1000
6	额定级容量（kVA）	圆周筒 10 个触头	300	525	400 / 525	660
		圆周筒 12 个触头	280	420	325 / 420	520
		圆周筒 14 个触头	200	350	— / —	450
7	承受短路能力（kA）	热稳定（3s 有效值）	4.0	5.0	7.0	10
		动稳定（峰值）	10	12.5	17.5	25
8	绝缘水平	额定电压（kV）	35	60	110	
		设备最高工作电压（kV）	40.5	72.5	126	
		工频耐压（50Hz，1min，kV）	85	140	230	
		冲击耐压（1.2/50μs，kV）	200	350	550	
9	最大工作位置数		线性调 14，正反调或粗细调 27			
10	机械寿命		≥80 万次			
11	电气寿命		≥20 万次			
12	选择开关油室	工作压力	30kPa 及真空			
		密封性能	60kPa			
		超压保护	爆破盖 300~500kPa			
		保护继电器	QJ4G-25			
13	排油量（L）	不带转换选择器	125 / 165 / 80	135 / 185 / 85	205 / 240	120
		带转换选择器	155 / 200 / 110	165 / 220 / 115	235 / 275	150
14	充油量（L）	不带转换选择器	100 / 145 / 55	110 / 165 / 68	160 / 200	85
		带转换选择器	125 / 165 / 80	135 / 180 / 85	185 / 225	108
15	质量（kg）		130 / 140 / 110	140 / 150 / 120	190 / 200	130
16	配用电动机构		CMA9、SHM-II、MA9、MA9B、MAE、DCF1、DCF、DCV1、ED			

注　1. 级容量等于级电压与负载电流的乘积，额定级容量是连续允许的最大级容量。
　　2. V500A 有载开关在降低额定电流情况下，额定级容量可以从 400kVA 增至 525kVA（10 个触头），从 325kVA 增至 420kVA（12 个触头）。

2. 额定使用条件和要求

（1）在油中使用温度不高于 100℃，不低于 -25℃。

（2）周围环境温度不高于 40℃，不低于 -25℃。

（3）在变压器上安装与地面垂直度不超过 2%。

3. 性能参数

（1）每对触头接触电阻不大于 350μΩ。

（2）在油中切换时间（直流试波检查）为 45～65ms。

（3）有载开关每操作一级时间为 4.4s。

（4）配用 MA9 等型电动机构，分接变换手摇操作一级 30 圈。

（5）有载开关在最大额定通过电流下，各长期载流触头及导电部件对绝缘油的温升不超过 20K。

（6）有载开关在 1.5 倍最大额定通过电流下从第一位置连续变换半周，其过渡电阻温升最大值不超过 350K（油中）。

四、变压器吊罩时有载开关的拆装工艺

1. 钟罩式变压器用箱顶式有载开关的拆装

（1）将有载开关调至整定工作位置；排放完变压器本体和有载开关绝缘油。

（2）打开人孔，从人孔进入油箱。

（3）拆除分接引线，拆除中性点引线，检查有载开关与变压器芯体确已完全分离。

（4）变压器吊罩，连同有载开关（包括电动操动机构）一起吊离。

（5）复装时按拆卸的逆顺序进行，并注意：核对分接引线标记，确保接线正确；检查引线松紧程度，油室及油室上的接线柱不得受力变形；分接引线绕过油室表面，必须保留 50mm 的间隙。检查引线绝缘良好，螺栓紧固。

2. 钟罩式变压器用钟罩式有载开关的拆装

钟罩式变压器用钟罩式有载开关的拆装如图 ZY1600308006-2 所示。

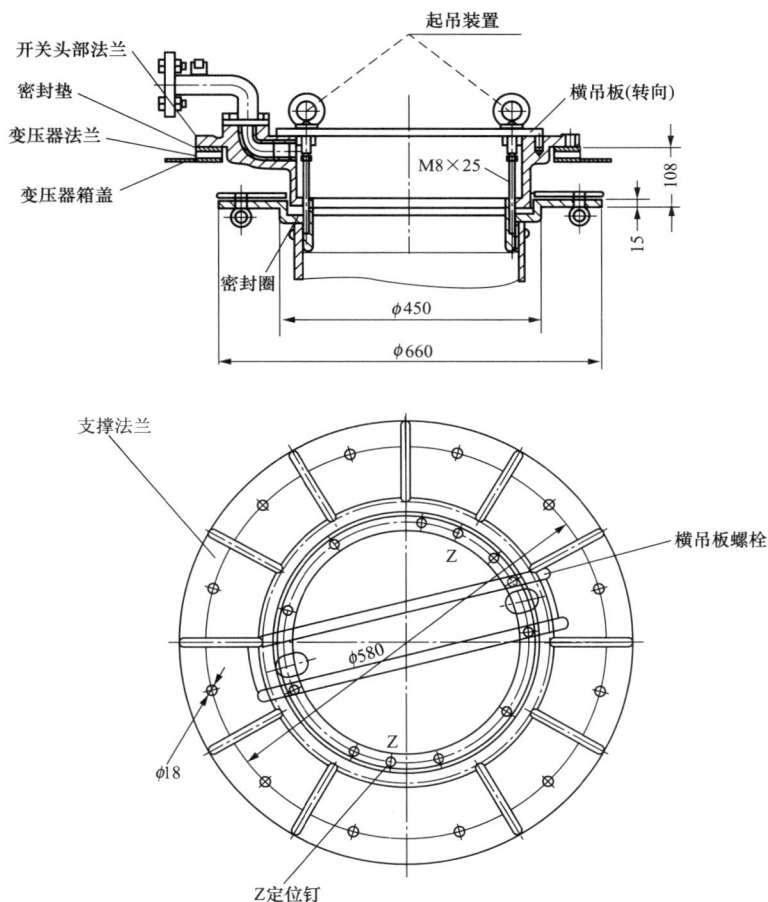

图 ZY1600308006-2　钟罩式变压器用钟罩式有载开关的拆装

（1）将有载开关调至整定工作位置；排放完变压器本体和有载开关绝缘油；拆除头部附件及头盖。

（2）拆卸快速机构圆形基板与法兰连接的 5 只 M8 螺钉及垫圈，向上取出快速机构。

（3）取出抽油管，用起吊工具吊出动触头转轴。

（4）利用专用吊板（见图 ZY1600308006-3）吊紧切换开关油室芯体，拧下中间法兰与上法兰之间 9 只 M8 螺栓，缓慢地放下吊板。当油室头部法兰与中间法兰之间脱开间隙至 15～20mm 时，检查变压器器身上的有载开关预装支架的高度，调整至上述间隙尺寸，然后取掉吊板。

（5）卸除固定在变压器钟罩上的有载开关头部安装法兰上的 24 只 M12 固定螺栓，此时有载开关与变压器钟罩已经脱离，具备变压器钟罩的吊罩条件。

（6）复装时按相反顺序进行。变压器盖罩之前，进行一次全面复查。主要检查引线松紧程度；油室及油室上的接线柱不得受力变形；分接引线绕过油室表面，必须保留 50mm 的间隙；检查引线绝缘良好，螺栓紧固。

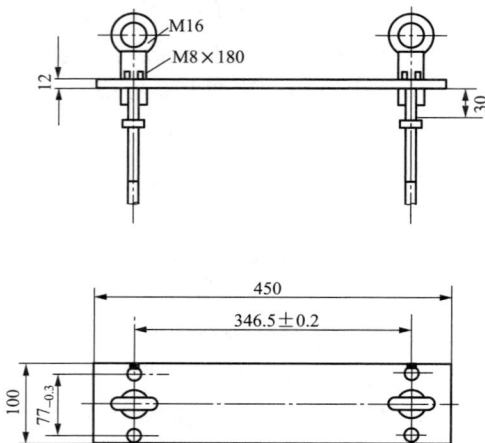

图 ZY1600308006-3 V 型有载开关专用吊板

五、V 型有载开关检修工艺

（一）选择开关吊芯

选择开关吊芯时，首先将有载开关调整至整定工作位置，排放完绝缘油，拆除头部附件，拆开头盖，拆去驱动机构，抽出吸油管；然后挂好吊绳，将转换选择器顺时针转一个角度，确认转换选择器的动、静触头脱开，调整好起吊中心，缓慢将芯体吊出。坚决防止芯体上的均压环、动触头组、过渡电阻触及油室上的任何部位。

现场吊芯大多采用吊车起吊，若在室内检修，可采用吊芯专用工具或在屋顶上挂起吊导链，绝对不能用人力提出。起吊的绳索用编织白尼龙绳较佳，长度 2～3m（以不影响起吊高度为宜），荷载 500kg 以上（V 型有载开关总质量一般不超过 200kg）。

吊芯的工艺过程如下：

（1）将有载开关从 $n{\rightarrow}1$ 方向调整至整定工作位置；放油并拆除头部附件及头盖。

（2）拆卸快速机构。

1）再次检查有载开关在整定工作位置，必要时用装卸扳手调整正确，将"▲"红色标记位置对准，如图 ZY1600308006-4 所示。

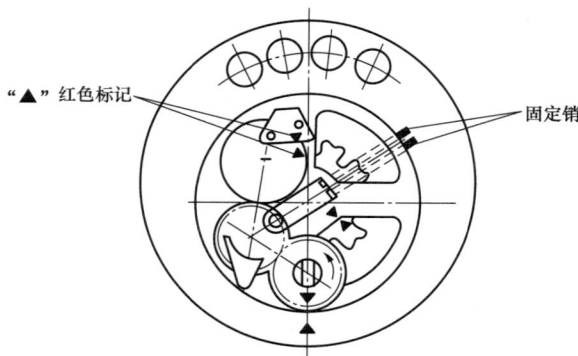

图 ZY1600308006-4 有载开关整定工作位置"▲"红色标记对准

2）借助 M5×20 螺钉，取出拉伸弹簧装置中的固定销。

3）松开吸油管螺母，并将油管转向中间。

4）用套筒扳手拆开 5 只 M8 螺栓，提出快速机构。保存好弹簧垫片，并记录整定工作位置和"▲"红色标记方向。

（3）吊芯。

1）使用装卸扳手和 3 只 M10 螺栓连接主轴的轴承座，并按顺时针方向转动，使转换选择器的动触头脱离静触头，在整定工作位置时，转换选择器的动触头在"–"的位置。

2）使用专用工具插入抽油管槽内，慢慢地向上撬起，然后插入第二槽内，轻轻摇动拔出抽油管。

3）使用专用扳手使之与主轴的轴承座连接，然后在扳手上系结吊绳。

4）让吊绳缓慢受力，调整吊绳垂直度，再次检查转换选择器的动触头在空挡位置，如图 ZY1600308006-5 所示，用起吊设备将芯体缓缓吊出。芯体起吊过程中，始终有一人扶着，主轴务必垂直，防止碰伤动、静触头与均压环和过渡电阻。

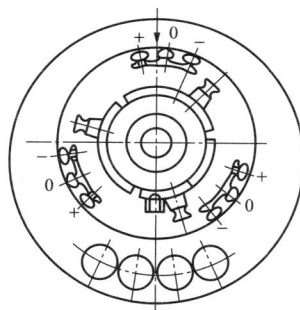

图 ZY1600308006-5　吊芯时动触头位置

（二）快速机构检修

快速机构检修的主要工作是清洗与检查。制造厂给出的拉伸弹簧使用寿命为 30 万次，每年按 1 万次计算，要使用 30 年（变压器使用寿命为 25 年），所以一般不需更换。重点检查磨损情况、拉伸弹簧拉攀处焊接情况、弹簧及机构底板是否变形等。清洗机构全部零部件；复紧各个紧固件后转动齿轮，要求转动灵活，无卡滞，位置显示清晰正确；然后调整机构至整定工作位置，"▲"红色标记应对齐。

（三）主轴及动触头组的检修

（1）检查所有的主动触头及连接触头，触头表面应无电弧损伤和机械损伤，滚动触头上机械摩擦痕迹应呈圆周分布，不能集中在一点或一段或一面。用手检查全部动触头的压力，感觉按下触头过程，放开手后，触头应恢复到原位，动作过程应平滑无卡滞现象。一般动触头弹簧不需更换，只有在更换触头时才更换。如果摩擦集中在一点或一段或一面，要分析造成的原因，必要时更换动触头组。

（2）检查每相动触头组支架与主轴连接应可靠无松动。

（3）检查转换选择器的支架与主轴连接应可靠无松动；动触头应无弯曲变形；转换选择器的动触头在吊芯时极容易受力变形，必要时更换动触头。

（4）检查绝缘主轴应无弯曲变形。

（5）检查电阻丝与动触头的软连接线应完好无损伤；紧固件应连接可靠。

（6）使用电桥测量过渡电阻值，测量时，一端接在主通断触头上（中间），另一端接在过渡触头上（两侧），不得直接接在过渡电阻上。两个过渡电阻值要基本一致，且与出厂铭牌值比较，其偏差应不大于 ±10%。如果测量的数据不合格，可直接在过渡电阻上测量进行比较，判断是否为软连接线问题。

（7）测量滚动触头直径。用游标卡尺测量，每一相的三个滚动触头一一测量，主、副弧触头最小直径见表 ZY1600308006-3。

表 ZY1600308006-3　　　　　　　　　主、副弧触头最小直径　　　　　　　　　　　　　　　　mm

V 型开关触头电流（A）	挡位	标准弧触头直径		最小直径
		主弧触头	副弧触头	
200	10	22	22	16
	12	22	22	
	14	22	20	
350	10	22	22	17
	12	22	22	
	14	22	20	
500	10	22	22	17
	12	22	22	

所有主、副弧触头中有一个接近表 ZY1600308006-3 规定的最小直径时，应更换全部弧触头，更换弧触头时，相应的支撑弹簧同时更换。每台更换触头的数量见表 ZY1600308006-4。

模块6

ZY1600308006

表 ZY1600308006-4 　　　　　　　　　　主、副弧触头数量

型 号	200A	350A	500A
挡 位	10、12、14	10、12、14	10、12
副弧触头（左）	1×3	1×3	1×3
主弧触头	1×3	1×3	1×3
副弧触头（右）	1×3	1×3	1×3
备 注		350A、500A 左、右副弧触头相同	

（8）对主轴及动触头组进行清洗。

（四）油室及静触头的检查检修

（1）检查静触头及支座应紧固无松动。

（2）检查静主通断触头、接触铜环、静弧触头应无明显电弧烧伤痕迹；检查油室内绝缘筒表面应无爬电痕迹。

（3）利用变压器本体及其储油柜的绝缘油对油室的压差，检查油室无渗漏油现象。

（4）对油室进行清洗。

（五）芯体复装

（1）移去头盖，将芯体吊起置于油室上方，调整吊绳垂直度和中心位置，使主轴上的动触头处于转换选择器的空挡位置，然后慢慢放入油室内，使主轴底部的轴承座与油室底部的嵌件正确衔接并贴紧。

（2）插入抽油管，并用手将其压入筒底，应插入筒底嵌件内，并正确到位。

（3）借助装卸扳手，将动触头转动至"K"位置（整定工作位置）。对带转换选择器的有载开关，将其动触头同时置于"－"位置。

（4）将在整定工作位置的快速机构置于油室内，借助安装法兰面上定位销使快速机构正确到位，

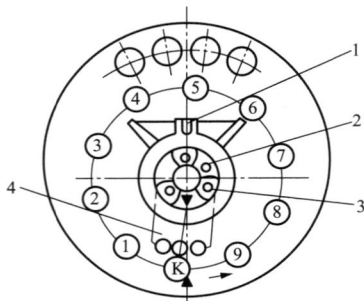

图 ZY1600308006-6　定位销的位置

1—传动槽；2—定位销；3—凸台；4—传动拐臂

机构底板紧贴法兰面，用螺栓紧固底板。机构上的传动拐臂插入主轴的轴承座传动槽内（无转换选择器的有载开关除外）。机构上槽轮与轴承座三凸台正确连接，轴承座凸台上的弹性定位销插入槽轮的孔上，如图 ZY1600308006-6 所示。

（5）连接抽油弯管，不得漏装抽油弯管中间密封垫，抽油弯管与槽轮应有充分的间隙。

（6）安装拉伸弹簧固定销，弹簧销应固定牢靠。

（7）借助装卸扳手，转动两个位置，然后返回原来位置。

（8）将合格绝缘油注入有载开关油室内，直至快速机构底板为止，安放好"O"形密封圈，然后盖上有载开关头盖，用 20 只 M10 螺栓紧固。

（六）芯体测试

芯体测试项目及质量标准见表 ZY1600308006-5。

表 ZY1600308006-5 　　　　　　　　　　芯体测试项目及质量标准

序号	测试项目	工序及工艺	要求及质量标准	备 注
1	测量过渡电阻阻值	用电桥，分别测量	与铭牌值比较偏差不大于±10%	必测项目。V 型有载开关只有在芯体吊出后测量
2	回路接触电阻阻值测量	用电桥或压降法，分别测量主触头与中性点出线间的回路电阻	每对触头接触电阻不大于 350μΩ	必要时测量。V 型有载开关只有在芯体装复后才能测量
3	变换程序	用直流示波器，测量触头的变换程序	符合厂家要求。变换时间为 45～65ms，过渡触头桥接时间无断开现象	必要时测量。V 型有载开关只有在芯体装复后才能测量
4	对油室进行密封检查	采用静压检漏法	油室各部位均应无渗漏油，符合产品技术要求	必测项目。利用变压器本体及其储油柜的绝缘油对油室的压差，检查油室是否渗漏油
5	工频耐压试验	在有载开关带电部位对地、相间、分接间、相邻触头间进行	符合产品技术要求	必要时测量
6	绝缘油试验	击穿电压测定，微水含量测定	符合产品技术要求和标准规定	必测项目

（七）附件的检修及安装

（1）安装头盖至储油柜之间的管路及气体继电器。检查密封面，放好密封圈，紧固螺栓，要求密封良好、螺栓紧固。

（2）接好油流控制继电器或气体继电器的二次线，投运前进行传动试验。

（3）安装进、出油管路。检查密封面，放好密封圈，紧固螺栓；检查、清洗储油柜，清洗干净，密封良好无渗漏；检查压力释放阀及溢油放气孔密封良好，螺栓紧固。

（4）检查头盖上的齿轮盒与传动齿轮盒密封良好，并更换润滑脂，要求无渗漏，无不正常磨损。

（八）注油和连接传动轴

1. 注油

（1）检查有载开关与其储油柜之间阀门是否在开启状态，通过储油柜注油孔补充合格绝缘油，拧松头盖上溢油螺孔的螺栓和抽油弯管上溢油螺孔的螺栓，直至油溢出后拧紧。

（2）继续通过储油柜补充至规定油位，规定油位线与环境温度有关，一般要比变压器储油柜油位低 100～150mm。

2. 连接传动轴

（1）检查有载开关与电动机构的位置一致（在整定工作位置）。

（2）连接头部齿轮传动装置与圆锥齿轮盒之间的水平传动轴，连接圆锥齿轮盒与电动操动机构之间的垂直传动轴。连接两端应自然对准并留有轴向间隙，轴向间隙为 3mm。紧固螺栓，锁定水平轴锁定片。

（3）按照模块 ZY1600308003"电动机构的检修"的要求，完成对电动操动机构的检修。

（4）按照模块 ZY1600308005"有载开关与电动机构的连接校验"的要求，进行联轴校验合格，锁定垂直轴锁定片。

（5）按照模块 ZY1600308005"有载开关的试验项目、周期和标准"的要求，连同变压器进行有关项目的试验。

至此，检修工作全部结束。会同运行单位验收投运，填写检修报告，召开班后会，对检修工作进行总结，对检修后设备进行评估。

【思考与练习】

1. 变压器吊罩时，箱顶式有载开关和钟罩式有载开关拆装工艺有哪些不同？
2. 简述 V 型有载开关吊芯的工艺过程。
3. V 型有载开关检修都有哪些测试项目？都有哪些具体规定？

模块 7　组合式有载分接开关的检修工艺及质量标准
（ZY1600308007）

【模块描述】本模块介绍了组合式有载分接开关的结构和检修工艺，通过原理讲解、工艺要求介绍，了解 M 型有载分接开关的部件结构，掌握 M 型有载分接开关检修工艺和质量标准。

【正文】

一、概述

组合式有载分接开关（以下简称有载开关），类型较多，基本工作原理基本相同，其分接变换操作分两步来完成，首先由一组不带电流的选择器动作，预选到工作分接相邻的抽头位置上，然后由切换开关把负荷电流从原来的工作分接位置转换到预选好的分接位置。这类有载开关，具有代表性的属 M 型有载开关。目前国内各有载开关生产厂家，均以生产仿德国 MR 公司技术的 M 型有载开关为主。这类有载开关由于载流量较 V 型有载开关大一些，在系统 110kV 级中型及以上变压器上应用较多。

M 型有载开关，各生产厂家的型号编码不同，见表 ZY1600308007-1。其结构和工作原理、技术性能基本相同。

表 ZY1600308007-1　　　　　　　　　　　**M 型有载开关各生产厂家的型号编码**

生 产 厂 家	M 型有载开关型号编码	生 产 厂 家	M 型有载开关型号编码
贵州长征电气股份有限公司	M（ZY1A）型	吴江远洋电气有限责任公司	C1 型
上海华明电力设备制造有限公司	CM 型	西安鹏远开关有限责任公司	Z 型

　　M 型系列有载开关，它适用于额定电压 35～220kV，最大额定通过电流为三相 300、500、600A，单相 300、500、600、800、1200、1500A，频率为 50Hz（60Hz）的电力变压器或工业变压器。其中，三相有载开关可用于星形连接中性点调压，单相有载开关可用于任意连接调压方式。三相有载开关将其三相并联，可作为单相有载开关使用。

　　按照分接选择器内部绝缘水平（距离），分为 A、B、C、D、DE 五种，依据所配变压器的额定电压和有载开关的安装部位，一般 35～63kV 选 A 型，63～110kV 选 B 型或 C 型，220kV 选 C 型、D 型或 DE 型。

二、M 型有载开关整体结构

　　M 型有载开关由切换开关、转换选择器、电动机构等主要部件构成，如图 ZY1600308007-1 所示。

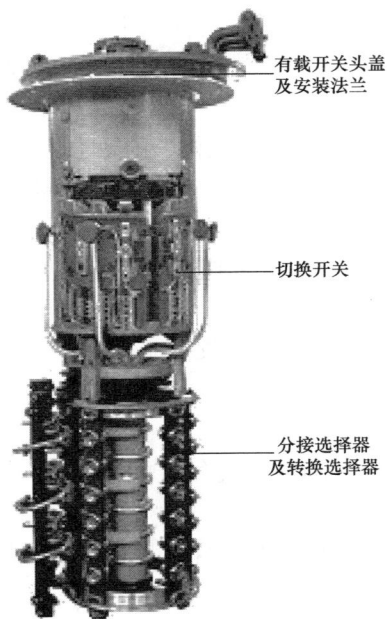

图 ZY1600308007-1　M 型有载开关整体结构

　　M 型有载开关组成部件如下：

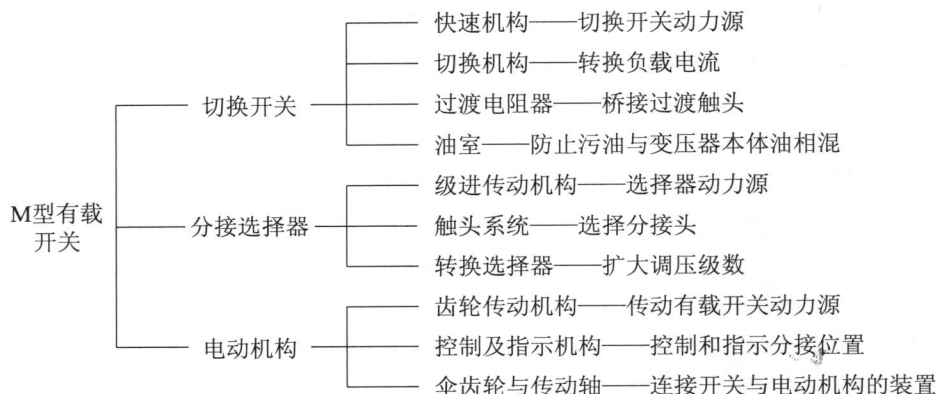

三、M 型有载开关技术数据

1. 技术数据

M 型有载开关技术数据见表 ZY1600308007-2。

表 ZY1600308007-2   **M 型有载开关技术数据**

序号	分类特征		MⅢ 300	MⅢ 500	MⅢ 600	MⅠ 501/601	MⅠ 800	MⅠ 1200	MⅠ 1500
			\multicolumn{7}{c}{类型}						
1	最大额定通过电流（A）		300	500	600	500/600	800	1200	1500
2	额定频率（Hz）		\multicolumn{7}{c}{50、60}						
3	相数和连接方式		\multicolumn{3}{c}{3 相，星形接中性点连接方式}			\multicolumn{4}{c}{单相，任意连接方式}			
4	最大额定级电压（V）		\multicolumn{7}{c}{3300}						
5	额定级容量（kVA）		1000	1400	1500	1400	2000	3100	3500
6	承受短路能力（kA）	热稳定（3s 有效值）	6.0	8.0	8.0	8.0	16	24	24
		动稳定（峰值）	15	20	20	20	40	60	60
7	工作位置数		\multicolumn{7}{c}{不带转换选择器最大 17 个，带转换选择器最大 35 个，多级粗细调最大 106 个}						
8	分接开关绝缘水平	额定电压（kV）	35	\multicolumn{2}{c}{60}		\multicolumn{2}{c}{110}		\multicolumn{2}{c}{150}	\multicolumn{2}{c}{220}
		设备最高工作电压（kV）	40.5	72.5		126		170		252
		工频耐压（50Hz，1min，kV）	85	140		230		325		460
		冲击耐压（1.2/50μs，kV）	200	350		550		750		1050
9	分接选择器		\multicolumn{7}{c}{按绝缘水平分为 5 种尺寸，编号 A、B、C、D、DE}						
10	机械寿命		\multicolumn{7}{c}{≥80 万次（吴江远洋不小于 50 万次）}						
11	电气寿命		\multicolumn{7}{c}{额定级容量下不小于 20 万次（吴江远洋不小于 5 万次）}						
12	切换开关油室	工作压力	\multicolumn{7}{c}{30kPa 及真空}						
		密封性能	\multicolumn{7}{c}{60kPa 油压 24h 密封试验无渗漏}						
		超压保护	\multicolumn{7}{c}{爆破盖 300×（1±20%）kPa（遵义长征 400～500kPa，吴江远洋大于等于 200kPa）}						
		保护继电器	\multicolumn{7}{c}{QJ4-25 整定冲击油速 1.0×（1±10%）m/s}						
13	排油量（L）		\multicolumn{7}{c}{星形连接 190～270，三角形连接 600～650}						
14	充油量（L）		\multicolumn{7}{c}{星形连接 125～190，三角形连接约 350}						
15	质量（kg）		\multicolumn{7}{c}{星形连接 240～305，三角形连接约 600}						
16	配用电动机构		\multicolumn{7}{c}{CMA7、SHM-I、MA7、MA7B、MAE、DQB2、DCY3、DCJM1、ED}						

注 1. 对于三相有载开关触头并联而成单相有载开关，选用时最佳考虑变压器绕组强制分流。MⅠ800 两路分流，MⅠ1200、MⅠ1500 三路分流。

2. ED 型机构为德国 MR 公司替代 MA7 新型电动机构。

2. 额定使用条件和要求

（1）开关在油中使用温度不高于 100℃，不低于-25℃。

（2）周围环境温度不高于 40℃，不低于-25℃。

（3）开关在变压器上安装与地面倾斜度不超过 2%。

3. 性能参数

（1）每对触头接触电阻不大于 350μΩ。

（2）切换开关在油中切换时间（直流试波检查）为 35～55ms。

（3）配用 MA7 等型机构，电动操作有载开关每变换一级时间为 5.5s。

（4）配用 MA7 等型机构，分接变换手摇操作一级 33 圈。

（5）有载开关在最大额定通过电流下，各长期载流触头及导电部件对绝缘油的温升不超过 20K。

（6）有载开关在 1.5 倍最大额定电流从第一位置连续变换半周，其过渡电阻温升的最大值不超过 350K（油中）。

四、变压器吊罩时有载开关的拆装工艺

1. 钟罩式变压器用箱顶式有载开关的拆装

（1）将有载开关调至整定工作位置；排放完变压器本体和有载开关绝缘油。

（2）打开人孔，从人孔进入油箱。

（3）拆除分接引线，拆除中性点引线，检查有载开关与变压器芯体确已完全分离。

（4）变压器吊罩，连同有载开关（包括电动操动机构）一起吊离。

（5）复装时按拆卸的逆顺序进行，并注意核对分接引线标记，确保接线正确；检查引线松紧程度，分接选择器不得受力变形；动静触头啮合正确；从人孔处检查分接选择器的闭合位置与电动机构工作位置一致；对带正、反调的转换选择器，检查连接"K"端的分接引线与转换选择器的动触头支架（绝缘杆）在"＋""－"位置上的间隙不小于 10mm；检查引线绝缘良好，螺栓紧固。

2. 钟罩式变压器用钟罩式有载开关的拆装

（1）将有载开关从 $n→1$ 方向调至整定工作位置；排放完变压器本体及有载开关绝缘油，拆除头部附件及头盖。

（2）拆卸分接位置指示盘上固定挡卡，然后向上拔出指示盘，注意保存好固定轴上的定位销；卸下头部法兰上非红色区域内的 5 只 M8 螺母。

（3）利用专用吊板（见图 ZY1600308007-2）吊紧切换开关油室，如图 ZY1600308007-3 所示，拧下中间法兰与头部法兰之间 17 只 M8 螺母，缓慢地放下吊板。当油室头部法兰与中间法兰之间脱开间隙至 15～20mm 时，检查变压器器身上的有载开关预装支架的高度，调整至上述间隙尺寸，然而取掉吊板。

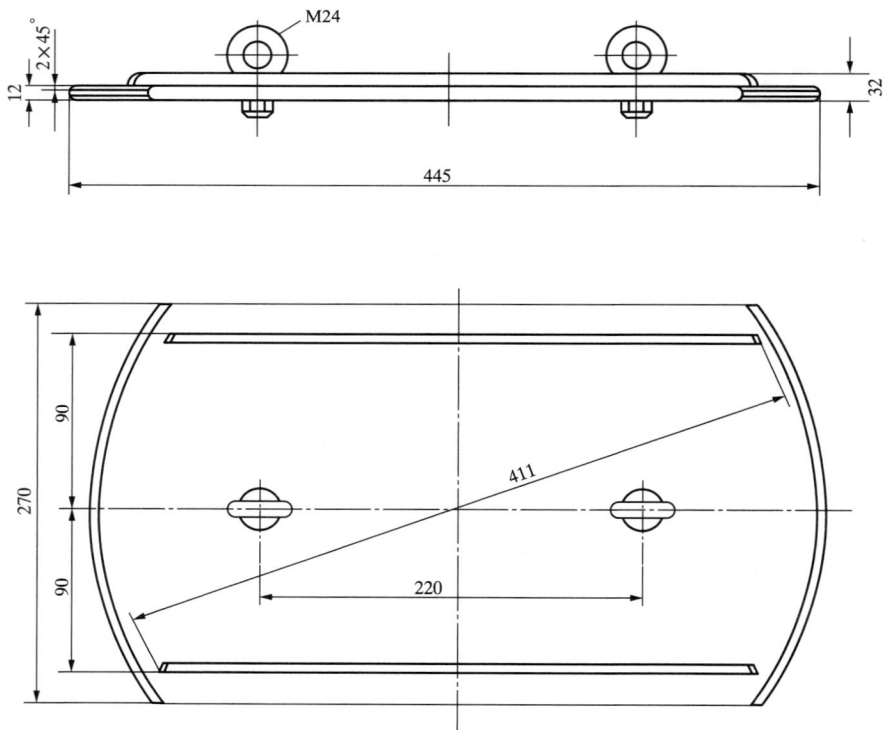

图 ZY1600308007-2 M 型有载开关专用吊板

开关用于钟罩式变压器安装

吸油管

起吊装置

在此截面上钻相应的孔

165

最大35

66

46

变压器油箱

M8

密封垫

15$^{+5}_{-10}$

Z

2

68

50

147

横吊板

56

均压环

750

620

支撑法兰

Z

横吊板

650

18

Z

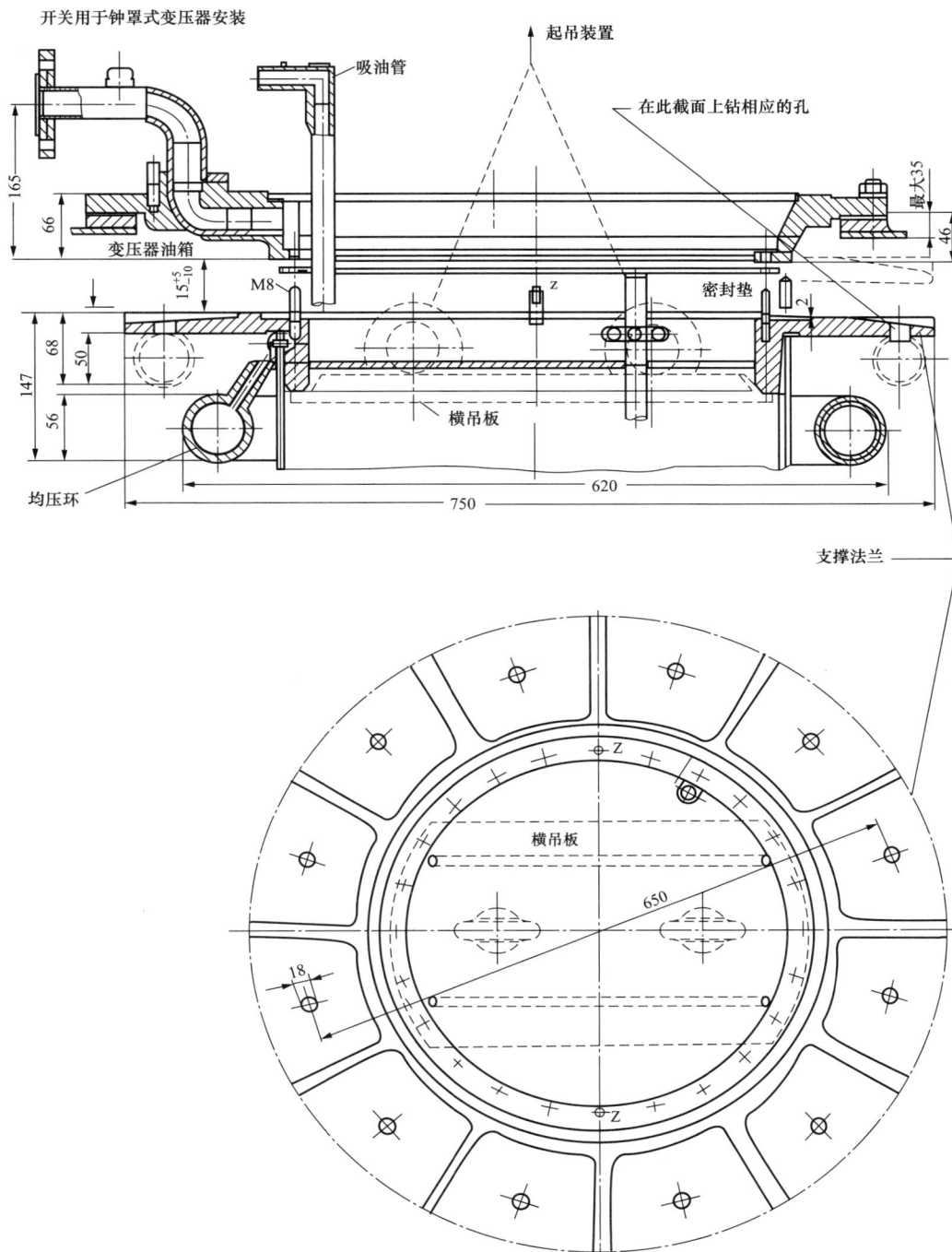

图 ZY1600308007-3　M 型钟罩式有载开关拆装图

Z—定位钉

（4）卸除固定在变压器钟罩上的有载开关头部法兰的 24 只 M12 固定螺栓，此时有载开关与变压器钟罩已经脱离，具备变压器钟罩的吊罩条件。

（5）复装时按相反顺序进行。变压器盖罩之前进行一次全面检查。

五、M 型有载开关检修工艺

1. 切换开关的吊芯

M 型有载开关的切换开关芯体为抽屉式结构，吊芯时，首先将有载开关调整至整定工作位置，排放完绝缘油，拆除头部附件，拆开头盖，卸除分接位置指示盘，调整好起吊中心，缓慢将芯体吊出。防止芯体上动触头组与油室上的任何部位碰撞。

现场吊芯大多采用吊车起吊，若在室内检修，可采用吊芯专用工具或在屋顶上挂起吊导链，绝对不能用人力提出。起吊的绳索用编织白尼龙绳较佳，长度 2～3m（以不影响起吊高度为宜），荷载 600kg 以上（M 型有载开关总质量一般不超过 300kg）。

吊芯的工艺过程如下。

（1）将有载开关调整至整定工作位置，切断操作电源，排放完绝缘油，拆除附件。

（2）拧下切换油室头盖的 24 只 M10（17 号套筒扳手）连接螺栓，卸除头盖；目测爆破盖应无向外隆起变形；检查切换芯子头部轴上的键对准支撑板上的"△"标记。

（3）切换开关吊芯。

1）卸除分接位置指示盘上的固定挡卡，取下定位销，然后向上取出分接位置指示盘，保存好固定轴上定位销。

2）拆除切换开关本体支撑板上 5 只 M8×20（13 号套筒扳手）螺母（钟罩式）或 5 只 M8×20 螺栓（箱顶式），不得拆除红色区域内的固定螺母。注意保存好卸下的螺栓和螺母以及碗形垫圈与弹簧垫。

3）在专用吊环上挂好起重吊绳，调整吊绳中心及垂直度；微量起吊，使吊绳刚受力后再次检查切换开关芯体可自由晃动；缓慢、平稳吊起切换开关芯体，安放在平坦清洁的检修位置，然后用清洁布包好；防止碰坏吸油管和位置指示传动轴。

4）将切换开关油室用挡板盖上，防止异物落入。

2. 切换开关芯体的清洗与检查

（1）对切换开关的芯体进行全面清洗。

（2）检查切换开关所有紧固件，尤其是三块弧形板上的紧固件应无松动。

（3）使用专用工具（见图 ZY1600308007-4），将切换开关来回动作 2 次，检查储能机构工作状态正常无卡滞，然后返回起始状态。

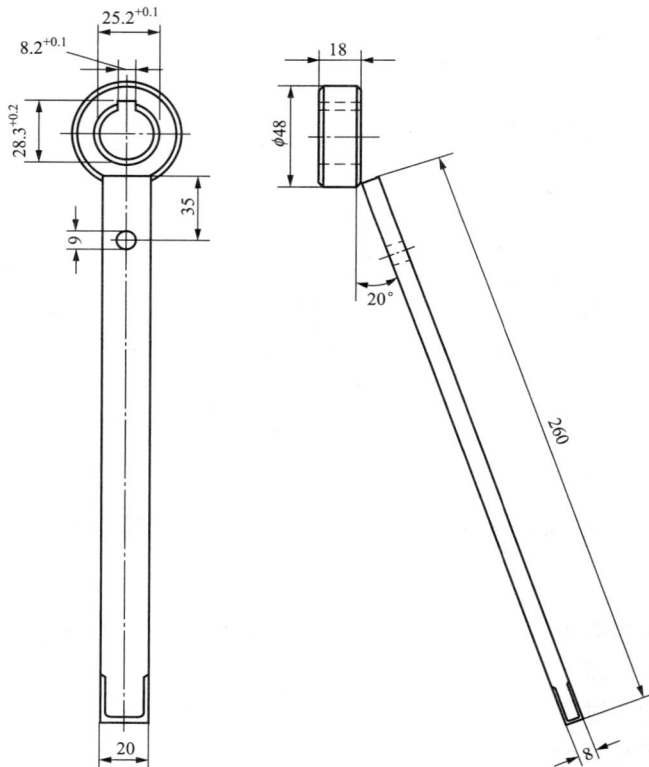

图 ZY1600308007-4　切换开关芯子操作用专用扳手

（4）检查储能机构的主弹簧、复位弹簧、爪卡，无变形和断裂。

（5）检查各触头编织线完整无损。

（6）检查切换开关主通断触头、过渡触头无过热及电弧烧伤痕迹。

（7）检查过渡电阻，完整无损，无过热痕迹。

（8）解体检修前测量过渡电阻阻值，其阻值与铭牌值比较偏差不大于±10%。

（9）解体检修前测量每相单、双数与中性引出点间的回路电阻，每对触头接触电阻不大于350μΩ。

3. 切换开关芯体解体检修

（1）确认切换开关的触头闭合位置。面对一块弧形板确认触头闭合在左侧还是右侧，同样可以面对储能机构的爪卡确认上滑板上的击发杆是靠在左侧的爪卡上还是右侧的爪卡上，记录确认的位置，作为复装依据，否则无法复装。

（2）释放储能机构爪卡。用专用扳手转动切换芯子的驱动轴，同时拨动不与击发杆相靠一侧的爪卡，使它处于释放状态，储能机构上滑板的击发杆要处于两个爪卡之间（见图ZY1600308007-5），这时左右两侧的过渡触头都处于闭合状态，便于拆开和装配绝缘弧形板。

（3）拆卸绝缘弧形板上的连接螺钉（一块弧形板上 8 只M6×20固定螺栓），打开锁紧片，先卸下边缘两侧上的 4 只螺栓，再卸下里面的 4 只螺栓，然后取下绝缘弧形板（见图ZY1600308007-6）。抽出楔在动触头两侧槽内的隔弧板，隔弧板共 4 只，两侧的两组与中间的两组不同，复装时不得混淆。

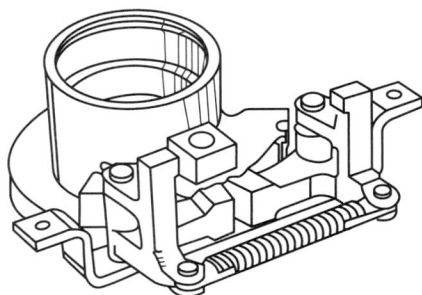

图 ZY1600308007-5 储能机构释放位置

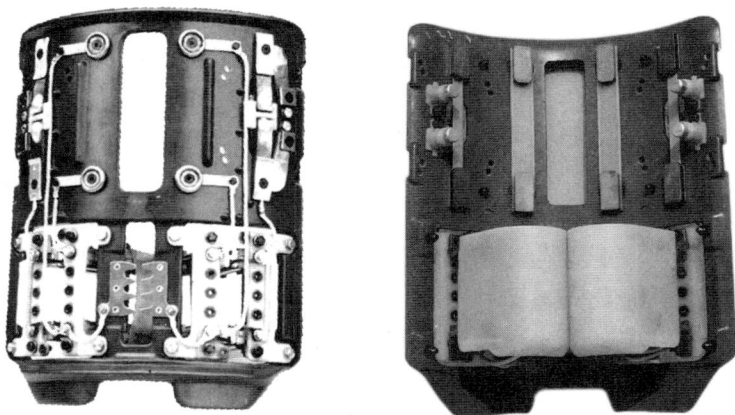

图 ZY1600308007-6 弧形板上的触头一体布置法

拆卸绝缘弧形板时，要求拆开一相，清洗一相，装配一相，三相不得同时拆开。

清洗拆开的扇形部件的触头系统、隔弧板、过渡电阻等，要求清洗干净。

检查弧形板：弧形板本身无破损开裂；过渡电阻外观正常，无过热现象；软连接片（过渡弧触头引出到过渡电阻连线处）良好，紧固件紧固；静弧触头无严重烧损，静主触头、连接触头接触压力（用力按感觉弹簧的压力）正常。

检查隔弧板：隔弧板内侧有电弧烧灼的痕迹是允许的，但不允许有明显的烧伤。

检查动触头系统：动弧触头无严重烧损，动主触头的接触痕迹正常；所有连接动触头的软编织线良好；所有的绝缘件，尤其是动触头滑动槽部分应无损坏（绝缘成型件）开裂；动触头上的紧固件、安装支架上的紧固件紧固（用力转动中间的衬套应无法转动）。

（4）用游标卡尺测量动、静弧触头的烧伤量，并做好记录。动、静弧触头中任一触头的烧伤量达到或超过 4mm，就必须更换全部弧触头。主弧触头的厚度与过渡触头的厚度相差超过 2.5～2.6mm 时，也必须更换全部弧触头。电弧触头有两种：一种是铜的，用于最大额定通过电流不超过 300A 的有载开关；另一种为铜钨触头，它由钢板与铜钨触头块焊接而成，钢板的尺寸 y 不变，x 的尺寸随触头烧损币变化，$x-y$ 为烧损量。触头烧损量的测量如图 ZY1600308007-7 所示。

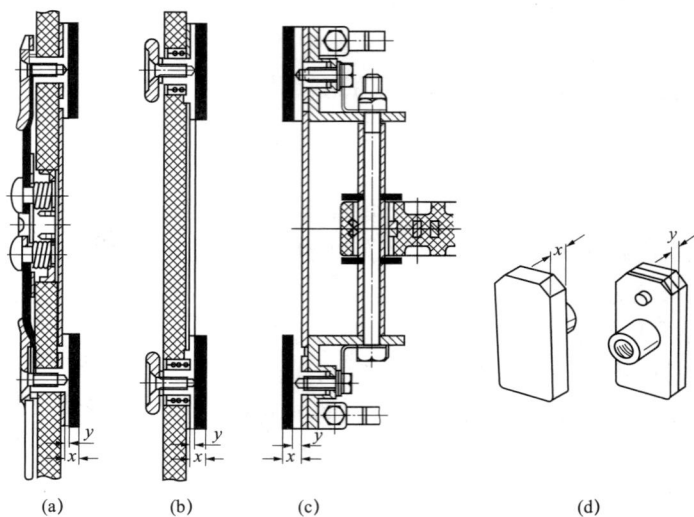

图 ZY1600308007-7 触头烧损量的测量

（a）主弧触头；（b）过渡（静）弧触头；（c）动弧触头；（d）新触头动、静弧触头允许的

最大烧损量 $x-y=4$mm，新触头 $x=(8\pm0.3)$mm，$y=4$mm

（5）检查主触头、过渡触头的引出编织线，要求完好无损，其中有一根编织软线断裂或分接变换超过 10 万次，必须全部更换。

（6）检查动触头滑槽，无裂缝及破碎，要求完好无损。检查全部动静触头的紧固情况及止退片，要求应紧固、无松动。检查过电压保护间隙，记录烧伤程度，最小间隙为 5mm。拆卸尼龙罩，清洗过渡电阻，要求清洁干净。

（7）绝缘驱动轴的拆卸和清洗。拆除支撑绝缘筒与储能机构连接处 4 个 M8×40 螺栓，以及 M8 自锁螺母与 4 片碟形弹簧垫圈，记录好弹簧垫圈卷的方向。卸下支撑绝缘筒和支撑板，取下绝缘驱动轴，清洗内外壁，要求清洗干净。

（8）绝缘驱动轴的复装。复装绝缘驱动轴时，将其槽对准偏心轮，然后插入驱动轴；复装支撑绝缘筒和支撑板时，将储能机构安装板上的"△"标记对准支撑板上的"△"标记。安装螺栓和弹簧垫圈及自锁螺母，最大紧固力矩为 22N·m。4 片碟形弹簧垫圈卷的方向应正确。

（9）静触头的拆装更换。用内六角扳手逐一拆下静触头的沉头固定螺钉（每一触头块用一个 M16×16 的内六角螺钉固定），取下静触头及压板，对比新旧静触头、压板、螺钉型号、尺寸，要求完全相同。安装新静触头时用冲头在沉头螺钉的圆头上切口处冲眼防松止退，要求静触头、压板、螺钉同时更换，最大紧固力矩为 9N·m。冲头口用力方向应与螺钉旋紧方向一致。

（10）动触头的拆装更换。拆卸动触头 1 个 M6×16 螺栓固定及 2 个碟形垫圈，对比新旧动触头、螺钉、垫圈型号、尺寸，要求完全相同。安装新动触头时最大紧固力矩为 9N·m，并用锁片锁定，锁片应锁在六角螺母平面上。

（11）动触头编织线的拆装更换。拆卸编织线输出端固定螺栓（每两根编织线用一个带自锁螺母及垫圈的 M6×28 螺栓固定到输出端），并记录螺杆方向，拆卸编织线触头端固定螺栓（主触头和过渡触头上的每个接头，用一个带自锁螺母及垫圈的 M6×18 螺栓固定到触头端）。对比新旧编织线、螺杆、螺母、垫圈型号、尺寸，要求完全相同。在输出端安装编织线注意螺杆方向，编织线、螺杆、螺母、垫圈全部更换，最大紧固力矩为 6N·m。在触头端安装编织线注意螺杆方向，螺杆、螺母、垫圈全部更换，最大紧固力矩为 9N·m。更换触头及软编织线时，注意六角螺栓头的方向及螺栓的长度不允许超过以上规定。千万要注意不要让螺栓、螺母、垫圈跌入芯子内。

4. 切换开关芯体的装配工艺

静触头弧形板的复装按拆卸的反顺序进行，同样要求储能机构的上滑板的击发杆要处在两爪卡之间，同时在引出端子的弓形件与动触头滑动座之间插入卡楔（见图 ZY1600308007-8），将动触头系统向中间方向压缩，以克服动触头系统的预压力，便于安装弧形板。

（1）装入触头的隔弧片，锁紧片紧贴 M6 六角螺栓的边。

（2）安装绝缘弧形板，紧固并锁紧 8 只 M6 螺栓，先紧固中间 4 只，后紧固两侧 4 只。最大紧固力矩为 5N·m。锁紧片紧贴 M6 六角螺栓的边。

安装弧形板时，插入安装槽内两组靠外的弧形板不要搞错安装位置，安装好以后，左右稍拨动一下，确认都已楔入槽内。卡楔是用绳子吊着的，弧形板装配完后只需向上拉绳子就可取出卡楔。

（3）三相弧形板均装配完毕后，使用专用工具使储能机构回到原工作位置（见图 ZY1600308007-9），锁住储能机构下滑板，同时使用专用工具顺时针转动切换开关，使上滑板挡块与另一侧爪卡接触，此时立刻放掉专用工具，回到工作位置，当使储能机构上滑板挡块与另一侧爪卡接触后才能动作。

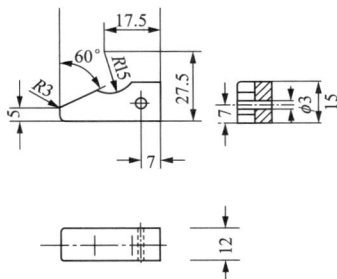

图 ZY1600308007-8　安装弧形板的卡楔　　　图 ZY1600308007-9　储能机构工作位置

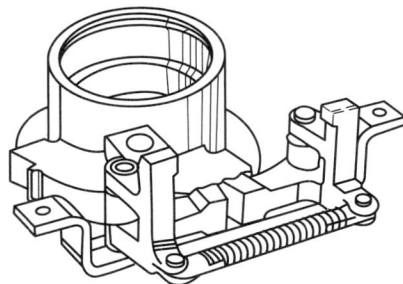

（4）使用专用工具，使储能机构转动 2 次，检查储能机构动作正常。

5．切换开关芯体测试

在切换开关芯体装复前，测试下列项目：

（1）分别测量单、双侧过渡电阻阻值，阻值与铭牌值比较偏差不大于±10%。

（2）必要时使用测压计测量触头的接触压力与超程。主通触头超程为 2～3mm，压力应符合表 ZY1600308007-3 的规定。

表 ZY1600308007-3　　　　触　头　的　接　触　压　力

触头名称	主触头	弧触头	中性点引出触头	连接触头
接触压力（N）	80～100	140～170	80～100	80～100

（3）必要时用直流示波器，测量触头的变换程序，变换时间为 35～50ms，过渡触头桥接时间为 2～7ms。

（4）用电桥或压降法，分别测量单、双侧与中性点出线间的回路电阻，每对触头接触电阻不大于 350μΩ。

6．切换开关芯体及油室的清洗

用合格绝缘油反复冲洗切换开关芯体、油室及抽油管，再用刷子洗刷，用无绒干净白布擦净，要求清洗干净。复装抽油管时防止损坏抽油管弯头上的 2 只密封圈。

7．切换开关芯体装复

（1）移开有载开关头盖，将切换开关芯体吊至油室上方，肉眼观测中心线重合，转动芯体使芯体支撑板抽油管切口位置对准抽油管，支撑板外沿上的"△"对准头部法兰内侧壁上的"△"，同时观察连接套筒与油箱底部连接件位置是否一致。

（2）缓慢小心地下落至油室口时，检查中心线重合且垂直，轻轻转动切换开关芯体，使其切换芯子的支撑板上的定位孔对准头部法兰内的两定位销，缓慢小心地下落到底。

（3）套上碟形垫圈及弹簧夹，并用 5 只 M8×20 螺杆（箱顶式）或 5 只 M8 螺母（钟罩式）将切换开关芯体固定，最大紧固力矩为 14N·m。

（4）安装好分接位置指示盘，装入定位销。

（5）注入合格的绝缘油，至切换开关支撑板为止。

（6）擦净头盖密封面，装好密封垫圈（必要时更换密封圈），将头盖齿轮装置的输出轴对准支撑板上的联轴器，头盖外沿上的"△"标记对准头部法兰相对安装螺孔处的"△"标记。

（7）盖好有载开关的头盖，检查有载开关与电动机构的位置是否一致，安装油室头盖上 24 只 M10 螺栓及垫圈，最大紧固力矩为 34N·m，拧紧螺栓，防止渗漏。

8. 分接选择器及转换选择器的检修

（1）检查分接选择器及转换选择器的闭合位置应完全一致，并与电动机构工作位置一致。

（2）检查分接选择器及转换选择器的动、静触头，应无烧伤痕迹与变形。

（3）检查有载开关的连接导线是否正确完好，绝缘杆有无损伤及变形，紧固件是否紧固可靠，连接导线的松紧程度是否使分接选择器及转换选择器受力变形。

（4）对带正、反调的转换选择器，检查连接"K"端的分接引线与转换选择器的动触头支架（绝缘杆）在"+"和"−"位置上的间隙，应不小于 10mm。

（5）检查分接选择器与切换开关的 6 根连接导线，要求紧固件紧固，导线完好，与油箱底部法兰应有 10mm 的间隙。

（6）检查其他紧固件和传动机构是否紧固并完好。

（7）检查传动机构应完好无损。

（8）手摇操作有载开关，逐挡检查 1→n 和 n→1 方向分接选择器及转换选择器的动静触头分、合动作和啮合情况，要求动静触头分、合慢动作平滑、渐进无卡滞，啮合良好，如图 ZY1600308007-10 所示。

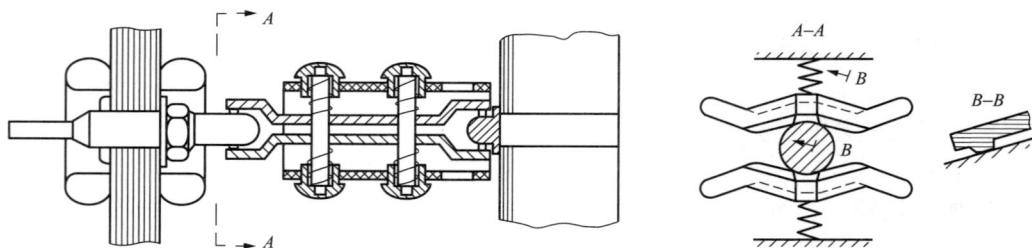

图 ZY1600308007-10　触钉式四点接触方式

（9）检查油室底部放油螺栓是否紧固。

9. 分接选择器及转换选择器的测试

（1）必要时使用测压计测量触头的接触压力，应符合表 ZY1600308007-4 的规定。

表 ZY1600308007-4　　　　　　　分接选择器及转换选择器的接触压力

触 头 名 称	分接选择器	转换选择器
接触压力（N）	60～80	80～100

（2）必要时用电桥或压降法分别测量分接选择器及转换选择器每对触头的接触电阻，每对触头接触电阻不大于 350μΩ。

10. 附件的检修及安装

（1）安装头盖至储油柜之间的管路及气体继电器，接好油流控制继电器或气体继电器的二次线，投运前进行传动试验。

（2）安装进、出油管路。检查、清洗储油柜，检查压力释放阀及溢油放气孔密封是否良好，检查头盖上的齿轮盒与传动齿轮盒密封是否良好，并更换润滑脂，要求无渗漏，无不正常磨损。

11. 注油和连接传动轴及调试

（1）注油。检查有载开关油室与其储油柜之间阀门是否在开启，通过储油柜注油孔补充合格绝缘油至规定油位，一般要比变压器储油柜油位低 100～150mm。

（2）连接传动轴。检查有载开关与电动机构的位置一致（在整定工作位置）。连接头部齿轮传动装置与伞状齿轮盒之间的水平传动轴，连接两端应自然对准并留有轴向间隙，连接伞状齿轮盒与电动操动机构之间的垂直传动轴，轴向间隙为 3mm。紧固螺栓，锁定锁定片。

（3）按照模块 ZY1600308003 "电动机构的检修" 的要求，完成对电动操动机构的检修。

（4）按照模块 ZY1600308005 "有载开关与电动机构的连接校验" 的要求，进行联轴校验合格，锁定垂直轴锁定片。

（5）调整与测试，见表 ZY1600308007-5。

表 ZY1600308007-5　　　　　　有载开关调整与测试项目

序号	调整与测试项目	质 量 标 准
1	手摇操作，用听觉及指示灯法测试有载开关的动作顺序	分接选择器、转换选择器和切换开关触头动作顺序应符合要求，选择器合上至切换开关动作之间至少有 2 圈的间隙
2	采用静压试漏法对油室进行密封检漏	油室各部位均无渗漏油
3	必要时对有载开关带电部位对地、相间、分接间、相邻触头间的绝缘进行油中工频耐压试验	应符合产品技术要求
4	分接选择器、转换选择器和切换开关整定位置的检查	符合产品整定位置表中的规定
5	有载开关不带电进行 10 个循环分接变换操作	动作正常
6	油流控制继电器或气体继电器的动作校验	符合技术指标
7	油室内绝缘油的击穿电压与含水量的测定	应符合要求
8	有载开关逐级控制分接变换操作	按下启动按钮，直至电动机停止，可靠地完成一个分接位置的变换

（6）按照模块 ZY1600308005 "有载开关的试验项目、周期和标准" 的要求，连同变压器进行有关项目的试验。

至此，检修工作全部结束。会同运行单位验收投运，填写检修报告，召开班后会，对检修工作进行总结，对检修后设备进行评估。

【思考与练习】

1. 简述 M 型切换开关吊芯的工艺过程。

2. M 型切换开关芯体解体检修的主要工序有哪些？

3. M 型有载开关检修调试项目有哪些？都有哪些具体规定？

4. 转换选择器有哪些检修项目和调试项目？都有哪些具体规定？

模块8　简易复合式有载分接开关的检修工艺及质量标准（ZY1600308008）

【模块描述】本模块介绍了简易复合式有载分接开关的结构和检修工艺，通过原理讲解、工艺要求介绍，了解 SY□ZZ 型有载分接开关的结构，掌握 SY□ZZ 型有载分接开关检修工艺和方法。

【正文】

一、概述

简易复合式有载分接开关（以下简称有载开关），其结构特点是没有专用的操动机构箱，它把电动机构直接置于选择开关的头部上，两者组合一体，省去开关与机构之间的安装调试工作。它具有结构简化、体积小、质量轻和价格便宜的特点，尤其适用于电压较低的小容量有载调压变压器。

上海华明电力设备制造有限公司的 SY□ZZ 型和 CF 型、贵州长征电气股份有限公司的 SY□Z□ 型、西安鹏远开关有限责任公司的 F 型、吴江远洋电气有限责任公司的 SY□ZZ 型等统称 SY□ZZ 型有载开关。SY□ZZ 型有载开关包括 SYXZZ（中性点调压）、SYJZZ（单桥跨接中部调压）和 SYTZZ（线端调）三种规格。这种类型的有载开关是国内配电系统选用较多的产品。它适用于额定电压 10～35kV，最大额定通过电流为 100、200、400A，频率为 50Hz 的三相配电变压器或电力变压器。三相有载开关可适用于△/Y接调压。

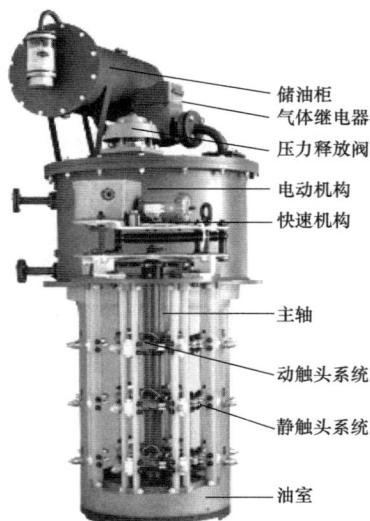

图 ZY1600308008-1 SY□ZZ 型有载开关整体结构

储油柜
气体继电器
压力释放阀
电动机构
快速机构
主轴
动触头系统
静触头系统
油室

二、有载开关的结构和原理

（一）结构原理

SY□ZZ 型有载开关由电动机构、快速机构、选择开关本体和选择开关油室四大部件组成，如图 ZY1600308008-1 所示。

电动机构由三相异步电动机、两级蜗轮蜗杆减速机构组成。早期的 SY□ZZ 型有载开关也有采用单相 220V 电动机的操动机构。

快速机构采用拐臂过死点释放机构，它由拉簧、弓形板、摇臂、拨槽件和槽轮等组成。

选择开关触头系统采用夹片式接触结构。上、下夹片动触头由触头弹簧紧扣在静触头上。静触头通常把主触头与电弧触头做成一个整体，主触头由铜材制成。由于动静触头脱离时，电弧往往发生在触头两侧，所以，在铜触头的两侧镶嵌铜钨合金来抗蚀电弧。

SY□ZZ 型有载开关头部法兰有箱顶式和钟罩式两种安装方式，其安装方法与 M 或 V 型钟罩式有载开关类似。

（二）机械控制原理

电动机接通电源后，经两级涡轮蜗杆减速，直接带动弓形板运动，弓形板在转动过程中推动曲柄，给快速机构弹簧储能，当曲柄与拉力弹簧成一线时，过死点释放，使曲柄飞快地通过拨盘拨动选择开关槽轮转过一槽，和槽轮相连的绝缘主轴带动选择开关完成一级变换。其结构如图 ZY1600308008-2 所示，其顺序开关、升降挡限位开关、位置指示接点、机械限位装置均在操动机构中。

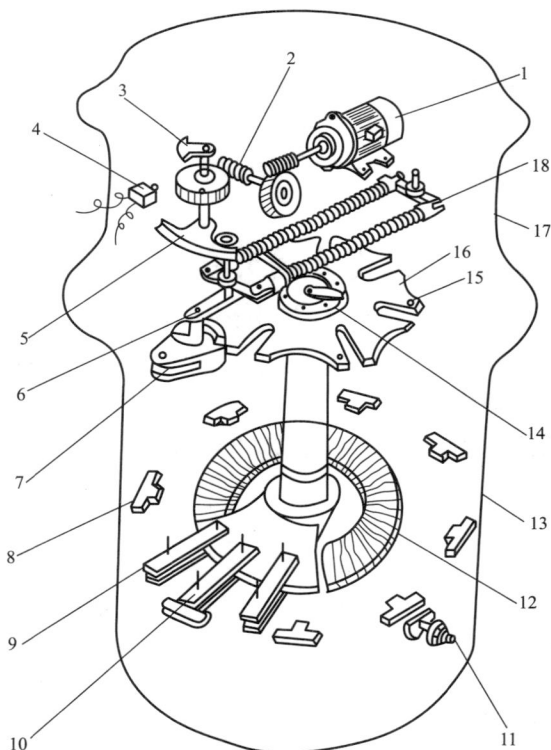

图 ZY1600308008-2 简易复合式有载开关机械结构

1—电动机；2—蜗轮蜗杆；3—顶板；4—程序开关；5—弹簧拨杆（弓形板）；6—曲柄（下连扇形拨块）；7—瞬转拨盘（拨槽件，上有弧形板）；8—分接定触头；9—动副弧触头；10—动主弧触头；11—外接分接头螺钉；12—过渡电阻；13—绝缘外筒；14—位置指示信号盘；15—机械限位螺钉；16—槽轮；17—开关箱体外壳；18—主弹簧

（三）电气控制原理

电动操动机构中的电气部分与在外部（一般设置在控制室）的控制器连接，开关内部用航空插头直接插入，其位置是确定的，外部按标号接控制电缆。常见的较为简单的控制回路原理接线如图 ZY1600308008-3 所示。

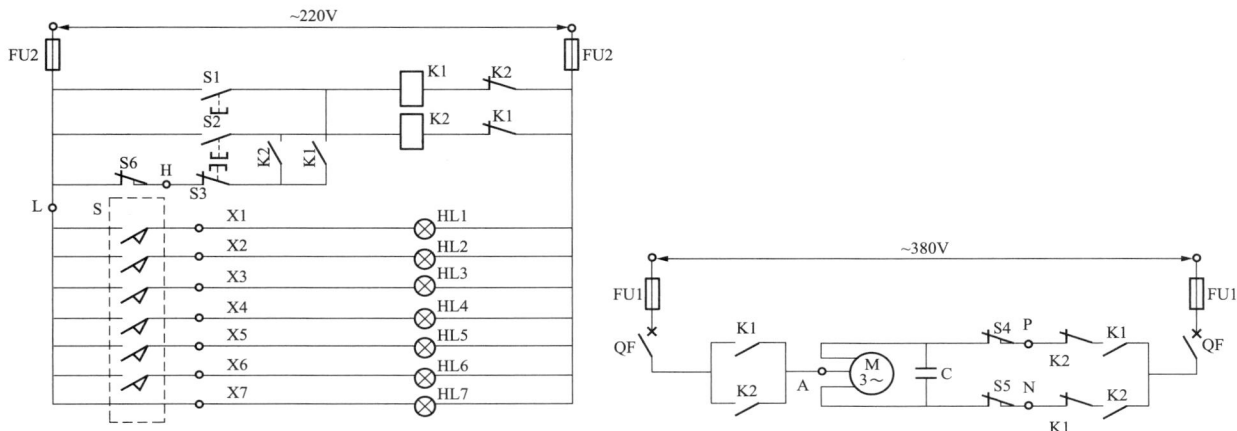

图 ZY1600308008-3　简易复合式有载开关控制回路原理接线图

目前，大部分厂家生产的控制器，均采用微电子技术制造，有些控制器还从系统采集了电压信号，对有载开关实现自动控制。有些控制器还留有远动接口，对有载开关实现远方控制。

三、有载开关的技术数据

SY□ZZ 型和 CF 型有载开关技术数据见表 ZY1600308008-1。

表 ZY1600308008-1　　　　SY□ZZ 型和 CF 型有载开关技术数据

项　目			SYXZZ 35/200~400	SYJZZ 35/200~400	SYTZZ 35/200~400	CF Ⅲ100	CF Ⅲ200
最大额定通过电流（A）			200~400	200~400	200~400	100	200
相数			3				
连接方式			△/丫				
过渡电路电阻数目			单电阻	双电阻	双电阻	单电阻	单电阻
短路试验（kA）	热稳定（3s 有效值）		4			2	4
	动稳定（峰值）		10			5	10
额定级电压（相）（V）			600			300	
最大分接位置数			10	9	10	9	9
绝缘水平（kV）	对地	系统电压等级	10		35	10	
		设备最高工作电压	12		40.5	12	
		工频 50Hz，1min	35		85	35	
		冲击 1.2/50μs	75		200	75	
	相间	工频 50Hz，1min	35		85	△接 35/丫接 18	
		冲击 1.2/50μs	75		200	△接 75/丫接 50	
	首末分接间	工频 1min	45			45	
		冲击 1.2/50μs	105			105	
	级间	工频 1min	10			18	
		冲击 1.2/50μs	30			50	

续表

项 目	SYXZZ 35/200～400	SYJZZ 35/200～400	SYTZZ 35/200～400	CF III100	CF III200
密封性能	60kPa 油压 24h 密封试验无渗漏				
寿命指标	机械寿命不小于 50 万次，电气寿命不小于 5 万次				
配用气体继电器	QJ4G-25			—	
配用自动控制器	HMK-35D			HMK-10D	
其他主要技术性能参数	1. 每对触头的接触电阻不大于 500μΩ。 2. 选择开关油中切换时间为 30～50ms。 3. 有载开关在最大额定通过电流下，各长期载流触头及导电部件对绝缘油的温升不超过 20K。 4. 有载开关在 1.5 倍最大额定电流从第一位置连续变换半周，其过渡电阻温升的最大值不超过 350K（油中）				

四、有载开关的检修工艺及质量标准

（一）选择开关吊芯

（1）拆除附件。调整选择开关至中间挡位（整定工作位置），确认并记录挡位。断开有载开关操作电源。打开抽油管阀门，从吸油管抽出并排尽油室绝缘油。拆除头盖上附件和有载开关头盖上 12 只 M8 螺栓，卸除头盖及其密封圈。取下油室内控制回路插件，并将插件头子甩在外壳筒壁外，插件及其引线不应妨碍选择开关吊芯。拆除选择开关定位螺栓上 2 只 M12 螺母及其垫圈，注意防止垫圈掉入油室。

（2）吊芯。借助 2 只吊环，系上尼龙绳或钢丝绳，用吊车或起吊工具，缓慢起吊 6～10cm 后，将芯体旋转 10°～20°，使芯体与绝缘护筒的两侧触头错开，芯体呈自由状态，然后再继续缓慢吊出，起吊过程中起吊中心应与芯体中心轴线重合，起吊应缓慢，防止碰伤触头与芯体。将芯体置于清洁油盘为，并防止积污与受潮。

10kV 小型开关，采用同样方法，可由两人对面提起芯体，两人对面双手握住上夹板 4 只螺栓处，齐心用力，即可使动静触头脱离。

由于开关 A、B、C 三相在油室上为直线分布，芯子经拉起后，若再提高一段距离，即芯子上的 B 相触头就会与 A 相油室上的出线桩头相碰，不易拉出，因此为了避免角头的撞击和磨损，宜分两步拉出，即先拉高 6～10cm，然后将芯子转一个角度（约 15°），使触头与绝缘筒上相应的出线桩头错开，再向上拉，直至取出芯子。

（二）选择开关检修

（1）用合格绝缘油冲洗选择开关，并用刷子及无绒干净白布擦净和清除选择开关芯体及触头积污。检查选择开关连接导线是否正确，有无损伤，紧固件是否紧固。检查动触头支持件及法兰与绝缘转轴间的连接情况，如连接松动应解体检查处理。检查销孔处绝缘管，如挤压裂缝应予更换。

（2）临时接通电动机电源，检查选择开关动作情况应灵活，如有卡滞应调整消除。主轴轴向窜动不大于 0.1～0.2mm，超标应加调整垫片。

（3）检查过渡电阻与动触头的连接可靠无松动，过渡电阻无过热断裂现象，并测量过渡电阻值，其阻值与铭牌值比较偏差不大于 ±10%。

（4）检查主副动触头在支持绝缘板上的弹动是否灵活，连接是否可靠，全部动触头弹动灵活无卡滞，连接可靠，压簧无疲劳变形。

（5）检查静触头是否固定可靠，接触片弹动是否卡滞，静触头固定可靠，接触片自由弹动，无卡滞。

（6）检查主动触头的烧伤程度，轻度烧损可用 0 号砂皮打光，烧损至 3.5mm 时（见图 ZY1600308008-4），应更换触头。触头工作面应光滑，无烧伤痕迹。

（7）检查副动触头的烧伤程度，轻度烧损可用 0 号砂皮打光，烧损至 5mm 时（见图 ZY1600308008-5），应更换触头。触头工作面应光滑，无烧伤痕迹。

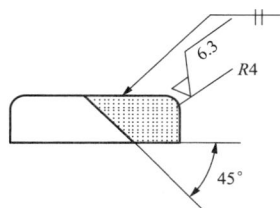

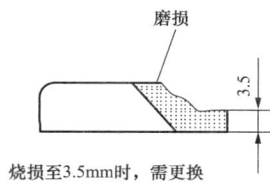

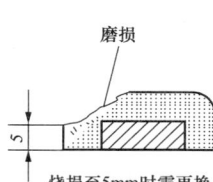

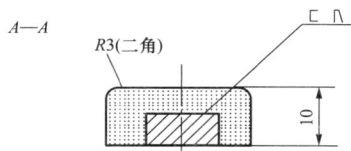

图 ZY1600308008-4　主动触头烧损量允许值　　　　　图 ZY1600308008-5　副动触头烧损量允许值

（8）检查静触头的烧伤程度，轻度烧损可用 0 号砂皮打光，烧损至 2mm 时（见图 ZY1600308008-6），应更换触头。触头接触面应光滑，无烧伤痕迹。

（9）检查触头支持绝缘件是否损伤、电弧烧伤，必要时予以更换，触头支持绝缘件应完好无损、无爬电现象。

（10）检查所有螺钉、螺母、销子是否松动。

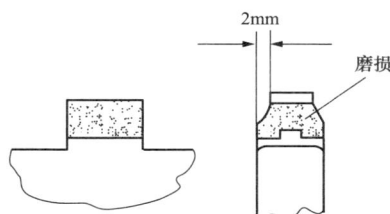

图 ZY1600308008-6　静触头烧损量允许值

（三）油室检修

（1）利用变压器本体及其储油柜油压，检查油室是否有渗漏油现象。

（2）排尽油室中绝缘油，用合格绝缘油冲洗油室，并用刷子或无绒干净白布擦净油室内壁，冲洗清洁。检查绝缘筒壁上静触头固定牢固无松动，表面平整光洁无放电痕迹，接触面无过热或损伤，绝缘筒内壁无放电痕迹，如筒壁损伤严重应予更换。

（3）处理渗漏油，更换"O"形密封圈时需拆除分接引线，将油室与变压器绕组分离，更换密封圈时加适度润滑脂。

1）绝缘筒与上法兰接合处渗漏油时，拆除绝缘筒内壁 16 只沉头螺钉，然后用木条轻轻叩击底盘，使绝缘筒与上法兰分离，更换"O"形密封圈，然后复装。叩击部位靠近绝缘筒壁，力度适宜，防止击伤筒壁与底盘。

2）绝缘筒与底盘接合渗漏油时，先用手电钻将绝缘筒外壁上 12 只环氧铆钉钻孔剔除，然后用木条轻轻叩击底盘，可使绝缘筒与底盘分离，最后更换"O"形密封圈复装。穿孔方向要正确，应剔除残屑，叩击部位靠近筒壁，力度应适宜。

3）静触头处渗油时，卸除螺母后再用木槌由绝缘筒外侧螺孔处向内侧轻轻敲击，如筒壁有轻度破伤，应砂光揩净后加适量环氧树脂或密封胶，更换"O"形密封圈，然后复装出线桩头。敲击力度要适宜，防止损伤绝缘筒并无渗漏油。

（4）复装完毕后再次进行密封检漏，无渗漏油，恢复分接引线。

（四）驱动机构检修

（1）传动机构检修。

1）拆除 2 只吊环螺母和 4 只螺杆上 M12 螺母及垫片，取下开口销，卸除 M16 螺母及垫片。

2）卸下传动机构，安放在检修平台上。

3）清洗传动机构各个零部件。

（2）检查蜗杆齿面磨损程度和蜗杆与电动机轴的配合情况。

1）蜗杆齿面应光滑，无毛刺和无严重磨损。

2）壳槽应无裂纹，蜗杆与电动机轴配合良好，无松动。

3）齿面轻微磨损可用什锦锉修锉，磨损严重应予更换。

4）蜗杆与电动机轴配合松动，则紧固螺母，若壳槽破裂则应更换。

5）检查二级蜗轮与轴及拨臂与输出轴的配合情况和齿面磨损程度，蜗轮蜗杆配合适度，啮合良好，其间隙应为 0.5～1mm。

6）拨臂与输出轴配合良好，无松动；齿面光滑无毛刺；检查全部紧固件及插销，紧固件紧固，插销无断裂；

（3）快速机构检修。

1）清洗快速机构各零部件。

2）检查拉伸弹簧应无疲劳、损伤，拉伸弹簧与连接板应连接可靠。

3）检查拉伸弹簧在快速切换动作时应转动灵活、无卡滞，转动零部件应无锈蚀、无严重磨损。

4）检查拨盘与槽轮之间的配合应良好，无卡滞，磨损严重时应予更换，如图 ZY1600308008-7 所示。

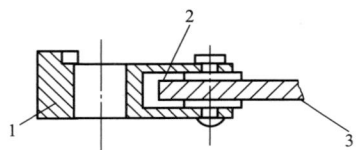

图 ZY1600308008-7　拨盘与槽轮的配合图
1—拨盘；2—间隙；3—槽轮

（4）检查拨盘与槽轮相对转动时轴向高度上两侧间隙是否相同，必要时可加装调整垫圈，调整相对高度，转动时互不干涉，最小间隙大于 1mm。拨盘上滚子的转动应灵活、无卡滞，各部位的铆接应可靠、无松动。

（5）电气控制回路检修。

1）检查控制回路元器件，如电压表、继电器、电源变压器、熔丝、计数器及电容器等完好无损，工作正常。

2）检查控制回路连线完好、正确紧固，并使用 500～1000V 绝缘电阻表测量绝缘电阻，绝缘电阻值不低于 1MΩ。

3）检查限位触点的闭合动作应正常。

4）检查在槽轮顶端的指示限位杆外舌部位的磨损情况，磨损部位厚度小于等于 1mm 时，应予以更换，如图 ZY1600308008-8 所示。

5）检查指示限位杆内 3 个动触头的弹动和触头球面磨损情况，如卡滞，应解体检修，触头球面轻度磨损时，进行表面处理，若磨损量达 1.5mm 时，应予更换，如图 ZY1600308008-9 所示。动触头弹跳灵活，无卡滞，其球面应光滑无毛刺。

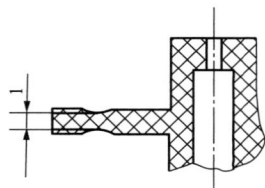

图 ZY1600308008-8　指示限位杆外舌部位的磨损

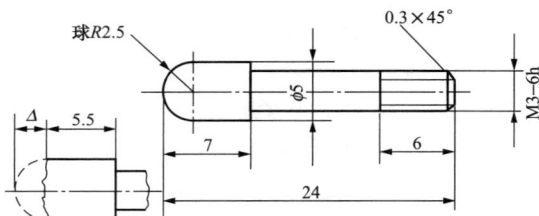

图 ZY1600308008-9　指示限位杆内动触头磨损

（五）附件检修

（1）检查压力释放阀应正常。

（2）检查气体继电器应正常，并做油流试验，油流速按 1～1.2m/s 整定。

（3）检查、检修、清洗储油柜。

（六）整体组装

（1）在选择开关芯体上安装快速机构，将指示限位杆安装在主轴顶端，将传动机构安装在快速机枢上，传动机构的拨臂工作面应对准快速机构拐臂的臂杆，如图 ZY1600308008-10 所示。底板螺丝应紧固。

（2）必要时测量动、静触头接触电阻和相间、级间对地绝缘件绝缘电阻，每对触头接触电阻不大于 500μΩ，绝缘电阻不小于 2500MΩ。

（3）调整选择开关至中间挡位（整定工作位置），缓慢起吊选择开关芯体，并使下夹板卸口对准吸油管方向，缓慢吊入绝缘筒，将安装法兰后旋转 12～15°，使其芯体弹性触头与筒体侧面出线静触头错

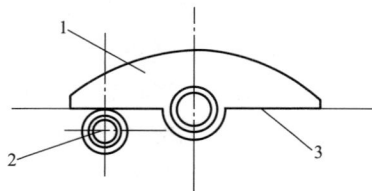

图 ZY1600308008-10　传动机构拨臂与快速机构臂杆
1—传动机构拨臂；2—快速机构臂杆；3—工作面

开，自由下落。选择开关芯体及其油室触头不得碰撞，当芯体下夹板下落至距安装法兰面 10cm 时，将芯体前旋转 12～15°，使芯体法兰安装孔对准导向定位螺钉，继续下落直至芯体触头与筒体触头接触，然后用手压芯体，使其正确到位。

（4）复装并紧固芯体上两个 M12 紧固螺母及其平垫圈和弹簧垫圈，复装并旋紧油室中控制回路接插件，对油室注入合格绝缘油，并采油样试验且合格。

（5）恢复控制回路连线。

（七）调整、测试

（1）芯体装复前，使用电桥测量过渡电阻，与铭牌值比较偏差不大于±10%。

（2）芯体装复前，必要时测量触头的接触电阻，每对触头接触电阻不大于 500μΩ。

（3）芯体装复后，必要时，采用电流示波图法测量每相切换时间，主弧触头分开至另一副触头闭合的时间间隔不小于 10ms，切换时间 30～50ms，切换过程中无回零开断。

（4）采用变压器及其储油柜油压对油室进行密封检漏，或对油室本体施加 60kPa 油压持续 24h 无渗漏。

（5）必要时，在有载开关带电部位对地、相间、分接间、相邻触头间进行油中耐压试验，应符合产品技术要求。

（6）有载开关逐级控制分接变换操作，可靠地完成每一个分接变换，不联动、误动与拒动。不带电进行 10 个循环分接变换，动作应正确，分接位置指示应正确，电气限位应可靠。

（7）连同变压器本体做相关试验且合格。

（8）组织进行整体验收，投运。

（9）在空载情况下，进行分级变换操作一个循环，动作应正常。

至此，检修工作全部结束。会同运行单位验收投运，填写检修报告，召开班后会，对检修工作进行总结，对检修后设备进行评估。

【思考与练习】

1. 简易复合式有载开关结构上有什么特点？由哪些主要部件组成？
2. 简易复合式有载开关驱动机构都有哪些检查检修项目？都有哪些具体规定？
3. 简易复合式有载开关吊芯时有哪些注意事项？
4. 简易复合式有载开关主、副动触头和静触头烧伤程度是如何规定的？

模块 9　有载分接开关的验收投运及运行维护（ZY1600308009）

【模块描述】本模块介绍了有载分接开关的验收投运的基本要点和有载分接开关运行维护的基本要求，通过原理讲解、工艺要求介绍，掌握有载分接开关的验收投运项目、内容、方法和步骤，掌握有载分接开关的日常运行、操作、巡检、维护等有关要求。

【正文】

一、有载分接开关的验收投运

（一）外部检查验收

（1）检查有载分接开关（以下简称有载开关）的头盖、压力释放装置、挡位指示孔、溢油放气阀孔、机械传动轴、油流控制继电器（或气体继电器）、在线净油装置、储油柜及管路和蝶阀，螺栓紧固，密封良好，无渗漏油现象。

（2）检查有载开关的储油柜上部补油孔螺帽、呼吸器及联管螺栓紧固，密封良好。呼吸器内的吸湿剂无变色受潮。

（3）检查有载开关储油柜油位符合相应温度要求，且较变压器本体储油柜油位明显偏低（一般要求低 100～150mm）。

（4）检查储油柜管路上的阀门均已开启。

（5）检查油流控制继电器（或气体继电器）安装正确，通向储油柜的联管向上倾斜度不大于 2%，拧开头盖、抽油管、气体继电器上的溢油放气阀孔进行排气。

（6）检查有载开关的头盖上接地螺栓紧固，接地良好。

（7）检查电动机构箱门密封良好，内部清洁干净，无进水现象和杂物，机械零件无锈蚀，电器元件无霉变痕迹，加热器工作正常，手柄保管良好。而且符合防潮、防尘、防小动物的要求。

（8）检查电动机构箱安装位置高度合适，站在地面（或永久性台阶）可方便地扣上机构箱门的上下门闩锁扣。

（9）检查水平和垂直连杆安装符合要求，两轴端对准且留有 2～3mm 轴向间隙，联轴器上固定螺栓紧固，止退片翻起。

（10）检查有载开关和电动机构连接校验准确，有载开关、电动机构、远方位置指示器位置显示一致。

（二）技术资料验收

（1）新投运的有载开关，投运前应提交下列出厂文件：

1）有载开关的安装使用说明书、出厂试验报告、出厂合格证。

2）电动操动机构的安装使用说明书、出厂试验报告、出厂合格证。

3）远方位置显示器的安装使用说明书、出厂试验报告、出厂合格证。

4）油流控制继电器（或气体继电器）的安装使用说明书、出厂试验报告、出厂合格证。

5）过压力保护装置（释压器）的使用说明书、出厂试验报告（整定值记录）、出厂合格证。

6）有载开关控制器安装使用说明书、出厂试验报告、出厂合格证（简易复合式有载开关用）。

（2）安装和检修后的有载开关，投运前应提交下列资料：

1）有载开关的安装、调试、检查记录。

2）电动操动机构的安装、调试、检查记录。

3）有载开关的油质试验报告。

4）油流控制继电器（或气体继电器）的安装和试验报告。

5）连同变压器整体做的直流电阻和变比试验报告。

（三）技术数据复核

（1）有载开关油质试验报告应符合规程要求和制造厂要求。安装及大修后，注入切换开关或选择开关油室前，油质的酸值、闪点、介损、击穿电压和微水含量等要求与变压器油质达到同等水平。注入油室后符合表 ZY1600308009-1 的要求。

表 ZY1600308009-1　　　　　　有载开关油质电气强度标准

有载开关类型	Ⅰ类	Ⅱ类
油的击穿电压（kV）	≥30	≥40
微水含量（μL/L）	≤40	≤30

（2）有载开关油流控制继电器（或气体继电器）试验报告应符合规程要求。油流速度按 1～1.2m/s 整定。气体继电器气体积累接点投信号位置，油流冲动接点投跳闸位置。对于油浸式真空有载开关，气体继电器可以替代油流控制继电器。

（3）有载开关控制回路加装了电流闭锁装置时，其整定值按 1.2 倍额定电流，返回系数按大于或等于 0.9 考虑。

（4）有载开关安装有自动控制装置时，动作电压在满足用户受电端的供电电压允许偏差规定的基础上，一般按系统电压质量控制标准整定。

（5）复核有载开关直流电阻和变比试验报告应符合规程要求，并逐级全挡位做了试验，电阻和变比的试验数据、误差、变化规律均正常。

（6）有载开关加装有联动保护时，时间继电器整定时间与有载开关相符。中间位置为1的有载开关整定时间为7s，中间位置为3的有载开关整定时间为13.5s。

（四）有载开关及操动机构的性能检查验收

（1）以有载开关头盖上挡位指示器指示的分接位置为基准，检查核对电动操动机构的位置指示、主控室远方位置指示必须一致。

（2）电动操动机构，包括驱动机构、电动机传输齿轮、控制机构等应固定牢靠，连接部位正确，操作灵活，无卡滞现象。齿轮盒注入符合制造厂规定的润滑油。滑动部位加了润滑脂，刹车皮上无油迹，制动可靠。

（3）手摇操作验收。

1）将有载开关手摇至整定工作位置。正向和反向各手摇一挡，有载开关与电动机构的连接校验应准确。

2）检查合格后，手摇操作一个循环，检查传动机构是否灵活，检查有载开关位置指示与操作箱的位置指示及远方位置指示应在每挡一致，检查计数器应动作正确。

3）手摇到两个极限位置，检查两级限位开关动作正常，机械限位功能完好。

4）大型变压器，一般由1台电动操动机构控制3台单相有载开关。组式变压器，一般每相各配置1台电动操动机构控制1台单相有载开关。这时，要求各相有载开关切换动作同步，一般要求不超过1圈。

（4）就地电动操作验收。

1）将有载开关手摇调至整定工作位置，检查电动机保护回路正常后给上电源，做好就地电动操作准备，"就地/远方"转换开关切换至"就地"位置。

2）按1→n或n→1按钮，检查电源相序与旋转方向应相符。

3）分步检查紧急停车功能、继电功能、逐级控制功能、中间挡位超越功能、手摇闭锁功能、两个方向极限位置电气闭锁功能均正常。

4）将"就地/远方"转换开关切到"远方"位置，在主控室进行远方操作，检查1→n或n→1操作时挡位指示正确，操动机构动作正常，重点再检查一下远方紧急停车功能正常。

（五）传动投运

（1）与变压器整体进行油流控制继电器（或气体继电器）及回路、过负荷闭锁装置及回路等相关保护的传动试验正常。

（2）对变压器带电进行冲击合闸试验，冲击合闸次数符合相关规定。

（3）在变压器空载情况下，在主控室对有载开关电气控制操作一个循环（若变压器已经带上负荷，空载分接变换有困难时，可在电压允许偏差范围内进行几个分接的变换操作），检查挡位指示变换应正确，检查电压表变化范围和规律与产品出厂数据相比应无明显差别。然后调至所要求的分接位置带负荷运行，并加强监视。

二、有载开关的运行及操作

（一）运行及操作一般规定

运行操作要求如下：

（1）正常情况下，有载开关一般使用远方电气控制操作。当检修、调试、远方电气控制回路故障和必要时，可使用就地电气控制操作。当远方和就地电气控制回路均故障时，也可使用手摇操作（尽可能不用）。当开关在极限位置时，使用手摇操作时必须确认操作方向无误。就地操作按钮应有防误操作装置，手摇操作的手柄应妥善保管。

（2）分接变换操作必须在1个分接变换完成后方可进行第2次分接变换，操作时应密切关注挡位显示器的指示以及电压表和电流表的指示，不允许出现回零、突跳、无变化等异常现象。

（3）有载开关每操作一挡算一次，每次分接变换操作都应将操作时间、分接位置、电压变化情况及累计动作次数记录在有载开关操作记录本上。

（4）当变动电动机构的操作电源后，在未确证电源相序是否正确前，禁止在极限位置进行电气控制操作。

（5）有载调压变压器可按各单位批准的现场运行规程的规定过载运行，但过载 1.2 倍以上时，禁止分接变换操作。

（6）有载开关调压后一般应自动启动在线净油装置，有载开关长期无操作，也应半年手动启动一次在线净油装置。

（7）由 3 台单相变压器构成的有载调压变压器组，在进行分接变换操作时，应采用三相同步（远方或就地）电气控制操作并必须具备失步保护。在实际操作中如果出现因一相开关操动机构故障导致三相位置不同时，应利用就地电气或手动将三相分接位置调齐，并且在修复前不允许进行分接变换操作。原则上运行时不允许分相操作，只有在不带负荷的情况下，充电后的试验操作或控制室远方控制回路故障而又急需操作时，方可在分相电动机构箱内操作，同时应注意下列事项：

1）只有在三相有载开关依次完成 1 个分接变换后，方可进行第 2 次分接变换，不得在一相连续进行 2 次分接变换。

2）分接变换操作时，应与控制室保持联系，密切注意电压表和电流表的变动情况。

3）操作结束，应检查各相分接开关的分接位置指示是否一致。

（8）2 台有载调压变压器并联运行时，允许在 85%变压器额定负荷及以下进行分接变换操作。操作时，不得在 1 台变压器上连续进行 2 个分接变换操作，必须 1 台变压器的分接变换完成后，再进行另一台变压器的分接变换操作。每进行 1 次分接交换后，都要检查电压和电流的变化情况，防止误操作和过负荷。升压操作，应先操作负荷电流相对较少的一台，再操作负荷电流相对较大的一台，以防止产生过大的环流。降压操作时与此相反。操作完毕，应再次检查并联的 2 台变压器的电流大小和负荷分配情况。

3 台及以上变压器并联运行时，进行分接变换操作应符合以上原则。

（9）有载调压变压器与无载调压变压器并联运行时，应预先将有载调压变压器分接位置调到与无载调压变压器相对应的分接位置，然后切断电源再并列运行。一般情况下，不允许与无载调压变压器并联的有载调压变压器进行分接变换操作。

（10）对装有自动控制器有载开关的要求：

1）装有自动控制器的有载开关必须装有计数器，每天定时记录分接变换次数。当计数器失灵时，应暂停使用自动控制器，查明原因，故障消除后，方可恢复自动控制。

2）2 台及以上并联运行的有载调压变压器或有载调压单相变压器组，必须具有可靠的失步保护，当有载开关不同步时，发出信号，闭锁下一分接变换。由于自动控制器不能确保 2 台同步切换时，此类变压器不能投入自动控制器。

3）当系统中因倒闸操作或其他原因，可能造成电压大幅度波动时，调度应预先下令将有关变压器有载开关的自动控制器暂停使用，待操作完毕恢复正常后，再下令恢复自动控制。

有载开关出现下列现象应中止操作并查处：

（1）分接变换操作后，挡位指示器不变位。

（2）挡位指示器有变位，而电流表和电压表无变化。

（3）操作一挡后不停车发生联动，立即按紧急停车按钮。

（4）有载开关发生拒动、误动，电压表和电流表变化异常，电动机构或传动机械故障，分接位置指示不一致，内部切换异声，过压力保护装置动作跳闸，看不见油位或大量喷漏油并危及有载开关和变压器安全运行的其他异常情况时。

（5）系统发生短路等故障时。

（6）变压器的负载电流超过 1.2 倍额定电流时禁止调压操作。

（二）有载开关每天调整次数规定

（1）有载调压装置的分接变换操作，由运行人员按调度部门确定的电压曲线或调度命令，在电压允许偏差范围内进行。为保证用户受电端的电压质量和降低线损，220kV 及以下电网电压的调整宜采用逆调压方式。

（2）如有载调压变压器自动调压装置及电容器自动投切装置同时使用，应使按电压整定的自动投切电容器组的上下限整定值略高于有载调压变压器的整定值。

（3）有载开关每天调整次数依据系统电压波动情况而确定，当母线电压能满足逆调压原则并且在合格范围时，尽可能地减少操作次数，一般不应超过表 ZY1600308009-2 的规定。

表 ZY1600308009-2　　　　　　　　有载开关每天调整次数

开关类型	35kV 及以下简易复合式有载开关	110kV 中部调压的有载开关	M、V 系列有载开关	220kV 及以上主变压器用有载开关	老旧式有载开关
级电压（%）	1.25	2.5	1.25	1.25	1.25
正常次数	20	6	15	不规定	10
最多次数	30	10	20	—	15

注　1. 有载调压变压器一般级电压均为 1.25%。凡 110kV 中部调压、级电压均为 2.5% 的有载开关，基本上全部是对无励磁调压变压器后期改造所使用的有载开关。

　　2. 老旧式有载开关指 20 世纪 80 年代以前西变（西安西电变压器有限责任公司）生产的 C、D 型，沈变（沈阳变压器有限责任公司）生产的 SYXJ 型有载开关，目前这些开关已停止生产，但系统仍有相当数量的设备在运行。

（三）有载开关日常巡检及维护项目

1. 日常巡检项目

（1）母线电压指示应在规定的电压偏差范围内。

（2）电动操动机构或控制器电源指示灯显示正常。

（3）控制室分接位置指示器与电动操动机构分接位置指示器指示正确一致。

（4）有载开关储油柜油位、油色应正常。

（5）有载开关吸湿器干燥剂无受潮变色。

（6）有载开关及其附件、联管各部位无渗漏油。

（7）计数器动作正常，及时记录分接变换次数。

（8）有载开关在线净油装置按设定的启动、停止程序运行正常。

（9）电动机构箱内部应清洁，润滑油位正常，机构箱门关闭严密，符合防潮、防尘、防小动物要求，密封良好。

（10）电动机构箱内加热器应完好，并按要求及时投切。

2. 定期检查维护项目

定期检查维护项目由运行人员完成，一般 1～3 个月一次，通常在变压器不停电情况下进行，工作现场不少于 2 人，且经过技术培训具有一定的专业知识。

（1）呼吸器的吸湿剂变色超过一半时必须进行更换或干燥处理。通常呼吸器的吸湿剂都是从底部出气与进气口开始变色，若发现吸湿剂从呼吸器的上部开始变色，说明呼吸器与储油柜的联管密封不良存在泄漏点，应查明原因并处理。

（2）操动机构箱门密封良好，符合防潮、防尘、防小动物要求。正常运行时，要求机构箱门的上下门闩都锁扣到位（不允许只锁一侧）。

（3）操动机构箱内部应清洁，必要时进行清扫，清扫时应断开电源，用干净的小毛刷从上到下清扫一遍。

（4）操动机构箱下部若发现有掉落的小螺钉，要仔细查找掉落的部位并恢复固定牢靠，同时用扳手将所有固定件检查一遍，用螺丝刀将所有端子排连线螺钉检查一遍。

（5）操动机构润滑油位应正常，齿轮盒油位在中间位置，且油色呈淡黄色可视为正常。若油色浑浊且呈乳黄色，应换油。油量约 1.5kg。

（6）传动部位加适量润滑脂，如手动操作的轴上、限位开关的滑动支架、位置信号输出盘的触头和轴承处、控制齿轮的接触部分等。同时检查制动部位无油迹（加润滑脂时制动部位除外）。

（7）机构箱内加热器应完好，并按要求及时投撤。部分机构箱内有一组加热器，则要求该加热器长期运行。还有些机构箱内有 2 组加热器，则要求一组加热器长期运行，另一组加热器由温控器控制，当环境温度低于 5℃时加运，高于 10℃时停运。

（8）在线滤油装置按其技术文件要求检查滤芯。

（四）运行中有载开关的油务监督

（1）运行中的有载开关油室内绝缘油击穿电压和微水含量应符合表 ZY1600308009-3 的规定。

表 ZY1600308009-3 　　　　　运行中的有载开关油质量标准

有载开关类型	Ⅰ类	Ⅱ类
油的击穿电压（kV）	≥25	≥35
微水含量（μL/L）	≤40	≤30

（2）油浸式真空有载开关，采集油样后还应做色谱分析，应无过热和放电特征气体。

（3）运行中有载开关油室内的绝缘油，每 6 个月至 1 年或分接变换 2000～4000 次，至少采样 1 次。一般级电压为 2.5%的有载开关和老旧式有载开关按下限控制，其他有载开关按上限控制，分接变换次数和时间以先到为准。油浸式真空有载开关不按分接变换次数只按时间控制，一般为 1 年。

（4）运行中分接变换操作频繁的有载开关（除油浸式真空有载开关外），宜采用带电滤油或装设在线净油装置，在线净油装置宜自动控制，并加强其运行管理和维护。

（5）凡已装设在线净油装置的有载开关，可有效解决油采样问题，运行维护单位应按规定定期采样试验。

（6）运行单位应定期向主管部门和运行维护单位上报有载开关分接变换操作次数、上次换油至今的分接变换操作次数、上次吊芯检修至今的分接变换操作次数，应分别统计上报。有载开关检修超周期或累计分接变换次数达到所规定的限值时，应按有关规定进行维修。

三、在线净油装置简介

1. 在线净油的必要性

实践证明，安装在线净油装置后，吊芯检查时油室中油透明、清洁，无明显游离碳沉积，油的击穿电压始终处于合格及较好的状态，其清洁度可达到变压器本体绝缘油的水平，且无须变压器停电进行油的过滤或更换。加装在线净油装置后，过滤回路无死角污油的存在，采油样时，没有必要每次放掉一部分出油管中的污油，无油量消耗，且油样正确有效。

2. 滤芯的精度及净油效果

绝缘油在一定微水含量的情况下，油中颗粒杂质的大小及其数量对击穿电压的影响是十分明显的。试验证明：当滤芯精度大于等于 5μm 即油中颗粒直径小于 5μm 时，击穿电压可从 23kV 提高到 38kV；当使用滤芯精度大于等于 2μm 即颗粒直径小于 2μm 时，其击穿电压可从 23kV 上升到 49kV。这充分说明滤芯精度越高，击穿电压改善效果越好。但滤芯精度越高，运行中更换滤芯的次数会较频繁。

3. 在线净油装置性能介绍

在线净油装置一般均采用两级过滤，前级去除游离碳及杂质，后级去除水分。

进、出油管路与油室的出、进油管路相连接。装置上带有采样阀，便于抽取油样。在变压器停运状态下，还可通过在线净油机给油室补油。

装置配有专用控制器，具有手动、定时启动、自动启动、工作时间设定功能，有动作次数记录、滤芯维护报警等多种功能。

当选择手动运行方式时，按启动键，滤油机开始工作，按停止键，滤油机停止工作。若不按停止键，根据系统设定时间自动停止工作，出厂一般设定为 4h。

当选择定时运行方式时，滤油机在系统设定的时间内自动启动、自动停止滤油。出厂一般设定为每天 12:00～16:00 滤油。

当选择自动运行方式时，滤油机接收有载开关调压信号自动滤油。出厂设定为有载开关每切换一次自动滤油 1h。

滤芯的进出油端压力差达到 0.35MPa 时，系统发出报警信号，提示更换滤芯（滤水滤芯可再生使用）。

此外，还配置温度和湿度控制器，当温度低于 5℃或湿度达到 80%时，加热器开始工作，当温度达到 45℃时，风扇开始工作，能适用于各种环境，实现全天候无人监控自动工作。

油流量和压力不会造成气体继电器动作跳闸，也不会造成开关头盖上安装的压力释放阀动作。一般油的流速控制在 10～12L/min 较为适宜。

4. 在线净油装置的安装检查与调整

（1）装置进出油的引出管与油室连接正确，进油和出油的管接头上应安装截止阀。

（2）连接管路长度及角度适宜，使在线净油装置不受应力。装置的箱体安装平面平整，箱体没有变形，内部无异物，未进水及受潮。

（3）在线净油装置的滤油回路应充满油，无空气进入和残留空气，处于密闭循环状态，以防止空气带有潮气入侵，对有载开关的绝缘水平造成不良影响，并造成轻瓦斯异常发信。安装后对管路系统和过滤罐完全排气。

（4）按制造厂的说明书接入电源，检查油泵电动机相序应正确。检查手动、定时及自动启动控制功能应正常。用手动启动的方式运行 1h 后检查管路及箱内各部位应无渗漏油的现象后，加入试运行。

（5）在线净油装置的启动方式可选用手动、定时及自动启动。实践证明有载开关每次动作切换时自动启动在线净油装置并能持续过滤一段时间（如 30～60min），这样的方式效果较好。

（6）检查在线净油装置，除颗粒滤芯寿命终止或滤芯阻塞失效报警、停机功能正常。

5. 在线净油装置维护

（1）外观检查。接地装置可靠，金属部件无锈蚀，承压部件无变形，各部位无渗油。

（2）缺相试验。电源缺相时滤油装置应退出运行并发信。

（3）油路堵塞试验。油路堵塞时，净油装置应能够显示压力异常，并能够抑制压力上升或退出运行，连接部位无渗漏油。

（4）绝缘电阻。使用 500～1000V 绝缘电阻表测量电气回路绝缘电阻值良好。

（5）交流耐压试验。在线净油装置动力电路与保护接地电路及金属外壳之间应能承受工频 2kV、1min 的耐压试验。

（6）在线净油装置的加装、检修、更换滤芯和部件在不停电状况下进行时，检修完毕后要在滤油机内部进行循环、补油、放气，投入运行时应短时退出有载分接开关气体继电器跳闸压板，并将有载开关控制方式转换到"就地"，滤油 30min 无异常后恢复。

（7）在线净油装置故障及滤芯失效应及时处理。

（8）装有在线净油装置的变压器有载开关油的耐压、含水量测试取样一律从滤油机管路上的取样阀抽取。投运 24h 后分别从滤芯进出油口取样进行微水、耐压测试，比较在线净油装置使用效果。

（9）在线净油装置可在停电或不停电状态下方便地更换滤芯，并且可以借助更换干燥滤芯[经 4～6h，（85±5）℃干燥]的方法吸收油中微水而提高油的击穿电压，用以消除油耐压不合格缺陷。这是变压器不停电在运行中行之有效的消缺方法。

【思考与练习】

1. 对有载开关的油位有何要求？

2. 安装和检修后的有载开关，投运前应提交哪些技术资料？

3. 安装和检修后的有载开关，直流电阻只做了部分挡位行不行？为什么？

4. 安装和检修后以及运行中的有载开关，绝缘油质量标准是如何规定的？

5. 如何对有载开关及操动机构的性能进行检查验收？

6. 有载开关的定期检查维护项目有哪些？

226

模块 10 有载分接开关常见缺陷和处理方法（ZY1600308010）

【**模块描述**】本模块介绍了有载分接开关常见的缺陷原因、现象和处理方法，以及因联轴错位造成的事故原因，通过案例分析，掌握有载分接开关常见缺陷和处理方法，落实提高有载分接开关安全运行的各项技术措施。

【**正文**】

一、电动操动机构及二次回路常见故障及处理方法

电动操动机构在长期使用过程中，与有载分接开关（以下简称有载开关）本体相比，出现故障的几率要高得多。据统计，在有载开关发生的故障中，电动操动机构故障的几率占到 60%～70%。虽然在运行中电动操动机构出现故障一般不会导致有载开关发生大问题，但会直接影响有载开关的变换操作。现将电动操动机构及二次回路常见故障及处理方法表述如下（参见图 ZY1600308003-1）。

（1）给上电源即跳闸。

1）故障特征及原因分析。一般发生在安装阶段后期，准备给上电源对电动操动机构进行调试，结果刚一合上电动机保护开关，就发生跳闸。出现这种情况，最大的可能是电动机保护开关跳闸回路接线不正确。

2）检查与排除方法。首先检查紧急停车按钮回路接线是否错误，该按钮应接动合触点而接为动断触点。其次检查联动保护回路接线是否错误，时间继电器应接动合触点而接为动断触点。然后检查电动机保护开关跳闸线圈回路与电源某处是否有短路故障而导致跳闸。再检查电动机保护开关电动机回路是否有短路故障，由于热偶元件动作而发生跳闸。最后检查电动机保护开关本身是否故障，必要时更换断路器。

（2）给上电源就启动。

1）故障特征及原因分析。一般发生在安装阶段后期，准备给上电源对电动操动机构进行调试，结果刚一合上电动机保护开关，电动机构就启动。这种现象有时也会发生在就地/远方开关位置转换时。遇到这种情况时，应立即拉开电机保护开关进行检查。出现这种情况，最大的可能是启动操作回路接线不正确造成。

2）检查与排除方法。首先检查就地/远方开关位置，若在就地（远方）位置，重点检查就地（远方）1→n 和 n→1 启动操作按钮回路，是否按互相闭锁关系接线（应接一个动合触点，一个动断触点）。

（3）启动操作后电机保护开关跳闸。

1）故障特征。一般发生在安装阶段后期，准备对电动操动机构进行调试，结果给上电源，按下启动操作按钮电动操动机构在运行中发生跳闸。

2）原因分析。一是电源相序有可能接反；二是联动保护时间继电器整定时间不合适；三是在极限位置电气限位开关失灵；四是凸轮开关控制的微动开关组动作配合失常。

3）检查与排除方法。首先检查电源相序，一般因电源相序接反导致的跳闸，往往发生在启动按钮后初期，且两个方向都出现，经判断确系电源相序接反，将三相任倒两相后重试。其次检查联动保护时间继电器整定时间，一般因联动保护时间继电器整定时间太短（有载开关 1 个中间位置整定时间 7s；3 个中间位置整定时间 13.5s）导致的跳闸，往往发生在启动操作后一级分接变换快要结束时，且两个动作方向都出现（有 3 个中间位置的有载开关，在其他位置正常，只在中间超越位置时出现），经判断确系联动保护时间继电器整定时间太短所致，对时间继电器进行调整后重试。

对于 MA7、MA9 等型电动机构，有时有载开关在极限位置，若继续向极限位置方向操作，由于电气限位开关失灵，机械限位堵转，电机力矩增大而电流剧增，热偶元件动作也会使电机保护开关跳闸。这时，重点检查电气限位开关是否失灵，按照先断控制回路，后断电机回路，调整后重试。

有时，凸轮开关控制的微动开关组因固定螺栓松动，导致微动开关组位移时，即 S13 未断开或已返回后，误接通反向动作的微动开关 S11（S12），造成电机保护开关跳闸；还有一种情况，当分接变换快要结束时，即 S13 已返回，S11（S12）在将要返回过程中，由于凸轮装置上的复位弹簧复位时反作用力误接通反向动作的微动开关 S12（S11），而造成电机保护开关跳闸。对上述两种情况，重点检查微动开关组固定螺栓是否松动，按照动作程序的要求调整凸轮开关组。

（4）联动。

1）故障特征。一般发生在有载开关运行较长一段时间后，当一级分接变换后不能停机而继续运转，有些连续运行几挡后自动停机，有些一直运行至极限位置被极限保护开关断开才停机。遇到这种情况时，应立即拉开电机保护开关进行检查。

2）故障原因。一是交流接触器失电延时所致；二是顺序开关与交流接触器动作配合不当造成；三是电动机制动性能不符合要求；四是联动保护不起作用。

3）检查与排除方法。首先检查 1→n 或 n→1 启动回路交流接触器 K1（K2），由于剩磁或油污粘和或卡滞造成失电延时所致，一般因剩磁造成失电延时，拉开电源后 K1（K2）和 K3 有可能返回正常位置，因油污粘和或卡滞造成失电延时，拉开电源后 K1（K2）和 K3 仍在不正常位置。其次检查顺序开关 S13 是否故障失效，不能按规定的程序时段接通，使交流接触器 K20 一直未吸合，K1（K2）的自保持回路一直断不开。然后检查顺序开关 S11（S12）触点是否因油污粘和或卡滞而断不开，使交流接触器 K1（K2）和 K3 一直处于励磁状态。再检查是否由于电动机制动性能不符合要求，停车后向前滑动超越停车区域，使顺序开关 S11（S12）触点未得到操作命令又自由接通。以上故障原因分析查处后，最后再检查联动保护为什么不起作用。早期的一些电动操动机构未带联动保护功能，必要时增加设置。

（5）手摇操作正常，而就地电动操作正、反两个方向均拒动。

1）故障特征。一般发生在有载开关运行较长一段时间后，手摇操作时正常，而就地电动操作正、反两个方向均拒动。

2）故障原因。一是电源电压不正常；二是手摇闭锁开关触点未接通；三是控制回路和电动机电源回路某处导线松脱或接触不良。

3）检查与排除方法。首先检查电源电压是否无电源或缺相。其次检查手摇机构中弹簧片是否未复位，造成手摇闭锁开关 S21 和 S26 触点未接通，必要时更换手摇闭锁开关。然后检查控制回路和电动机电源回路某处是否导线松脱或接触不良，重点是公用部分如 Q1 和 K3 的接点回路等。

（6）电动机构仅能作一个方向分接变换操作。

1）故障特征。一般发生在有载开关运行较长一段时间后，电动机构仅能一个方向分接变换。

2）故障原因。一是另一方向的限位开关未复位；二是 1→n 或 n→1 启动回路交流接触器互锁的动断触点失效。

3）检查与排除方法。首先检查该方向的限位开关是否未复位，如 n→1 方向不能操作，应检查 n→1 方向的限位开关 S25 和 S23 是否未复位，用手拨动限位机构，并在滑动接触处加少量油脂润滑，确认限位开关复位后重试。其次检查 1→n 或 n→1 启动回路交流接触器互锁的动断触点是否正常，如 n→1 方向不能操作，检查 1→n 启动回路交流接触器 K1 互锁的动断触点 K1（41、42）是否不能复归，始终处断开状态。

（7）有载开关操作无法控制方向。

1）故障特征及原因分析。一般发生在简易复合式有载开关，由 220V 供电的单相电动机构的有载开关运行较长一段时间后，有载开关操作时无法控制方向。出现这种情况，最大的可能是电动机电容器回路断线或接触不良或电容器故障。

2）检查与排除方法。简易复合式有载开关，电动机构与有载开关一体化，均置于油室中，需将变压器转检修状态，打开有载开关头盖，检查电动机电容器回路，并处理接触不良回路、断线或更换电容器后重试。有时，电动机电容器回路接触不良、断线或电容器损坏后，有载开关就完全不能操作。

（8）远方控制操作拒动，而就地电动操作正常。

1）故障特征及原因分析。一般发生在有载开关运行较长一段时间后，远方控制操作拒动，而就地电动操作正常。出现这种情况，基本属远方控制操作回路故障所致。

2）检查与排除方法。重点检查远方控制回路在电动机构输出端子排和控制室接线端子排接线端子是否有松脱现象，消除故障后重试。

二、有载开关本体常见故障及处理方法

有载开关本体故障率相对电动操动机构故障率低一些，但若不能及时发现和及时处理，往往会引发较为严重的设备事故，甚至会造成分接绕组损坏使整个变压器运行瘫痪。有载开关经过较长一段时间运行后，一部分缺陷和故障会在运行操作中暴露出来，这需要运行人员每天的定点巡视和操作后的检查，认真仔细通过听、闻、观察仪表来发现。另一部分缺陷和故障是由检修试验人员在对设备进行小修、大修、试验时通过试验数据或解体检查来发现。无论运行中和检修试验中发现的缺陷，均要做出正确的分析判断，确认缺陷和故障排除后方可继续运行。现将有载开关本体常见故障及处理方法表述如下。

（1）运行中油流控制继电器（或气体继电器）动作跳闸。

1）故障特征。一般发生在有载开关新投运或正常运行中或分接变换操作后，油流控制继电器（或气体继电器）动作跳闸，主变压器停运。

2）故障原因。如果在油流控制继电器（或气体继电器）动作跳闸的同时，主变压器差动保护和压力释放阀均动作，可初步判断有载开关油室必定有短路故障。若仅油流控制继电器（或气体继电器）动作跳闸，其他保护未动，可怀疑是否属保护误动。

3）检查与排除方法。如果判断有载开关油室有短路故障，安排对有载开关进行吊芯检查，同时对变压器本体油采样进行色谱分析，有些变压器分接绕组动稳定不足，有载开关油室有短路故障时，容易造成变压器分接绕组损坏变形，必要时安排对变压器进行吊芯检查。若怀疑是否保护误动，安排对保护进行传动检查。

（2）电动机构完成一级分接变换，有载开关却没有动作。

1）故障特征。一般发生在有载开关运行较长一段时间后，电动机构完成一级分接变换，有载开关却没有动作。调压后从电压表上观察无变化，在变压器旁边听不到有载开关动作的声响。

2）故障原因。一是有载开关联轴脱落；二是储能机构可能失灵；三是（M型）有载开关发生了机械断轴。

3）检查与排除方法。首先检查有载开关水平和垂直连接轴是否脱开，出现这种情况的原因大多属联轴节上的螺栓没拧紧或止退片没锁定，或连接轴长短不合适，原因查清后重新联轴（注意核对有载开关与电动机构位置一致），拧紧螺栓锁定止退片，做连接校验。排除以上原因之后，对于V型有载开关，则有可能是储能机构失灵，储能弹簧断裂或弹簧拉攀处脱焊所致，这两种情况都必须将变压器转检修，打开头盖吊出芯子检查处理。对于M型有载开关，也有可能是发生了机械断轴，若是在极限位置发生的断轴，有可能是有载开关与电动机构连接错位造成，若是在中间位置发生的断轴，有可能是分接选择器严重变形，传动系统阻滞力较大而造成。原因查清后，更换储能弹簧或机械限位轴，重新安装调试。

有载开关干燥后无油操作，或异物落入切换开关芯体内，或误拨枪机使机构处于脱扣状态（带枪机式储能机构易发生），也容易造成储能机构损伤失灵。

（3）有载开关拒动同时电动机烧损。

1）故障特征及原因分析。一般发生在有载开关安装或检修后，有载开关拒动同时电动机烧损。最大的可能是有载开关与电动机构连接错位，使电动机构造成机械堵转的同时电动机会被烧损。无堵转功能的其他类型的电动机构不易发生。

2）检查与排除方法。首先检查有载开关与电动机构位置是否一致，若有载开关与电动机构错位，即有载开关已在1挡，电动操动机构还在2挡，当电动机构从2→1挡运行时，则有载开关发生机械堵转同时电动机会被烧损。还有一种可能，虽然有载开关与电动机构联轴正确，在极限位置，由于误操作向极限方向继续运行且电气限位开关失灵时，也会发生机械堵转同时电动机会被烧损。原因查清后，消除缺陷并更换电动机，重新联轴校验。

（4）切换开关切换时间延长或不切换。

1）故障特征及原因分析。通常采用拉簧储能的有载开关，一般发生在有载开关检修试验过程中，最大的可能是储能机构的储能拉簧疲劳、拉力减弱或断裂，或机械传动有卡滞现象。

2）检查与排除方法。检查储能拉簧是否疲劳、拉力减弱或断裂，检查机械传动是否卡滞。必要时更换储能拉簧。

（5）变压器变比与出厂数据不符。

1）故障特征及原因分析。一般发生在有载开关检修试验过程中，最大的可能是电动机构指示的分接位置与实际不符，也有可能是分接引线连接有错误。

2）检查与排除方法。首先检查有载开关与电动机构分接位置是否一致，并与历史数据相比较确认电动机构指示的分接位置与实际是否不符。排除以上原因后，检查分接引线连接是否有错误并处理。

（6）连同变压器测量直流电阻不合格或直流电阻呈不稳定状态。

1）若在个别位置上直流电阻异常，且三相在这一位置都出现这种情况，有可能是该分接位置经常不运行，触头表面形成银硫化物或铜硫化物造成，操作 5 个循环后再测试。

2）对于 V 型有载开关，若在两个方向某一相每个分接位置直阻均偏大，有可能这一相输出动触头接触面烧伤或连线焊接不良或动触头绝缘支架断裂所致。若在两个方向某一相或两相每个分接位置直阻均偏大，有可能是芯体绝缘转轴出现不允许的变形。经反复测试确认后，安排吊芯进行检查。

3）对于 M 型有载开关，若在两个方向某一相上单数或双数位置直阻均偏大，可能是切换开关某处接触不良，吊芯检查切换开关主动触头与静触头的接触；检查油室上抽出式触头的接触；检查切换开关油室至分接选择器的连接引线连接是否良好；检查分接选择器动、静触头啮合情况。若在两个方向某一相或两相每个分接位置直阻均偏大，则有可能是分接选择器某处接触不良，将变压器放油，从人孔进入检查分接选择器是否变形。

若发现分接选择器或转换选择器静触头支架弯曲变形，造成变压器绕组直流电阻超标，或分接变换拒动或内部放电等，最大的可能是分接选择器或转换选择器绝缘支架材质不良，或分接引线对其受力较大或安装垂直度不符合要求。查明原因，纠正分接引线不应使分接选择器受力，调整有载开关安装的垂直度使其呈自由状态，必要时更换静触头绝缘支架。

（7）切换开关吊芯复装后，测量连同变压器绕组直流电阻，发现在转换选择器不变的情况下，相邻两分接位置直流电阻值相同或为两个级差电阻值。

1）故障特征及原因分析。最大的可能是切换开关拨臂与拐臂错位，不能同步动作，造成切换开关拒动，仅选择开关动作（SYXZ 型有载开关）。

2）检查与排除方法。重新吊装切换开关，将拨臂与拐臂置于同一方向，使拨臂在拐臂凹处就位。手摇操作，观察切换开关是否左右两个方向均可切换动作，然后注油复装，并测量连同变压器绕组直流电阻值，以复核安装的正确性。

（8）有载开关有局部放电或爬电痕迹。

1）故障特征及原因分析。一般在有载开关检修过程中发现，最大可能是紧固件或电极有尖端放电或紧固件松动造成悬浮电位放电。

2）检查与排除方法。根据放电现象，分析放电原因，排除和打磨尖端，排除尖端放电的因素，加固紧固件，消除悬浮放电。另外强调的是每次注油后，务必打开吸油弯管上部排气溢油螺钉，排完吸油管残留气体。若吸油管内残留气体未排尽，极容易造成吸油管绝缘击穿或放电。

三、有载开关联轴错位的事故案例

（一）联轴错位导致有载开关事故

1. 事故状态

某变电站将主变压器的有载开关由 2 挡调到 1 挡后，随即有载开关发生爆炸，主变压器和有载开关的瓦斯保护均动作，主变压器的差动保护动作，主变压器跳闸停运。

（1）有载开关状态。防爆玻璃炸碎，油向变压器周围喷出达 20 多米远。有载开关本体挡位指示已看不清。

（2）操动机构状态。位置指示在 1 挡，状态指示盘已超越 1 挡自然位置，且上限位开关推动杆已断裂失灵，总闭锁开关齿轮已损坏，总闭锁开关已不起作用，主控室同步位置指示器指示在 1 挡。

（3）有载开关解体检查情况。切换开关在 S2 位置，极性开关在"+"位置，分接选择开关在 10 挡，切换开关动静触头全部烧损，油全部炭化变黑，主变调压绕组在电动力作用下已严重变形。

2. 事故原因分析

根据以上现场情况分析认为，这次事故的主要原因是有载开关的挡位与操动机构的位置不对应而造成。也就是说在事故前，有载开关本体已调至 1 挡，而操动机构的位置仍在 2 挡，主控室同步位置指示器位置与操动机构位置一致也在 2 挡，值班人员以操动机构的位置指示为依据，从 2 挡向 1 挡调整时，导致有载开关超越极限位置而发生事故。

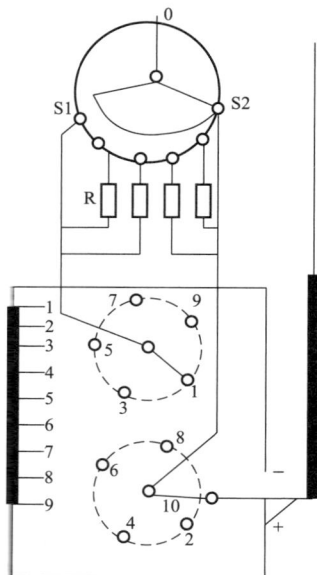

图 ZY1600308010-1 事故后状态

图 ZY1600308010-1 为有载开关事故后解体看到的状态，从图中看到：有载开关原在 1 挡运行，则切换开关应在 S1 位置运行，事故后切换到了 S2 位置；极性转换器原在"+"位运行，事故后仍在"+"位；分接选择器单数组原在 1 挡，事故后仍在 1 挡，双数组原在 2 挡，事故后切换到 10 挡。这时可清楚地看到，在切换开关的 S1 动、静触头间加上了全部分接绕组的电压，造成切换开关的 S1 动、静触头间放电短路而酿成事故。

分析认为，这台变压器安装试验后，有载开关与操动机构曾解过轴，而联轴后未再做连接校验，也未再次做直流电阻和变比进行验证，导致有载开关的挡位与操动机构的挡位不一致，是造成事故的主要原因。而每年的预防性试验，只做运行挡直流电阻和变比，此隐患一直未被发现。变电站在运行中只在 2～16 挡之间变换操作，但事故隐患一直存在。

该型开关为西变（西安西电变压器有限责任公司）D 型有载开关，开关内部无机械限位装置。

（二）联轴错位导致有载开关异常

1. 异常现象

某变电站新投运 1 号有载调压变压器，采用 V 型有载开关。现场已经过验收且主变压器已投运带电，在带上负荷后将 2 台主变压器分列运行做调压试验时，发现从 8 挡到 9 挡变换后，电压表变化比较明显，而从 9 挡调至 10 挡时，电压表没有变化。

2. 现场检查

发现异常后当即停止试验，将主变压器停运转检修，对有载开关进行检查，发现操动机构位置在 10 挡，而有载开关 10 挡位置指示还未出来，将操动机构向 1→n 方向转动 16 圈后，有载开关 10 挡位置指示才显出，即操动机构比有载开关位置超前了 16 圈。随后查阅了投运前的试验报告，发现试验班在做直流电阻试验时只抽检了几个挡位，没有全挡位试验，不能正确地分析和判断问题。接着安排对有载开关的直流电阻和变比重新逐级做了试验，发现从 8 挡到 9 挡直流电阻变化较大，而从 9 挡调至 10 挡时，直流电阻不变。

3. 原因分析

根据以上情况及有载开关触头切换顺序进行了分析，状态如图 ZY1600308010-2 所示。

根据图 ZY1600308010-2 所示动作顺序可明显看出，当机构指示在 8 挡时，有载开关触头 6→7 已切换，而 7→8 未切换，实际反映的是 7 挡直流电阻。当机构指示在 9B 挡时，有载开关 7→8 和 8→9 两次切换，实际反映的是 9 挡直流电阻。当操动机构指示在 10 挡时，有载开关 9→K 和+→-已切换，而 K→10 未切换，所以实际反映的仍是 9 挡直流电阻。因此在做调压试验时即出现象上述不正常现象。

造成这一异常现象的主要原因是安装人员对有载开关安装、调试工艺方法不熟悉，联轴时未核对挡位，未做连接校验，试验时项目不全所致。运行人员对有载开关验收项目不熟悉，验收不细致，导致缺陷未在投运前发现。

四、提高有载开关安全运行的措施

（1）对于老旧有载开关加快更换进度。这些开关属早期的淘汰产品，本身安全可靠性差，无机械限位装置。当电动机构与开关联轴错误或电气限位触点失灵时，极易发生事故，对主变压器安全运行构成较大威胁。

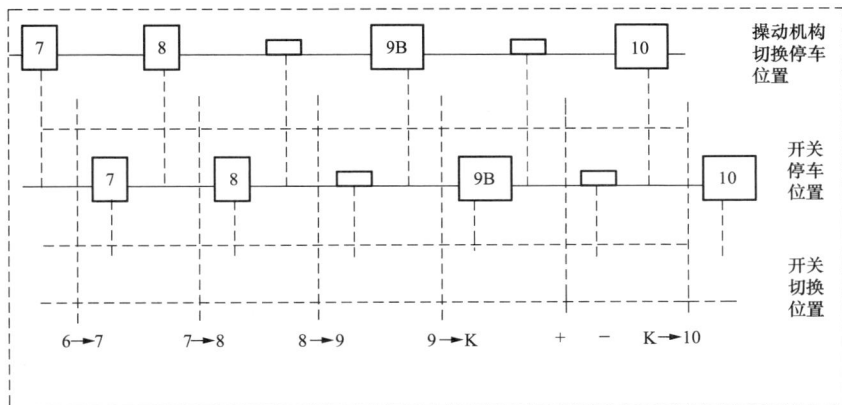

图 ZY1600308010-2　1 号主变压器缺陷状态

（2）系统在 20 世纪 80～90 年代将一部分 110kV 无励磁变压器改造为有载调压变压器时，选用的 SYJZZ 型开关，其结构不合理，产品质量较差，运行中如油箱渗漏、触头烧损、过渡电阻烧断等问题较多，再不宜选用。

（3）对于 DCJ-10 型操动机构，由于受运行工况的影响，有些会出现联动现象，对此类开关应将控制回路予以改进。

（4）有载开关投运前验收，必须认真检查以下项目：

1）核对有载开关挡位指示与操动机构挡位指标一致。检查有载开关与机构的联轴校验正常。

2）查阅直流电阻和变化试验报告，项目是否齐全，数据正确。

3）检查电动机相序正确。

4）检查紧急停车功能正常。

5）检查逐级控制功能正常。

6）检查手摇闭锁功能正常。

7）检查中间超越功能正常。

8）检查上、下限位功能正常。

9）检查极限限位闭锁功能正常。

10）检查电动机制动功能正常。

11）检查机构箱内加热器工作正常。

当以上项目经检查确认正常后，有载开关方可投运。

（5）加强运行维护管理，一是要求有载开关验收时对直流电阻和变比进行全挡位复验；二是有载开关与机构运行中若解轴后，连接时必须做连接校验，并复核直流电阻和变比；三是每年的预防性试验，要求在整定工作位置直流电阻和变比最少做 3 挡以上。

（6）加强有载开关的业务和技术培训，提高有载开关安装、检修、运行的业务和技术管理水平。

（7）有载开关检修时，必须按照 DL/T 574—1995 给出的工艺进行，吊芯检查时必须用专用的工具吊装。对 110kV 及以上有载开关，严禁用人力吊芯或装复芯体。

（8）有载开关每操作一挡记一次，运行中应将每天调正的次数、每月调正的次数、换油后调正的次数、大修后调正的次数做好记录。以此为依据，安排好有载开关的换油周期和检修周期，以保证有载开关安全地运行。

（9）建议有载开关全部加装带电净油器，以减少主变压器停电次数，同时解决运行中油样采集问题。

【思考与练习】

1. 有载开关启动操作后电机保护开关跳闸，请分析判断原因，简述查处方法。

2. 有载开关分接变换时发生联动，请分析判断原因，简述查处方法。

3. 有载开关电动机构仅能一个方向分接变换，请分析判断原因，简述查处方法。

4. 电动机构完成一级分接变换，有载开关却没有动作，请分析判断原因，简述查处方法。

5. 连同变压器直流电阻不合格或直流电阻呈不稳定状态，请分析判断原因，简述查处方法。

第十四章 变压器的现场干燥

模块1 变压器干燥方法和要求 （ZY1600309001）

【模块描述】本模块介绍了变压器现场干燥的各种方法，通过案例介绍，掌握变压器现场常用干燥的操作技能，掌握真空条件下干燥程度的判断标准。

【正文】

一、概述

变压器干燥的目的是除去变压器绝缘材料中的水分，增加其绝缘电阻，提高其闪络电压。在现场条件下，大型电力变压器绝缘的干燥通常是在自身的油箱中进行，220kV 级及以上的大型变压器必须采用高真空的干燥技术。较低电压的中、小型变压器的绝缘干燥，根据油箱的抽真空强度可以抽低真空进行。多年来的现场实践证明：热油循环真空干燥法、热油喷淋干燥法、涡流加热和热风真空干燥法、零序短路干燥法是可行的干燥方法。

现场对变压器绝缘进行干燥时有三种情况：

（1）变压器绝缘表面轻微受潮、绝缘特性降低较轻、绝缘电阻偏低和绝缘系统的介质损耗因数偏高。此时可使用热油循环真空干燥法。

（2）绝缘件局部更新、保留大部分浸过油的部件混合干燥时，对绝缘施加的温度保持在（95±10）℃。此时可使用热油喷淋法。

（3）若器身绝缘经全新改造，它所采用的干燥温度可达 110℃，以便使绝缘尽快排水并使绝缘处在最佳状态。此时可使用热油喷淋法、涡流加热连续热风真空干燥法。

二、危险点分析与控制措施

危险点分析与安全控制措施见表 ZY1600309001-1。

表 ZY1600309001-1　　　　危险点分析与安全控制措施

序号	危 险 点	安全控制措施
1	火灾	防止加热系统故障或绕组过热烧损变压器
2	低压触电	检修电源设备无损坏，接线应规范。干燥过程中，所有外露的可接地的部件及变压器外壳和干燥设备都应可靠接地
3	抽真空时，油箱和附件过度变形、胶囊袋破裂	不能承受全真空的变压器油箱和附件（储油柜、散热器等），在抽真空前，首先应确定变压器油箱的机械强度、允许抽真空的范围。变压器的抽真空应按制造厂图纸要求并遵守制造厂规定。在抽真空过程中，随时检测油箱变形情况，要求油箱局部最大凹陷尺寸不得超过箱壁厚度的 2 倍。最简便的方法，是装置油箱变形的标志
4	真空泵电源失电	变压器抽真空时，保证真空泵电源不失电，避免真空泵油被吸入变压器油箱而使变压器绝缘受污染
5	混油	补充不同牌号的变压器油时，应先做混油试验，合格后方可使用。有载开关油室内的绝缘油应单独储存在空油桶内

三、热油循环真空干燥法

1. 概述

热油循环真空干燥法是现场最容易实现的方法，对去除老化物质及杂质有较好效果，所以对被确认为有污染的变压器（例如故障后）和运行已久的变压器应选用此干燥方法。处理过程中绝缘中的水分被热油携带进入真空滤油机脱气罐进行真空脱水并滤去污染物，或变压器顶部留出一定空间抽真空，油经过管路由变压器下部抽出，经过加热器（加热）和油泵，由变压器顶部注入油箱进行循环。为了减少由于油箱壁和冷却器的热辐射产生的热损耗，油箱应采取保温措施，并把冷却器与油箱之间的上、下部阀门关闭。

这种干燥方法需要具备外部加热系统，包括真空滤油机（净油能力不小于 6000L/h）和加热器或一组将油加热至 85℃ 的电加热器和油泵。

2. 工艺过程

热油循环干燥系统如图 ZY1600309001-1 所示。

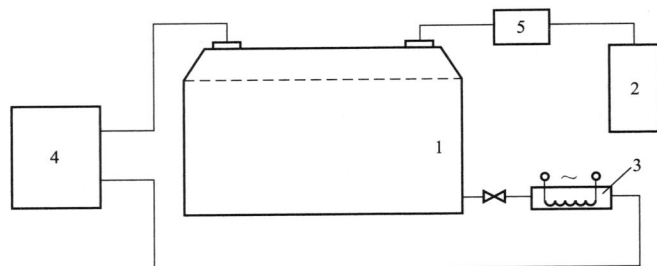

图 ZY1600309001-1　热油循环干燥系统

1—油箱；2—真空泵；3—加热器；4—真空滤油机；5—过渡罐

（1）注油或放油至油面距油箱顶部 200～300mm（或浸没绝缘 50mm），不耐全真空的油箱不得低于储油柜最低油位。

（2）先打开热油循环系统进、出油阀门，然后开动真空滤油机，再投入加热器进行加热。油从变压器下部注放油阀抽出，再从油箱顶部进入本体。真空滤油机（或油泵—加热系统）出口油温控制在 95℃ ，最高不超过 105℃。注意油路运转情况，如有异常需要停机，必须先切断加热器，后停泵。

（3）当回油温度高于环境温度 15～20℃时启动真空泵打开真空阀门，对本体抽真空，全真空油箱应逐级提高真空度到规定真空，一般按下列规定进行：抽至 0.053MPa（残压 0.048MPa）保持 2h；抽至 0.08MPa（残压 0.021MPa）保持 2h；抽至 0.09MPa（残压 0.011MPa）保持 2h。然后提高真空度到表 ZY1600309001-2 所列值，如果影响到循环油泵排油，可适当降低真空度。

表 ZY1600309001-2　　　　　　　不同电压等级变压器热油循环油面最高真空

额定电压等级		真 空 度
≤66 kV		−0.05MPa
110 kV	半真空	−0.063MPa
	全真空	−0.1MPa
220 kV		残压≤260 Pa
330～500 kV		残压≤133Pa

（4）循环油温度的控制，主要是测量变压器进、出口处油流温度，故应在变压器进油及回油口处放置温度计。由于真空滤油机及油泵—加热器组的出油口和进油口离变压器进、出口有一定距离，故变压器的进油口温度会低于滤油机出口温度，而变压器回油口温度会高于滤油机回油口温度，两者之间有一定差别。

（5）连续进行热油循环加温（并抽真空）直到回油温度（即变压器出口油温）达到 70～75℃，保持此温度继续连续循环。

（6）每 12h 测量 1 次，连续 12h 无冷凝水时，可判定干燥基本结束。

（7）当油箱出口油温（回油温度）达到 70～75℃ 时，如果接有测量绕组绝缘电阻的测量线时，应定时测量一次各绕组的绝缘电阻（对地及对其他绕组间），绝缘电阻的曲线随干燥时间下降，然后上升至稳定（额定电压小于等于 110kV，连续 6h，额定电压大于等于 220kV，连续 12h 不变）。

（8）满足上述（6）、（7）两项指标后，继续热油循环 48h。取油样，击穿电压、介质损耗因数、含水量指标达到规定，干燥结束。

3．注意事项

（1）变压器油温小于 95℃。

（2）顶层油温达 80～90℃的连续循环干燥应小于 48h，如仍达不到要求需采用其他方法。

（3）因为真空度和水沸点的关系，真空度为 0、54、80、97.3、100kPa 时，水沸点分别为 100、80、61.5、29.5、10℃，所以滤油机真空度应大于 97.3kPa。

四、热油喷淋真空干燥法

1．概述

热油喷淋真空干燥法类似变压器制造厂中的煤油气相干燥法。煤油气相干燥法被认为是超高压大容量变压器最合理的干燥方法，采用一种汽化点高于水的煤油蒸气作载热介质。热油喷淋法是用热变压器油从变压器顶部喷淋到变压器器身上，热量由喷射的油流扩散及整个器身，同时对油箱抽真空，绝缘内部水分蒸发成水蒸气，被抽出油箱外。热油喷淋法不需分阶段抽真空，而是器身在较高且较稳定的温度下连续地抽真空将绝缘中水分排出。由于干燥是在高真空无氧的条件下进行，所以绝缘温度可适当提高，较热油循环真空干燥法或热油循环排油真空干燥法的干燥速度更快、更好、更彻底。

热油喷淋真空干燥法适用于油箱能承受高真空的所有变压器。对绝缘受潮较严重，现场更换绕组和施工期限紧急的变压器采用此法最好。

2．工艺过程

热油喷淋循环干燥系统如图 ZY1600309001-2 所示。

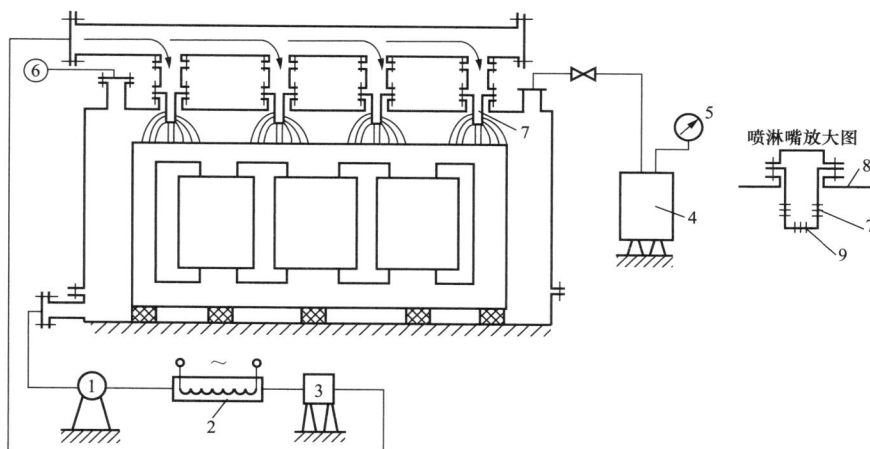

图 ZY1600309001-2　热油喷淋循环干燥系统

1—油泵；2—电加热器；3—真空滤油机；4—真空泵；5—真空表；

6—麦氏真空计；7—喷淋嘴；8—油箱；9—2mm 小孔

首先进行变压器的密封检漏，然后向变压器油箱内注入适量合格的变压器油。注入的油通过循环油泵和真空滤油机进行循环（要注意循环油泵与真空滤油机的油流量匹配），由外装的加热器和真空滤油机内的内加热器对油进行加热，注入变压器喷淋的油温最好能达到 90℃，不能低于 80℃。如果进入变压器中的油达不到 80～90℃的要求，则需增加热源，可以在油箱底部用电热器加热。为保持油箱底部温度均匀，应在电热器和油箱底部之间放入薄钢板，油箱底部表面的温度控制在 100℃左右，以防止铁芯垫脚与油箱底之间的绝缘纸板老化。

（1）器身预热阶段。只喷淋可不抽真空，热油带出的水分经过真空滤油机脱水，待进口油温达到 85～90℃，回油温度不低于 65～75℃时，保持 2～3h。

（2）停止喷淋只抽真空。在监控器身温度时，可采用测量绕组直流电阻的办法来推算绕组平均温度。连续抽真空 8～12h，如果器身温度（绕组温度）降低到 40℃左右，即使连续抽真空的时间不足 8h，也要停止抽真空。

（3）停止抽真空再次喷淋，给器身升温。待循环的变压器油（进口）温达 90℃，回油温度 75℃

左右时保持 2～3h。

（4）第二次停止喷淋，抽真空 8～12h。

如此往复循环 3～4 个周期即可完成干燥。

（5）"热油喷淋—抽真空"一个循环都要测量绕组的绝缘电阻。为测量准确常需降低真空或解除真空（为防潮要吸入干燥空气）。

（6）用热油喷淋干燥法时，少量的热油可能有所老化，其介质损耗因数要增大，故必须进行油质化验，经认定合格时才能继续使用，否则需将油经吸附处理合格才能继续使用。

3. 注意事项

（1）油加热的温度应不超过 100℃，以减少油在高温下的老化。

（2）要经常注意监视喷淋热油化学性质的变化，注意油的劣化。

五、涡流加热和热风真空干燥法

1. 概述

为了提高干燥速度，提高器身温度和油箱内真空度，大型变压器可以采用涡流加热连续热风真空干燥法。其原理是：在油箱壁上缠以涡流线圈后，利用涡流线圈产生的磁通，在油箱壁和铁芯中产生涡流损耗，引起发热，再加送热风，此热量可以加到器身和绝缘中。在完成器身的预热阶段后停止送风，即可启动真空系统并逐步地提高油箱中的真空度，依据油箱中真空度逐步提高、器身绝缘中所含水分沸点降低的特点，就可使器身绝缘中所含水分易于汽化蒸发，并被真空系统排到油箱外部。若在此时连续不断地向油箱内部补入干燥的热风，热风源源不断在油箱中扩散，与油箱内器身绝缘物所产生的水蒸气混合后又被真空泵抽到油箱外部，提高排出速度。采用这种干燥法，大型变压器的干燥时间在 9～11 天。

2. 工艺装置

此干燥系统包括加热装置和连续抽真空装置，如图 ZY1600309001-3 所示。

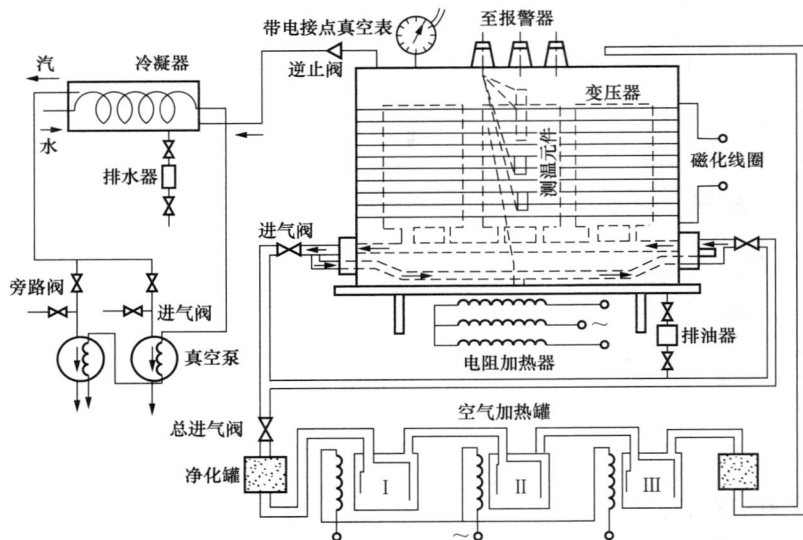

图 ZY1600309001-3　变压器涡流加热连续热风真空干燥系统

（1）加热装置。

1）产生涡流损耗的涡流线圈。加热电源可以采用三相四线，也可以采用单相，单相的绕组在油箱下部 1/3 高所布匝数约占总匝数的 50%，中部 1/3 高占 20%，上部则占 30%。在油箱的中、下部的邻近处，涡流线圈应备有供可调整的匝数以调整电流的大小。三相电源可以将 U、V、W 三相绕在上、中、下部位，V 相绕组的绕向与 U、W 相绕向相反，V 相匝数可略少几匝。

2）油箱底部加热器。使器身底部受热均匀，此加热器距油箱底部 100～150mm，加热功率为 2.5～3kW/m² 较合适。

3）热风加热。被加热的空气由变压器油箱下部经隔板导向后，输入到器身内部，对内部的器身和绝缘物进行加热，热风温度控制在 90～100℃。热风是靠抽真空进入油箱中的。热空气与水蒸气混合，把潮气抽出带走，从而提高干燥速度。

4）保温设施。油箱壁外加保温层，再绕涡流线圈，再包绝缘层。

（2）连续抽真空装置。连续抽真空装置由抽真空装置、破真空系统和冷凝结水收集装置三部分组成。

1）抽真空装置采用 2 台真空泵并联使用，当真空度达到预定值时，可停掉 1 台泵作为备用。此时可调节油箱下部的进气阀达到规定真空度，在此真空度下稳定运行。抽真空的管道接在油箱体的最高点，一般接于气体继电器的联管处。

2）破真空系统主要由空气加热罐、干燥净化罐和进气管道系统三部分组成。

3）冷凝结水收集装置包括冷凝器和集水罐。

在干燥变压器过程中，绕组绝缘电阻是先下降后上升的。如在 90～100℃范围内，绝缘电阻 12h 保持不变，吸收比或极化指数大于 1.3；或在规定的最高真空度下，绕组温度稳定在额定值下无凝结水，油的工频耐压不低于 40kV，则可判定变压器干燥完毕。

3．注意事项

（1）由于油箱壁较薄，功率因数很低，因此绕制涡流线圈时应尽量靠近油箱壁。在绕制涡流线圈时，应事先清除油箱壁上的油污，而后再包保温层并绕制涡流线圈，以防止油污燃烧。

（2）为减少干燥时的局部过热，对于油箱壁和距器身最近的部位以及缠绕涡流线圈较密集并紧贴箱壁的部位（加强油箱的圆弧部分及直立加强铁部位），均应装设温度计，并限制这些箱壁部位的温度不超过 120℃。

六、其他现场干燥方法

其他现场干燥方法，还有零序短路干燥法、涡流感应加热法、零序电流加热法、短路干燥法及热风加热干燥法等。

（一）零序短路干燥法

三相绕组变压器可以采用零序短路干燥法。如 YNynd 连接的变压器，可在中压加零序电压 400V，其零序电流约为 30%I_N，其接线如图 ZY1600309001-4 所示。这种方法使热量集中在器身上，温升较快，油箱发热量小，不需保温，所需功率也小。

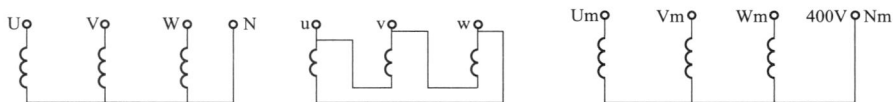

图 ZY1600309001-4　零序短路干燥法接线

零序短路干燥法的注意事项：

（1）除了要严格控制通过零序电流绕组的温度（一般为 100～105℃）外，在短路绕组的附近以及钢夹件、压板和油箱各处的温度亦应按此数值严格控制。

（2）要求对油箱进行认真的保温，以缩小绕组与铁芯两者间温度差异。

（二）涡流感应加热法

油箱涡流感应加热法是在油箱外表面加石棉等绝热保温层，再绕上导线通以交流电而加热的方法。由于交流电的感应作用，使箱壁产生涡流而发热，从而可使箱内空间的温度升高到 90～110℃，达到干燥的温度。通常电流为 150A 左右，导线截面积为 40mm^2 左右，电压为 400V 或 220V，缠绕的匝数不宜过多，所组成的磁化绕组应备有调整的匝数。

（三）零序电流加热法

零序电流加热法适用于中、小型心式变压器。零序电流加热法是把变压器自身一侧的三相绕组依次串联或并联起来，通入电压为 220V 或 400V 的单相交流电，而其余绕组开路，如图 ZY1600309001-5 所示。这样，三相铁芯的磁通是同向的零序磁通，在三柱心式铁芯中（只适用于这种铁芯）无回路而经油箱闭合。油箱因涡流发热使保温的箱内空间温度升高，而铁芯中也因涡流而发热，通电的绕组也产生热量，均起到加热作用。

绕组中通过零序电流，使零序磁通经过铁芯、夹件和油箱产生涡流而发热。Yyn 接线不用改变绕

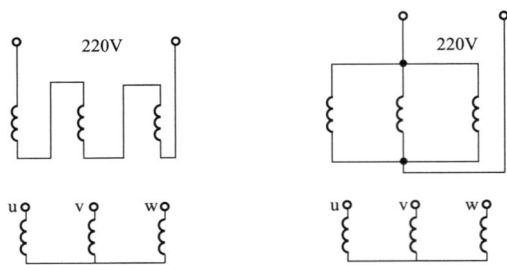

图 ZY1600309001-5 零序电流加热法接线

组的连接，Yd 接线则需拆开 d 接线，较繁杂。

零序电流干燥法的注意事项：

（1）壳式铁芯变压器的漏磁通能经铁轭而闭合，热量小，不宜采用此法。

（2）器身中的热量不易传出，保温要求差，但要加强温度的监视，防止升温不均衡而损害绝缘。

（四）短路干燥法

短路干燥法也叫铜损干燥法，适用于小型变压器带油干燥。变压器一侧绕组施加电压，另一侧短路，如是三绕组变压器则有一侧绕组开路。

短路干燥法的注意事项：

（1）升温快，但温度控制不好，可能产生局部过热，有时施加电压高，不安全。

（2）当绕组平均温度超过 75℃时应断续供电，达 85～95℃时应停止短路加热。

（3）绕组平均温度应以直流电阻换算值为准。

（4）套管型电流互感器应拆除，防止升高座有冷凝水使互感器受潮。

（五）热风加热干燥法

热风加热干燥法是将干燥热空气送入真空罐，用来加热器身，使器身内部均匀受热，并提高温度，以达到蒸发水分的目的。对于大容量变压器，加热和抽真空需反复交替进行。如先用热风加热 40h，抽真空 10～15h，再加热 10～20h，抽真空 10～15h，如此反复进行。所反复的次数取决于电压等级，电压等级越高，反复次数越多。这是由于超高压变压器绝缘件多、引线包扎厚，因此油道间隙更小的缘故。

当内部温度升高到一定程度时，水分大量蒸发，油隙中的湿度较大，继续通热风难以进入器身内部，绝缘体温度就会显著下降，热风循环加热效果很小。在此情况下抽真空，降低气压，绝缘件和油隙间的水分得到较快的蒸发，就可使绝缘体中的水汽浓度下降。达到一定程度时，再次进行热风加热，就可保持变压器内部的温度下降不会太大，且下降后又较快得到恢复，因而得到较好的干燥效果。

其真空管路系统连接如图 ZY1600309001-6 所示。由于真空罐的真空度要求较高（10～133Pa），真空管路中应选配二级真空泵。

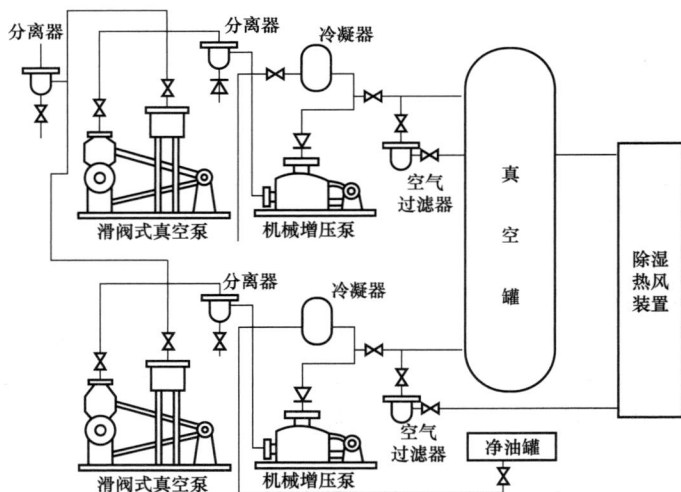

图 ZY1600309001-6 热风真空干燥真空管路系统连接示意图

热风干燥法的注意事项：

（1）热风最高温度小于 105℃。

（2）热风应从下至上均匀吹向油箱各方，不直接吹向器身。

（3）热风进、出口处应装设温度计，器身上适当埋入热电偶。

【思考与练习】

1. 变压器现场干燥有哪些常用方法？
2. 变压器现场干燥的危险点有哪些？有什么安全预防措施？
3. 简述热油循环真空干燥法的工艺过程。

第十五章　变压器制造过程监造

模块 1　变压器监造内容（ZY1600310001）

【模块描述】本模块介绍了变压器监造的基本概述、工作内容和要求，通过概念介绍，熟悉变压器监造的基本内容，掌握变压器制造的质量、进度及文件控制要求。

【正文】

一、变压器制造过程监造的基本概述

（一）监造的目的

严格把好质量关、控制进度节点，努力消灭常见性、多发性、重复性质量问题，提供优质产品按期出厂，确保电力工程建设项目顺利实施。

（二）监造依据和方式

1. 监造依据

（1）设备采购合同：项目单位与制造单位签订的设备供货合同（含技术协议等附件）。

（2）标准：与该设备相关的国际、国家、行业、国家电网公司标准，以及制造单位企业标准。

（3）技术文件：监造大纲、监造实施细则和该设备的技术文件。

（4）法律：国家和行业的有关设备监造的法律、法规、规定。

2. 监造方式

监造方式一般采用现场见证（W 点）、文件见证（R 点），以及监造单位专门规定停工见证（H 点）。

（1）现场见证（W 点）。由于是复杂的关键工序，测试、试验项目应有监造人员在场见证。制造单位应提前通知监造单位（具体时间见双方协议），如监造人员不能按期参加，W 点可自动转为 R 点。

（2）文件见证（R 点）。是指需要进行文件见证的质量管理点，由监造人员查阅制造单位的技术文件、试验记录、试验报告、包装储运规定和配套件等合格证明等，可以不在现场见证。

（3）停工待检（H 点）。是指重要工序、关键的试验验收点，制造单位必须提前通知，等待监造人员或项目单位代表在场时进行见证。

3. 监造的责任和义务

（1）监造的责任。设备的制造质量由制造单位全面负责，监造过程不代替项目单位对设备的质量最终验收，监造单位对监造设备的制造质量承担监造责任。

（2）监造的义务。

1）监造协议书中的知情权必须明确。制造厂应尽力提供监造所需的技术资料，对于制造厂的技术保密原则下不宜公开的内容应该在双方订合同前就协商一致。

2）监造方必须认真履行的义务。监造人员必须保守供方提前声明的业务和技术秘密，否则应承担相应的法律责任。

4. 监造人员的素质要求

（1）基本素质要求。

1）具备本专业丰富的技术经验，熟悉与设备监造有关的国家标准和行业标准。

2）遵守设备监造行业职业道德准则，具有协调和处理问题的能力。

3）身体健康，责任心强，适应监造工作，具有独立工作、团结协作的能力。

4）项目总监应具有国家注册设备监理师证书或具有电力工程专业高级工程师职称且有 8 年及以上电力设备的设计、制造、检验、安装、调试等工作经历，一般驻厂监造工程师应具有工程技术类中

级及以上职称，所从事的专业与所学专业一致或相近。

（2）专业水平要求。

1）设备专业。具有相当大专及以上的学历，所从事的专业与所学专业一致或相近；了解所从事专业设备的国内外技术动态；具有 5 年以上设备监造工作经验或从事过相关设备的设计、制造、检验、安装、调试等工作 5 年以上。

2）相关专业。了解设备生产及运行的基本知识，熟悉并掌握质量文件体系要求，了解工程管理和项目管理知识。

5. 监造的工作程序

（1）项目单位与受委托的监造单位签订委托服务协议，明确双方的权利、义务和违约罚则。

（2）项目单位提交设备采购合同、设计文件等相关技术资料。

（3）监造单位制订监造计划。

（4）监造单位派员参加项目单位主持的设计联络会。

（5）监造单位编写监造实施细则，驻厂实施监造。

（6）监造单位根据监造工作需要召开协调会。

（7）监造单位进行信息收集、汇总，上报项目单位。

（8）监造单位组织出厂试验见证。

（9）监造单位在监造工作完成后形成监造总结，报送项目单位。

二、变压器制造过程监造的质量控制要求

变压器制造过程监造的具体内容和重点，一般可根据变压器的电压等级、结构特点和制造工艺情况等编制设备监造实施细则执行。

（一）质量控制的主要内容

质量控制的主要内容如下：

（1）对制造单位的质量管理体系进行审查，审核设备制造过程中拟采用的重大新技术、新材料、新工艺的鉴定和试验报告，提出审查意见，要求或建议制造单位澄清或纠正，以便预防根本性的质量缺陷。

（2）查验制造厂的生产工艺设备、操作规程、检测手段和关键岗位的上岗资格、设备制造和装配场所环境。

（3）查验设备主要原材料、外购组配件的质量证明文件和制造厂提交的检验资料。

（4）在制造现场对主要及关键组配件的工序质量进行检查。

（5）审查制造厂试验大纲，监督整体试验等过程。

（6）检查设备包装质量和资料清单并监督装车情况。

（7）对监造过程中发现质量缺陷的处理。

（二）监造的现场工作内容

监造人员在制造单位现场工作，具体分为文件资料见证和现场见证两部分。

1. 文件资料见证

（1）范围：

1）变压器的主要原材料包括：硅钢片、换位导线、铜导线、绝缘材料、变压器油、钢材、密封件等。

2）组部件包括：冷却器或散热器、潜油泵、风机、套管、套管式电流互感器、调压开关、储油柜、油流控制继电器、压力释放阀、测温装置、灭火装置和油色谱在线监测装置（如有时）、变压器油泵、气体继电器、阀门等。

（2）依据：技术协议及已审定的设计文件。

（3）内容：品种、厂家、型号规格和性能指标。

（4）方式：质量保证书、出厂（试验报告）文件、进厂验收记录等。

注：如果设备组、部件不开箱直接发往现场，由用户现场验收。

模块 1　ZY1600310001

2. 现场见证

监造人员在工作现场旁站见证变压器各阶段制作工序（参见表 ZY1600310001-1），并签署见证单。

表 ZY1600310001-1　　　　　　　变压器现场见证项目表

序号	监造项目	监造内容	现场见证	文件见证	监造依据
1	油箱制作	（1）外观及焊接	W	R	工厂相关图纸、工艺文件
		（2）机械强度试验	W	R	
		（3）油箱试漏	W		
		（4）油箱清洁度	W		
2	铁芯装配	（1）铁芯剪片	W		工厂相关图纸、工艺文件
		（2）铁芯叠片	W		
		（3）铁芯屏蔽	W		
		（4）装配紧固			
		（5）工序检验*	W		
		（6）铁芯油道	W		工厂相关图纸、工艺文件
		（7）绝缘电阻*	W		
		（8）清洁度	W		
3	绕组绕制及干燥处理	（1）导线	W		工厂相关图纸、工艺文件
		（2）绕组换位	W		
		（3）出头位置	W		
		（4）垫块和撑条	W		
		（5）绕制	W		
		（6）工序检验*	W		
		（7）清洁度	W		
		（8）绕组相套装	W		
		（9）绕组干燥处理	W		
4	器身装配	（1）铁芯检查*	W		工厂相关图纸、工艺文件
		（2）下铁轭绝缘	W		
		（3）绕组套装*			
		（4）插上铁轭	W		
		（5）引线制作和装配	W		
		（6）分接开关装配	W		
		（7）器身固定	W		
		（8）各部分间绝缘检查			
		（9）铁芯、夹件及其附件接地检查	W		
		（10）半成品试验*			
		（11）清洁度			
5	器身干燥	（1）干燥处理过程及结果（真空度、温度、时间、出水率）		R	工厂相关图纸、工艺文件
		（2）器身干燥后的清洁度和压紧检查、处理	W		
5	总装配	（1）油箱及其连接管道	W		工厂相关图纸、工艺文件
		（2）油箱屏蔽	W		
		（3）下箱（扣罩）*	W		

续表

序号	监造项目	监造内容	现场见证	文件见证	监造依据
6	总装配	（4）工序检验*	W		工厂相关图纸、工艺文件
		（5）组件装配（附件的试装）	W		
		（6）真空注油（热油循环）	W		
		（7）静放	W		
		（8）工序检验	W		
7	出厂例行试验，型式试验及特殊试验	（1）绕组直流电阻测量	W		技术协议、GB 1094.1—1996《电力变压器 第1部分：总则》等
		（2）电压比测量及接线组别检定	W		
		（3）绕组连同套管介质损耗及电容测量	W		
		（4）套管介质损耗及电容测量			
		（5）绕组连同套管绝缘电阻，吸收比或极化指数测量*	W		
		（6）铁芯和夹件绝缘电阻测量	W		
		（7）长时感应耐压试验（ACLD）	W		技术协议、GB 1094.1—1996、GB 1094.3—2003《电力变压器 第3部分：绝缘水平、绝缘试验和外绝缘空气间隙》等
		（8）操作冲击试验*	W		
		（9）雷电（全波、截波）冲击试验*	W		
		（10）外施工频耐压试验*	W		
		（11）短时感应耐压试验（ACSD）*	H		技术协议、GB 1094.3—2003 等
		（12）长时感应耐压试验（ACLD）	H		
		（13）空载损耗和空载电流测量（提供380V测量数据）*	H		
		（14）长时间空载运行	W		
		（15）短路阻抗和负载损耗测量*	H		
		（16）绝缘油化验及色谱分析	W		技术协议、GB 1094.1—1996、GB 1094.2—1996《电力变压器 第2部分：温升》、GB 1094.3—2003 等
		（17）温升或发热试验	W		
		（18）噪声水平测量	W		
		（19）绕组变形测试*	W		
		（20）油流带电试验	W		
		（21）分接开关试验*	W		
		（22）直流偏磁	W		
		（23）零序阻抗	W		
		（24）无线电干扰	W		
8	二次吊芯	（1）紧固件检查	W		依据双方技术协议以及制造厂的工艺文件
		（2）清洁度检查	W		
9	变压器整体试漏	整体试漏检查符合工厂的工艺文件	W		
10	包装、保管、待运	（1）附件箱包装牢固，防潮，标志清晰	W		
		（2）本体外壳完好	W		
		（3）充气运输压力检查	W		

序号	监造项目	监 造 内 容	现场见证	文件见证	监 造 依 据
10	包装、保管、待运	（4）冲撞记录仪的安装检查	W		依据双方技术协议以及制造厂的工艺文件
		（5）装箱清单	W		
11	供需双方商定的其他项目				

注　1. 上述见证项目，根据具体设备制造单位工艺要求执行。

　　2. 出厂试验应通知项目单位派人参加。

　　3. 表中带*者属于关键、复杂、容易出现问题的工序段，应全程跟踪见证。

　　4. 对于目前没有国家标准规定的试验项目，如直流偏磁试验等，应根据技术协议的具体要求来进行。

3. 变压器主要材料在制造厂的重点监造内容

（1）硅钢片见证要点。

1）检查所用硅钢片的型号、规格是否符合技术协议要求，如有代用，须经业主认可并在监造总结中说明。

2）检查供货厂的出厂检验项目是否齐全，数据是否符合检验标准。

3）检查进厂抽样数量、性能（磁感应强度、铁损等）是否符合经常检验标准。

（2）电磁线见证要点。

1）检查电磁线型号、规格、生产厂家是否符合设计和技术协议要求，如有代用，须经业主认可并在监造总结中说明。

2）检查供货商出厂检验报告是否齐全（绝缘结构、电磁、机械性能，外形尺寸），数值是否符合设计要求。

3）检查进厂抽样数量和检验项目数据是否符合检验标准要求。

（3）绝缘纸板与成形件见证要点。

1）检查供货厂家是否与设计和技术协议一致，如有代用，须经业主认可并在监造总结中说明。

2）检查供货厂家检验项目和数据是否符合检验标准，出厂报告是否合格。

3）检查进厂纸板的抽样数量和外观、尺寸是否符合检验标准。

4）检验进厂绝缘成形件形状、尺寸是否与设计图纸相符。

（4）绝缘油见证要点。

1）检查所供变压器油牌号、产地是否符合技术协议要求，如有代用，须经业主认可并在监造总结中说明。

2）检查随油提供的试验报告的项目、数据是否符合国家标准。

3）了解装油容器装油前是否严格检查，符合变压器油的要求。

（5）普通钢板和无磁性钢板见证要点。

1）检查普通钢板和无磁性钢板有无供货厂出厂检验报告，检验项目是否齐全，数据是否符合国家标准。

2）进厂检验项目、数据是否符合检验标准。

（6）密封件见证要点。

1）检查供货厂家是否与设计和技术协议一致，如有代用，须经业主认可并在监造总结中说明。

2）检查供货厂家检验项目和数据是否符合检验标准，出厂报告是否合格。

3）检查进厂密封件的抽样数量和外观、尺寸是否符合检验标准。

4. 变压器主要组附件在制造厂的重点监造内容

（1）冷却器、散热器见证要点。

1）检查供货厂家是否与设计和技术协议一致，如有代用，须经业主认可并在监造总结中说明。

2）检查供货厂提供的检验报告是否符合标准，重点关注清洁度（无焊渣等）、密封性。

（2）潜油泵和风机见证要点。

1）检查有无出厂合格证或出厂试验报告，型号、规格、产地是否符合技术协议要求。

2）进厂检查项目和数据是否符合检验标准。

（3）套管见证要点。

1）检查供货厂家是否与设计和技术协议一致，如有代用，须经业主认可并在监造总结中说明。

2）检查供货厂出厂合格证和检验报告，项目、数据是否符合国家标准。

3）允许取油样的套管应进行油的化验。

（4）有载分接开关和无载分接开关见证要点。

1）检查供货厂家是否与设计和技术协议一致，如有代用，须经业主认可并在监造总结中说明。

2）检查供货厂家出厂检验报告的项目是否符合标准。

（5）储油柜见证要点。

检查供货厂家的出厂合格证（包括金属膨胀波纹管或胶囊）。

（6）油面温度计和绕组温度计见证要点。

1）检查供货厂家是否与设计和技术协议一致，如有代用，须经业主认可并在监造总结中说明。

2）检查供货厂家检验项目和数据是否符合检验标准，出厂报告是否合格。

（7）气体继电器和压力释放阀见证要点。

1）检查供货厂家是否与设计和技术协议一致，如有代用，须经业主认可并在监造总结中说明。

2）检查供货厂家检验项目和数据是否符合检验标准，出厂报告是否合格。

（8）油箱见证要点。

1）现场查证焊工资质。

2）焊接质量检查（焊缝外观检查，对于厚板拼接焊缝要求进行探伤检测）。

3）外观、定位尺寸及内部检查。

4）磁（电）屏蔽安装检查。

5）按技术协议要求进行油箱强度试验（真空及正压力）。

6）密封试验。

5. 变压器主要工序在制造厂的重点监造内容

（1）铁芯工序审查要点。

1）剪切（纵剪、横剪）。硅钢片冲剪整齐，符合技术协议和工厂工艺要求，表面平整、无锈迹、尖角等。

2）叠片。提供叠片偏差记录（尺寸、厚度、片数）。应紧密平整，边侧无翘起或呈波浪状，检查端面是否参差不齐，检查铁芯接地片（位置、数量与图纸相符）、油道（油道数量、尺寸与图纸相符）。

3）绑扎。检查绑扎带的数量、尺寸应符合图纸要求。

4）紧固。检查夹件尺寸是否符合图纸要求，为防止悬浮电位的发生，接地处必须接地良好。

5）竖立。检查铁芯叠厚、波浪度、直径偏差、中心距、窗高、芯柱倾斜度应符合图纸要求。

6）中间试验检查，符合技术协议要求。

（2）绕组绕制工序审查要点。

1）检查绕组绕制车间温度、湿度、粉尘是否符合工艺要求。

2）检查导线焊接工的资质并在有效期内。

3）绕组换位、"S"弯应符合工艺要求。

4）出头位置符合图纸要求，出头包扎符合工艺要求。

5）垫块和撑条应均匀分布，偏差在允许范围内。

6）检查内外径（幅向尺寸）偏差在允许范围内，并联导线间无短路。

7）中间试验检查，应符合技术协议要求。

8）清洁度应符合要求。

（3）绕组干燥处理工序审查要点。

1）冷态整形检查。

2）检查恒压干燥工艺参数（压力、温度、真空度、时间），符合工艺要求。

3）干燥后整形检查（绕组高度、油道宽度、垫块位置）符合图纸要求。

（4）绕组套装工序审查要点。

1）检查绕组和绝缘件清洁，下铁扼绝缘的摆放、同相绕组的高度偏差、绕组出头位置和包扎符合图纸要求。

2）垫块及撑条的位置偏差符合图纸要求。

3）绝缘筒搭接长度符合图纸要求。套装符合工艺要求。角环位置符合图纸要求，搭缝均匀分布。

4）套装后绕组出头位置符合图纸要求。

5）上铁扼绝缘、上压板的安装符合图纸要求。绕组组合压装力、高度及绕组段间油隙符合图纸要求。

6）绕组幅向撑紧。

7）中间试验检查，符合技术协议要求。

8）清洁度符合工艺要求。

（5）器身装配工序审查要点。

1）套装前的检查，包括铁芯、绕组、下铁扼绝缘件、支撑件的摆放、主油道的组装和清洁度、铁芯低压绝缘筒外径、主柱、旁柱和下铁轭屏蔽检查。

2）绕组套装检查（松紧度、出线头的位置符合图纸要求）。

3）插上铁扼的检查（按制造厂工艺）。

4）器身紧固应符合工艺要求。

5）铁芯、夹件及其附件必须各自分别接地，并按工艺文件要求进行测试。

6）绕组清洁程度符合要求。

（6）引线工序审查要点。

1）引线连接、出头、位置符合图纸要求，绝缘件应符合相应电压等级要求，绝缘线夹无变形、无损伤，夹持牢固。

2）引线焊接（压接）及包扎（包括屏蔽层）符合工艺要求。

3）分接开关型号符合图纸和技术协议。固定牢靠，接线正确并无明显受力。

4）不同电压等级引线绝缘距离符合图纸要求。

5）中间试验（接线组别、变比、直流电阻、分接开关等）符合技术协议要求。

6）清洁度符合标准要求。

（7）器身干燥工序审查要点。

器身汽相干燥处理过程和最终的工艺参数（真空度、温度、时间、出水率、无水持续时间），符合工艺要求。

（8）总装配工序审查要点。

1）油箱清洁度的检查及内部相关连接尺寸、位置符合图纸要求。

2）器身整理。紧固件的紧固，压钉检查符合工艺及图纸要求。

3）下箱（罩）。引线对地、引线间绝缘距离符合要求。铁芯、夹件分别对地，铁芯对夹件绝缘电阻的测试符合要求。

4）组件装配（冷却器、套管、压力释放器、开关的传动机构、控制箱等）符合制造厂的图纸和工艺要求。

5）器身暴露时间应符合制造厂的工艺要求。

（9）真空注油、热油循环、静置工序审查要点。

1）总装配后抽真空，残压及真空时间、注油速度符合工艺要求，查验原始记录。

2）热油循环符合工艺要求。

3）静置时间符合制造厂的工艺要求。

（10）二次吊芯工序审查要点。

1）绕组、铁芯、引线、分接开关等部件的外观检查。

2）紧固件检查。

3）铁芯、夹件对地绝缘电阻测量。

4）清洁度检查应符合要求。

（11）包装、保管、待运工序审查要点。

1）包装前的检查（二次吊芯后的真空注油、油密封试验、气体置换、渗漏试验）。

2）检查充气运输压力记录。

3）检查冲撞记录仪的安装。

4）附件箱包装牢固，防潮，标志清晰。绝缘油附油质量化验单。

5）装箱清单检查。

三、变压器制造过程监造的进度控制要求

（1）根据设备交货期要求，随时掌握设计、排产、加工、装配、试验及包装发运的进展情况。

（2）监督设备采购合同的执行情况，当实际工期与合同工期不一致时，及时通知项目单位。

（3）对制造单位的委托加工分包合同要进行检查，要确保分包合同的执行情况符合设备制造的总体进度，否则应及时指出，并组织协调解决。

四、变压器制造过程监造的文件控制要求

1. 监造的主要工作文件

（1）监造大纲。监造大纲也常被称为监造方案。

（2）监造协议。监造协议是项目单位与设备监造单位就设备制造监理签订的委托协议。

（3）监造三方协议。监造三方协议是监造方与业主与变压器制造厂签订的规定监造范围、职责、权利、方式、程序和人员组织的协议。

（4）监造实施细则。监造实施细则结合被监造变压器和该变压器制造厂的特点编制，内容比监造大纲更有针对性、更详尽、更具操作性，是规范和指导监造人员实施监造的行为指南。其内容应完全符合供货合同及监造协议的所有规定。

（5）监造日志。监造日志是监造人员每天就监造工作所做的日记。所记内容应务求详尽、准确。

（6）监造工作联系单。监造人员就监造工作与制造厂监造接待部门或监造接待人员的书面联系，制造厂必须受理。监造工作联系单有多种形式，由总监签发，如缺陷报送单、停工通知单等。

（7）监造总结（报告）。

2. 监造总结的编制

（1）监造单位在监造工作完成后按双方约定的时间形成监造总结，报送项目单位，总结报告应包括以下内容：

1）产品设计、制作和试验中出现的问题、处理情况和处理结果。

2）对本产品的技术水平、工艺、质量、整体状况的综合评价。

3）对本变压器的运输、现场安装、调试、运行、检修及维护的建议或注意事项。

（2）总结报告格式可参照下面的格式编写：

1）设备概述。

2）原材料组配件的检验报告。

3）产品出厂试验报告。

4）监造过程的描述，以及各类见证表格的填写。

5）制造过程中发生的问题处理过程和结果。

6）对产品制造质量的评价。

7）设备安装的建议、注意事项等。

【思考与练习】

1. 试编制超高压大容量变压器的监造计划。

2. 试述超高压大容量变压器的监造总结编制要点。

第十六章　变压器检修管理

模块 1　填写变压器的检修记录及报告（ZY1600311001）

【模块描述】本模块介绍了变压器检修记录和报告的作用，填写检修记录及报告的要求及变压器大修、小修、例行检查、定期检查总结报告和质量标准范本，通过概念描述、示例介绍，掌握如何填写变压器类设备的检修记录及报告。

【正文】

一、变压器检修记录及报告的作用

变压器检修记录及报告是记载变压器检修过程状态和检修过程结果的文件。变压器检修记录必须按检修项目内容及时填写工作情况，它为检修报告中得出本次检修的验收意见和质量评价提供了重要分析依据。检修报告应结论明确，报告的施工组织、技术、安全措施，随同本次检修记录以及修前、修后各类检测报告附后一起归档保存管理。它们为变压器检修后的日常运行和下次检查检修前评估提供了必要的技术资料，所以变压器检修记录及报告是电力系统运行及检修人员手中的重要工具。

二、变压器检修记录的内容及填写

变压器检修记录一般包括以下内容：变压器本体、组部件检修质量记录，工具保管记录，组附件拆装记录和缺陷处理记录。

1. 变压器本体、组部件检修的质量记录

这部分质量记录应在变压器检修工作过程中，检修各工序工作人员按各类检查、检修工作项目的内容、质量工艺标准要求，及时记录工作情况并签名，其中工作情况应包括本次检修、检查工作过程中处于正常的检修情况或出现异常情况后采取的处理措施及其处理结果，然后质量检验人员对检修过程进行检查，验证检修结果符合检修质量工艺标准要求后签名。

质量记录按变压器检修、检查的性质内容分为变压器大修质量记录、小修质量记录、定期检查记录、例行检查记录。比如大修质量记录应包括本体的器身中绕组、引线及绝缘支架、铁芯、油箱部分、各组部件（包括分接开关、冷却装置、套管、非电量保护装置等）的工作情况，检修试验记录，本体排油，真空注油过程，密封试验，完工后自验收项目的工作情况。工作人员对应各项目内容的质量工艺标准要求进行检修时，对正常的情况可在"工作情况"栏中填写"无异常或'√'"；如出现异常或缺陷情况，工作人员应在"工作情况"栏中先及时填写发现的异常或缺陷现象，然后填写针对此异常或缺陷现象所采取的处理措施，包括清洁、清除、更换等以及处理措施完成的结果，最后在"工作人"栏中签自己的全名。该工序所有项目内容检修完成后，本次检修负责质量检验人员也应及时对检修过程、检修记录填写内容进行检查，验证检修结果符合检修质量工艺标准要求后签名，如果质检人员认为过程或记录有问题，应让负责该项目检修的工作人员进行必要补充措施或重复进行检修工作，然后再次检查，验证通过后签名。

2. 工具保管记录

这部分记录应由检修工作的工具保管负责人、使用工具的工作人员填写完成。本次检修工作的工具保管负责人应在检修前足够准备好检修所需的工具清单和保管使用记录表，清单上每件工具的发放和回收，工具保管负责人应在保管使用记录表中对应栏目中填写该工具发放和回收的时间，宜具体到小时、分钟，然后由使用工具的工作人员签署全名。工作结束验收前，工具保管负责人应严格检查发放到工作人员的工具均有回收记录时，工具保管记录才算是填写完毕，如发现有工具回收有缺项，应及时通知该使用工具的工作人员立即归还，直至记录齐全为止。

3. 组附件拆装记录

这部分记录应由负责起重工作人员、质量检验人员填写完成。起重工作人员应按对应的需拆卸组附件起重、安装的过程结果及注意事项进行填写，对正常的情况可在"工作情况"栏中填写"无异常或'√'"；如出现异常或损坏情况，工作人员应在"工作情况"栏中先及时填写发现的异常或损坏现象，然后填写针对此异常或损坏现象所采取的处理措施、结果，最后在"工作人"栏中签自己的全名。该组附件起重或安装的过程完成后，本次检修负责质量检验人员也应及时对起重或安装过程、记录填写内容进行检查，验证合格后签名。

4. 缺陷处理记录

这部分记录应由检修中缺陷处理的工作人员、质量检验人员填写完成。处理工作人员应针对检修中本体、附件的存在缺陷的发现情况（包括检测数据）、处理措施、处理结果进行填写，然后在"工作人"栏中签自己的全名。该缺陷处理的过程完成后，本次检修负责质量检验人员也应及时对缺陷处理过程、记录填写内容进行检查、验证合格后签名。比如处理油中缺陷的记录，处理人员应按油品过滤、脱气、热油循环等的工作情况进行填写，这些油处理"工作情况"栏中填写内容应包括油品处理前后的检测数据、处理的起止时间、油品处理设备的使用情况，然后在"工作人"栏中签自己的全名。该油处理的过程完成后，本次检修负责质量检验人员也应及时对油处理过程、记录填写内容进行检查，验证合格后签名。

三、变压器检修报告的内容及填写

变压器检修报告一般包括检修原因、检修变压器基本情况、检修处理情况、检修结论。

1. 检修原因

检修原因按本次变压器检修方案中内容来填写。

2. 检修变压器的基本情况

（1）检修变压器运行情况。这些包括变电站名称，被检变压器运行编号、产品型号、制造厂、出厂时间、投运时间、历次检修经历、本次检修地点。

（2）检修变压器电气结构性能参数。按照变压器结构和铭牌填写变压器设备结构参数、变压器主要电气性能参数、变压器主要组件设备数据。

1）变压器设备结构参数，如型号、电压等级、联结组别等。

2）变压器主要电气性能参数，如空载、负载损耗，阻抗电压，绝缘水平。

3）变压器主要组件设备数据，如高压、高压中性点、中压、中压中性点、低压套管，有/无载分接开关，冷却装置的型号、数量。

3. 检修处理情况

（1）变压器检修地点、检修当时的环境天气情况，如进行吊芯或进油箱内部检查的时间，变压器检修总工期。

（2）检修处理情况，按检修方案确定的检修内容，及在检修中发现及处理缺陷问题的主要过程情况来填写，同时还包括更换故障或在检修现场不能修复的外部组、附件的情况。

（3）检修遗留的问题，如在检修中由于当时力所不能及的原因造成的未检修遗留的问题，及新发现的问题来不及处理的应如实详细填写问题部位、现象、未检修的原因等。

4. 检修结论

（1）变压器检修后投运注意问题、限制条件。应根据检修总结的绝缘状况、检修试验数据以及检修后遗留的问题综合考虑后，提出对变压器投运后应注意的问题、限制条件。比如规定容量运行上限，需日常定期监视的变压器某些电气、油物理性能参数，以及主要组件运行的限制。

（2）变压器检修、检查后验收意见。应由参加验收的运行、检修单位相关人员对本次检修的检修过程、完成工艺质量要求、处理记录的完整情况以及是否达到检修目的等进行充分的检修后评估，在此基础上，由运行单位负责人员填写验收意见，并给予大、小修后设备是否可正常投运的评级和工程质量优良合格的评价。

其中工程质量一般分"优良、合格、不合格"三级。优良指按本次检修已达到检修目的、已消除缺陷、无遗留内容和对今后运行限制或应注意事项的。合格指按本次检修已达到检修目的、已消除主要缺陷，同时有检修遗留内容和对今后运行限制或应注意事项，但不影响变压器投运的。不合格指按本次检修没有达到检修目的，没有消除主要缺陷的。

四、变压器检修记录及报告的填写要求和注意事项

1. 记录用笔要求

记录用笔可以用钢笔或签字笔，不应用红笔，这些笔能够确保记录永不褪色。用笔一定要考虑其字迹的持久性和可靠性。

2. 记录的原始性

记录要保持现场运作，如实记录，这就是原始性。原始就是最初的第一手的。原始性就是当天的运作当天记，当周的活动当周记。做到及时和真实，不允许添加点滴水分，使记录真实可靠。记录保持其原始性，不可以重新抄写和复印，更不可以在过程进行完后加以修饰和装点。

3. 记录的清晰准确

记录是为阐明工作过程所取得结果或提供体系所完成活动的证据的文件而策划设置的，即是证据。首先要属实，要做到属实，就要将过程做到位并将运作事实记得正确、清晰，语言和用字都要规范，不但使自己能看清楚，也能使别人都看清楚。

4. 笔误的处理

填写记录出现笔误后，不要在笔误处乱写乱画，甚至涂成黑色或用修正液加以掩盖，正确处理笔误的方法，是在笔误的文字或数据上，用原使用的笔墨画一横线，再在笔误处的上行间或下行间填上正确的文字和数值，最后修改人在旁边署名、日期。

5. 空白栏目的填写

有些记录在运作的情况下所有的栏目无内容可填，但空白栏目不能不填，其填写的方法是在空白的适中位置画一横线，表示记录者已经关注到这一栏目，只是无内容可填，就以一横线代之，如果纵向有几行均无内容填写，亦可用一斜线代之。

6. 签署要求

记录中会包含各种类型的签署，有作业后的签署，有认可、审定、批准等签署，这些签署都是原则、权限和相互关系的体现，是记录运作中不可缺少的组成部分，任何签署都应签署全名，同时尽可能清晰易辨，不允许有姓无名或有名无姓的情况存在。

五、变压器检修记录及报告的管理和控制

管理和控制好变压器检修记录及报告，是为了对现有变压器设备更好地管理和控制，便于相关工程技术人员及时了解现有设备的运行状况和可能出现的问题等。下面对记录及报告的管理和控制方法进行简介。

1. 变压器检修记录及报告的标志（在范本中体现的标号）

应具有唯一性标志，为了便于归档和检索，记录应具有分类号和流水号。标志的内容应包括：检修记录表格和报告所属的质量管理文件的编号、版本号、表号、页号，没有标志或不符合标志要求的记录表格和报告是无效的。

2. 变压器检修记录及报告的储存和保管

记录应当按照档案要求立卷储存和保管。记录及报告的保管由专人或专门的主管部门负责，应建立必要的保管制度，保管方式应便于检索和存取，保管环境应适宜可靠、干燥、通风，并有必要的架、箱，应做到防潮、防火、防蛀，防止损坏、变质和丢失。记录及报告的保存期限，如果外部没有要求的，可针对不同对象的特点和法规要求做出相应规定，如果对相关记录及报告有一定要求的，则按照相关的要求确定保存期限。一般情况下，还在运行、退役直至报废前的过程中变压器，它们的检修记录及报告应长期保存。

3. 变压器检修记录及报告的检索

一次检修活动往往涉及多项记录的内容和表格，为了避免漏项，应当对检修记录进行编目，编目

具有引导和路径作用，便于记录的查阅和使用，使查阅人员对该次检修活动的记录能有一个整体的了解。对于较大规模的检修，可以考虑建立一个总编目，按检修工作实现的进度进行排列。对于检修记录内容较多、质量活动联系复杂的，也可设置分项编目。检修记录在归档前经主管部门验收合格后方可进行，如果归档资料不全，负责归档验收的部门有权拒收。检修记录中包含大量有用的体系运行证据和原始信息，要发挥其作用必须使其便于有关部门和员工查找，检修记录的查阅纳入计算机管理是比较好的做法，编制电子索引，可以提高检索和查阅的效率。

4. 变压器检修记录及报告的处置

超过规定保存期限的相关检修记录和报告，应统一进行处理，重要的含有保密内容的须保留销毁记录。检修记录及报告必须如实记载检修质量的形成过程和最终状态，如实反映检修质量管理体系过程、过程和活动的运行状况和结果，证实产品满足技术标准、合同、法规要求以及顾客的期望的程度，反映组织的质量管理体系是否已得到有效运行，产品、过程和整个体系的运行是否达到了预期的要求。

六、案例介绍

1. 检修变压器的检查及缺陷解决情况

（1）变压器检查情况。某变电站在 2008 年 5 月对变压器的例行检查中，运行人员检查到 2 台同型号的 20000kVA/35kV 主变压器的主体储油柜指针式油位计指示位置有很大差异。对照变压器说明牌上油温和油位的标准曲线后，发现 2 号变压器实际油位与标准曲线较不符合，运行人员还发现 2 号变压器主体储油柜的吸湿器玻璃罩里的最上层有高度为 20mm 左右油迹层，然后进行了变压器主体储油柜红外测温的进一步检测，结果显示深色胶囊袋层上下有不同温差层的现象，变压器的油色谱分析无异常情况。

通过变压器上述例行检查的情况，分析认为主体储油柜内胶囊袋有破损，为了在接下来的夏季用电高峰过程中保证变压器可靠运行，决定对该变压器进行消除缺陷的检修工作。

（2）检修及处理情况。2008 年 6 月 1～2 日，对变压器进行了消除缺陷的小修工作，将主体储油柜吊下拆卸后，发现胶囊袋有 1 处长度为 15mm 左右的破损裂缝，胶囊袋内有较多漏油，指针式油位计无异常。检修过程中，检修人员更换了已试漏合格的胶囊袋和吸湿器玻璃罩里硅胶，最后复装主体储油柜。该变压器投运后运行情况正常。

2. 变压器小修报告

该变电站变压器小修报告见表 ZY1600311001-1。

表 ZY1600311001-1　　　　　　　某变电站变压器小修报告

×× 变电站		2 号变压器	
型号：SZ9-20000/35	电压：35kV		联结组别：Dyn11
制造厂：××变压器厂	出厂号：27113-1		出厂日期：2002 年 6 月
变压器投入运行日期：2002 年 10 月 12 日			
本站投入运行日期：2002 年 10 月 12 日			
变压器上次检查日期：2007 年 11 月 20 日			
主要性能参数	空载损耗：16.45kW		空载电流：0.23%
	负载损耗：90.69kW		阻抗电压：9.98%
	绝缘水平：LI200 AC85 / LI75 AC35kV		
高压套管：BJLW-35/600 型 3 只		低压套管：BDW-20/1200 型 3 只	
低压中性点套管：BDW-20/1200 型 1 只		冷却装置：PC1800-26/535 型 10 只	
有载分接开关：×× 厂 Ⅷ350Δ-76-10070 型　　累计操作次数：13 672 次			
检修原因： 　　2008 年 5 月对变压器的例行检查中，发现变压器主体储油柜实际油位与油温、油位标准曲线较不符合，而且吸湿器玻璃罩里的最上层有油迹层，通过红外测温的进一步检测，结果显示深色胶囊袋层上下有不同的温差层的现象，分析认为主体储油柜内胶囊袋有破损的情况，为了在接下来的夏季用电高峰过程中保证变压器可靠运行，决定对该变压器进行消除缺陷的小修工作。			

续表

检修地点：××变电站	检修天气：晴	环境温度：26℃	相对湿度：60%

参加检修人员：李××、张××、王××……
检修工期：2008 年 6 月 1 日至 6 月 2 日
检修中已处理的主要缺陷： 　　检修过程中将主体储油柜吊下拆卸后，发现胶囊袋底部有 1 处长度为 15mm 左右的破损裂缝，随后更换了已试漏合格的胶囊袋和吸湿器玻璃罩里硅胶，最后复装主体储油柜，消除缺陷。
检修中遗留的问题：无
预计下次检修日期及内容： 　　下次检修日期及内容可根据变压器例行检查的结果而定。
投运后中应注意的问题：无
限制运行条件：无
检修验收意见： 　　通过小修，发现并消除了主体储油柜胶囊袋破损的缺陷，变压器可继续正常运行，本次检修工作验收合格通过。
检修后设备评级：变压器检修后可正常投运 工程质量评价：优良
参加验收人员： 　　运行单位：李××　　　　　　　　检修单位：赵×× 　　　　　　　王××　　　　　　　　　　　　　　　张××
验收日期：2008 年 6 月 2 日

3. 变压器小修的检修记录

以上述"发现并消除了主体储油柜胶囊袋破损的缺陷"中对储油柜及其附件检修工作的检修记录来举例说明，见表 ZY1600311001-2。

表 ZY1600311001-2　　　　　　　　某变电站变压器小修的检修记录

检修项目	检修工艺质量标准			工作情况	工作人	质检人
胶囊式储油柜检修	外表面是否清洁、无锈蚀			外表面有局部脏污，进行了清洁	曹××	杨××
	内表面是否清洁，无毛刺、锈蚀和水分			√	曹××	杨××
	管道	表面是否清洁，管道是否畅通无杂质和水分		√	曹××	杨××
	胶囊袋	（1）检查胶囊袋是否有老化开裂现象，如有应更换新胶囊袋		原胶囊袋底部有 1 处长度为 15mm 左右的破损裂缝，进行了新胶囊袋的更换	曹××	杨××
		（2）胶囊袋经压力 0.02～0.03MPa、12h 是否无渗漏		新胶囊袋更换前已进行了压力试验为合格，无渗漏	曹××	杨××
		（3）胶囊袋是否洁净，联管口无堵塞		√	曹××	杨××
	密封	是否更换密封件，密封良好是否无渗漏，整体变压器试漏是否耐受油压 0.05MPa、12h 无渗漏		√	曹××	杨××
	油位计	传动机构	（1）连杆是否无变形折裂现象	√	曹××	杨××
			（2）传动齿轮无损坏，转动是否灵活，无卡轮、滑齿现象	√	曹××	杨××
		磁铁	（1）主动、从动磁铁是否同步正确。连杆摆动 45° 时，指针是否旋转 270°，从"0"位置指示到"10"位置，传动灵活	√	曹××	杨××
			（2）指针指示是否与表盘刻度相符，指示是否正确	√	曹××	杨××
		更换密封件，密封是否良好无渗漏		√	曹××	杨××
		绝缘电阻是否大于 1MΩ，或 2000V、1min 是否不击穿		√	曹××	杨××

续表

检修项目	检修工艺质量标准		工 作 情 况	工作人	质检人
胶囊式储油柜检修	吸湿器	玻璃罩是否清洁完好	外表面进行了清洁	曹××	杨××
		硅胶 （1）将已浸油的硅胶进行更换	√	曹××	杨××
		（2）新装硅胶是否为蓝色	√	曹××	杨××
		（3）在顶盖下是否留出 1/5～1/6 高度的空隙	√	曹××	杨××
		管道是否畅通无堵塞现象	√	曹××	杨××
		是否无渗漏	√	曹××	杨××
		油封罩的油位线是否高于呼吸管口，并能起到长期呼吸作用	√	曹××	杨××

【思考与练习】

1. 变压器检修报告中检修总结报告有哪些内容，如何填写？

2. 变压器检修记录及报告有什么填写要求和注意事项？

模块 2 编制变压器检修方案（ZY1600311002）

【模块描述】本模块介绍了变压器检修的基本要求、变压器检修方案的内容及说明，通过概念描述、示例介绍，掌握正确编制变压器检修方案的能力。

【正文】

一、变压器检修方案概述

变压器检修前必须制订完善、切实可行、保证检修工作安全可靠进行的检修方案，检修方案应包括检修的组织措施、安全措施和技术措施。

二、变压器检修方案编制前的准备工作

在编制检修方案之前必须对检修变压器进行全面系统的检修前状态评估，根据评估结果确定检修目的和内容。按照变压器的检修目的和内容，到变压器检修现场进行实地勘察并与运行部门协调。

1. 检修前状态评估

（1）在制订检修方案之前必须对检修变压器进行全面系统的检修前状态评估，了解变压器的结构特点、技术性能参数、运行年限，以及例行检查、定期检查、历年检修记录，还有变压器运行状况，包括负载、温度、曾发生的缺陷和异常（事故）情况、出口短路情况、同类产品的事故或障碍情况及变压器存在的缺陷情况。

（2）对现场检修消除变压器缺陷的可能性进行评估。若现场检修后不能根本上提高变压器的可用系数或可靠性，应缩小检修范围或不检修，合理确定检修范围和投入成本，若变压器存在的缺陷影响变压器的安全运行而在现场又无法修复则应安排返厂检修。

2. 确定检修目的和内容

根据变压器状态评估的结果确定变压器的检修目的和内容。

3. 对变压器检修现场进行实地勘察

（1）按照检修目的和内容对变压器检修现场进行勘察，根据场所的具体情况做好防火、防雨、防潮、防尘、防摔落、防触电等措施，储油容器、大型机具、拆卸组部件和消防器材应合理布置，制订必要的施工图。

（2）对需要在检修方案中着重说明的检修部位或注意事项，应进行实像拍摄，并将图片文件附于方案中的文字措施中进行配合说明，使检修人员在检修前更直观地了解和掌握方案中的着重点。

（3）根据变压器检修现场的条件，确定变压器检修中起吊、检查、装配、绝缘油处理、器身干燥、注油、补焊等主要的关键工序操作工艺要求。

4. 与运行部门进行充分协调沟通

（1）通过双方交流检修目的和内容，确认运行部门现场的联络负责人以及检修开工交接、完工验收的时间、人员。

（2）确定需要运行部门配合的工作及器具，如使用的电源的容量位置、水源的位置等，以便检修中大型设备放置合理的区域。

三、变压器检修方案的主要内容

1. 检修变压器的简单参数

变压器厂名、型号、出厂和投运日期、出厂编号等。

2. 检修内容

检修内容应根据检修前评估结果，并参照检修变压器原制造厂的出厂技术资料、国家电网公司《110（66）kV～500kV 油浸式变压器（电抗器）检修规范》、检修作业单位的工艺规程等有关工艺、技术文件等确定，其中应包括结合现场条件、检修目的，确定的检查、修理（更换）的部件和更换主要组件（包括储油柜、冷却装置、套管、分接开关等）的项目。

3. 检修人员配备分工

（1）检修人员应熟悉电力生产的基本过程及变压器的工作原理和结构，掌握电力变压器的检修技能，并通过年度《电业安全工作规程》考试。

（2）工作负责人应为具有变压器检修经验的中级工以上技能鉴定资格的人员，工作成员应取得变电检修或油务工作或电气试验专业中、初级工以上技能鉴定资格。

（3）现场起重工、电焊工应持证上岗。

（4）检修工作一般应配备以下人员：

1）工作负责人。为检修工作的总负责，负责检修工作流程、进度安排，人员、设备配置，协调。

2）技术负责人。负责检修工作现场过程技术要求、工艺控制点的指导工作，解决现场出现的技术问题。

3）安全监察负责人。负责检修工作现场过程安全措施的落实，危险点的控制。

4）起重负责人。负责变压器组附件起吊的工作安排，人员、设备配置。

5）试验负责人。负责变压器检修过程所有试验的工作安排，人员、设备配置。

6）工具保管人。负责变压器检修过程所用工器具的发放、回收，并进行记录。

7）油务负责人。负责变压器检修过程本体、组附件注、放油工作安排，人员、设备配置。

8）质量检验负责人。负责检修工作现场过程技术要求、工艺控制点的落实，实施过程质量监督、检修后验收工作。

9）足够的熟练操作人员。

4. 工器具、材料、设备的准备

根据检修内容和现场条件准备现场检修所需的工器具、材料和测试设备。

（1）材料。如绝缘材料、密封材料、必要的备品备件、干燥空气或氮气、油漆等。

（2）工器具。如起重设备、专用吊具、注油设备、电焊设备、气割设备、力矩扳手等。

（3）测试设备。

1）常规测试设备。如变比电桥、介质损耗因数仪、电阻电桥，各种规格的绝缘电阻表等。

2）高压测试设备。如工频试验变压器、中频发电机、耐压设备和局部放电测试设备等。

5. 危险点分析与安全控制措施

（1）根据检修所用的工器具及设备进行危险点分析，对照每个危险点制订有针对性的安全控制措施。

（2）根据变压器检修中起吊、检查、装配、绝缘油处理、器身干燥、注油、补焊等主要的关键工序操作工艺要求，结合现场检修条件分析存在的危险点，对每个危险点制订有针对性的安全控制措施。

6. 检修计划工期

（1）检修作业总工期。

（2）按实际的检修内容制订相应的检修流程及工期。

7．施工技术措施（包括检修质量标准和记录）

（1）参照国家电网公司《110（66）kV～500kV 油浸式变压器（电抗器）检修规范》中的第六章"大修内容及质量要求"和第七章"小修内容及质量要求"的内容实施。具体施工时，应根据实际的大修内容选择相应的内容和质量要求。

（2）变压器存在缺陷处理工序的质量控制内容及标准，这部分应针对变压器存在缺陷处理的工艺要求标准，制订处理的技术措施及工艺步骤，特别是对大修中某些关键工序的处理过程（起吊、检查、装配、绝缘油处理、器身干燥、注油、补焊等）要求做成分部的作业指导书形式，并根据其内容做成检修记录，以便在检修工作中施工人员按规定的工艺过程进行检修。

8．必要的施工图

（1）储油容器、大型机具、拆卸组部件的布置施工图。

（2）关键工序的处理过程施工图，如大型组部件起吊、器身干燥、绝缘油处理、真空注油等装配施工图。

9．运行部门需要配合的工作

（1）运行部门在检修现场负责联络、协调、监督的人员。

（2）需要运行部门配合的工作及器具，如使用的电源的容量、位置、水源的位置等。

四、检修方案的编制实例

某变电站在 2008 年 5 月对变压器的例行检查中，运行人员检查到 2 台同型号的 20 000kVA/35kV 主变压器的主体储油柜指针式油位计指示位置有很大差异。对照变压器说明牌上油温和油位的标准曲线后，发现 2 号变压器实际油位与标准曲线较不符合，运行人员还发现 2 号变压器主体储油柜的吸湿器玻璃罩里的最上层有高度为 20mm 左右油迹层，然后进行了变压器本体储油柜红外测温的进一步检测，结果显示深色胶囊袋层上下有不同温差层的现象，变压器的油色谱分析无异常情况。

通过变压器上述例行检查的情况，分析认为变压器本体储油柜内胶囊袋有破损，为了在接下来的夏季用电高峰过程中保证变压器可靠运行，决定对该变压器进行消除缺陷的小修工作，检修时间为2008 年 6 月 1 日至 2 日。

检修方案的内容如下。

1．检修变压器的简单参数

（1）制造厂：××变压器厂。

（2）型号：SZ9-20000/35。

（3）出厂号：27113-1。

（4）出厂日期：2002 年 6 月。

（5）投入运行日期：2002 年 10 月 12 日。

2．检修内容

（1）检修地点：××变电站。

（2）检修内容：

1）根据修前检查的分析结果，重点检查主体储油柜的胶囊袋、指针式油位计部位。准备好更换同型号的胶囊袋、指针式油位计及部分硅胶。

2）变压器其他外部附件按检修规范、工艺规程的要求进行检修。

3）变压器非电量保护装置，如压力释放阀、气体继电器、温度计等装置进行校验。

4）变压器外表面清洁、除锈补漆。

3．检修人员配备分工

检修人员配备分工见表 ZY1600311002-1。

表 ZY1600311002-1　　　　　　　　　　检 修 人 员 配 备 分 工

项目分工	工 作 职 责	人员名单
工作负责人	检修工作的总负责，负责检修工作流程、进度安排，人员、设备配置，协调	曹××
技术负责人	负责检修工作现场过程技术要求、工艺控制点的指导工作，解决现场出现的技术问题	李××
安全监察负责人	负责检修工作现场过程安全措施的落实，危险点的控制	马××
起重负责人	负责变压器组附件起吊的工作安排，人员、设备配置	林××
试验负责人	负责变压器检修过程所有试验的工作安排，人员、设备配置	陈××
工具保管人	负责变压器检修过程所用工器具的发放、回收，并进行记录	杨××
油务负责人	负责变压器检修过程本体、组附件注、放油工作安排，人员、设备配置	姜××
质量检验负责人	负责检修工作现场过程技术要求、工艺控制点的落实，实施过程质量监督、检修后验收工作	陆××
操作人员	按检修内容、遵照检修规范、导则、工艺规程的要求进行施工	李××、张××、王××……

4. 工器具、材料、设备的准备

工器具、材料、设备的准备见表 ZY1600311002-2。

表 ZY1600311002-2　　　　　　　　　　工器具、材料、设备的准备

项　目	内　容
起吊设备和移动工具	汽吊、钢丝吊绳、U 形吊钩、吊环、高强度尼龙吊绳、滑轮链、千斤顶
油处理	电缆、带法兰的金属波纹管、透明管、油盘、防水板、三通、电阻温度计
外部装配用工具	安全带、螺丝刀、人字梯、扳手、L 形钩子、可调力矩扳手、刀、钳子、切金属钳、螺丝刀、扒皮钳、测量尺、锤子、锉（平）、水平仪、铅锤、电线、压接导线钳、刮刀、吸尘器、管钳子、户外灯、铁撬棍、容器、漏斗、铲子（刷子）
消耗材料	表面涂漆、防腐漆、抹布、涂漆刷子、空罐、砂纸、金属刷（钢丝刷只用于油箱外部）、溶剂、衣服、手套、灭火器、白胶、布带
电源	根据现场设备的电源功率选择合适的电源

5. 危险点分析与安全控制措施

进行危险点分析，做好安全控制措施，见表 ZY1600311002-3。

表 ZY1600311002-3　　　　　　　　　　危险点分析与安全控制措施

危 险 点	安全控制措施
吊臂回转时相邻设备带电，距离过近，会引起放电	吊车进入检修现场后，合理布置其位置。确保吊臂回转时与周围带电部位有足够的距离。注意吊臂与带电设备保持足够的安全距离：500kV，≥8m；220kV，≥6m；110kV，≥4m；35kV，≥3.5m；10kV，≥3m
起吊时引起误操作	起重指挥及监护人员应是起重专业培训合格人员，起重工作过程中指挥规范或监护人员均到位
吊臂回转引起起吊重心偏移和失稳	起重工作规范并使用工况良好的起重设备，起重工作过程中确认吊车撑脚撑实。防止损坏套管等
起重引起设备损坏或人员伤亡	起重任务、分工明确，起重专人指挥使用统一标准信号，专人监护吊臂回转方向
低压触电	检修电源设备应正常或接线应规范
高空坠落	高空作业时佩戴安全带并按规定挂靠
拆卸、装配附件等野蛮操作造成损坏	拆装时应轻拿轻放，禁止野蛮施工
明火操作时，防火安全	动火时，应有专人监护，并准备好灭火器。核对确认现场安全措施与工作票所列安全措施一致

6. 检修计划工期

（1）检修作业总工期：从 2008 年 6 月 1 日到 2008 年 6 月 2 日。

（2）检修流程。

1）工作许可（三级交底）：2008 年 6 月 1 日。

2）修前试验（电气、油化）：2008 年 6 月 1 日。

3）箱体及附件检修：2008 年 6 月 1 日。

4）胶囊袋、指针式油位计等附件的更换：2008 年 6 月 1 日。

5）箱体和附件检修的质量验收：2008 年 6 月 1 日。

6）主变压器整体密封试验：2008 年 6 月 2 日。

7）检修后的电气及油化试验：2008 年 6 月 2 日。

8）主变压器整体除锈，水冲洗，喷漆：2008 年 6 月 2 日。

9）作业组自验收：2008 年 6 月 2 日。

10）会同有关人员验收：2008 年 6 月 2 日。

7. 施工技术措施（检修质量标准和记录）

参照国家电网公司《110（66）kV～500kV 油浸式变压器（电抗器）检修规范》中的第七章"小修内容及质量要求"的内容实施。

8. 设备定置图

设备定置如图 ZY1600311002-1 所示。

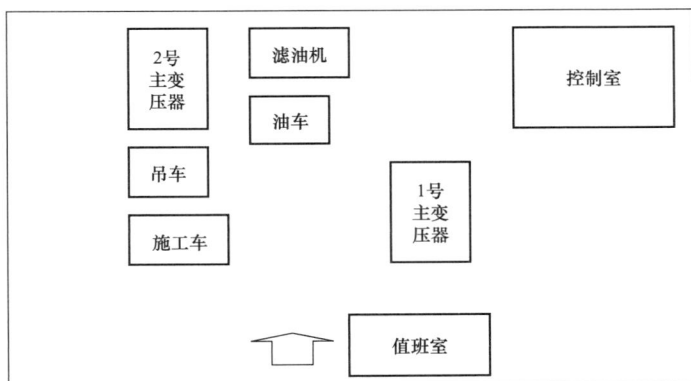

图 ZY1600311002-1 施工设备定置

9. 运行部门需要配合的工作

（1）开具工作票。

（2）施工所需的 380V 电源、水源及登高用的爬梯。

（3）提供现场临时油罐存放场地。

（4）××供电公司对施工过程提供现场联络和监督人员：李××、王××。

【思考与练习】

1. 变压器检修方案中，对检修人员有什么要求以及人员之间配备分工有哪些主要内容？

2. 变压器检修方案中，对检修工器具及材料的准备有哪些技术要求？

第四部分

互感器、电抗器、消弧线圈和接地变压器的维护、检修技能

第十七章　互感器维护、检修、改造、更换技能

模块1　互感器基本结构和原理（ZY1600401001）

【**模块描述**】本模块介绍了电压互感器、电流互感器的分类、结构和基本原理以及新型互感器的基本结构，通过概念介绍、原理讲解，掌握常用互感器的结构和原理，了解新型互感器的一般知识。

【**正文**】

一、互感器的分类及作用

1. 互感器的分类

互感器按性质主要分为电压互感器和电流互感器两大类。也有把电压互感器和电流互感器合并形成一体的互感器，称为组合式互感器。

2. 互感器的作用

互感器是一种利用电磁原理进行电压、电流变换的变压器类设备（光电互感器除外），在电力系统广泛使用。互感器与测量仪表和计量装置配合，可以测量一次系统的电压、电流和电能；与继电保护和自动装置配合，可以对电网各种故障进行电气保护以及实现自动控制。其作用归纳为：

（1）将一次系统的电压或电流信息准确地传递到二次设备。

（2）将一次系统的高电压或大电流变换为二次侧的低电压或小电流，使二次设备装置标准化、小型化，并降低了对二次设备的绝缘要求。

（3）由于互感器一、二次之间有足够的绝缘强度，能使二次设备和工作人员与一次系统设备在电方面很好地隔离，从而保证了二次设备和工作人员的人身安全。

二、电压互感器

电压互感器是将一次系统的高电压变换成标准低电压（100V 或 $100/\sqrt{3}\,\text{V}$）的电器。

（一）电压互感器的特点

电压互感器与变压器有所不同，它是一种特殊的变压器，其主要功能是传递电压信息，而不是输送电能。其特点归纳为：

（1）电压互感器的二次负载是一些高阻抗的测量仪表和继电保护的电压绕组，二次电流很小，因而内阻抗压降很小，相当于变压器空载运行，所以二次电压基本上就等于二次电动势。

（2）电压互感器二次绕组不能短路运行。因为电压互感器内阻抗很小，短路时二次侧产生的电流很大，会有烧坏电压互感器的危险。

（3）二次侧绕组必须一端接地。因为电压互感器一次侧与高压直接连接，若运行中互感器一、二次绕组之间的绝缘皮击穿，高压电即会窜入二次回路，危及二次设备和工作人员的人身安全。

（二）电压互感器的分类

电压互感器的种类很多，分类方法也很多，主要有以下几类：

（1）按相数分，有单相和三相电压互感器。

（2）按绕组数分，有双绕组、三绕组及四绕组电压互感器。

（3）按绝缘介质分，有干式、浇注式、油浸式和气体绝缘电压互感器。

（4）按结构原理分，有电磁式和电容式两种，电磁式又分为单级式和串级式。

（5）按使用条件分，有户内型和户外型电压互感器。

（三）电压互感器的结构

电压互感器按其结构原理分为电磁式电压互感器和电容式电压互感器。

1. 电磁式电压互感器的结构

电压互感器以电磁感应为其工作原理的均称为电磁式电压互感器。按其绝缘介质不同，可分为干式及浇注式电压互感器、油浸式电压互感器、SF_6 气体绝缘电压互感器等。这些电压互感器虽然采用的绝缘介质不同，但总体结构相似，其主要部件均有铁芯、绕组组成的器身，绝缘套管及零部件等。

（1）电磁式电压互感器的铁芯。电磁式电压互感器最常采用的铁芯材料为冷轧硅钢片，常用的结构形式是叠片铁芯。近年来卷铁芯在较低电压等级的电压互感器上得到广泛应用。电压互感器铁芯结构如图 ZY1600401001-1 所示。

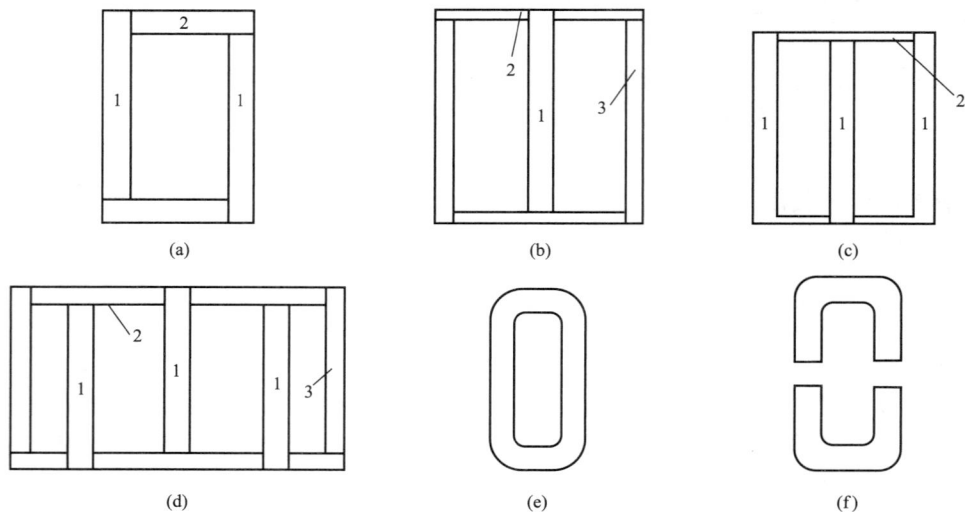

图 ZY1600401001-1 电压互感器铁芯结构

（a）单相双柱式；（b）单相三柱式；（c）三相三柱式；（d）三相五柱式；（e）矩形卷铁芯；（f）C 形铁芯

1—铁芯柱；2—主铁轭；3—旁铁轭

（2）电磁式电压互感器的绕组。电磁式电压互感器绕组的结构大多数采用同心圆筒式，少数电压较低的互感器如干式或浇注式电压互感器采用同心矩形筒式。绕组导线类型应考虑互感器的绝缘介质对导线本身绝缘的相容性而有所不同。为了改善电场分布，一般在一次绕组首尾端分别加静电屏，绕组分段或绕制成宝塔形，并辅以甬环、端圈、隔板以加强绝缘。

（3）浇注式电压互感器的结构。浇注绝缘有其独特的电气性能和机械性能，防火、防潮、寿命长、制造简单、结构紧凑、维护方便。该类结构用于 35kV 及以下电压互感器。

浇注式电压互感器可分为全封闭（或称为全浇注）和半封闭（或称为半浇注）两种结构。全封闭浇注式电压互感器如图 ZY1600401001-2 所示。

全封闭浇注式电压互感器是将一二次绕组、绕组引线及其端子，加上铁芯全部用混合胶浇注成一体，然后将浇注体与底座组装在一起。其特点是结构紧凑，但浇注比较复杂，同时铁芯缓冲设置也比较麻烦。

半封闭浇注式电压互感器是预先将一二次绕组、绕组引线及其端子用混合胶浇注成一个整体，然后将浇注体和铁芯、底座等组装在一起。其特点是浇注简单、制造容易，缺点是结构不够紧凑、铁芯外露易锈蚀。

浇注式电压互感器的铁芯一般用旁轭式，也有采用 C 形铁芯的。一次绕组为分段式，二次绕组为圆筒式，绕组同心排列，导线采用高强度漆包线。层间和绕组间绝缘均用电缆纸或复合绝缘纸。为了改善绕组在冲击电压作用时的初始电压分布，降低匝间和层间的冲击梯度，一次绕组首、末端均设有静电屏。

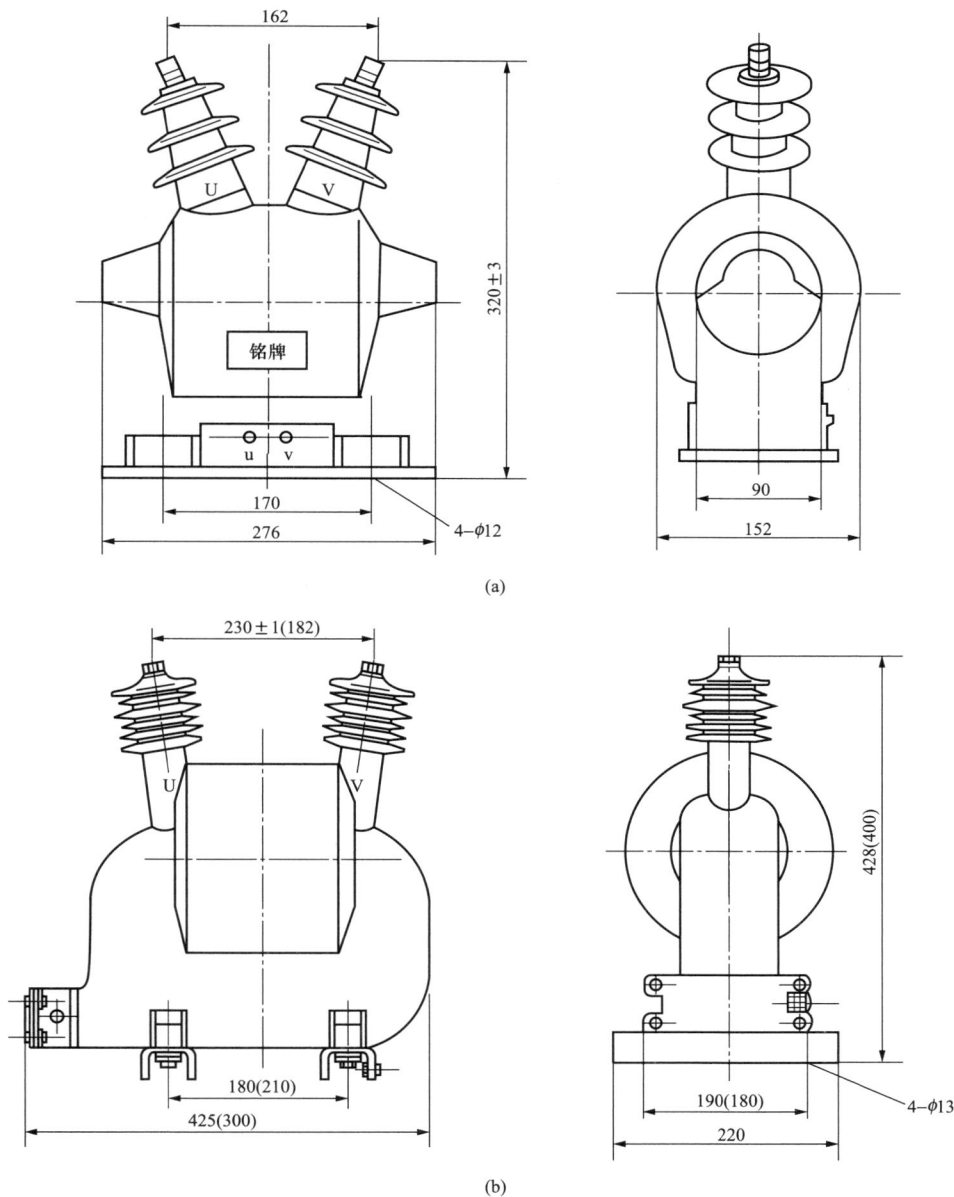

图 ZY1600401001-2　全封闭浇注式电压互感器

（a）JDZ12-10 型户内式产品；（b）JZW-12 型户外式产品

（4）油浸式电压互感器的结构。油浸式电压互感器分为单级式和串级式两种。单级式电压互感器的一次绕组和二次绕组全部套在一个铁芯上，其制造工艺较为复杂，但无瓷套爆炸危险，多用于 110kV 电压等级及以下。串级式电压互感器的一次绕组分别套在几个铁芯上，一次绕组分成匝数接近相等的几个绕组，然后串联起来，只有最下面一个绕组带有二次绕组，多用于 110kV 电压等级及以上。

1）单级式电压互感器的结构。35kV 户外油浸式电压互感器均为单级式，其结构与小型变压器很相似。由铁芯和绕组组成的器身置于油箱内，一次绕组高压引线通过高压套管引出。35kV 油浸式电压互感器外形如图 ZY1600401001-3 所示，其中图 ZY1600401001-3（a）为接地电压互感器，一次绕组的 A 端接高压，N 端接地，所以只需要一个高压套管；图 ZY1600401001-3（b）为不接地电压互感器，一次绕组的两个出线端均接地，所以用两个高压套管。这两种产品的油箱很相似，均采用了圆形结构，用油量少，储油柜容积也很小，直接装在高压套管顶部。

35kV 电压互感器的铁芯一般采用单相三柱式。而 110kV 及以上单级式电压互感器铁芯一般采用双柱式，铁芯均采用一点接地，二次绕组布置在靠近铁芯处，在二次绕组上绕上适当的绝缘后再绕一次绕组。

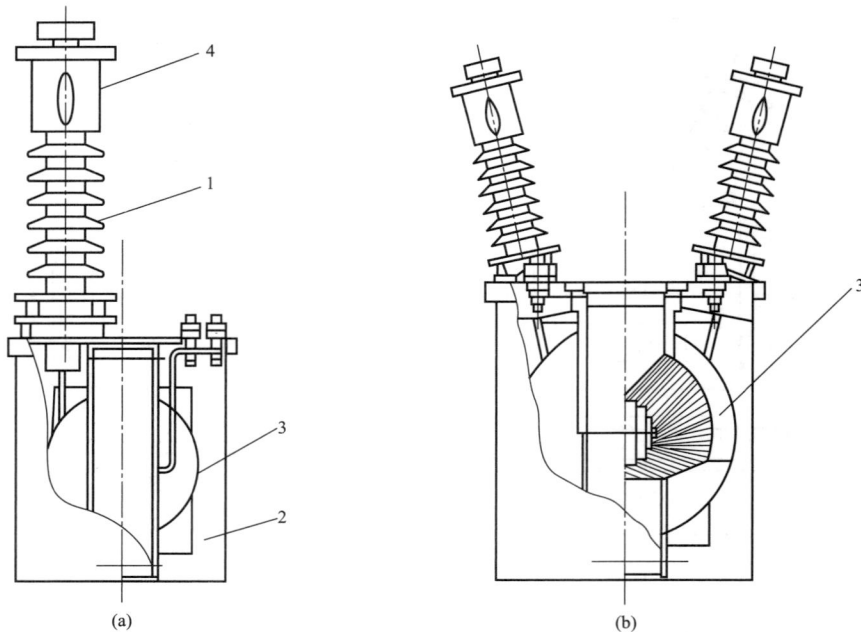

图 ZY1600401001-3　35kV 油浸式电压互感器结构

（a）35kV 接地互感器；　（b）35kV 不接地互感器

1—瓷套；2—底座；3—绕组；4—储油柜

2）串级式电压互感器的结构。串级式电压互感器由底座、器身、瓷套、储油柜等部分组成，瓷套既做外绝缘，又做油箱用。

串级式电压互感器的铁芯采用双柱式，110kV 互感器为 1 个铁芯，220kV 互感器为 2 个铁芯。一次绕组 110kV 分成 2 级，有 2 个一次绕组，220kV 分成 4 级，有 4 个一次绕组。不论 110kV 或者 220kV 互感器，只有最下面一个绕组带有二次绕组。

110、220kV 串级式电压互感器绕组连接原理如图 ZY1600401001-4 所示。两级串级式电压互感器的器身结构如图 ZY1600401001-5 所示。220kV 串级式电压互感器的器身结构如图 ZY1600401001-6 所示。四级串级式电压互感器绕组连接原理如图 ZY1600401001-7 所示。

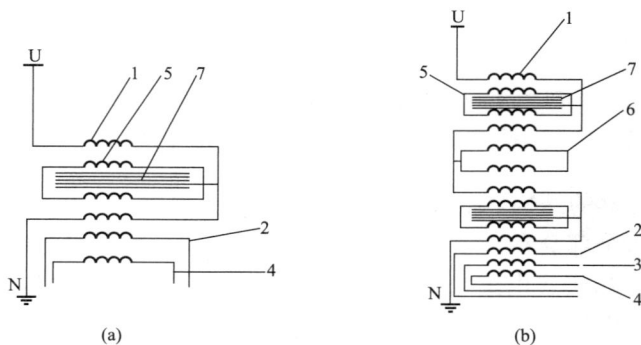

图 ZY1600401001-4　110、220kV 串级式电压互感器绕组连接原理

（a）110kV 互感器；　（b）220kV 互感器

1——一次绕组；2—测量二次绕组；3—保护二次绕组；4—剩余电压绕组；5—平衡绕组；6—连耦绕组；7—铁芯

为了使上下两铁芯安匝数相等，以减少漏磁通，同一铁芯上下两个一次绕组在运行中所分配的电压相同，故在上下两铁芯柱上还绕有平衡绕组，并与铁芯同电位。串级式电压互感器的铁芯是带有电位的，因而要用绝缘支架支撑在瓷箱内，绝缘支架的材质既要有良好的绝缘性能，又要有很高的机械强度。四级串级式电压互感器除了在每个铁芯的上下铁芯柱上绕有平衡绕组外，上下两个铁芯之间还绕有连耦绕组，其作用是保持上下两铁芯的磁通势平衡并传递能量。

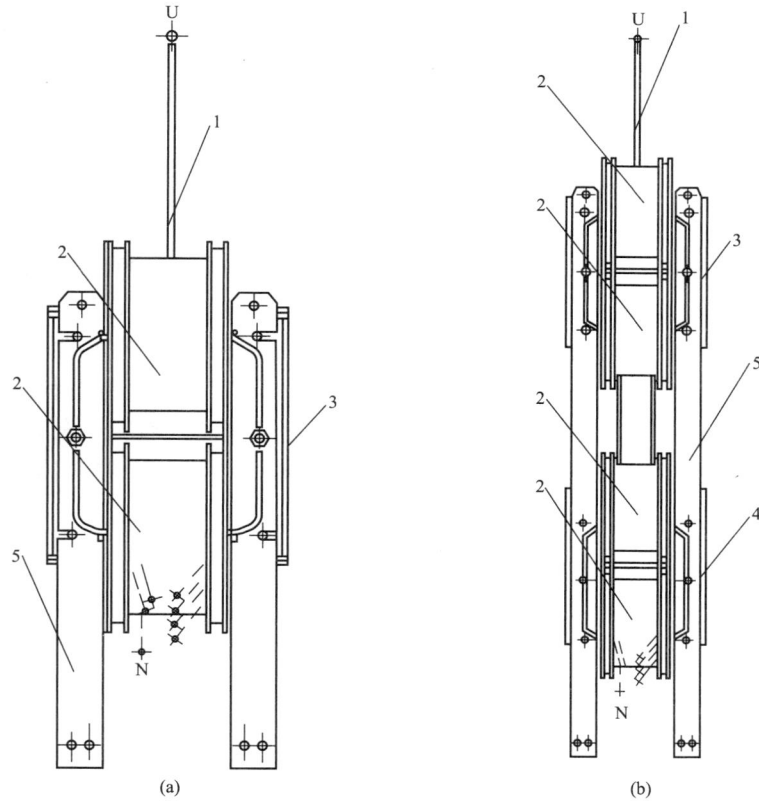

图 ZY1600401001-5　两级串级式电压互感器的器身结构

1—上绕组；2—铁芯；3—平衡绕组；4—绝缘隔板；5—下绕组

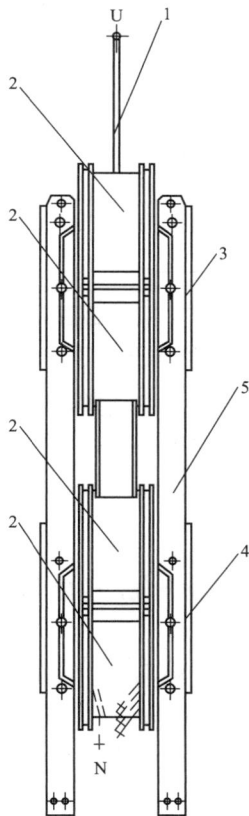

图 ZY1600401001-6　220kV 串级式电压
互感器器身结构

1—引线；2—绕组；3—上铁芯；4—下铁芯；5—绝缘支架

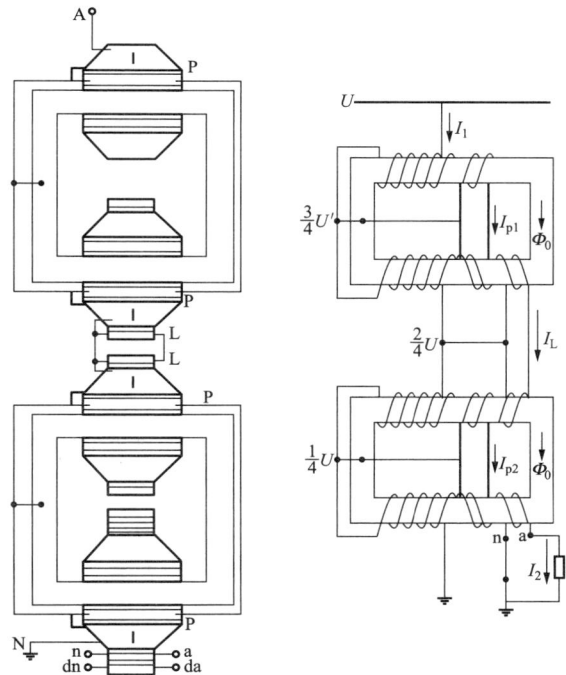

图 ZY1600401001-7　四级串级式电压互感器绕组连接原理

ZY1600401001

模块
1

串级式电压互感器的穿芯螺杆,不但要承担夹紧铁芯的任务,而且要承担夹紧固定绝缘支撑板的任务。由于串级式电压互感器的铁芯是处在高电位下工作,所以穿芯螺杆与铁芯等电位。又由于穿芯螺杆要穿过铁芯,所以只能有一点与铁芯连接,否则将成为铁芯上的短路环面增大铁芯损耗,甚至烧毁铁芯。

(5)SF_6气体绝缘电压互感器的结构。SF_6气体是一种惰性气体,绝缘性能良好、不易燃、灭弧能力强,是一种良好的绝缘介质。SF_6气体绝缘电压互感器有两种结构,一种是独立式,另一种是 GIS 配套使用的组合式,其结构分别如图 ZY1600401001-8、图 ZY1600401001-9 所示。SF_6气体绝缘电压互感器采用单相双柱式铁芯,器身结构与油浸单级式电压互感器相似。

与组合式 SF_6 气体绝缘电压互感器相比,独立式 SF_6 气体绝缘电压互感器主要增加了高压引出线部分,包括一次绕组高压引出线、高压瓷套及其夹持件等。下部外壳与高压瓷套分为统仓结构和隔仓结构。统仓结构是高压瓷套与外壳相通,SF_6 气体从一个充气阀注入后即可充满互感器内部;隔仓结构是通过绝缘子把外壳与高压瓷套隔离开,使气体互不相通。因而隔仓结构需装设两套吸附剂、防爆片以及其他附设装置,如充气阀、压力表等。

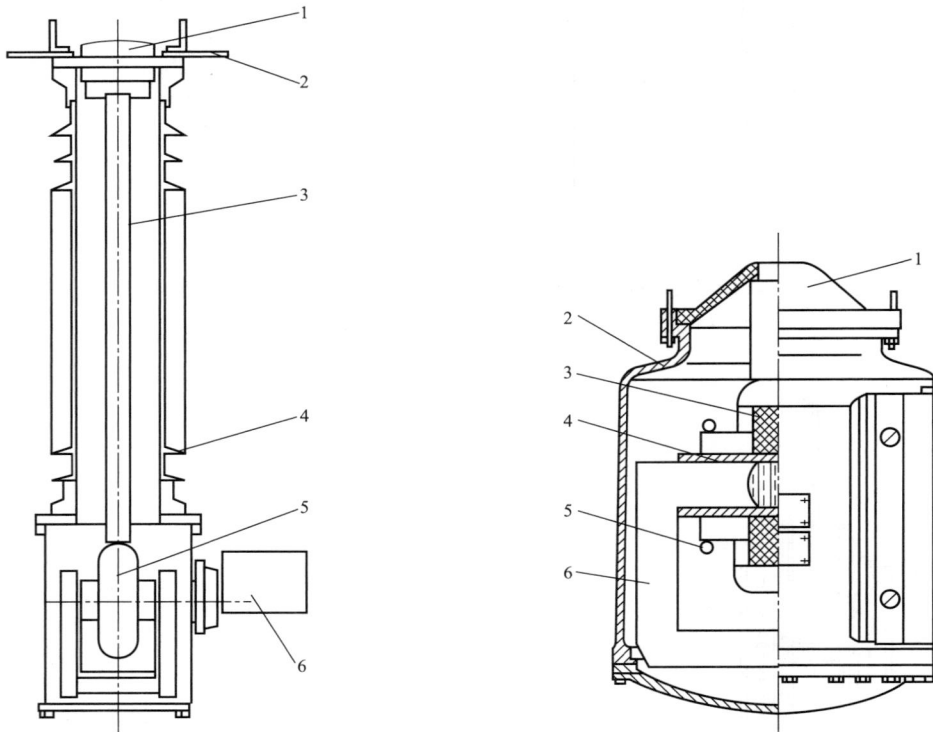

图 ZY1600401001-8 独立式 SF_6 气体绝缘电压互感器结构

1—防爆片;2——次出线端子;3—高压引线;
4—瓷套;5—器身;6—二次出线

图 ZY1600401001-9 组合式 SF_6 气体绝缘电压互感器结构

1—盒式绝缘子;2—外壳;3——次绕组;
4—二次绕组;5—电屏;6—铁芯

2. 电容式电压互感器的结构

电容式电压互感器简称 CTV,其主要由电容分压器和电磁单元两部分组成,电磁单元则由中间变压器、补偿电抗器及限压装置、阻压器等组成。

按照电容分压器和电磁单元的组装方式不同,可分为叠装式(又称一体式)和分装式(又称分体式)两大类。目前国内常见的大都采用叠装式结构,其典型结构如图 ZY1600401001-10 所示,电容分压器叠装在电磁单元油箱之上,电容分压器的下节端盖上有一个中压出线套管和一个低压端子出线套管,伸入电磁单元内部与电磁单元相连。

电容式电压互感器有以下特点:

(1)除具有电磁式电压互感器的全部功能外,同时可兼做载波通信的耦合电容器。

(2)绝缘可靠性高。耦合电容器耐雷电冲击能力强。

（3）不存在电磁式电压互感器与断路器断口电容的串联铁磁谐振。

（4）价格比较便宜，电压等级越高越有优势。

（四）电压互感器的基本原理

1. 电磁式电压互感器的基本原理

电磁式电压互感器是一种特殊变压器，其工作原理与变压器相同。电磁式电压互感器实际上就是一种小容量、大电压比的降压变压器，它的一次绕组与电源、二次绕组与负载都遵守并联接线原则。电压互感器的容量很小，接近于变压器空载运行情况，运行中电压互感器一次电压不会受二次负荷的影响，二次电压在正常使用条件下实质上与一次电压成正比。

串级式电压互感器，就是把一次绕组分成匝数相等的 n 个部分，每一个等分匝数制成的一个绕组分别套在各自的铁芯柱上，构成串级中的一级，再将各级绕组串联起来，U 端接高压，N 端接地。110kV 串级式电压互感器一般设一个闭路铁芯分成两个绕组串联（两级），220kV 一般设两个闭路铁芯分成四个绕组串联（四级），二次绕组都绕在最末一级的铁芯柱上。

如图 ZY1600401001-11 所示，反映了两级串级式电压互感器的内部电磁关系。在空载时，二次绕组开路，一次绕组内只流过励磁电流 I。由于各级一次绕组相同，铁芯也相同，上下铁芯柱主磁通 Φ_0 也相等，因而在各级绕组中感应的电动势相等，因两个平衡绕组匝

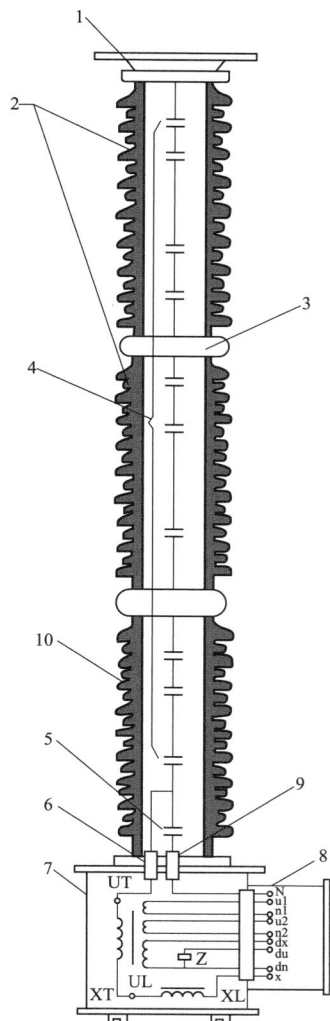

图 ZY1600401001-10　电容式电压互感器结构

1—防晕环；2—瓷套管；3—屏蔽罩；

4—高压电容 C1；5—中压电容器 C2；

6—中压套管；7—电磁单元油箱；

8—二次接线端子盒；9—低压套管；

10—分压电容器；

UT～XT—中间变压器一次绕组；

UL～XL—补偿电抗器绕组；Z—阻尼器

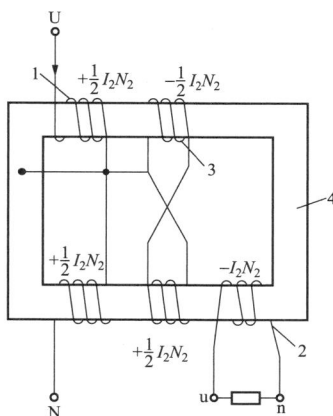

图 ZY1600401001-11　两级串级式电压互感器内部磁通势平衡示意图

1—一次绕组；2—二次绕组；3—平衡绕组；4—铁芯

数相等且反极性串联，其感应电动势大小相等相位相反，故平衡绕组回路电流为零。一次电压均匀分配在上下铁芯柱的一次绕组上，当二次绕组接上负载时，二次电流 I_2 产生的磁通势 $I_2 N_2$ 对下铁芯中主磁通 Φ_0 有去磁作用，故一次电流将增加一个负荷分量电流来维持其主磁通 Φ_0 不变。这个负荷分量电流产生的磁通势为 $-I_2 N_2$ 与二次磁通势大小相等，相位相反。由于负荷电流磁通势建立漏磁通造成上下铁芯柱中的磁通大小不一，将使上铁芯柱的平衡绕组的电动势大于下铁芯柱平衡绕组的电动势，平衡绕组回路中便有差流出现。这个电流在上铁芯柱平衡绕组中产生的磁通势与上铁芯柱一次绕组负荷电流产生的磁通势平衡，而下铁芯绕组中产生的磁通势与下铁芯柱一次绕组负荷电流产生的磁通势方向相同，两者之和与二次绕的磁通势平衡。从而使上下铁芯柱的磁通势达到基本平衡，进而整个铁芯的磁通势基本平衡，这样就保证了正确的电压变换关系。

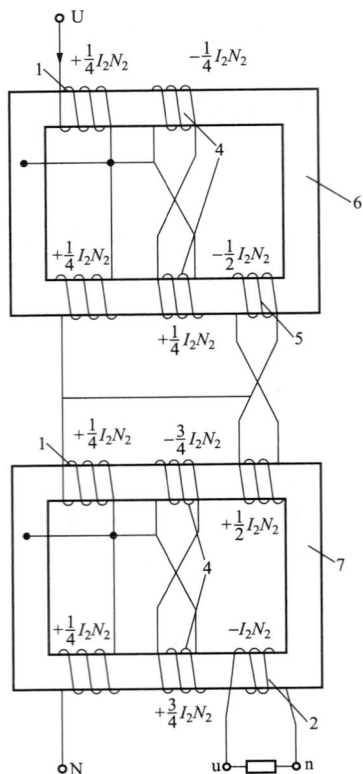

图 ZY1600401001-12　四级式串级式电压
互感器内部磁通势平衡示意图

1—一次绕组；2—二次绕组；3—剩余电压绕组（未画出）；
4—平衡绕组；5—连耦绕组；6—上铁芯；7—下铁芯

对于四级式串级式电压互感器，其内部磁通势平衡示意如图 ZY1600401001-12 所示。在相邻两铁芯之间还必须设置连耦绕组。当二次绕组带上负荷后，二次绕组电流所产生的磁通势 I_2N_2 只作用于下铁芯的下芯柱上，而一次绕组负荷电流所产生的磁通势 $-I_2N_2$ 却均匀分布在四个芯柱上，上两级磁通势增加将使上铁芯中主磁通增加，而在下铁芯上，由于二次磁通势大于一次磁通势，下铁芯中主磁通将减少，因此出现上下铁芯中磁通大小不等的情况。这时，两铁芯上彼此极性串联连接的连耦绕组回路中将出现差流，这个差流所产生的磁通势与上铁芯一次绕组负荷电流的磁通势相反，使上铁芯去磁，差电流所产生的磁通势与下铁芯一次绕组负荷电流的磁通势方向相同，使下铁芯助磁，从而使上下两个铁芯间达到磁通势平衡，从而保持主磁通 Φ_0 基本不变。

从能量传递的关系来说，上铁芯连耦绕组经磁耦合接收上铁芯一次绕组的能量，再经过电耦合传递到下铁芯的连耦绕组，然后通过磁耦传递给二次绕组，维持各铁芯磁通势平衡，最终使各铁芯上一次绕组的能量传递到二次绕组中。

2. 电容式电压互感器的基本原理

电容式电压互感器由电容分压单元和电磁单元两部分组成。如图 ZY1600401001-13 所示，电容式电压互感器是通过电容分压单元获得系统电压的分压，再通过电磁单元实现一、二次的隔离和电压的变换，即由系统一次电压 U_p 分压为中压 U_m，再由 U_m 变换为二次电压 U_b。

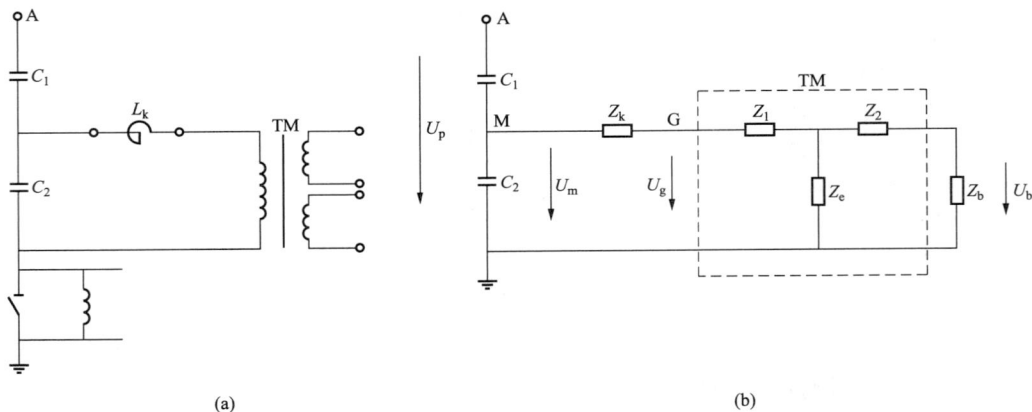

图 ZY1600401001-13　电容式电压互感器原理接线及等效电路

（a）原理接线；（b）等效电路

C_1、C_2—由耦合电容器组成的分压器；L_k—电抗器；TM—电磁式中间变压器；Z_b—中间变压器的二次负载；Z_k—电抗器阻抗；

Z_e—中间变压器励磁阻抗；Z_1—中间变压器一次绕组阻抗；Z_2—中间变压器二次绕组阻抗；

U_p—电容分压电压，归算到中间变压器输入端的电压；U_m—M 点的电压；

U_g—中间变压器一次侧电压；U_b—中间变压器二次侧电压

设计时，使分压电容与电抗器符合串联谐振条件，并使其电阻很小，则 $X_k = \dfrac{1}{j\omega(C_1+C_2)}$，$r_k \approx 0$，因而中间变压输入电压 $U_p = C_1/(C_1+C_2)$，$U_p = U_m$，中间变压器输入电压 U_p 仅与分压电容有关。这样，电容式电压互感器即成为输入电压为U_p的电磁式电压互感器。

电容式电压互感器与电磁式电压互感器的不同点在于：

（1）通过电容分压器接入，对电力系统呈容性。

（2）为了提高准确度，接入补偿电抗（可接在电容分压器和中间变压器之间，也可布置在中间变压器的接地端），使互感器接近串联谐振。

（3）为了消除和限制暂态过程中铁芯饱和产生分次谐振，进而造成补偿电抗器和中间变压器过电压，需采取阻尼措施。

（五）电压互感器型号、铭牌及主要技术参数

1. 电压互感器的型号

电压互感器产品型号均以汉语拼音字母表示，如下所示：

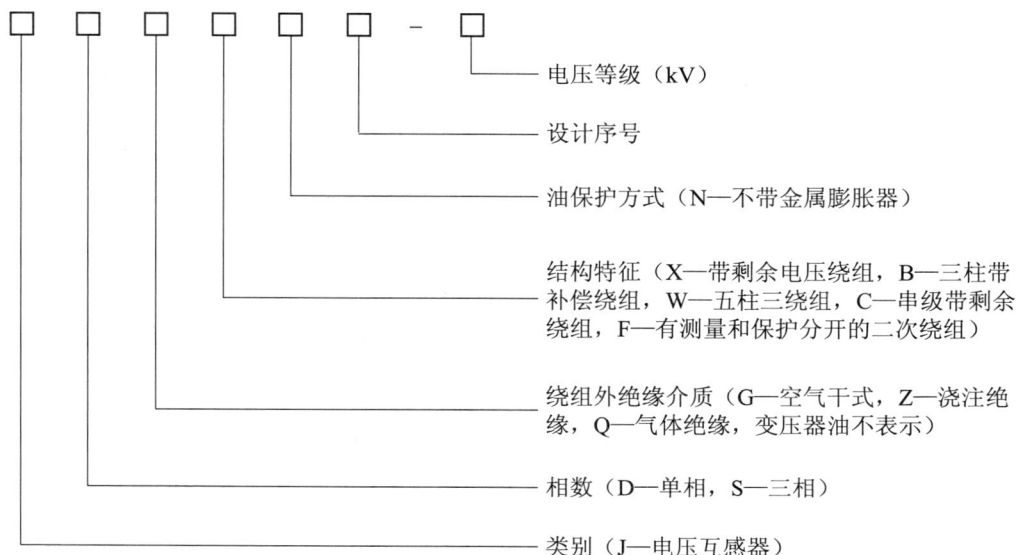

电压等级（kV）

设计序号

油保护方式（N—不带金属膨胀器）

结构特征（X—带剩余电压绕组，B—三柱带补偿绕组，W—五柱三绕组，C—串级带剩余绕组，F—有测量和保护分开的二次绕组）

绕组外绝缘介质（G—空气干式，Z—浇注绝缘，Q—气体绝缘，变压器油不表示）

相数（D—单相，S—三相）

类别（J—电压互感器）

2. 铭牌

所有电压互感器的铭牌至少应标出下列内容：

（1）国名。

（2）制造厂名（不以工厂所在地为厂名者，应同时标出地名）。

（3）互感器名称。

（4）互感器型号。

（5）标准代号。

（6）额定一次电压、二次电压和剩余电压绕组额定电压。

（7）额定频率及相数。

（8）设备种类：户内或户外，如果互感器允许使用在海拔高于1000m的地区，还应标出其允许使用的海拔。

（9）当有两个分开的二次绕组时，其标志应指明每个二次绕组的额定电压，输出范围（VA）和相应准确度等级。

（10）设备最高电压。

（11）额定绝缘水平。

（12）额定电压因数及其相应的额定时间。

（13）绝缘耐热等级（A级绝缘可以不标出）。

（14）带有1个以上二次绕组的互感器，应标明每一绕组用途和其相应的端子。串级式或某些特殊结构的互感器应标明其原理接线图。

（15）互感器的总质量和油浸式互感器的油重（kg）。

（16）出厂序号。

（17）制造年月。

3. 主要技术参数及要求

（1）设备的额定电压及额定一次电压。设备的额定电压与电压互感器运行的系统额定电压相同。电压互感器的额定一次电压是指运行时一次绕组所承受的电压。用在相与相之间的单相电压互感器及三相电压互感器，其额定一次电压与设备额定电压相同；用在相与地间的电压互感器，其额定一次电压为设备额定电压值的 $1/\sqrt{3}$。

（2）额定二次电压。额定二次电压是作为互感器性能基准的二次电压值。对于三相电压互感器及相与相间连接用的电压互感器，其额定二次电压为 100V；对于相对地连接的电压互感器，其额定二次电压为 $100/\sqrt{3}$ V。

用于接地保护的电压互感器，其剩余电压绕组的额定电压视互感器所接系统状况而定，对于中性点有效接地系统为 100V，对于中性点非有效接地系统为 $100/\sqrt{3}$ V。这是由于在系统发生单相接地故障时，其开口三角电压必须保证 100V。

（3）额定输出或额定负载。互感器的额定输出，按互感器二次绕组所带的计量、测量、保护装置的实际负荷提出，按国家标准规定的额定输出标准值确定。按国家标准规定，电压互感器测量误差极限在二次负荷在额定输出的 25%～100% 范围内，因此选择额定输出时，只要略大于实际负荷即可，一般裕度系数为 1.3～1.5。如果额定输出选择过大，实际负荷就可能小于 25%，误差值将不能保证在规定的范围内。

（4）准确度等级及误差限值。误差性能是电压互感器的主要技术要求，以准确度等级衡量其优劣。电压互感器和变压器一样，一次电压变换到二次电压时，由于励磁电流和负载电流在绕组中产生压降，因而二次电压折算到一次侧与一次电压比较，大小及相位均有差别，即互感器出现了误差。数量上的误差称为电压误差，相位上的差别称为相位差。

测量、计量电压互感器的准确度等级，以该准确度等级在额定电压下规定的最大允许电压误差的百分数标称。测量、计量用电压互感器的标准准确度等级有 0.1、0.2、0.5 级。保护用电压互感器的准确度等级，以该准确度等级在 5% 额定电压到额定电压因数相对应的电压范围内最大允许电压误差的百分数标称，其后标以字母"P"（表示保护级）。保护用电压互感器的标准准确度等级为 3P 和 6P。电压互感器各标准准确度等级的误差限值。电压互感器各标准准确度等级的误差限值见表 ZY1600401001-1。

表 ZY1600401001-1　　　　　　电压互感器各标准准确度等级的误差限值

电压互感器	准确度等级	电压误差（%）	相位差（′）	保证误差条件	
				电压范围	二次负载范围
测量用	0.1	±0.1	±5	$(0.8\sim1.2)\,U_{1N}$	$(0.25\sim1.0)\,S_{2N}$
	0.2	±0.2	±10		
	0.5	±0.5	±20		
保护用	3P	±3.0	±120	$(0.05\sim K)\,U_{1N}$	$(0.25\sim1.0)\,S_{2N}$
	6P	±6.0	±240		

注　U_{1N}——额定电压；S_{2N}——二次负荷；K——额定电压系数（1.2、1.5、1.9）。

（5）额定电压因数。额定电压因数是在规定时间内能满足互感器温升要求及准确度等级要求的最大电压与额定一次电压的比值，它与系统最高电压及接线方式有关，其标准值见表 ZY1600401001-2。

表 ZY1600401001-2　　　　　　电压互感器额定电压因数标准值

额定电压因数	额定时间	适用范围
1.2	连续	任一地网
1.5	30s	110～500kV 中性点有效接地系统，相对地之间
1.9	80h	66kV 中性点非有效接地系统的相对地之间

（6）电压互感器的接线方式。

1）单相接线。这种接线只需要 1 台单相电压互感器就可以，可接入电压表、频率表的电压线圈和电压继电器等。

2）VV 接线。这是用 2 台单相电压互感器连接而成，VV 接线可以测出三个线电压，适用于中性点不直接接地系统中，只需测量线电压而不测量相电压的场合。其接地如图 ZY1600401001-14 所示。

3）Yyn 接线。这种接线可以用 3 台单相全绝缘的电压互感器连接而成，用于中性点不直接接地系统，其接线如图 ZY1600401001-15 所示。它可以满足仪表和继电保护装置需要接线电压和相电压的要求。

由于此种接线一次侧中性点不接地，当系统发生单相接地时，接地相虽然对地电压为零，但中性点的电压仍为相电压，这时施加于一次绕组的电压并没有改变，二次相电压也未改变，因而反映不出系统接地故障。

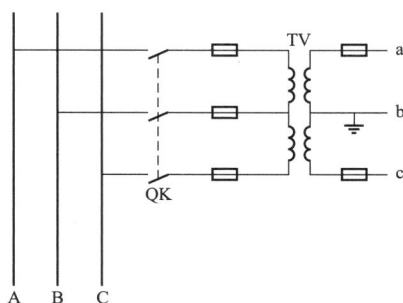

图 ZY1600401001-14　VV 接线图　　　　图 ZY1600401001-15　Yyn 接线图

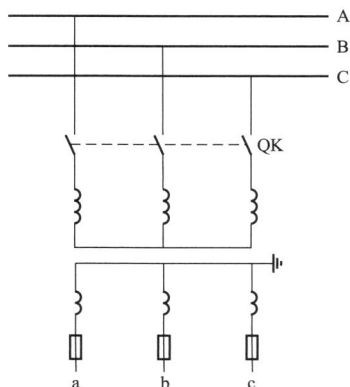

4）YNynd 开口接线。这种接线采用 3 台单相三绕组电压互感器或三相三绕组五柱式电压互感器连接而成，其二次绕组可以测量线电压和相电压，并且接线开口三角形的零序电压绕组不能进行绝缘监视和供单相接地保护作用，其接线如图 ZY1600401001-16 所示。

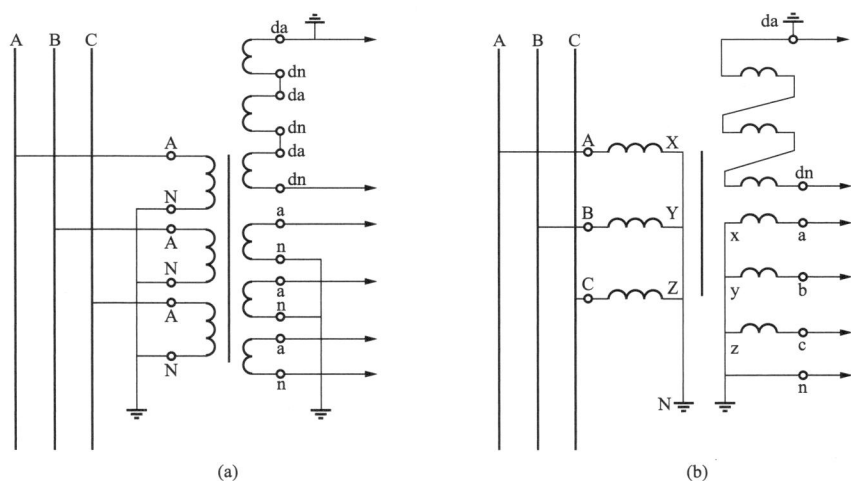

图 ZY1600401001-16　YNynd 开口接线图
（a）3 台单相电压互感器；（b）三相五柱式电压互感器

三、电流互感器

电流互感器是一种专门用于变换电流的特种变压器，其基本原理与变压器没有多大的差别，它的一次绕组匝数很少，与线路串联，二次绕组匝数很多，与仪表及继电保护装置的电流线圈相串联。

1. 电流互感器的特点

电流互感器与变压器有所不同，其有以下特点：

（1）电流互感器二次回路负载阻抗很小，相当于变压器的短路运行。一次电流由线路的负载决定，不由二次电流决定。因而，二次电流几乎不受二次负载的影响，只随一次电流的变化而变化。

（2）电流互感器二次绕组不允许开路运行。因为二次电流对一次电流产生的磁通是去磁作用，如果二次开路，则一次电流全部作为励磁用，铁芯过饱和，二次绕组开路两端产生很高的电动势，从而产生高的电压，同时铁损也增加，有烧毁互感器的可能。

（3）电流互感器二次侧一端必须接地，以防止一、二次绕组之间绝缘击穿时危及仪表和人身安全。电流互感器二次绕组只允许有一点接地，否则在两接地点间形成分流回路，影响装置正确动作。

2. 电流互感器的分类

（1）按使用条件分，有户内型和户外型电流互感器。

（2）按绝缘介质分，有干式电流互感器、浇注式电流互感器、油浸式电流互感器和气体绝缘电流互感器。

（3）按安装方式分，有贯穿式电流互感器、支柱式电流互感器、套管式电流互感器和母线式电流互感器。

（4）按一次绕组匝数分，有单匝式电流互感器和多匝式电流互感器。

（5）按电流比变换分，有单电流比电流互感器、多电流比电流互感器和多个铁芯电流互感器。

（6）按二次绕组所在位置分，有正立式电流互感器和倒立式电流互感器。

（7）按保护用电流互感器技术性能分，有稳定特性型电流互感器和暂态特性型电流互感器。

（8）按电流变换原理分，有电磁式电流互感器和光电式电流互感器。

3. 电流互感器的结构

目前我国主要生产和使用是电磁式电流互感器。按其主绝缘划分有干式、浇注式、油纸绝缘式和 SF_3 气体绝缘式等多种，其结构有很大的不同。

（1）电流互感器铁芯。电流互感器铁芯材料一般采用冷轧硅钢片、坡莫合金和铁基超微晶合金等。硅钢片应用普遍，价格也较低廉，适用于保护级和一般测量级铁芯；坡莫合金和铁基超微晶合金铁芯，价格较高，具有初始导磁率高、饱和磁密低的特点，只宜用于要求测量精度较高、仪表保安系数要求严格的测量铁芯。

电流互感器常用的铁芯结构有叠片铁芯、卷铁芯、开口铁芯等。其形式如图 ZY1600401001-17 所示。

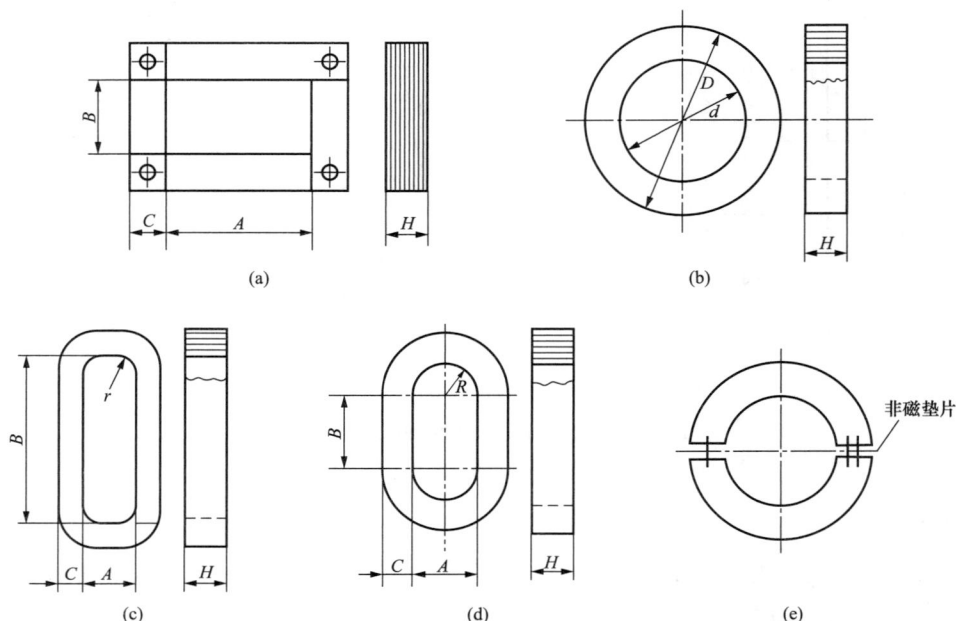

图 ZY1600401001-17　电流互感器铁芯形式
（a）叠片铁芯；（b）圆环形卷铁芯；（c）矩形卷铁芯；（d）扁圆形卷铁芯；（e）开口卷铁芯

（2）电流互感器绕组。绕组分一次绕组和二次绕组，都用钢导体制成。

一次绕组通常用铜母线、铜棒、铜管、圆铜线、扁铜线、软铜带或软电缆等。一次绕组根据铁芯和绝缘结构可绕成圆形、矩形、U 形、吊环形，如图 ZY1600401001-18 所示。高压电流互感器常见一次绕组形状如图 ZY1600401001-19 所示。一次绕组可由相同的几段组成，通过段间的串、并联实现电流比的变换。当一次绕组由 2 段组成时，可通过串、并联改变实现 2 种变比；当一次绕组由 4 段组成时，可通过串、并联及串合改变实现 3 种变比。也可以通过一次绕组抽头的调整实现电流比的变换。

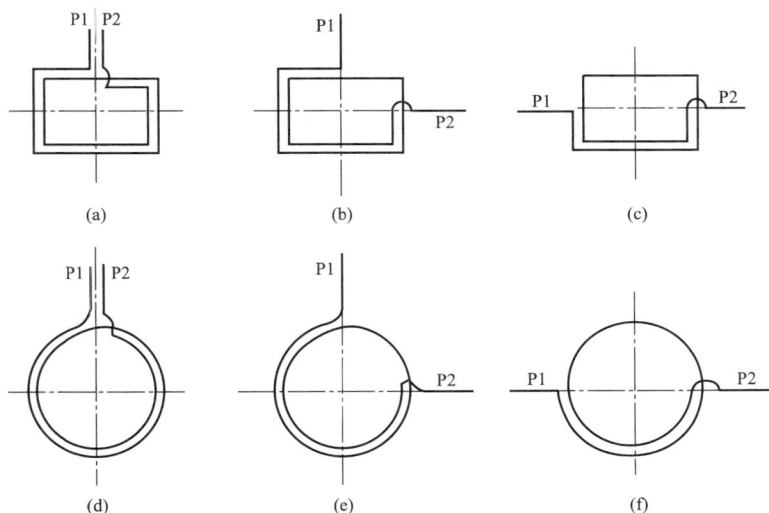

图 ZY1600401001-18　一次绕组形状及出线方式

（a），（b），（c）矩形；（d），（e），（f）圆形

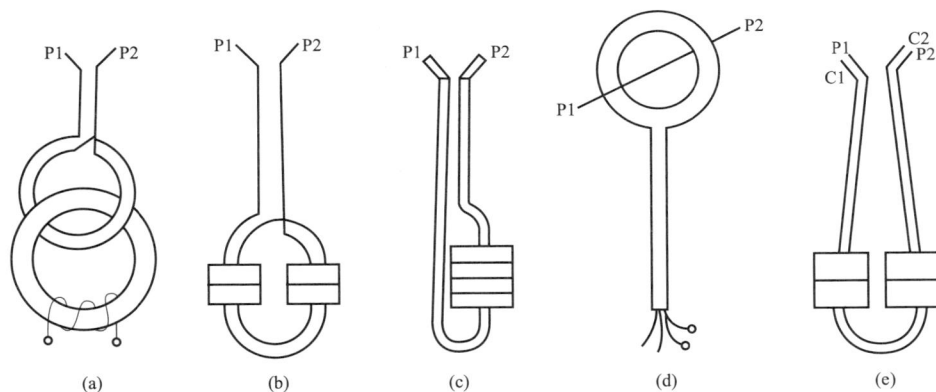

图 ZY1600401001-19　高压电流互感器常见一次绕组形状

（a），（d）吊环形；（b）圆形；（c），（e）U 形

二次绕组都采用圆铁线，导线截面应满足误差要求、温升要求以及机械强度的要求。二次绕组分矩形绕组和环形绕组两种，矩形绕组用于叠片铁芯，环形绕组用于卷铁芯。

（3）浇注式电流互感器。由树脂、填料、固化剂等按一定比例混合，浇注到装有互感器一、二次绕组及其附件的模具内，固化成型后即成为浇注式电流互感器。浇注式电流互感器又分为半浇注（或称半封闭）和全浇注（或称全封闭）两种。半浇注结构是将互感器的电气回路，即一、二次绕组及其引线，引线端子用环氧树脂混合胶浇注成一个整体，再将这个整体与铁芯、底座等组装在一起。半浇注电流互感器采用叠片铁芯，铁芯表面要进行防锈处理，半浇注式电流互感器只能用于户内。半浇注式电流互感器如图 ZY1600401001-20 所示。

全浇注结构是将电流互感器的电回路、磁回路包括一、二次绕组及其引线、铁芯等全部用环氧树脂混合胶浇注成一个整体，再将整体与底座等组装在一起，如图 ZY1600401001-21 所示。全封闭电流互感器多采用环形铁芯。

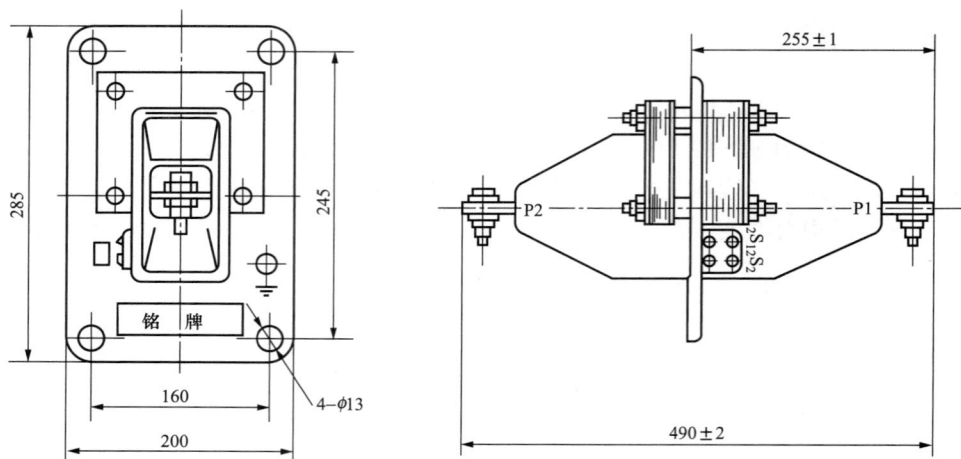

图 ZY1600401001-20　半浇注式电流互感器

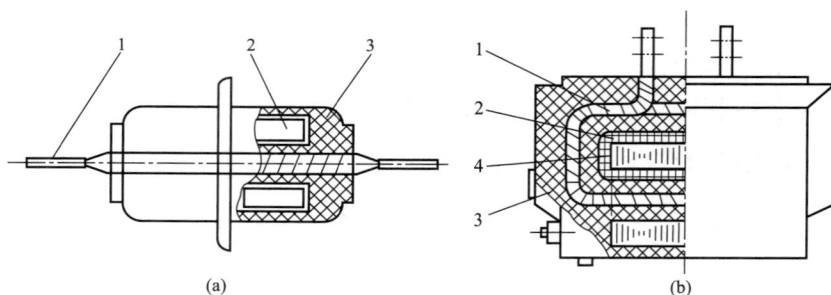

(a)　　　　　　　　　(b)

图 ZY1600401001-21　全浇注绝缘电流互感器

（a）单匝贯穿式；（b）支柱式

1——次绕组；2—二次绕组；3—树脂混合料；4—铁芯

户外型浇注式电流互感器只采用全浇注结构，内部绝缘结构与户内全浇注互感器大致相同。户外型浇注式电流互感器如图 ZY1600401001-22 所示。外绝缘浇注成一个真空的圆柱体，并从一次绕组引线端子到底座之间浇注出适用于户外绝缘要求的伞裙，以满足不同污秽等级环境条件要求。

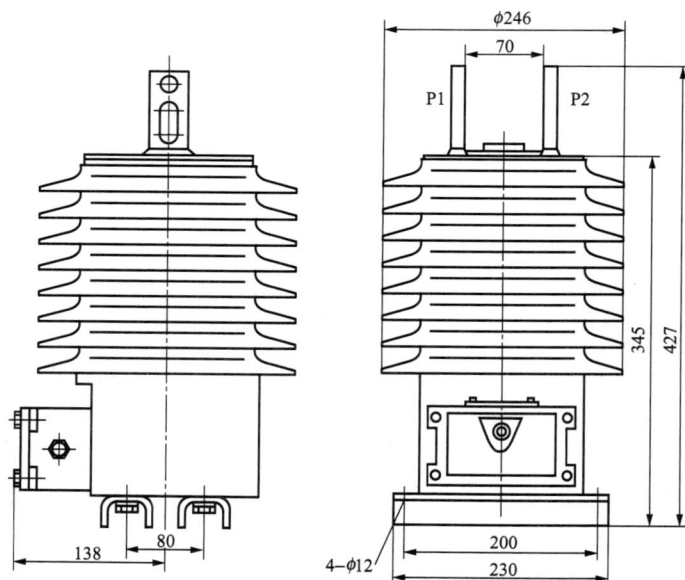

图 ZY1600401001-22　户外型浇注式电流互感器

（4）油浸式电流互感器。油浸式电流互感器基本结构由底座、器身、储油柜和瓷套四大组件组成。瓷套是互感器的外绝缘，并兼做油的容器。66kV 及以上电流互感器的储油柜上装有串、并联接线装置，用于改变一次绕组的匝数。

油浸式电流互感器按主绝缘结构不同，可以分为纯油纸绝缘的链形结构和电容油纸绝缘结构两种。链形绝缘结构电流互感器，其一次绕组和二次绕组构成互相垂直的圆环，像两个链环，其主绝缘是纯油纸绝缘。各个二次绕组分别绕在不同的圆形铁芯上，将几个二次绕组合在一起，装好支架，用电缆纸带包扎绝缘，然后绕一次绕组并包扎好绝缘，如图 ZY1600401001-23 所示。

电容式绝缘结构电流互感器，一次绕组有 U 形、吊环形（正立式和倒立式）两种。主绝缘包在一次绕组（或二次绕组）上，在绝缘中沿一次绕组到二次绕组方向设置若干电屏，靠近一次绕组为高电屏，靠近二次绕组为地电屏，高、地电屏之间为中间电屏，如图 ZY1600401001-24 所示。

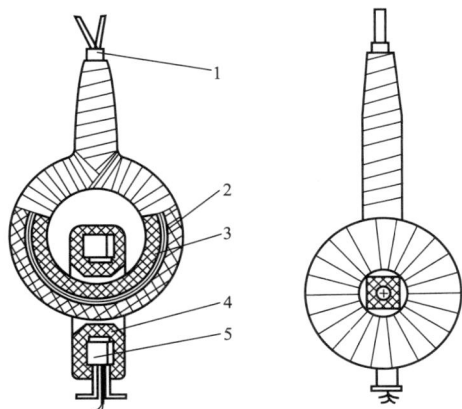

图 ZY1600401001-23　链形绝缘结构电流互感器

1——一次引线支架；2——主绝缘Ⅰ；3——一次绕组；

4——主绝缘Ⅱ；5——二次绕组装配

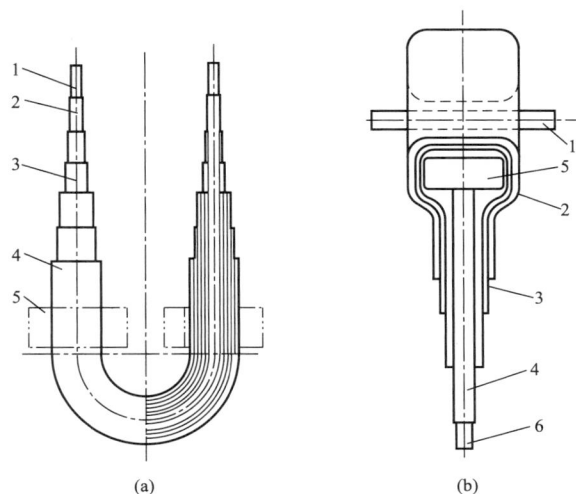

图 ZY1600401001-24　电容式绝缘结构电流互感器

（a）U 形电容式绝缘；（b）吊环形（倒立式）电容式绝缘

1——一次导体；2——高压电屏；3——中间电屏；4——地电屏；5——二次绕组；6——支架

电容式绝缘结构电流互感器又分为正立式和倒立式两种。电流互感器的二次绕组处于下部油箱中，主绝缘置于一次绕组或一、二次绕组上，这种结构称为正立式；带有主绝缘的二次绕组处于互感器上部的电流互感器称为倒立式。

倒立式电流互感器与正立式电流互感器比较有许多优点：① 当一次电流较大时，容易解决温升及短路电动力问题；② 当一次电流较小时，容易实现高准确度，且可以满足大的短路电流的要求；③ 外绝缘瓷套径向尺寸小，制造工艺性较好；④ 不存在 U 形电流互感器一次绕组处在油箱底部部分的绝缘容易受潮的薄弱环节，运行可靠性高。但同时存在质量集中于头部，重心高，抗震性能差，价格高于正立式电流互感器的缺点。

（5）SF₆ 气体绝缘电流互感器。SF₆ 气体绝缘电流互感器分独立式和套装式两类。独立式即单独安装使用，如图 ZY1600401001-26 所示；套装式即与其他变电装置配套使用，如图 ZY1600401001-25 所示，如 GIS 等。独立式 SF₆ 气体绝缘电流互感器大都采用倒立式结构。

独立式 SF₆ 气体绝缘电流互感器为了防爆，在产品头部外壳的顶部装有防爆片，爆破压力一般取 0.7～0.8MPa。为了监视 SF₆ 气体压力是否符合技术要求，在底座设有阀门和 SF₆ 气体压力表及密度继电器，当 SF₆ 漏气量达到一定程度，内部压力达到报警压力时，发出补气信号。

4. 电流互感器的基本原理

电流互感器其基本原理与变压器没有多大的差别，是一种专门用于变换电流的特种变压器，也称为变流器。它的一次绕组匝数很少，与线路串联；二次绕组外部回路串接有测量仪表、继电保护、自动装置等二次设备。由于二次侧各类阻抗很小，正常运行时二次接近于短路状态。二次电流 I_2 在正常使用条件下实质上与一次电流成正比，二次负荷对一次电流不会影响，其工作原理如图 ZY1600401001-27 所示。

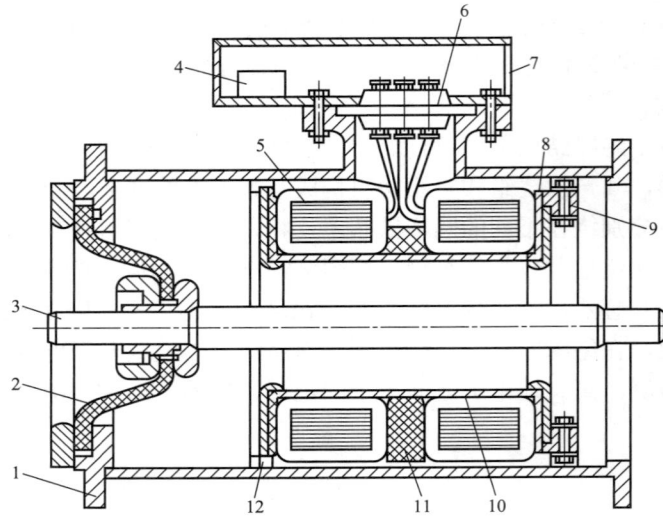

图 ZY1600401001-25　套装式 SF$_6$ 气体绝缘电流互感器结构

1—GIS 外壳；2—盆式绝缘子；3—一次导体；4—二次接线柱；5—二次绕组和铁芯；6—二次小瓷套；

7—二次接线盒；8—玻璃胶布垫；9—止推螺钉；10—圆筒；11—玻璃胶布垫；12—黄铜止推垫圈

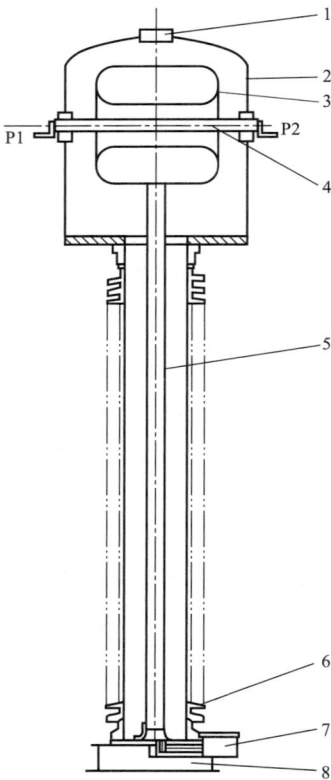

图 ZY1600401001-26　倒立式 SF$_6$ 气体绝缘电流互感器结构

1—防爆片；2—壳体；3—二次绕组及屏蔽筒；4—一次绕组；

5—二次出线管；6—套管；7—二次端子盒；8—底座

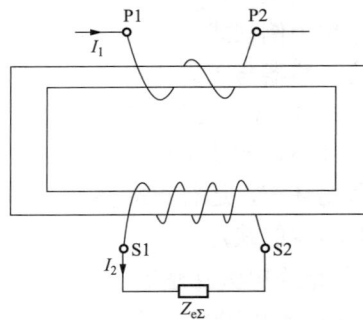

图 ZY1600401001-27　电流
互感器的工作原理

　　根据变压器工作理，当 I_1 流过互感器匝数为 N_1 的一次绕组时，将产生一次磁通势 I_1N_1，一次磁通势又叫一次安匝。同理二次电流 I_2 与二次绕组匝数 N_2 的乘积为二次磁通势 I_2N_2，又叫二次安匝。一次磁通势与二次磁通势的相量和即为励磁磁通势，$\dot{I}_1N_1 + \dot{I}_2N_2 = \dot{I}_0N_1$，这就是电流互感器的磁通势平衡方程。当忽略励磁电流时，磁通势平衡方程化简为

$$\dot{I}_1N_1 = -\dot{I}_2N_2$$

若以额定值表示，有

$$\dot{I}_{1N}N_2=-\dot{I}_{2N}N_2$$

则额定电流比为

$$K_N=I_{1N}/I_{2N}=N_2/N_1$$

5. 电流互感器型号、铭牌及主要技术参数

（1）电流互感器型号，其表示方法如下：

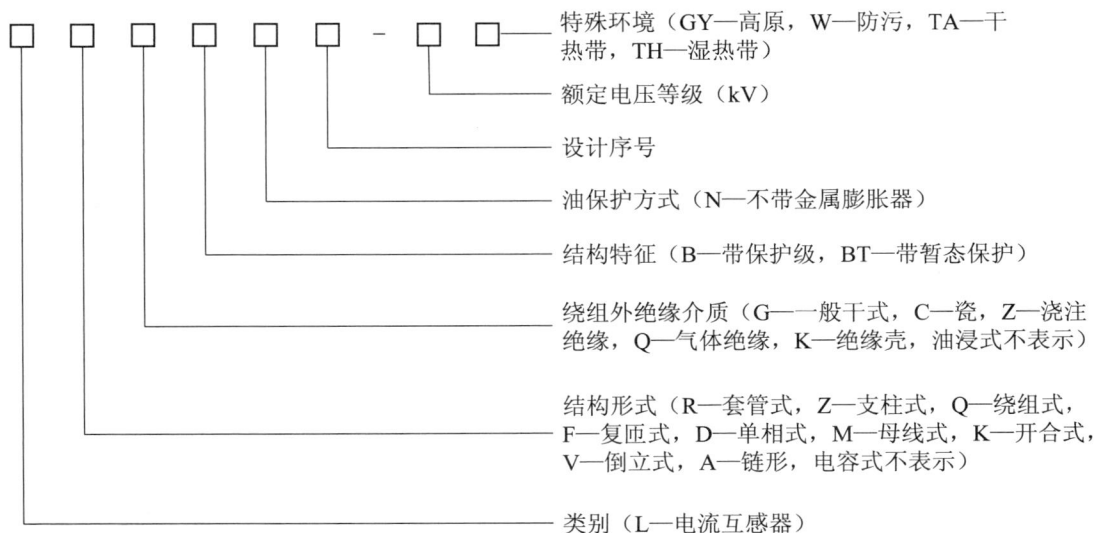

特殊环境（GY—高原，W—防污，TA—干热带，TH—湿热带）

额定电压等级（kV）

设计序号

油保护方式（N—不带金属膨胀器）

结构特征（B—带保护级，BT—带暂态保护）

绕组外绝缘介质（G—一般干式，C—瓷，Z—浇注绝缘，Q—气体绝缘，K—绝缘壳，油浸式不表示）

结构形式（R—套管式，Z—支柱式，Q—绕组式，F—复匝式，D—单相式，M—母线式，K—开合式，V—倒立式，A—链形，电容式不表示）

类别（L—电流互感器）

（2）铭牌。所有电流互感器的铭牌至少应标出下列内容：

1）国名。

2）制造厂名（不以工厂所在地名为厂名者，应同时标出地名）。

3）互感器名称。

4）互感器型号。

5）标准代号。

6）额定一次和二次电流（A）。一般表示为：额定一次电流/额定二次电流，当一次绕组为分段式，通过串、并联得到几种电流比时表示为：一次绕组段数×一次绕组每段的额定电流/额定二次电流，例如 2×600/5A。当二次绕组具有抽头，以得到几种电流比时，应分别标出每一对二次出线端子及其对应的电流比，例如 S1—S2，200/5A；S1—S3，300/5A。

7）额定频率及相数。

8）设备种类：户内或户外，如果允许使用在海拔高于 1000m 的地区，还应标出其允许使用的最高海拔。

9）额定输出及其相应准确度等级，以及有关的其他附加性能数据。

10）设备最高电压。

11）额定绝缘水平。

12）额定短时电流：应分别标出额定短时热电流（kA）和额定动稳定电流（峰值，kA）。

13）绝缘耐热等级（A 级绝缘不标出）。

14）带有两个二次绕组的互感器，应标明每一绕组的用途和其相应的端子。

15）互感器的总质量和油浸式互感器的油重（kg）。

16）二次绕组排列示意图（U 形，电容式结构）。

17）出厂序号。

18）制造年月。

模块 1

ZY1600401001

（3）电流互感器标志。接线端子必须有标志，标志应位于接线端子表面或近旁且应清晰牢固。标志由字母或数字组成，字母均为大写印刷体。

如图 ZY1600401001-28 所示，标志内容如下：

1）一次端子：P1、P2；

2）一次绕组分段端子：C1、C2；

3）二次端子：S1、S2（单变比）。S1、S2（中间抽头）、S3（多电流比），如互感器有两个及以上二次绕组，各有其铁芯，则可表示为 1S1、1S2、2S1、2S2 和 3S1、3S2 等。

P1、S1、C1 在同一瞬间具有同一极性。

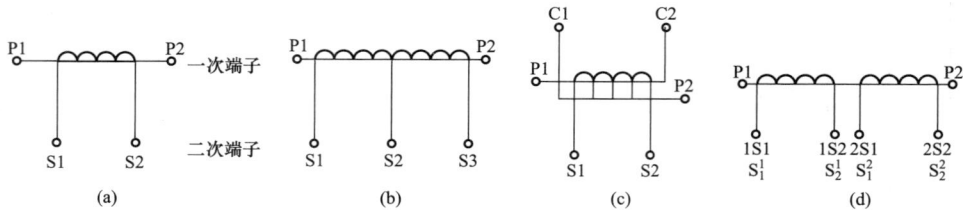

图 ZY1600401001-28　电流互感器绕组接线标志

（a）单电流互感器；（b）互感器二次绕组有中间抽头；（c）互感器一次绕组分两组，可以串联或并联；

（d）互感器有两个二次绕组，各有其铁芯（二次绕组有两种标志方法）

（4）电流互感器主要技术参数。

1）额定电压。电流互感器的额定电压是指一次绕组所接线路的线电压。它是标志一次绕组对二次绕组及地的绝缘水平的基准技术数据。

2）额定一次电流。它是决定互感器误差性能和温升的一个技术要求，它取决于系统的额定电流。额定一次电流可用下式选择

$$I_r \geq K I_L$$

式中　I_r——互感器额定一次电流；

I_L——电气设备额定一次电流和电器元件的最大负荷电流；

K——可靠系数，一般可取 1.2～1.5，对于直接动的发电机一般取 1.5～2.0，对于 S 级电流互感器可取 3～5。

3）额定二次电流。额定二次电流的标准为 1A 和 5A，它取决于二次设备的标准化。

4）额定电流比。额定一次电流与额定二次电流之比，一般不以其比值表示，而是写成比式。

5）额定连续热电流。是指一次绕组连续流过而不使互感器温升超过规定限值的电流。通常额定一次电流即是额定连续热电流，某些情况下，额定连续热电流大于额定一次电流。

6）额定负载。是规定互感器准确度等级的二次回路阻抗，以伏安表示，它是二次回路在规定功率因数和额定二次电流下所吸取的视在功率。

7）准确度等级及误差限值。电流互感器的准确度以标准准确度等级来表征，对应不同的准确度等级有不同的误差要求。测量用电流互感器的标准准确度等级有 0.1、0.2、0.5、1、3、5 级，对于特殊要求的还有 0.2S 和 0.5S 级。保护用电流互感器的标准准确度等级有 5P 和 10P 级。电流互感器准确度等级所对应的条件及误差限值见表 ZY1600401001-3。

表 ZY1600401001-3　　电流互感器各标准准确度等级所对应的条件及误差限值

准确度等级	额定电流百分数（%）	误差限值		保证误差的二次负荷范围
		电流误差（%）	相位差（′）	
0.1	5	±0.4	±15	（25%～100%）S_{2N}
	20	±0.2	±8	
	100～120	±0.1	±5	

续表

| 准确度等级 | 额定电流百分数（%） | 误　差　限　值 | | 保证误差的二次负荷范围 |
		电流误差（%）	相位差（′）	
0.2	5	±0.75	±30	
	20	±0.35	±15	
	100～120	±0.2	±10	
0.5	5	±1.5	±90	（25%～100%）S_{2N}
	20	±0.75	±45	
	100～120	±0.5	±30	
1	5	±3	±180	
	20	±1.5	±90	
	100～120	±1.0	±60	
3	50～120	±3.0	不规定	（50%～100%）S_{2N}
5	50～120	±5.0	不规定	（50%～100%）S_{2N}
0.2S	1	±0.75	±30	
	5	±0.35	±15	
	20	±0.2	±10	
	100～120	±0.2	±10	（25%～100%）S_{2N}
0.5S	1	±1.5	±90	
	5	±0.75	±45	
	20	±0.5	±30	
	100～120	±0.5	±30	

6. 电流互感器的接线方式

（1）单相接线。如图 ZY1600401001-29 所示为单相互感器测量一相电流时的接线，常用于测量一次侧三相负荷不平衡度较小的对称负荷。

（2）星形接线。如图 ZY1600401001-30 所示为 3 台电流互感器的星形接线，是最常见的接线方式，能测量三相中任何一相电流。在保护装置中，能反应相间短路，也能反应单相接地短路，对于中性点有效接地系统、中性点非有效接地系统或三相四线制的低压系统均可采用。

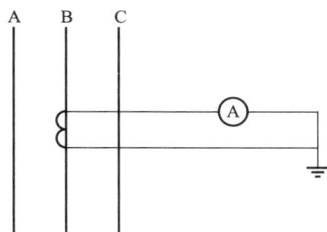

图 ZY1600401001-29　电流互感器单相接线　　　图 ZY1600401001-30　3 台电流互感器星形接线

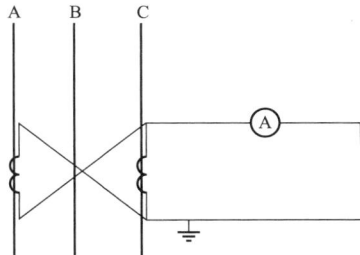

（3）不完全星形接线。如图 ZY1600401001-31 所示，为 2 台电流互感器不完全星形接线，可测量中性点不接地系统的三相电流。在保护装置中，能反应各种相间短路，但在没有电流互感器一相发生对地短路时，保护装置不会动作。此种接线常用于 10～35kV 中性点不接地系统。

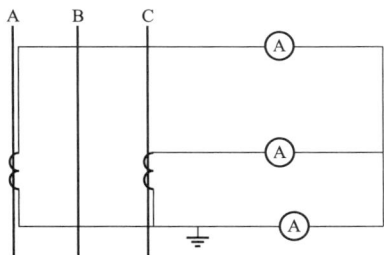

图 ZY1600401001-31　2 台电流互感器不完全星形接线　　　图 ZY1600401001-32　2 台电流互感器两相差接线

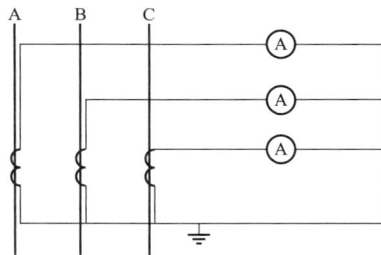

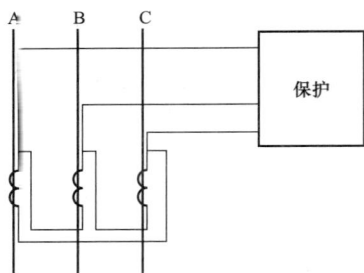

图 ZY1600401001-33　3 台电流
互感器三角形接线

（4）两相差接线。如图 ZY1600401001-32 所示为 2 台电流互感器两相差接线，这种接线适用于三相三线制电路，正常时流过二次负荷的电流是两相电流之差，一般可用于 10kV 用户的保护回路。在保护装置中，它能反应各种相间短路，但在没有电流互感器一相发生对地短路时，保护装置不会动作。

（5）三角形接线。如图 ZY1600401001-33 所示为 3 台电流互感器三角形接线，这种接线常用于接线组别为 Yd11 的变压器差动保护回路中，它能反应相间和匝间短路。

四、新型互感器简介

1. 光电式互感器

与传统电磁式互感器利用电磁耦合原理，采用金属导体传递电流或电压信息不同，光电式互感器是利用光电子技术和电光调制原理，用玻璃光纤来传递电流和电压信息的一种新型互感器。与电磁式互感器相比，光电式互感器有如下特点：

（1）无铁芯，不存在磁饱和问题，且电流越大，准确度越高。

（2）绝缘结构简单，可靠性高。

（3）动态响应好，可以满足暂态保护特性的需求。

（4）装置简单、轻便，易于安装，维护方便。

（5）抗电磁干扰能力强，便于远距离传输信息。

（6）实现了无油化，消除了充油装置可能造成的燃、爆危险。

光电式互感器分为光电式电压互感器和光电式电流互感器。

（1）光电式电压互感器。光电式电压互感器分为有源型和无源型两种。

有源型是将高压侧通过采样后将电压信号传递到发光二极管变成光信号，经光纤传递到低压侧，再经逆变换成电信号后放大输出。由于二极管的发光强度与施加电压成正比，故信号输出也与施加电压成正比。

无源型是利用某些晶体（如常用的 BGO）的普克尔斯光电效应，电—光电压变换原理如图 ZY1600401001-34 所示，图中 DOIU 为数字光电接口装置。波长为 λ、强度为 P_0 的偏振光，在电场作用下，晶体输出光强度 P 随加在晶体上的电场强度（即电压）的变化而变化，因此只要测出输出光强度，便可得到被测电压。

无源型光电式电压互感器结构框图如图 ZY1600401001-35 所示。

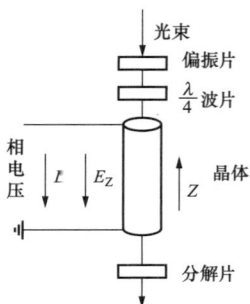

图 ZY1600401001-34　电—光电压变换原理

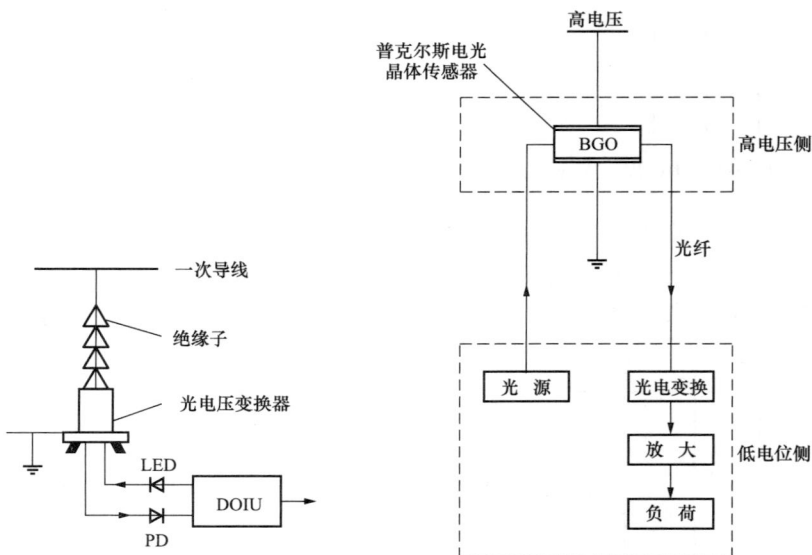

图 ZY1600401001-35　无源型光电式电压互感器结构框图

如高压是由电容分压器按一定电压比降低到光纤电压传感器所能承受的较低电压，称为电容分压型；如高压直接加在普克尔斯晶体上，则称为无分压型。

（2）光电式电流互感器。光电式电流互感器分为有源、无源和完全光纤三种。

有源型电流互感器高压侧电流信号通过采样线圈（罗戈夫斯基线圈）、积分环节、A/D 转换将信号变成光信号，由纤传递到低压侧，再进行变换成电信号放大输出。

无源型电流互感器，传感器部分一般用法拉第磁光效应原理制成，即线性偏振光通过磁光晶体材料（如铅玻璃）时在外界磁场作用下产生偏振面旋转，其旋转角度 θ 与磁场强度成正比。通过偏振检测系统，将磁光效应转化为光强信号，那么输出光强正比于磁场强度（即电流大小），因而只要测得输出光强即可得出一次电流大小。

全光纤型实际上是无源型，只是传感头是由特殊结构的光纤在被测电流的导体上绕制而成。该特殊结构的光纤制造困难，且价格昂贵，质量难以保证。

2. 其他类型互感器

（1）电阻、电容分压型电压变换器。电阻、电容分压型电压变换器如图 ZY1600401001-36 所示。与常规电容式电压互感器原理相同，不同的是其额定容量是毫瓦级，二次输出电压不超过 $\pm 5V$，因此要求 R_1（或 ZC_1）应达到数兆欧级以上，而 R_2（或 ZC_2）应在千欧数量级，其空载变比为 $K_2=R_2/（R_1+R_2）$ 或 $K_2=C_1/（C_1+C_2）$，只有负载阻抗 $Z \gg R_2$（或 ZC_2）时才能满足精度要求，并需要进行屏蔽。

（2）微型电流互感器和罗戈夫斯基电流变换器。微型电流互感器是带铁芯的小信号电流互感器，罗戈夫斯基电流变换器是缠绕在非磁性材料小截面芯子的线圈，它们的工作原理都是电磁感应原理，等效电路如图 ZY1600401001-37 所示。

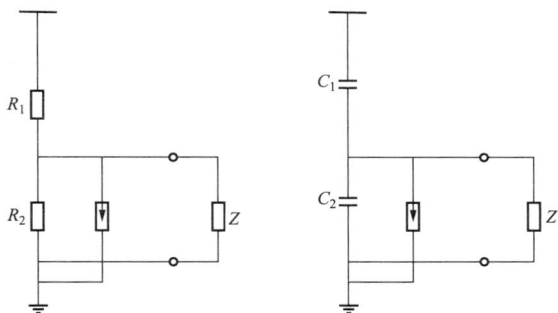

图 ZY1600401001-36 电阻、电容
分压型电压变换器

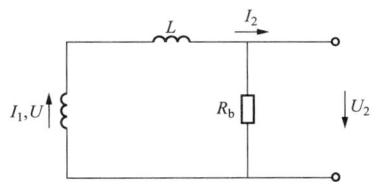

图 ZY1600401001-37 微型电流
互感器等效电路

在微型电流互感器中 $R_b=1\Omega$，其输出电压 $U_2=I_2 R_b$，与一次电流 I_1 成正比，而在罗戈夫斯基变换器中，U_2 与一次电流的积分成正比，根据输出的积分才能算出一次电流。

两者与常规电流互感器的不同之处是输出仅为电压信号，功率为毫瓦级。在小量程范围内能高精度测量正常运行电流，用于电能量计量。在故障情况下其输出可现短路电流，从静态到暂态能实现线性测量。

3. 数字光电测量系统

新型电压和电流变换器与常规的电流和电压互感器不同，它的输出不能直接用于控制和保护装置，需经过数字信号处理后才能作为二次系统备装置的输入信号。新型电压、电流变换器和数字光电接口装置（DOIU）构成数字光电测量系统。

（1）以电阻、电容电压变换器，微型电流互感器和罗戈夫斯基线圈，构成数字量测系统，如图 ZY1600401001-38 所示。

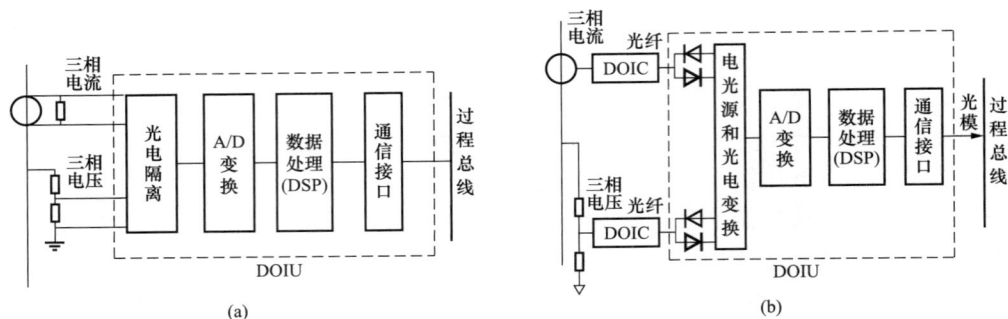

图 ZY1600401001-38 混合式数字量测系统结构

（a）用于 GIS；（b）用于户外架空线路

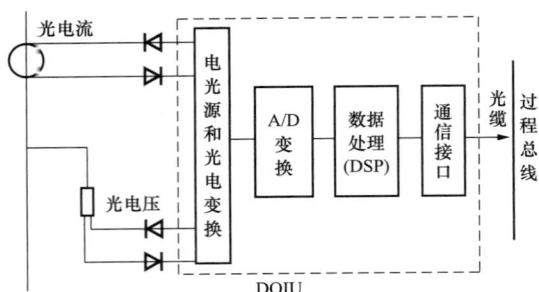

图 ZY1600401001-39 数字光电量测系统

（2）以光电电压和电压互感器构成的数字光电量测系统如图 ZY1600401001-39 所示。

以新型电压和电流变换器为基础构成的数字光电量测系统，与常规的电压和电流互感器相比具有明显的优越性，主要表现为：

（1）从静态到暂态量测具有几乎同样的量测精度，满足 IEC 标准中 0.2 的精度要求，并且可以同时用于量测、计量、控制、保护和故障。

（2）频带宽、动态响应快。

（3）无磁饱和及剩磁引起的二次输出畸变问题，在故障情况下真实再现高压一次电压和电流特性。

（4）结构紧凑，体积小，质量轻，成本低。

（5）抗电磁干扰能力强。

【思考与练习】

1. 画出互感器常用铁芯结构示意图。

2. 何为串级式电压互感器？其有何特点？

3. 光电互感器有什么特点？

模块 2 互感器检修、更换质量标准（ZY1600401002）

【模块描述】本模块介绍了互感器大修、小修的项目、内容、质量标准以及互感器更换的注意事项，通过概念描述、工艺要求介绍，掌握互感器检修工艺流程及质量要求。

【正文】

一、互感器检修分类及周期

1. 互感器检修的分类

互感器检修应贯彻以预防为主、诊断检修相结合的原则，分为小修、大修和临时性检修。

（1）互感器小修。一般指对互感器不解体进行的检查与修理，在现场进行。

（2）互感器大修。一般指对互感器解体，对内外部件进行的检查和修理。对于 200kV 及以上互感器宜在修试工厂和制造厂进行；SF$_6$ 互感器不允许现场解体，如有必要应返厂修理；浇注式互感器无大修；电容式电压互感器电容器部分不能在现场检修或补油，必要时应返厂修理。

（3）互感器临时性检修。一般指针对发现的异常现象进行的临时性检查与修理。

2. 互感器检修周期

（1）互感器小修周期。结合预防性试验和实际运行情况进行，1～3 年 1 次。

（2）互感器大修周期。根据互感器预防性试验、在线监测结果进行综合分析判断，认为必要时进行。

（3）互感器临时性检修周期。视运行中发现缺陷的严重程度进行。

二、互感器检修的基本要求

1. 检修人员的要求

（1）检修人员应熟悉电力生产的基本过程及互感器工作原理和结构，掌握互感器的检修技能，并通过年度《国家电网公司电力安全工作规程》考试。

（2）工作负责人应取得变电检修专业高级工以上技能鉴定资格，工作成员应取得变电检修或油务工作或电气试验专业中、初级工以上技能鉴定资格。

（3）现场起重工、电焊工持证电岗。

（4）对参加检修工作的人员应合理分工，一般要求工作负责人1人，工作班成员3～4人。

2. 工艺的基本要求

（1）互感器拆卸、安装过程中要求在无大风扬沙及其他污染的晴天进行，空气相对湿度不超过80%，解体检修应在无尘且密封良好的专用检修间进行。

（2）器身暴露在空气中的时间应不超过如下规定：空气相对湿度小于等于65%时，器身暴露在空气中的时间应不大于8h；空气相对湿度在65%～75%之间时，器身暴露在空气中的时间应不大于6h。

（3）检修场地周围应无可燃爆炸性气体、液体或引燃火种，否则应采取有效的防范措施和组织措施。

（4）在现场进行互感器的检修工作，需做好防雨、防潮、防尘和消防措施，同时应注意与带电设备保持足够的安全距离，准备充足的施工电源及照明，安排好储油容器、拆卸附件的放置地点和消防器材的合理布置等。

（5）设备检修应停电，在工作现场布置好遮栏等安全措施。

（6）最大限度地减少对土地及地下水的污染，同时应最大限度地减少固体废弃物对环境的污染。

3. 检修前的准备

（1）检修前评估。检修前查阅档案，了解互感器的工作原理、结构特点、性能参数、运行年限、例行检查和定期检查及历年检修记录，曾发生的缺陷和异常情况及同类产品的障碍或事故情况等，来确定修理的范围及目标。

（2）制订检修方案。

（3）准备好主要施工器具、合格的材料及备品备件。

三、互感器小修内容及质量要求

1. 电磁式电压互感器和电流互感器小修的内容及质量要求

（1）金属膨胀器的检查。

1）检修内容：渗漏、油位指示、压力释放装置、固定与连接、外观。

2）检查方法：目测、力矩扳手。

3）质量要求：

a）膨胀器密封可靠，无渗漏，无永久变形。

b）油位指示或油温压力指示机构灵活，指示正确。

c）盒式膨胀器的压力释放装置完好正常，波纹膨胀器上盖与外罩连接可靠，不得锈蚀卡死，保证膨胀器内压力异常增高时能顶起上盖。

d）各部螺钉紧固，盒式膨胀器的本体与膨胀器连接管路畅通。

e）无锈蚀，漆膜完好。

（2）储油柜的检查。

1）检修内容：油位计、渗漏、橡胶隔膜、吸湿器、引线、外观。

2）检查方法：目测、力矩扳手。

3）质量要求：

a）油位计完好。

b）各部密封良好，无渗漏。

c）隔膜完好，无外渗油渍。

d）吸湿器完好无损。硅胶干燥，油杯中油质清洁，油量正常。

e）一次引接线连接可靠。

f）无锈蚀。

（3）瓷套的检查。

1）检修内容：外观。

2）检查方法：目测。

3）质量要求：

a）检查瓷套有无破损、裂痕、掉釉现象。瓷套破损可用环氧树脂修补裙边小破损，或用强力胶粘接修复碰掉的小瓷块。如瓷套径向有穿透性裂纹，外表破损面超过单个伞裙 10%，或破损总面积虽不超过单个伞裙 10%但同一方向破损伞裙多于 2 个的，应更换瓷套。

b）检查增爬裙的黏着情况及憎水性。若有黏着不良，应补粘牢固，若老化失效应予更换。

c）检查防污涂层的憎水性，若失效应擦净重新涂覆。

（4）油箱底座的检查。

1）检修内容：外观、渗漏、二次部分、压力释放装置、放油阀。

2）检查方法：目测、力矩扳手。

3）质量要求：

a）铭牌、标志牌完备齐全。外表清洁，无积污，无锈蚀，漆膜完好。

b）各部密封良好，无渗漏，螺栓紧固。

c）二次接线板应完整、绝缘良好、标志清晰，无裂纹、起皮、放电、发热痕迹。

d）小瓷套应清洁、无积污、无破损渗漏、无放电烧伤痕迹。

e）油箱式电压互感器的末屏、电压互感器的 N（X）端引出线及互感器二次引线的接地端，应与底箱接地端子可靠连接。

f）膜片完好，密封可靠。

g）密封良好，油路畅通、无渗漏。

（5）绝缘电阻测试。

1）检修内容：＞1000MΩ。

2）检查方法：用 2500V 绝缘电阻表。

3）质量要求：数值比较低于 1000MΩ，可能是绕组受潮、变压器油含水量高，如换油后绝缘电阻仍然低则应干燥绕组。

2. 电容式电压互感器小修的内容及质量要求

（1）分压电容器的检查。

1）检修内容：参照油浸式互感器瓷套检查的方法检查电容器本体密封情况。

2）检查方法：目测。

3）质量要求：参照油浸式互感器瓷套检查质量要求。分压电容器应密封良好，无渗漏。

（2）电磁单元油箱和底座的检查。

1）检修内容：参照油浸式互感器箱和底座检查的方法检查油位，必要时按工艺要求补油。

2）检查方法：目测。

3）质量要求：参照油浸式互感器油箱和底座检查质量要求。油箱油位应正常。

（3）单独配置阻尼器的检查。

1）检修内容：对单独配置的阻尼器进行检查清扫，紧固各部螺栓。

2）检查方法：目测。

3）质量要求：阻尼器外观完好，接线牢靠。

（4）外表面的检查。

1）检修内容：清洁度。

2）检查方法：目测。

3）质量要求：外面应洁净、无锈蚀，漆膜完整。

3. SF₆ 互感器小修的内容及质量要求

SF₆ 互感器用 SF₆ 气体作为主绝缘，互感器为全封闭式，气体密度由密度继电器监控，压力超过限值可通过防爆膜或减压阀释放。SF₆ 互感器对密封性能要求很高，检修时除更换一些易于装配的密封件外，不允许对密封壳解体，必要时返厂修理。

（1）更换防爆片应在干燥、清洁的室内进行，更换前应将 SF₆ 气体全部回收，然后用干燥的氮气对残余 SF₆ 气体置换若干次，并经吸附剂处理后放置在安全地方。

（2）回收的 SF₆ 气体应进行含水量试验，当含水量超出 $500\mu L/L$（20℃）时，要进行脱水处理。

（3）清除复合绝缘套管的硅胶伞裙外表积污，一般用肥皂水或酒精擦洗，严禁用矿物油、甲苯、氯仿等化学药品。

（4）检查一次引线连接，如有过热，应清除氧化层，涂导电膏或重新紧固。

（5）检查气体压力表和 SF₆ 密度继电器应完好，如有破损应更换新品，SF₆ 气体压力低于规定值时应补气。

四、互感器大修内容及质量要求

（一）电磁式电压互感器和电流互感器大修的内容及质量要求

1. 外部检修内容及质量要求

（1）瓷套的检修。

1）检修内容：清除外表积污；修补破损瓷裙；在污秽地区若爬距不够，可在清扫后涂防污闪涂料或加装硅橡胶增爬裙；查防污涂层的憎水性，若失效应擦净重新涂覆，增爬裙失效时应更换。

2）检查方法：目测。

3）质量要求：

a）瓷套外表清洁无积污。

b）瓷套外表修补良好。如瓷套径向有穿透性裂纹，外表破损面超过单个伞裙 10%，或破损总面积虽不超过单个伞裙 10% 但同一方向破损伞裙多于 2 个的，应更换瓷套。

c）检查增爬裙的黏着情况及憎水性。若有黏着不良，应补粘牢固，若老化失效应予更换。

d）检查防污涂层的憎水性，若失效应擦净重新涂覆。

e）涂料及硅橡胶增爬裙的憎水性良好。

（2）渗漏油的检查。

1）检修内容：储油柜、瓷套、油箱、底座有无渗漏；检查油位计、瓷套的两端面、一次引出线、二次接线板、末屏及监视屏引出小瓷套、压力释放阀及防油阀等部位有无渗漏。

2）检查方法：目测。

3）质量要求：各组件、部件应无渗漏，密封件中尺寸规格与质量符合要求，无老化失效现象；密封部位螺栓紧固。

（3）油位或盒式膨胀器的油温压力指示的检查。

1）检修内容：油温压力指示是否正确。

2）检查方法：目测。

3）质量要求：油位指示值应与环境温度相符。

（4）二次接线板的检查。

1）检修内容：二次接线板的绝缘、外观接地端子是否可靠接地。

2）检查方法：目测，用 2500V 绝缘电阻表测量。

3）质量要求：

a）二次接线板应完整，绝缘良好，标志清晰，无裂纹、起皮、放电、发热痕迹。小瓷套应清洁、无积污，无破损渗漏，无放电烧伤痕迹。

b）油浸式电流互感器的末屏，电压互感器的 N（X）端引出线及互感器二次引线的接地端，应与接地端子可靠连接。

（5）接地端子的检查。

1）检修内容：发现接触不良应清除锈蚀后紧固。

2）检查方法：目测，用力矩扳手。

3）质量要求：接地可靠，接地线良好。

2．器身大修的内容及质量要求

（1）器身是否清洁的检查。

1）检修内容：检查绕组、铁芯、绝缘支架等表面有无油垢、金属粉末及非金属颗粒等物。可用海绵泡沫塑料块清除或用合格变压器油冲洗。

2）检查方法：目测。

3）质量要求：器身表面清洁，无油污、金属粉末及非金属颗粒等异物。

（2）绕组外包布带的检查。

1）检修内容：发现破损或松包，应予修整或用烘干的直纹布带重新半叠包绕扎紧。

2）检查方法：目测，用手指按压。

3）质量要求：绕组外包布带应完好扎紧，无破损或松包现象。

（3）绕组端环、角环等端绝缘物及绕组表面绝缘的检查。

1）检修内容：发现过热或电弧放电痕迹，应查明原因进行处理；若发现端绝缘受潮变形，应干燥处理或予以更换。

2）检查方法：目测。

3）质量要求：绕组表面绝缘、端绝缘应完好无损，绝缘状况良好，无受潮、绝缘老化及放电现象。

（4）电磁式电压互感器上下绕组的绝缘隔板的检查。

1）检修内容：发现位移应调整后固定，若受潮、损坏或变形，则应干燥处理或予以更换。

2）检查方法：目测。

3）质量要求：绝缘隔板应完好无损，绝缘状况良好，无位移、变形或折断。

（5）一、二次绕组，剩余绕组的引线及平衡绕组连接的检查。

1）检修内容：检查焊接是否牢靠，发现脱焊、断线等现象，应重新焊牢。

2）检查方法：目测。

3）质量要求：各绕组连线及引线应焊接牢靠，无断线、脱焊等现象。

（6）一、二次绕组，剩余绕组的引线及平衡绕组的外包绝缘层的检查。

1）检修内容：发现引线外包绝缘层松脱或破损时，应用电工绸布带、皱纹纸包扎后，再用直纹布带扎紧。

2）检查方法：目测，用手指按压。

3）质量要求：各引线外包绝缘层应完好，无破损、松脱现象。器身绝缘无过热或放电痕迹。

（7）一次上、下绕组的连线及平衡绕组与铁芯的等电位连接的检查。

1）检修内容：检查连接是否可靠。

2）检查方法：目测，用力矩扳手试紧。

3）质量要求：一次上、下绕组的连线及平衡绕组与铁芯等电位连接可靠。

（8）器身绝缘支架绝缘是否完好的检查。

1）检修内容：发现受潮、变形、起层、剥离、开裂或放电痕迹应与更换；若绝缘支架与铁芯连接松动，应拧紧螺母予以紧固。

2）检查方法：目测，用手轻轻晃动支架。

3）质量要求：绝缘支架应无受潮、变形、起层、剥离、开裂或放电痕迹；绝缘支架与铁芯连接牢靠。

（9）铁芯的检查。

1）检修内容：检查铁芯是否完好，有无铁锈，若发现铁芯叠片不规整，硅钢片有翘边，可用木槌或铜锤打平整；若叠片不紧密，应拧紧夹件螺栓将其夹紧；对铁芯外表锈蚀应擦除；如果发现铁芯有过热或电弧烧伤，则应查明原因进行处理。

2）检查方法：目测。

3）质量要求：铁芯叠片平整、紧密，硅钢片绝缘漆膜良好，无脱漆及锈蚀现象；铁芯无过热、电弧烧伤痕迹。

（10）测量穿芯螺杆对铁芯绝缘的检查。

1）检修内容：检查绝缘是否良好，若发现绝缘不良，应检查穿芯螺杆的绝缘套管及绝缘层是否良好，不良者应予更换。

2）检查方法：用 1000V 绝缘电阻表。

3）质量要求：穿芯螺杆应紧固，其绝缘套管及绝缘垫片应完好无损，绝缘电阻大于 $1000M\Omega$。

（11）铁芯与穿芯螺杆连接片的检查。

1）检修内容：连接片与铁芯只有一点连接。如果发现铁芯连接片横搭在铁芯上，硅钢片多点短接，则应用绝缘纸板将其隔离，若连接片松动，应重新插好。

2）检查方法：目测。

3）质量要求：铁芯连接片应可靠插接，保证铁芯与穿芯螺杆仅一点连接，连接片不得将硅钢片多片短接。

（12）油浸式互感器接地的检查。

1）检修内容：铁芯处于地电位的油浸式互感器应保证铁芯一点可靠接地。检查内容及处理方法同上。

2）检查方法：目测。

3）质量要求：油浸式互感器的铁芯连接片应可靠插接，并保证铁芯一点接地。

3．零部件的检修及质量要求

（1）小瓷套管的检修。

1）检修内容：互感器一次、二次引出，末屏与监测屏引出以及一次 N 端引出的小瓷套若无渗漏，则不必拆卸，如渗漏应按以下步骤检修：

a）如有脏物应清擦干净。

b）更换破损压裂的小瓷套。

c）更换老化失效的密封圈。

d）紧固引出导电杆的螺母。

2）检查方法：目测，用力矩扳手试紧。

3）质量要求：

a）小套管表面清洁无脏物。

b）瓷件完好无破损。

c）密封可靠，无渗漏油。

d）导杆螺母紧固不松动。

（2）金属膨胀器的检修。

1）检修内容：参照小修部分。

2）检查方法：与小修相同。

3）质量要求：参照小修部分。

（3）储油柜的检修。

1）检修内容：参照小修部分。

2）检查方法：与小修相同。

3）质量要求：参照小修部分。

（4）油箱、底座的检修。

1）检修内容：除参照小修部分外，还有以下检测项目：

ZY1600401002

a）检查焊缝，若发现渗漏点应认真查找并补焊。

b）检查内腔是否清洁，若有脏物应先清理，再用热水清洗后烘干；若内壁绝缘漆涂层脱落，应用耐油绝缘漆补漆。

2）检查方法：目测，手试。

3）质量要求：除参照小修部分外，尚有：

a）油箱与底座的接缝焊接可靠，无渗漏油。

b）内腔清洁，绝缘涂层良好。

（5）二次接线板的检查。

1）检修内容：

a）检查二次端子有无渗透漏，如发现渗漏可拧紧导电杆螺母，更换失效密封圈。

b）检查二次接线板上的接线标志，如发现短缺应补全。

c）检查二次接线板表面是否脏污及受潮，如有脏污应清擦干净，如受潮应做干燥处理，如端子间有放电烧伤痕迹，可刮掉后再用环氧树脂修补。

2）检查方法：目测，用力矩扳手。

3）质量要求：

a）二次导电杆处无渗漏。

b）接线标志牌完整，字迹清晰。

c）二次接线板清洁，无受潮、无放电烧伤痕迹。

（6）瓷套的检查。

1）检修内容：

a）检查外表，瓷套清擦及修补参照小修部分。

b）检查内腔是否清洁，若脏污应先清理，再用热水清洗后烘干。

c）检查防污闪涂料的憎水性，大修时应擦除重涂。

d）检查增爬裙的黏着情况及憎水性。若发现黏着不良，应补粘牢固，苦老化失效应更换。

2）检查方法：目测，手试。

3）质量要求：

a）瓷套外表清洁完好，瓷套修补质量标准与小修相同。

b）瓷套内腔应清洁干燥。

c）涂料憎水性良好。

（7）压力释放器的检修。

1）检修内容：

a）换破裂的压力释放器的防爆膜。

b）若有渗漏，可拧紧螺钉或更换老化失效的密封圈。

2）检查方法：目测。

3）质量要求：

a）防爆膜片完好无损。

b）密封可靠、无渗漏。

（8）放油阀的检修。

1）检修内容：

a）修理渗漏油缺陷。

b）加装密封取油样的取样阀。

2）检查方法：目测。

3）质量要求：

a）无渗漏。

b）满足密封取油样的要求。

（9）加装膨胀器密封改造。

1）检修内容：详见 DL/T 727—2000《互感器运行检修导则》附录 B。

2）质量要求：盒（节）数正确，无渗漏，油位或温度压力指示正确。

（二）电容式电压互感器大修的内容及质量要求

1．外部大修内容及质量要求

（1）瓷套的检修。

1）检修内容：参照油浸式互感器。

2）检查方法：参照油浸式互感器。

3）质量要求：参照油浸式互感器。

（2）电磁单元渗漏的检修。

1）检修内容：检查互感器电磁单元及油位计、中压套管、二次接线板、防油阀等密封部位。如有渗漏可参照油浸式互感器渗漏方法排除。

2）检查方法：目测，用力矩扳手试紧。

3）质量要求：油箱及结合处污渗漏。

（3）分压电容器油压指示的检查。

1）检修内容：对于有油压指示的分压电容器，观察油压是否在规定的温度标线上。对于用其他方法测量油压的电容器，应按规定测量油压，如油压过低，应与制造厂联系补油。

2）检查方法：目测。

3）质量要求：油压符合规定。

（4）互感器铭牌及接线标志的检查。

1）检修内容：互感器的铭牌及接线标志如有缺损应补全。

2）质量要求：铭牌及标志齐全清晰。

2．电磁单元大修内容质量要求

（1）中压变压器一、二次绕组的检查。

1）检修内容：若有脏污应擦除干净，若外包布带松开应修整严实，若有放电痕迹应查明原因并用新布带重新包覆。

2）检查方法：目测。

3）质量要求：绕组表面清洁，无变形、位移；引线长短适宜，无扭曲；接头表面平整、清洁、光滑无毛刺。

（2）阻尼器的检查。

1）检修内容：若发现部件有损坏应予更换。

2）检查方法：试验。

（3）避雷器或放电间隙的检查。

1）检修内容：若有损坏应更换。

2）检查方法：试验、测量。

（4）补偿电抗器的检查。

1）检修内容：有放电痕迹应查明原因并用新布带重新包覆。

2）检查方法：目测。

3）质量要求：绕组表面清洁、无变色，无放电过热痕迹，铁芯坚固严实、无松动。

（5）二次接线板的检查。

1）检修内容：是否密封、清洁，有无放电痕迹，必要时应修复。轻微放电炭化点可刮除，严重时更换。

2）检查方法：目测。

3）质量要求：密封良好，无渗漏，表面清洁，绝缘表面良好。

（6）油箱的检查。

1）检修内容：如焊缝渗漏应补焊，若有脏污应清洗干净，如有锈蚀、漆脱落应补漆。

2）检查方法：目测，手试。

3）质量要求：内部清洁，无锈蚀、无渗漏、无油腻沉积，漆膜完好。

3．电磁单元绝缘油要求

电磁单元绝缘油要求见表 ZY1600401002-1。

表 ZY1600401002-1　　　　　　　　　　电磁单元绝缘油要求

绝缘介质	击穿电压（kV/2.5mm）	酸值（mgKOH/g）	介质损耗因数（90℃）
变压器油	>45	<0.015	<0.005
十二烷基苯	>60	<0.015	<0.001 3

五、互感器大修关键工序质量控制

1．解体

（1）起吊互感器时，应使用强度足够的尼龙绳，避免损伤外绝缘。

（2）互感器的解体应在清洁无尘的室内进行，避免污染器身。

（3）各附件及零件应做好定位标记，以便按原位装复。

（4）拆卸的附件及零件注意密封保存，防止受潮、污染。

2．检查

（1）检查时切勿将金属物遗留在器身内，不得破坏或随意改变绝缘状态。

（2）所有紧固件应用力矩扳手或液压设备进行定量紧固控制。

（3）专用工具应由专人保管，完工后须清点，如有缺漏应查明原因。

（4）对检修前确定的检修内容认真排查，确保缺陷消除。

（5）应进行检修前后相关的电气试验，以便检验检修质量。

（6）对所有的附件，均要进行检查和测试，只有达到技术标准要求后才能装配。对不合格附件，如经检修仍不能达到技术标准要求，要更换成合格品。

3．抽真空

根据互感器暴露空气时间，对互感器进行预抽真空，110kV（66kV）1h，220kV 以上 6h，真空残压不大于 133Pa。

（1）注油时应核对油的牌号是否相同，各油化及电气指标是否达到要求。

（2）真空注油时，不宜采用麦氏真空计，以防水银吸入互感器内部。

（3）真空注油时，应采用透明管，并加装止回阀。

（4）真空注油，直到油面浸没器身 10cm 左右，进行真空浸渍脱气，真空残压不大于 133Pa，110kV（66kV）互感器 8h，220kV 及以上 16h。

（5）卸下临时盖板装上膨胀器，接入补油系统，抽真空 30min，残压不大于 133Pa，然后将油补至规定的温度压力指针位置。

4．干燥

（1）干燥前放尽绝缘油，合上加热电源，使器身温度均匀升至 70℃。

（2）合上真空泵电源闸刀，启动真空泵，均匀提高瓷套内的真空度，升到 53kPa 时维持 3h，继续升至 80kPa 维护 3h，最后升至真空残压不大于 133Pa，进行高真空阶段，直到干燥结束。

（3）监控绕组温度不得超过 80℃。

（4）干燥终止后，应使器身在 40℃左右进行真空注油，注油前应放尽干燥过程中从绝缘纸层中逸出的绝缘油，真空注油要符合要求。

（5）测量绝缘电阻，介质损耗因数，结果应符合 DL/T 596—1996 的要求。

（6）真空泵可选用 2X-2 型或 2X-4 型旋片式真空泵，真空管路应选用真空胶管。

（7）抽真空操作程序应先开泵再开启阀门，停止时应先关阀门再停泵。真空泵应有电磁阀以防泵

油回抽。

（8）高真空阶段应采用麦氏真空计测量，低真空时用指针式真空表即可。

5．装配

（1）装配前应确认所有附件、零件均符合技术要求，彻底清理，使外观清洁、无油污和杂物，并用合格的变压器油冲洗与油直接接触的附件、零件。

（2）装配时，应按图纸装配，确保电气距离符合要求，各附件装配到位，固定牢靠。同时应保持油箱内部清洁，防止有杂物掉入油箱内，如有任何东西可能掉入油箱内，都应报告并保证排除。

（3）电容式电压互感器装配完后，需要进行准确度测量，测量按照 GB/T 4703—2007《电容式电压互感器》的规定进行。如测量结果不能满足相应准确等级的要求，可通过调整中压变压器和补偿电抗器的分接头来满足。

（4）对于更换过阻尼元件的电容式电压互感器，应进行铁磁谐振调试，按 GB/T 4703—2007 的要求进行。如测量结果不能满足铁磁谐振特性要求，应调整阻尼元件参数直至满足为止。

（5）结合本体检修更换所有密封件。

（6）所有连接或紧固处均应用锁母紧固。

（7）装配后，应及时清理工作现场，清洁油箱及附件。

6．绝缘油处理

（1）禁止注入互感器内不同牌号的变压器油。

（2）注入互感器内的变压器油，通过真空滤油机进行再生处理，予以脱气、脱水和去除杂质，其质量应符合 GB/T 7595—2008《运行中变压器油质量》规定。

（3）注油后，应从互感器底部的放油阀取油样，进行油简化分析、电气试验、气体色谱分析及微水试验。

（4）现场应准备充足清洁的变压器油储存容器。

7．注油

（1）根据地区最低温度，选用不同牌号的变压器油，但不得使用再生油。检修后注入变压器内的变压器油，其质量应符合相关标准。

（2）真空注油时，应尽量避免使用麦氏真空表，以防麦氏表中的水银吸入互感器本体。

（3）真空注油时应采用透明管，应防止管道破损吸入杂物进箱体，应在箱体接口处加装止回阀等措施。

（4）真空注油过程，应避免在雨天进行，其真空度、持续时间、注油速度等应严格按照制造厂的要求进行。

（5）对于有油压指示的分压电容器测量电压，如油压过低，应与制造厂联系补油。

（6）电磁单元浸渍处理后，应尽快装配，绝缘油应符合要求。

8．补漆

（1）互感器喷漆部位：膨胀器外罩及上盖、储油柜、油箱、底座等金属部件的外表面。

（2）喷漆前先用金属清洗剂清除表面油垢及污秽。

（3）对漆膜脱落裸露的金属部分，先除锈后补涂防锈底漆。

（4）喷漆前应遮挡瓷表面、油位计、铭牌、接地标志等不应喷漆的部位。

（5）为使漆膜均匀，应采用喷涂的方法，喷枪气压控制在 0.2～0.5MPa 之间。

（6）先喷底漆，漆膜后度为 0.05mm 左右，要求光滑，无流痕、垂珠现象。待底漆干后，再喷涂面漆。若发现斑痕、垂珠，可清除磨光后再补喷。

（7）若原有漆膜仅少量部分脱落，经局部处理后，可直接喷涂面漆一次。

（8）漆膜干后应不黏手，无皱纹、麻点、气泡和流痕，漆膜黏着力、弹性及坚固性应满足要求。

六、互感器更换注意事项

（1）个别互感器在运行中损坏需要更换时，应选用电压等级、变比与原来相同，极性正确，伏安特性或励磁特性相近的互感器，并经试验合格。

（2）因变比变化而需要整组更换电流互感器时，还应注意重新审核保护定值以及计量、仪表倍率。

（3）整组更换电压互感器时，还应注意如二次与其他互感器需要并列运行的，要检查接线组别并核对相位。

（4）更换二次电缆时，应考虑截面、芯数等必须满足要求，并对新电缆进行绝缘电阻测定，更换后应进行必要的核对，防止接错线。

七、电流互感器一次变比调整

电流互感器一次变比调整就是改变一次绕组段间的串、并联关系，从而实现电流比的变换。

1. 几种常见型号电流互感器一次绕组连接示意图

（1）LJW-10（12）电流互感器一次绕组连接示意图，如图 ZY1600401002-1 所示。

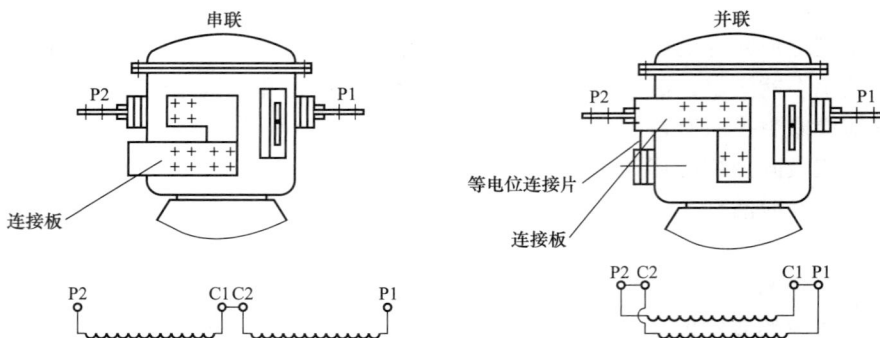

图 ZY1600401002-1　LJW-10（12）电流互感器一次绕组连接示意图

（2）LAB6-35（40.5）电流互感器一次绕组连接示意图，如图 ZY1600401002-2 所示。

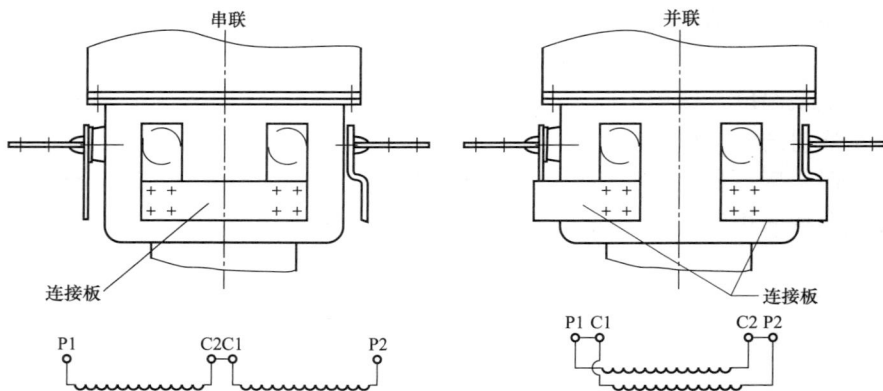

图 ZY1600401002-2　LAB6-35（40.5）电流互感器一次绕组连接示意图

（3）LB7-110（126）电流互感器一次绕组连接示意图，如图 ZY1600401002-3 所示。

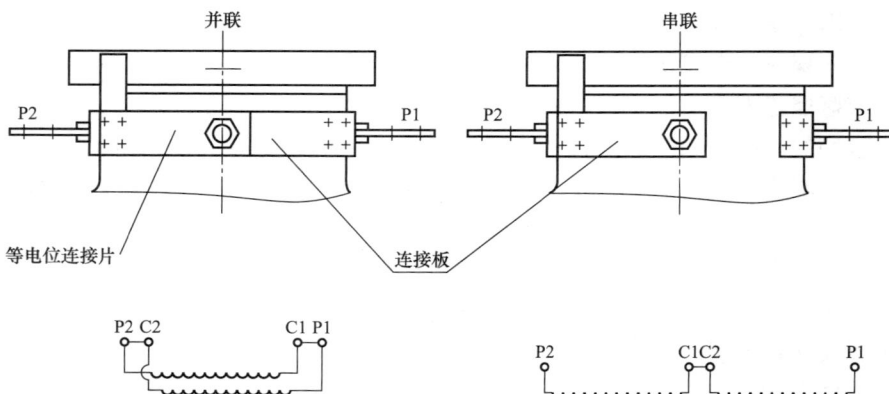

图 ZY1600401002-3　LB7-110（126）电流互感器一次绕组连接示意图

模块 2　ZY1600401002

（4）LB7-220（252）电流互感器一次绕组连接示意图，如图 ZY1600401002-4 所示。

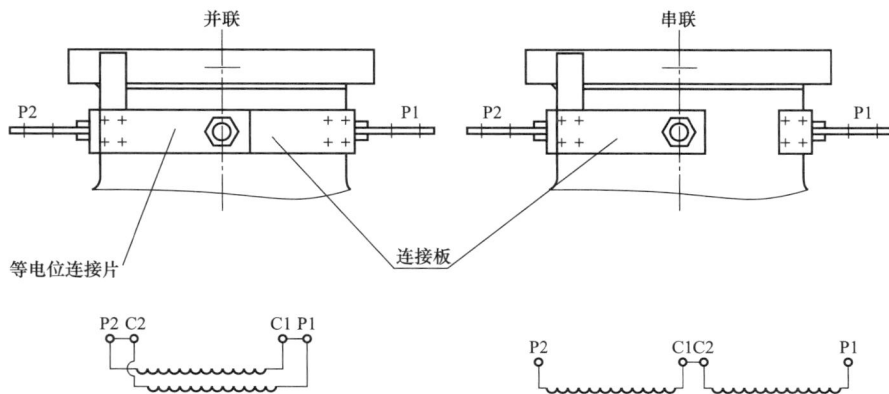

图 ZY1600401002-4　LB7-220（252）电流互感器一次绕组连接示意图

2. 电流互感器一次变比调整注意事项

（1）电流互感器一次变比调整进行换接时，必须按厂家产品说明书示意的连接方式进行相应的换位。

（2）电流互感器一次变比调整进行换接时，必须使用产品出厂时附带的专用等电位连接片，不用的等电位连接片应妥善保管。

（3）电流互感器一次变比调整换接后，必须经变比试验合格满足要求，才能投入运行。

（4）电流互感器一次变比调整时，还应注意保护定值的重新审定，对计量、仪表倍率的相应调整。

【思考与练习】

1. 简述互感器检修工艺的基本要求。

2. 简述互感器更换应注意的基本事项。

3. 简述如何进行互感器检修前的准备。

模块 3　互感器常见故障缺陷及原因（ZY1600401003）

【模块描述】本模块介绍了互感器常见故障、缺陷的原因分析以及处理方法，通过原因分析和处理方法的介绍，掌握互感器常见故障缺陷的判断及处理。

【正文】

一、互感器常见缺陷的分类

互感器缺陷常指互感器任何部件的损坏、绝缘不良或不正常的运行状态，分为危急缺陷、严重缺陷和一般缺陷。

1. 危急缺陷

设备发生了直接威胁安全运行并需立即处理的缺陷，否则随时可能造成设备损坏、人身伤亡、大面积停电和火灾等事故。例如下列情况等：

（1）设备漏油，从油位指示器中看不到油位。

（2）设备内部有放电声响。

（3）主导流部分接触不良，引起发热变色。

（4）设备严重放电或瓷质部分有明显裂纹。

（5）绝缘污秽严重，有污闪可能。

（6）电压互感器二次电压异常波动。

（7）设备的试验、油化验等主要指标超过规定不能继续运行。

（8）SF$_6$ 气体压力表为零。

2. 严重缺陷

缺陷有发展的趋势，但可以采取措施坚持运行，列入月计划处理，不致造成事故者。例如下列情况等：

（1）设备漏油。

（2）测量设备内部异常发热。

（3）工作、保护接地失效。

（4）瓷质部分有掉瓷现象，不影响继续运行。

（5）充油设备中有微量水分，呈现淡黑色。

（6）二次回路绝缘下降，但下降不超过30%。

（7）SF$_6$气体压力表指针在红色区域。

3．一般缺陷

一般缺陷是指上述危急、严重缺陷以外的设备缺陷。指性质一般，情况较轻，对安全运行影响不大的缺陷。例如下列情况。

（1）储油柜轻微渗油。

（2）设备上缺少不重要的部件。

（3）设备不清洁，有锈蚀现象。

（4）二次回路绝缘有所下降。

（5）非重要表计指示不准。

（6）其他不属于危急、严重的设备缺陷。

发现危急和严重缺陷，运行人员必须立即向有关部门汇报，密切监视发展情况，必要时可迅速将有缺陷的设备退出运行。出现一般缺陷，运行人员将缺陷内容记入相关记录，由负责人汇总按月度汇报。一般缺陷可在一个检修周期内结合设备检修、预试等停电机会进行消缺。

二、互感器常见缺陷原因及处理

1．互感器进水受潮

（1）主要现象。绕组绝缘电阻下降，介质损耗超标或绝缘油微水超标。

（2）原因分析。产品密封不良，使绝缘受潮，多伴有渗漏油或缺油现象，以老型号互感器为多，通过密封改造后，这种现象大为减少。

（3）处理办法。应对互感器进行器身进行干燥处理，如轻度受潮，可用热油循环干燥处理，严重受潮者，则需进行真空干燥。对老型号非全密封结构互感器，应进行更换或加装金属膨胀器。

2．绝缘油油质不良

（1）主要现象。绝缘油介质损耗超标，含水量大，简化分析项目不合格，如酸值过高等。

（2）原因分析。原制造厂油品把关不严，加入了劣质油；或运行维护中，补油时未做混油试验，盲目补油。

（3）处理办法。新产品返厂更换处理。如是投运多年的老产品，可根据情况采用换油或进行油净化处理。

3．绝缘油色谱超标

（1）主要现象。设备运行中氢气或甲烷单项含量超过注意值，或者总烃含量超过注意值。

（2）原因分析。对于氢气单项超标可能与金属膨胀器除氢处理或油箱涤化工艺不当有关，如果试验数据稳定，则不一定是故障反映，但当氢气含量增长较快时，应予注意。甲烷单项过高，可能是绝缘干燥不彻底或老化所致。对于总烃含量高的互感器，应认真分析烃类气体成分，对缺陷类型进行判断，并通过相关电气试验进一步确诊。当出现乙炔时应予高度重视，因为它是反映放电故障的主要指标。

（3）处理办法。首先视情况补做相关电气试验，进一步判断缺陷性质。如判断为非故障原因，可进行换油或脱气处理。如确认为绝缘故障，则必须进行解体检修，或返厂处理或更换。

三、电磁式电压互感器常见故障的处理

1．谐振故障

（1）故障现象。中性点非有效接地系统中，三相电压指示不平衡。一相降低（可为零）而另两相升高（可达线电压），或指针摆动，可能是单相接地故障或基频谐振。如三相电压同时升高，并超过线电压（指针可摆到头），则可能是分频或高频谐振。中性点有效接地系统，母线倒闸操作时，出现相电压升高并以低频摆动，一般为串联谐振现象。

（2）故障处理。操作前应有防谐振预案，准备好消除谐振措施。操作过程中，如发生电压互感器谐振，应采取措施破坏谐振条件以消除谐振。在系统运行方式和倒闸操作中，应避免用带断口电容的断路器投切带有电磁式电压互感器的空母线，运行方式不能满足要求时，应采取其他措施，例如更换为电容式电压互感器。对电容式电压互感器应注意可能出现自身铁磁谐振，安装验收时对速饱和阻尼方式要严格把关，运行中应注意对电磁单元进行认真检查，如发现阻尼器未投入或出现异常，互感器不得投入运行。

2. 二次电压降低

（1）故障现象。二次电压明显降低，可能是下节绝缘支架放电、击穿或下节一次绕组匝间短路。

（2）故障处理。这种互感器的严重故障，从发现到互感器爆炸时间很短，应尽快汇报调度，采取停电措施，在此期间不得靠近异常互感器。

四、电容式电压互感器二次电压异常的主要原因及处理

（1）二次电压波动。引起的主要原因可能为：二次连接松动，分压器低压端子未接地或未接载波线圈，电容单元被间断击穿，铁磁谐振。

（2）二次电压低。引起的主要原因可能为：二次接触不良，电磁单元故障或电容单元 C2 损坏。

（3）二次电压高。引起的主要原因可能为：电容单元 C1 损坏，分压电容接地端未接地。

（4）开口三角电压异常升高。引起的主要原因为：某相互感器电容单元故障。

（5）二次无电压输出。引起的主要原因为：一次接线端子绝缘不良或直接碰及油箱。

上述异常的处理办法为：在安全确保的条件下进行带电检查，必要时停电进行相关电气试验检查，判断引起异常的原因，针对异常原因进行相关处理，必要时进行更换。

五、电流互感器带电异常的处理

（1）电流互感器过热。可能是一次端子内外接头松动，一次过负荷或二次开路。应立即停运，经相关检查、试验，查找过热原因，并进行消除，必要时进行更换、增大变比。

（2）电流互感器产生异常声响。可能是有电位悬浮、末屏开路及内部绝缘损坏，二次开路，铁芯或零件松动。应立即停运，经相关检查、试验，查找原因，必要时进行更换。

六、互感器 SF_6 气体含水量超标处理

运行中应监测互感器 SF_6 气体含水量不超过 300μL/L，若超标应尽快退出运行，并通知厂家处理。如进行脱水处理，其方法如下：

（1）准备好干燥的 SF_6 气体和回收气体的容器。

（2）将气体回收处理装置接入互感器本体上的自密封充气接头，回收互感器内的 SF_6 气体。

（3）对互感器内部残存气体清理，将真空泵连接到互感器本体上的自密封充气接头，抽真空残压 133Pa，持续 0.5h，然后用干燥氮气多次冲洗，残余气体应经过吸附剂处理后排放到不影响人员安全的地方。

（4）将互感器内吸附剂取出，递入干燥箱内进行干燥处理，在 450～550℃温度下干燥 2h 以上，为了防止吸潮，应在 15min 内尽快将干燥好的吸附剂装入互感器内。

（5）对互感器进行真空检漏，抽真空到残压约 133Pa，立即关闭气体出口阀门，保持 4h 再测量互感器残压，起始压力与最终压力差不得超过 133Pa，如不符合要求，则说明互感器存在泄漏应予处理。

（6）向互感器充 SF_6 气体，逐渐打开气体回收处理装置的阀门，缓慢地充入经处理合格的 SF_6 气体，直至达到额定压力，静置 24h 后进行 SF_6 气体含水量测量，直至合格。

【思考与练习】

1. 简述互感器受潮的原因分析及处理方法。

2. 简述电磁式电压互感器谐振故障的现象及处理方法。

第十八章　油浸式互感器用金属膨胀器检修

模块 1　金属膨胀器的用途和结构（ZY1600402001）

【模块描述】本模块介绍了金属膨胀器的基本作用及常见结构，通过概念描述、结构形式介绍，掌握互感器用金属膨胀器的结构和用途。

【正文】

一、金属膨胀器的作用

金属膨胀器安装在高压互感器顶部，作为互感器全密封油保护装置，它的主要作用是：

（1）使互感器内的绝缘油可靠地与外部环境隔离，防止变压器油受潮与老化。

（2）调节由于温度变化引起互感器内部绝缘油体积的热胀冷缩，保证互感器主绝缘始终浸在绝缘油中，并在正常运行条件下器身保持一定微正压。

（3）可以释放因过热、局部放电等缓慢故障而产生的积累压力，起一定的防爆作用。

二、金属膨胀器的结构

金属膨胀器是 0.3～0.5mm 厚的不锈钢薄板制成容积可变化的容器，按其结构可分为波纹式、盒式和串组式三大类。

1. 波纹式膨胀器

如图 ZY1600402001-1 所示，PB 型波纹式膨胀器由若干个波纹片的内外圆串焊组成，波纹片用不锈钢板冲压而成，按其形状可分为正弦波形、锯齿波形及密纹波形。波纹式金属膨胀器一般不适用于放倒运输的互感器。

2 盒式膨胀器

盒式膨胀器由若干个固定在骨架上的膨胀盒组成，膨胀盒由不锈钢板压成波纹的两膜片焊接而成，各膨胀盒之间有联管相通。由于使用上的需要，盒式膨胀器有内充油式和外充油式之分，如图 ZY1600402001-2 所示。内充油式的盒外为空气，盒内通过联管与互感器油相通，适用于电流较大、发热量较多的互感器。盒式膨胀器焊缝较少，工艺较简单，结构适用于放倒运输的互感器。

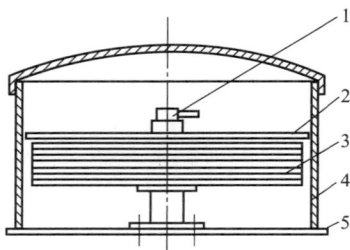

图 ZY1600402001-1　PB 型波纹式膨胀器结构示意图

1—注油阀；2—油位指示盘；3—本体；4—外罩；5—底盘

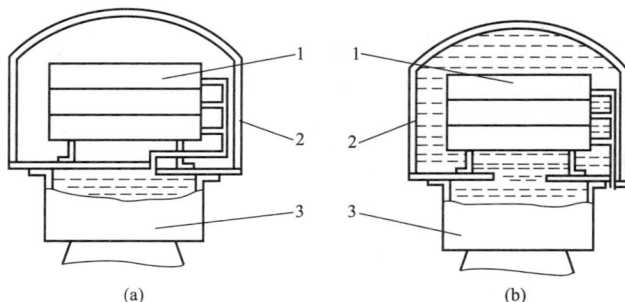

图 ZY1600402001-2　盒式金属膨胀器结构示意图

（a）内充油式；（b）外充油式

1—膨胀器；2—外罩；3—互感器器身

3. 串组式膨胀器

PC 型串组式膨胀器如图 ZY1600402001-3 所示，在若干个膨胀盒中央，用弹性波纹管串联而成，它集波纹式和盒式膨胀器的优点于一体。

金属膨胀器型号标记如下：

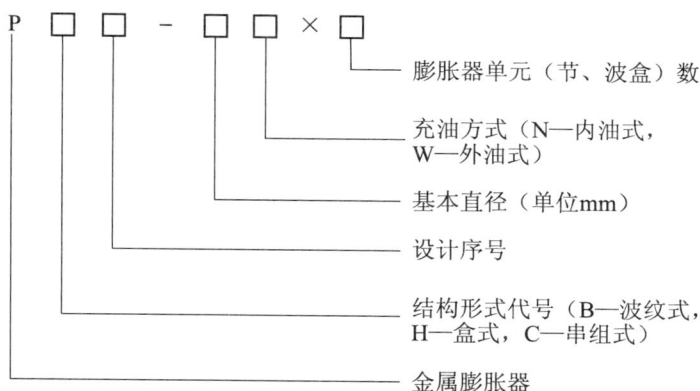

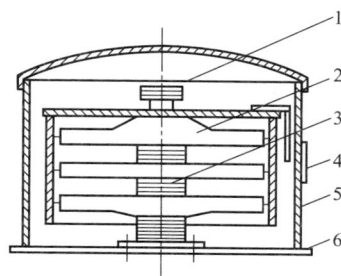

图 ZY1600402001-3　PC 型串组式
膨胀器结构示意图

1—注油阀；2—膨胀盒；3—波纹导油管；
4—油温度压力指示计；5—外罩；6—底板

【思考与练习】

1. 互感器用金属膨胀器的作用是什么？
2. 简述互感器用金属膨胀器的结构及其特点。

模块 2　金属膨胀器的补油方法及油位计算（ZY1600402002）

【模块描述】本模块介绍了金属膨胀器的补油方法和油位计算，通过工艺要求及计算方法的介绍，掌握金属膨胀器真空补油工艺，了解油位计算方法。

【正文】

一、金属膨胀器补油方法

按图 ZY1600402002-1 接好管路，按膨胀器使用说明书对膨胀器真空补油，其步骤如下：

（1）将膨胀器顶部的真空注油阀接入注油系统。

（2）对膨胀器预抽真空 0.5h，残压不大于 133Pa。

（3）用真空注油设备对膨胀器补油到略高于正常油位，排除残存气体，复原。

（4）拆除注油系统，安装膨胀器外罩上盖。

（5）互感器静置 24h，取油样进行相关试验。

补注的油是经真空脱气处理合格的绝缘油，严禁注入互感器内不同牌号的绝缘油。本工艺仅适用于互感器因渗漏或取油样后，膨胀器油位不足，但器身尚未露出油面的补油。

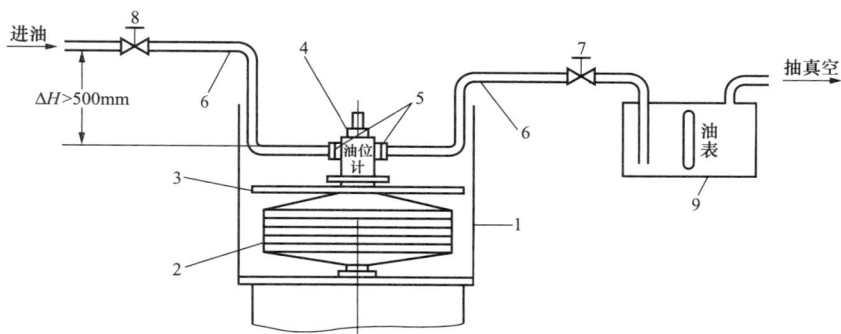

图 ZY1600402002-1　膨胀器注油示意图

1—外罩；2—膨胀器本体；3—导向圆盘；4—抽注罩；5—软管接头；6—胶管；7，8—阀门；9—油气分离器（容积 10dm³ 以上）

二、部分金属膨胀主要参数

表 ZY1600402002-1～表 ZY1600402002-3 所列参数根据部分厂家样本摘录，仅供参考。

表 ZY1600402002-1　波纹式膨胀器的主要技术参数

型　号	外径（mm）	额定节距（mm）	有效容积（cm³）
PB380	380	8.5	640
PB480	480	17	2300
PB600	600	10.7	2400

表 ZY1600402002-2　盒式膨胀器的主要技术参数

型　号	外径（mm）	额定节距（mm）	有效容积（cm³）
PH340	340	25	1250
PH430	430	34	3000
PH600	600	54	7500

表 ZY1600402002-3　串组式膨胀器的主要技术参数

型　号	外径（mm）	膨胀高度（mm）	有效容积（cm³）
PC450	450	20	3500
PC600	600	20	6500

三、油位线的定位

互感器在工作温度范围内的油位线，由互感器油量、膨胀特性及温度范围所决定，一般厂家在配套外罩时已予考虑。

1. 油位差的计算

最高温度与最低温度油位的高度差，称为油位差 H，H（cm）可由下式计算

$$H = \frac{G(1/\rho)\ \alpha\ \Delta T}{V/t}$$

式中　G——总油量，g；

　　　ρ——油密度，取 0.9g/cm³；

　　　α——油体积膨胀系数，取 7×10^{-4}/℃；

　　　ΔT——油温变化范围，℃；

　　　V——膨胀器的有效容积，cm³；

　　　t——膨胀器额定节距，mm。

2. 油位高度的计算

某温度下油位最低油位线的高度就是该温度下的油位高度 h，h（cm）可由下式计算

$$h = \frac{T - T_1}{T_2 - T_1} H$$

式中　T_1——最低油温，一般取-30℃；

　　　T_2——最高油温，一般取 70℃；

　　　T——要求油位油温，℃；

　　　H——油位差，cm。

【思考与练习】

1. 画出互感器用金属膨胀器补油示意图。

2. 简述互感器用金属膨胀器的补油方法。

第十九章　SF₆气体绝缘互感器及其检修

模块 1　SF₆气体绝缘互感器外观检查、检漏和补气的方法（ZY1600403001）

【模块描述】 本模块介绍了 SF₆ 气体绝缘互感器外观检查项目、检漏及补气方法，通过工艺要求介绍，掌握 SF₆ 气体绝缘互感器检查及补气技能。

【正文】

一、SF₆气体的基本特性

（1）SF₆ 气体是优良的灭弧绝缘介质，它在通常状态下是一种无色、无味、无毒、不燃、化学性质稳定的气体。

（2）SF₆ 分子量较大，是氮气（N_2）的 5.2 倍，因而它的密度约为空气的 5.1 倍。

（3）SF₆ 的临界压力、临界温度都很高，故能压缩液化，通常以液态钢瓶运输。

（4）SF₆ 在水中的溶解度很低。

（5）SF₆ 气体的化学性质非常稳定，在常温甚至较高的温度下，一般不会发生化学反应。

（6）SF₆ 气体的热传导性较差，但其比热容是空气的 3.4 倍，因而实际热能力比空气好。

（7）SF₆ 气体是负电性气体，所谓负电性就是分子容易吸收自由电子形成负离子的特性。SF₆ 气体的这一特性是它成为优良的绝缘与灭弧介质的重要原因之一。

（8）SF₆ 气体是一种高绝缘强度的气体介质，在均匀电场下，SF₆ 气体的绝缘强度为同一气压下空气的 2.5～3 倍，3 个大气压下的 SF₆ 气体的绝缘强度与变压器油相当。

二、SF₆互感器外观检查项目

（1）设备外观完整无损。

（2）一、二次引线接触良好，接头无过热，各连接引线无发热、变色现象。

（3）外绝缘表面清洁、无裂纹及放电现象，复合绝缘套管表面无老化迹象，憎水性良好。

（4）金属部位无锈蚀，底座、支架牢固，无倾斜变形。

（5）无异常振动、异常声响及异味。

（6）气体压力表指示是否在正常范围，有无漏气现象，密度继电器、防爆片是否正常。

（7）各部位接地可靠。

三、SF₆互感器检漏的方法

SF₆ 互感器最基本条件是具有良好的密封性能，要求对于 SF₆ 电压互感器，在环境温度 20℃ 的条件下，互感器内部 SF₆ 气体为额定压力时的年漏气率不大 1%；对于 SF₆ 电流互感器，年漏气率应不大于 0.5%。其原因是：

（1）SF₆ 互感器是以该气体为绝缘介质，为了保证设备的安全可靠运行，就必须要求不能漏气。

（2）密封结构越好，SF₆ 气体泄漏量就越小，同时产品外部水蒸气往内部渗透量也越小，产品所充 SF₆ 气体的含水量的增长也就越慢，因而必须要求漏气量越小越好。

下面介绍几种较为常用的 SF₆ 气体检漏的方法：

1. 检漏仪检漏

使用灵敏度不低于 $1×10^{-8} cm^3/s$ 并经校验合格的 SF₆ 气体检漏仪，根据现场条件，对互感器密封面、管路连接处、密度继电器接头处，以及其他怀疑的地方进行检漏。这种方法简便，易于查找比较明显的泄漏缺陷，但检测结果与检测人员的检测技术和仪器的灵敏度有关，检测时要耐心细致。

2. 扣罩法

采用一个封闭罩收集泄漏气体，其方法是：SF_6 互感器充至额定压力后，扣罩 24h，然后采用灵敏度不低于 $1 \times 10^{-8} cm^3/s$ 并经校验合格的 SF_6 气体检漏仪测定罩内 SF_6 气体的浓度（视被检测设备的大小测试 2～6 个点，通常是罩的上、下、左、右、前、后共 6 个点），根据罩内泄漏气体的浓度、封闭罩的容积与被测互感器的体积之差、温度、绝缘压力等，可以计算出年漏气率。由于漏出的 SF_6 气体在扣罩内不可能均匀分布，检测结果还是有一定的误差。

3. 局部包扎法

原理与扣罩法基本相同，其方法是：用约 0.1mm 厚的塑料薄膜，按设备的几何形状围一圈半，用胶带沿边缘贴密封，塑料薄膜与被测设备之间应保持一定的空隙，一般为 5mm 左右，经过一段时间后测定包扎腔内 SF_6 气体的浓度，来进行泄漏判断。

4. 挂瓶法

挂瓶法适用于法兰面有双道密封槽的情况。在双道密封圈之间有一个检测孔，将 SF_6 互感器充至额定压力后，取掉检测孔的螺塞 24h 后，用软胶管分别连接检测孔和挂瓶，过一定的时间后取下挂瓶，用灵敏度不低于 $1 \times 10^{-8} cm^3/s$ 并经校验合格 SF_6 气体检漏仪测定挂瓶内 SF_6 气体的浓度，根据挂瓶内 SF_6 气体的浓度、挂瓶的体积、挂瓶时间、环境绝对压力等，可计算出密封面的年漏气率。挂瓶检漏法连接如图 ZY1600403001-1 所示。

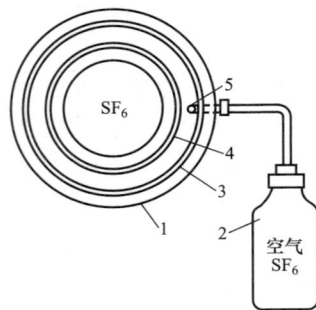

图 ZY1600403001-1　挂瓶检漏法连接示意图

1—法兰；2—检漏瓶；3—外层密封圈；
4—内层密封圈；5—与外部相同的孔

四、SF_6 互感器补气的方法

1. SF_6 互感器补气的注意事项

（1）SF_6 电压互感器要求 SF_6 气体含水量小于等于 200μL/L，年漏气率小于等于 1%。

（2）SF_6 互感器要求 SF_6 气体含水量小于等于 250μL/L，年漏气率小于等于 0.5%。

（3）SF_6 气体绝缘互感器应在运输压力下运行，如运输压力低于额定压力，则到达现场后应及时补气，并重新加电进行耐压试验。

（4）SF_6 气体绝缘互感器当表压低于 0.35MPa 或指示偏出绿色正常压力区时，控制补气速度约为 0.1MPa/h。个别特殊情况需要带电补气时，应在厂家指示下进行。

（5）要特别注意充气管路的除潮干燥，以防止充气 24h 后检测到的气体含水量超标。

（6）补气较多时（表压力小于 0.2MPa），应进行工频耐压试验（试验电压为出厂试验值的 85%）。

（7）对 SF_6 互感器充气及补气工作应由经培训的专业人员进行。

2. 使用 SF_6 气体处理装置进行补气的操作方法

SF_6 气体处理装置工作系统如图 ZY1600403001-2 所示。

（1）SF_6 互感器气体压力降低需要补气时，首先将该互感器停电并做好相应的安全措施，查找气体压力降低的原因，查找渗漏，并对该互感器进行气体水分含量测试，补充的气源同样要进行补前水分含量测试。

（2）对 SF_6 气体处理装置本身的管道、元件都抽真空，直到满足要求为止，以保证装置内没有水分、杂物。操作时，启动（I）真空泵，打开阀门 V3、V4、V5，此时处理装置上的所有元件、管道、阀门、表计都在抽真空。

（3）用高压软管将 SF_6 互感器与气体处理装置可靠连接。开始时，利用储气罐的压力向互感器充气，此时依次打开阀门 V8、V3、V5 使 SF_6 气体通过换热器、吸附器补向互感器。当储气罐的压力与互感器气体压力平衡，仍未达到额定压力时，可经压缩机向互感器补气，此时关闭阀门 V3，打开阀门 V2，启动压缩机。SF_6 气体从储气罐经阀门 V8、V2 经过过滤器、压缩机、换热器、吸附器到阀门 V5

补向互感器。

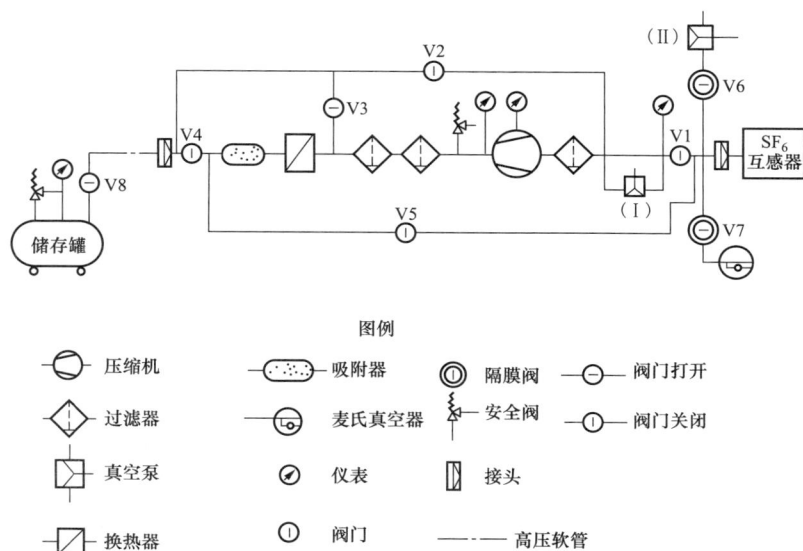

图 ZY1600403001-2　SF₆气体处理装置工作系统图

（4）补气到额定压力后，静止 12～24h 后，再对互感器内部的气体进行含水量测试，使其满足要求。

【思考与练习】

1. 简述 SF₆互感器常用的检漏方法。

2. 简述 SF₆互感器补气注意事项。

模块 2　回收 SF₆ 气体（ZY1600403002）

【模块描述】本模块介绍了 SF₆气体回收装置的主要功能、结构及 SF₆气体回收的操作方法，通过概念描述、操作过程介绍，掌握 SF₆气体回收方法。

【正文】

众所周知，SF₆气体的物理和化学性质是非常稳定的，向大气中排放的 SF₆气体会长期存在，将会产生温室效应。从保护环境和人身健康的理念出发，要做好 SF₆气体的回收处理工作，不允许向大气排放。特别是 SF₆气体经过放电和电弧的作用，部分 SF₆气体将进行分解，成为各种有毒的气体和灰色粉状固体分解物。尽管有吸附剂的吸附作用，但是还有相当大的毒性和腐蚀作用。因此，当对 SF₆互感器进行检修和报废处理时，操作人员应严格按照有关规定和操作程序进行操作。

SF₆互感器大修和报废时，应使用专门的 SF₆气体回收装置，将互感器内的 SF₆气体进行过滤、净化、干燥处理，达到新气体标准后，可以重新使用。这样既节省了资金，又减少了对环境的污染。

一、SF₆气体回收装置的主要结构

SF₆气体回收装置主要由气体回收系统、充气系统、抽真空系统、储气罐、控制系统等组成。

二、SF₆气体回收装置的主要功能

（1）对装置本身的储气罐及管路系统抽真空及进行真空测量。

（2）对 SF₆气体绝缘电器抽真空及进行真空测量。

（3）从 SF₆气体绝缘电器中回收气体并加以储存及进行残压测量。

（4）对 SF₆气体绝缘电器充气至额定工作压力。

（5）滤除及吸附 SF₆气体中的杂质及水分等，净化 SF₆气体。

三、SF₆气体回收的操作方法

SF₆气体处理装置工作系统如图 ZY1600403002-1 所示，使用 SF₆气体处理装置对互感器内 SF₆气体回收操作方法如下：

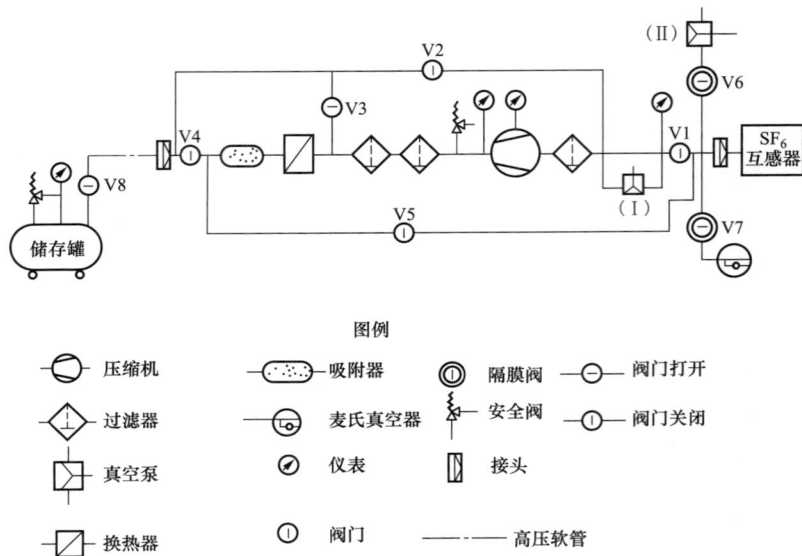

图 ZY1600403002-1　SF$_6$气体处理装置工作系统

（1）首先用高压软管将回收装置与互感器可靠连接。

（2）启动（I）真空泵，打开阀门 V3、V4、V5，此时处理装置上的所有元件、管道、阀门、表计都在抽真空，直到真空度满足要求为止。

（3）启动 SF$_6$ 气体处理装置的压缩机，开启 SF$_6$ 设备排气阀门，打开处理装置阀门 V1、V4、V8 使 SF$_6$气体通过过滤器、压缩机、换热器、吸附器等，经过阀门 V4、V8 进入储气罐。

（4）当压缩机进气口压力低于－0.05MPa 或达到所要回收终压时，依次关闭 SF$_6$ 设备排气阀门、V1、V4、V8 压缩机电源，回收结束。

【思考与练习】

1. 简答 SF$_6$ 气体回收装置系统组成。

2. 简述 SF$_6$ 气体回收装置的主要功能。

模块 3　检查气体压力表、密度继电器（ZY1600403003）

【模块描述】本模块介绍了 SF$_6$ 气体绝缘互感器常用压力表、密度继电器的结构、原理及技术要求，通过概念介绍，掌握 SF$_6$ 气体绝缘互感器常用压力表、密度继电器的使用要求。

【正文】

SF$_6$互感器用 SF$_6$ 气体作为主绝缘，其对密封性能要求很高，SF$_6$ 互感器应配有压力表和密度继电器（或带压力指示的密度继电器）来监测气体运行。

一、SF$_6$气体压力表的一般技术要求

（1）压力表各部件应装配牢固，不得有影响计量性能的锈蚀、裂纹、孔洞等缺陷。

（2）压力表的表盘分度数字及符号应完整、清晰。

（3）压力表的指针应伸入所有分度线内，其指针指示端宽度应不大于最小分度间隔的 1/5。

（4）压力表有封印装置，在不损坏封印的情况下，应不能触及内部机件。

（5）SF$_6$ 气体压力表，一般是弹簧式压力表，其准确度等级为 0.1 级，最大允许误差为±1%。

（6）不带温度补偿的 SF$_6$ 气体压力表应给出 SF$_6$ 气体压力—温度曲线，以便进行压力修正。

（7）SF$_6$ 气体压力表的校验周期为 1～3 年或大修后。

二、SF$_6$气体密度继电器

所谓密度，是指某一特定物质在某一特定条件下单位体积的质量。SF$_6$ 互感器中的 SF$_6$ 气体密封在一个固定不变的容器内，它具有一定的密度值，尽管 SF_6 气体的压力随着温度的变化而变化，但是 SF_6 气体的密度始终不变。因为 SF_6 气体的绝缘性能在很大程度上取决于 SF_6 气体的纯度和密度，因而对 SF_6 气体纯度和密度的监视尤为重要。标准规定，SF_6 气体绝缘互感器应装设压力表和密度继电器。压力表是起监视作用的，密度继电器是起控制和保护作用的。

1. SF_6 气体密度继电器的结构及工作原理

SF_6 气体密度继电器使用比较广泛，它的结构形式也比较多，下面列举几例介绍其结构和工作原理。

（1）SF_6 气体密度继电器之一。如图 ZY1600403003-1 所示，该种密度继电器主要由五部分组成，即外壳、电触点、基准 SF_6 气室、波纹管、与 SF_6 连通的气室等。

该种密度继电器的工作原理是以密封在基准气室内的 SF_6 气体的状态为基准，使与设备连通的气室中的 SF_6 气体的状态与之比较。当这两个气室的压力相同时，气体压力对波纹管产生的作用相互抵消，电触点的位置保持不变。当 SF_6 设备气体泄漏，使气室 5 内 SF_6 气体的密度减小，因而压力降低，这时两个气室的平衡被打破，使波纹管的端面和带动电触点的连杆向下产生位移，当漏气到一定程度时，就会使电触点不同功能的触点闭合，发出不同的指令或信号，实现其功能。

（2）SF_6 气体密度继电器之二。如图 ZY1600403003-2 所示，该种密度继电器主要由 2 个波纹管、标准 SF_6 气体包、微动开关电触点、轴、杠杆等组成。

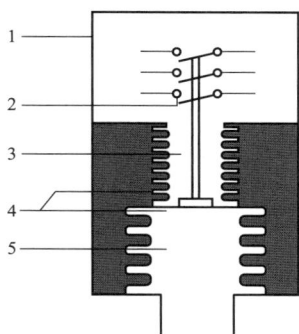

图 ZY1600403003-1　SF_6 气体密度继电器

1—外壳；2—电触点；3—基准 SF_6 气室；
4—波纹管；5—与 SF_6 连通的气室

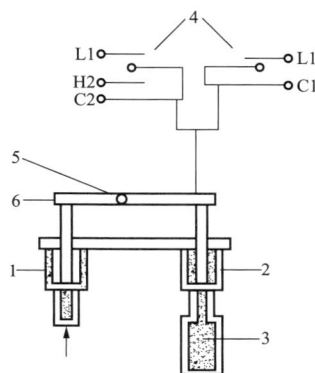

图 ZY1600403003-2　SF_6 气体密度继电器

1—波纹管；2—波纹管；3—标准 SF_6 气体包；
4—微动开关电触点；5—轴；6—杠杆

这种密度继电器的工作原理是：它以密封在波纹管 1 外侧的与设备中 SF_6 气体连通的 SF_6 气体的状态，通过以轴 5 为支撑点的杠杆 6，与密封在波纹管 2 外侧的标准 SF_6 气体包 3 相比较，带动微动开关电触点 4 动作，实现其发信号和闭锁功能。

2. SF_6 气体密度继电器一般使用注意事项

（1）上述两种 SF_6 气体密度继电器，不论其结构原理怎样不同，它们都只能够补偿由于环境温度变化带来的压力变化，而不能补偿设备内部温升带来的变化。

（2）SF_6 气体密度继电器，只有在 SF_6 设备退出运行时，而且在设备内外温度达到平衡时，才能准确测量出 SF_6 气体的密度。

（3）实际工程中，使用的都是压力单位 MPa，而不是使用密度的单位。

（4）SF_6 气体密度继电器的校验周期一般为 1~3 年、大修后或必要时。

【思考与练习】

1. 简述 SF_6 气体压力表一般检查的注意事项。

2. 简述 SF_6 气体密度继电器的作用。

第二十章　互感器的现场干燥

模块 1　互感器干燥方法和要求（ZY1600404001）

【模块描述】本模块介绍了互感器器身干燥的热油循环干燥法、罐内真空干燥法、短路真空干燥法，通过工艺要求介绍，掌握互感器干燥的常用方法。

【正文】

互感器器身干燥可结合现场条件及受潮情况，采用热油循环、短路真空及罐内真空干燥等方法进行。重点是正确掌握干燥处理的三要素，即真空度、温度和时间。

一、热油循环干燥法

热油循环干燥是采用具有过滤、加热和真空雾化脱气等功能的真空滤油机，将处理合格的热油注入互感器进行循环，以达到干燥的目的。其操作方法如下：

（1）准备好真空滤油机和足量同型号的绝缘油。

（2）开启真空滤油机，将足量的绝缘油处理合格待用，油温控制在（75±5）℃。

（3）打开互感器放油阀，将油放尽。

（4）拆下互感器上盖及膨胀器，装上焊有注油接头的临时盖板。

（5）接好注油管路及回油管路，从互感器上部进油，底部放油阀回油。

（6）打开互感器注油阀，注入（75±5）℃的合格油，注满后加热器身一定时间，然后打开回油阀，将油全部排出，重复循环多次直到干燥合格。

（7）按真空注油回注合格绝缘油。

二、罐内真空干燥法

罐内真空干燥是利用加热真空罐对互感器身进行加热除潮，再用真空泵将罐内潮气排出，提高器身的干燥水平，达到除潮干燥目的。其操作方法如下：

（1）准备工作。真空干燥罐清擦干净后，加温到 80℃，保持 1h，排除罐内潮气。互感器器身用合格绝缘油冲洗后入罐，器身与真空罐的热源距离大于 200mm，接好罐内上、中、下三处及器身电阻温度计和测量绝缘电阻的引线，并记录产品型号、入罐时间、温度及绝缘电阻。

（2）预热。支起罐盖留一缝隙，以便预热时潮气逸出。打开加热的蒸汽阀门（或涡流加热时合上电源）使罐内温度在 4h 左右平均升到（75±5）℃，预热 12h。预热阶段应控制罐壁温度不超过 120℃，器身温度不超过 80℃。

（3）真空干燥。预热结束后，维持器身温度（75±5）℃，开始抽真空，使真空度均匀提高，残压达到 53kPa 后，维持 3h，破真空 15min 后，均匀提高到 80kPa，维持 3h，再破真空 15min，继续提高真空度，真空残压不大于 133Pa，直到干燥结束。干燥中每 2h 测量一次绝缘电阻，若 110kV 及以下互感器连续 6h，220kV 互感器连续 12h 绝缘电阻稳定不变，且无冷凝水析出，即认为干燥结束。

（4）真空浸渍。真空干燥结束后，关闭热源，继续抽真空保持罐内残压不大于 133Pa。向罐内注入油温为 60℃的合格绝缘油，油面应高出器身 10cm，继续抽真空保持残压不大于 133Pa，进行真空浸渍 6h。浸渍结束，破真空后将罐内油抽出放尽，待器身温度降至 40℃以下，即可开罐吊出器身装配，若浸渍结束后不能接着立即装配，则暂不放油，器身应继续浸没油中，切断热源，保持罐内真空度不低于 80kPa 即可。

三、短路真空干燥法

短路真空干燥法是将互感器一次绕组短路，然后在二次绕组施加一定的电压，使绕组发热将潮气排出，经抽真空将潮气排出互感器使其干燥。该方法的具体工艺要点如下：

（1）互感器放尽绝缘油。但有些制造厂认为，应在产品充满油的情况下进行通电加热，以便观察产品的温升情况。这对于 220kV 及以上电流互感器尤为重要，因为这些产品的绝缘都比较厚，在无油状态下，传导作用差，即使从外部看来温度较低而内部绝缘可能因过热老化，甚至被烧焦。因此，最好是先在带油状态下对产品通电加热，待温度上升趋于稳定后，再放掉产品内部的油进行无油干燥。

（2）将电流互感器的一次绕组、电压互感器的一次绕组及剩余绕组各自短路，然后在二次绕组施加一定的电压。

（3）绕组短路加热干燥到 80℃时抽真空，注意按工艺要求结合破真空分阶段提高真空度。

（4）监控绕组温度不得超过 80℃。

【思考与练习】

1. 简述互感器热油循环干燥法的主要操作步骤。

2. 简述互感器罐内真空干燥法的工艺要点。

第二十一章 互感器检修管理

模块1 互感器的检修记录及报告（ZY1600405001）

【模块描述】本模块介绍了互感器检修记录及报告的作用、内容及填写基本要求，通过要点介绍，掌握如何填写互感器检修记录及报告。

【正文】

一、互感器检修记录及报告的作用

互感器检修记录及报告是记载互感器检修过程状态和检修过程结果的文件。互感器检修记录必须按检修项目内容及时填写工作情况，它为检修报告中得出本次检修的验收意见和质量评价提供了重要分析依据；检修报告应结论明确，报告的施工组织、技术、安全措施，随同本次检修记录以及修前、修后各类检测报告附后一起归档保存管理，它们为变压器检修后的日常运行和下次检查检修前评估提供了必要的技术资料。所以说变压器检修记录及报告是电力系统运行及检修人员手中的重要工具。

二、互感器检修记录的内容及填写

互感器检修记录一般包括以下内容：互感器检修质量记录，工具保管记录、油处理记录。

（1）互感器检修质量记录。应在变压器检修工作过程中，检修各工序工作人员按各类检查、检修工作项目的内容、质量工艺标准要求，及时记录工作情况并签名，其中工作情况应包括本次检修、检查工作过程中处于正常的检修情况或出现异常情况后采取的处理措施及其处理结果，然后质量检验人员对检修过程进行检查，验证检修结果符合检修质量工艺标准要求后签名。

工作人员对应各项目内容的质量工艺标准要求进行检修时，对正常的情况可在"工作情况"栏中填写"无异常或'√'"；如出现异常或缺陷情况，工作人员应在"工作情况"栏中先及时填写发现的异常或缺陷现象，然后填写针对此异常或缺陷现象所采取的处理措施，包括清洁、清除、更换等以及处理措施完成的结果，最后在"工作人"栏中签自己的全名。该工序所有项目内容检修完成后，本次检修负责质量检验人员也应及时对检修过程、检修记录填写内容进行检查，验证检修结果符合检修质量工艺标准要求后签名，如果质检人员认为过程或记录有问题，应让负责该项目检修的工作人员进行必要补充措施或重复进行检修工作，然后再次检查、验证通过后签名。

（2）工具保管记录。这部分记录应由检修工作的工具保管负责人、使用工具的工作人员来填写完成。本次检修工作的工具保管负责人应在检修前足够准备好检修所需的工具清单和保管使用记录表，清单上每件工具的发放和回收，工具保管负责人应在保管使用记录表中对应栏目中填写该工具发放和回收的时间，宜具体到小时、分钟，然后由使用工具的工作人员签署全名。工作结束验收前，工具保管负责人应严格检查发放到工作人员的工具均有回收记录，工具保管记录才算是填写完毕，如发现有工具回收有缺项，应及时通知该使用工具的工作人员立即归还，直至记录齐全为止。

（3）油处理记录。这部分记录应由负责油处理工作人员、质量检验人员来填写完成。油处理工作人员应按对应的本体、附件中油品过滤、脱气、热油循环等的工作情况进行填写，这些油处理"工作情况"栏中填写内容应包括油品处理前后的检测数据、处理的起止时间、油品处理设备的使用情况，然后在"工作人"栏中签自己的全名。该油处理的过程完成后，本次检修负责质量检验人员也应及时对油处理过程、记录填写内容进行检查、验证合格后签名。

三、互感器检修报告的内容及填写

互感器检修报告一般包括：互感器的基本情况、检修原因、检修记录、检修完成情况综述，其中互感器的基本情况应包括变电站名称、设备运行编号、产品型号、制造厂、出厂时间、投运时间、历次检修情况等，检修完成情况、缺陷处理情况、验收结论、验收人员、验收时间以及对今后运行所做的限制或应注意事项等，最后还应注明报告的编写、审核及批准人员。

【思考与练习】

1. 简述填写互感器检修记录和报告的基本要求。
2. 互感器检修报告的主要基本内容是什么？

第二十二章 电抗器、消弧线圈和接地变压器的检查、维护

模块1 电抗器的检查、维护（ZY1600406001）

【模块描述】 本模块介绍了电抗器的基本结构、工作原理以及电抗器检修项目、周期及质量标准，通过原理讲解、工艺要求介绍，掌握电抗器的检查、维护的内容和要求。

【正文】

一、电抗器基本结构和原理

（一）电抗器的基本结构

1. 空芯式电抗器

空芯式电抗器的结构形式多种多样。如用混凝土将绕好的电抗器绕组装成一个牢固的整体，则称为水泥电抗器；如用绝缘压板和螺杆将绕好的绕组拉紧，则称为夹持式空芯电抗器；如将绕组压玻璃丝包绕成牢固整体，则称为绕包式空芯电抗器。空芯电抗器通常是干式的，也可以是油浸式结构。

（1）水泥电抗器。它是一个无导磁材料的空芯电感线圈。电抗器的绕组是用导线在同一平面上绕成螺线形的饼式线圈叠成，沿线圈圆周均匀对称的位置上设有支架并浇灌水泥成为水泥支柱作为管架，将饼式线圈固定在管架上。

（2）干式空芯电抗器。干式空芯电抗器的优点是：维护简单，运行安全；无导磁材料，不存在铁磁饱和，电感值不会随电流变化而变化；线性度好；采用铝合金星形吊臂结构，机械强度高，涡流损耗小；可满足绕组分数匝的要求；所有接头全部焊接到上、下吊架的铝接线臂上，一般不用螺栓连接，以保证绕组的高度可靠性；并可避免油浸式电抗器漏油、易燃等缺点。

其结构是：

1）线圈的导线截面可分成许多绝缘的小截面铝导线（$\phi2 \sim \phi4$），多股导线平行绕制可以进一步降低匝间电压；匝间绝缘强度高，可降低由谐波引起的涡流和漏磁损耗，具有高品质因数。

2）采用多层并联绕组结构，层间有通风道，线圈层间采用聚酯玻璃纤维引拔棒作为轴向散热气道，对流自然，冷却散热好，由于电流分布在各层，更能满足动、热稳定的要求。

3）根据需要，电抗器绕组的电感可以做成带抽头可调或者连续可调，电感的变化可达±5%或更大，绕组外部由环氧树脂浸透的玻璃纤维包封整体高温固化，整体性强，噪声水平低于60dB，机械强度比铝、铜高几倍，可耐受大短路电流的冲击。

4）电抗器外表面涂以三层特殊抗紫外线、抗老化的硅有机漆，能承受户外恶劣的气象条件，使用寿命可达30年。

2. 铁芯式电抗器

铁芯式电抗器也有单相与三相、油浸式与干式之分。铁芯带气隙是铁芯电抗器铁芯的特点。由于衍射磁道包括很大的横向分量，它将在铁芯和绕组中引起极大的附加损耗。因此，为减小衍射磁通，需将总气隙用硅钢片卷成的铁饼划分为若干个小气隙，铁饼的高度通常为50～100mm，视电抗器的容量大小而定，与铁轭相连的上下铁芯柱的高度应不小于铁饼的高度。铁芯柱气隙是靠垫在铁饼间的绝缘垫板形成的，绝缘垫板的材质可选用绝缘纸板、玻璃布板、石板等。由于各个铁饼被绝缘垫板隔开，

所以必须把它们用接地片连接起来，并把它们连接在下部铁芯柱上，上部铁芯柱与上端第一个铁饼之间不用接地片连接，便于调节气隙大小时拆卸上部铁芯。为了使带气隙的铁芯形成一个牢固的整体，可以采用拉螺杆结构将上下铁轭夹件拉紧，为了使铁饼形成一个整体，通常采用穿芯螺杆结构。铁芯式电抗器铁芯结构如图 ZY1600406001-1 所示。

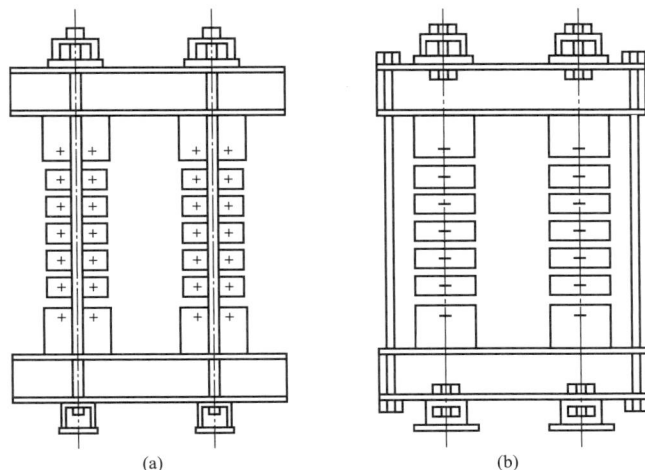

图 ZY1600406001-1　铁芯式电抗器铁芯结构

（a）拉紧螺杆穿过铁柱与绕组之间；（b）拉紧螺杆位于绕组外面

　　较大容量的铁芯电抗器，为了减少气隙处横向磁通在铁饼中所引起的附加损耗，通常采用辐射形铁芯，如图 ZY1600406001-2 所示。电抗器绕组、器身绝缘、引线及外壳等结构与电力变压器基本相同。

　　3. 饱和电抗器与自饱和电抗器

　　（1）饱和电抗器。

　　1）单相饱和电抗器的两个铁芯可以如图 ZY1600406001-3（a）和图 ZY1600406001-3（b）所示排列。

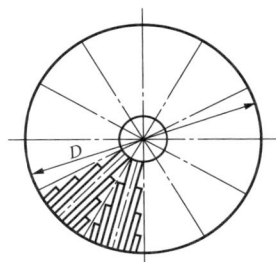

图 ZY1600406001-2　辐射形铁芯电抗器结构

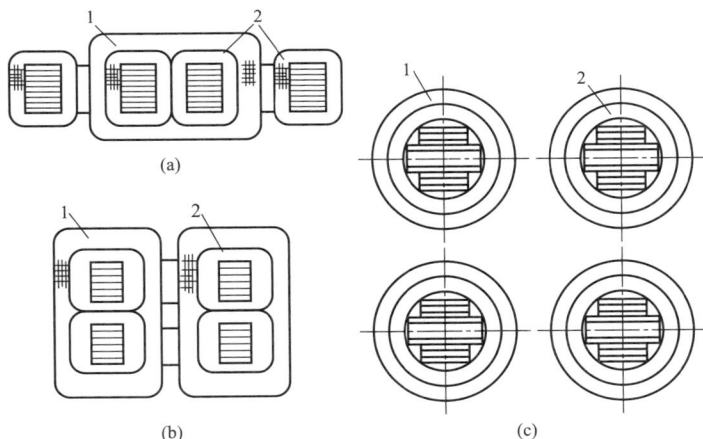

图 ZY1600406001-3　单相双铁芯饱和电抗器的铁芯和绕组布置

（a）铁芯并列与绕组布置；（b）铁芯双叠与绕组布置；（c）各自铁芯与绕组布置

1—直流绕组；2—交流绕组

　　图 ZY1600406001-3（a）和图 ZY1600406001-3（b）中，在两个铁芯的相邻铁柱上绕一个公共的直流绕组，这样可比图 ZY1600406001-4 中双铁芯饱和电抗器的两个分开的直流绕组省铜。但大容量饱和电抗器为了制造方便，每个铁芯有时仍有各自的直流绕组，如图 ZY1600406001-3（c）所示。

此时，为了减小单个直流绕组的基波感应电动势，两个铁芯的相邻铁柱上的直流绕组可以分层交叉串联。

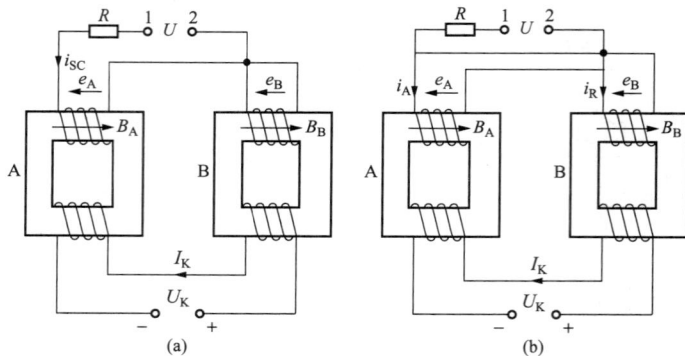

图 ZY1600406001-4　双铁芯饱和电抗器原理

（a）两交流绕组串联；（b）两交流绕组并联

根据饱和电抗器的性能要求，铁芯的 B—H 曲线希望在饱和以前尽量陡、饱和以后尽量平，为此，最好采用冷轧硅钢片的卷铁芯，但大型铁芯一般仍用叠积式。

2）三相饱和电抗器结构如图 ZY1600406001-5 所示。六铁芯式三相饱和电抗器由三个单相双铁芯饱和电抗器组成，三铁芯式三相饱和电抗器由三个单相单铁芯饱和电抗器构成。每个铁芯为单柱旁轭式，三个铁芯中磁通的波形相同而相位彼此相差 120° 电角度，由此引起的控制绕组中的基波感应电动势互相抵消，只剩下三次谐波。为削弱三次谐波对控制回路的影响，也可加设一个包绕三个铁芯的短路绕组，使三次谐波电流能在其中流通。

（2）自饱和电抗器。自饱和电抗器结构如图 ZY1600406001-6 所示。自饱和电抗器的铁芯采用冷轧硅钢片卷成环形铁芯卷后退火，为了散热和制造方便，铁芯是分断的，多个铁芯叠在一起。因电流大，所以交流绕组是用铜管做成单匝贯通式。如果交流绕组是多匝的，则采用铜排绕制而成，有时还设偏移绕组。偏移绕组的磁通势方向与交流绕组同向而与控制绕组反向，其目的是为了减小最小压降和改善控制特性。

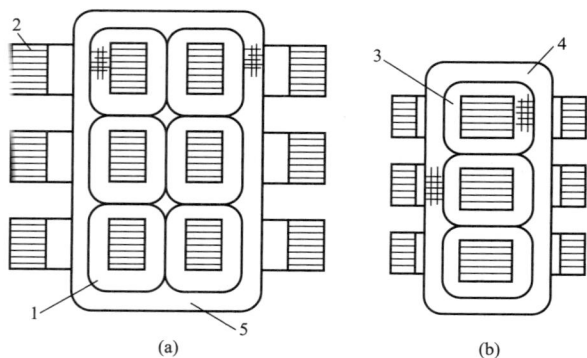

图 ZY1600406001-5　三相饱和电抗器结构示意图

（a）六铁芯式；（b）三铁芯式

1，3—交流绕组；2—铁芯；4，5—直流绕组

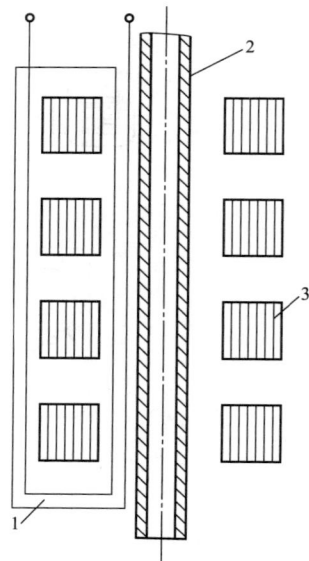

图 ZY1600406001-6　自饱和电抗器结构示意图

1—直流控制绕组；2—交流工作绕组；3—铁芯

（二）电抗器的原理、用途及分类

电抗器在电路中是用做限流、稳流、无功补偿、移相等的一种电感元件。

从用途上看，其主要可分为两种：① 限流电抗器，用于限制系统的短路电流；② 补偿电抗器，用于补偿系统的电容电流。

按电抗器的结构类型可分为三大类：① 带铁芯的电抗器，称为铁芯电抗器；② 不带铁芯的电抗器，称为空芯电抗器；③ 除交流工作绕组外还有直流控制绕组的电抗器，称为饱和电抗器与自饱和电抗器。

电抗器的接线又分串联和并联两种方式。串联连接电抗器的作用是电网发生短路故障时限制短路电流不超过一定的限值，以减轻相应输配电设备的负担，从而可以选择轻型电气设备，节省投资。在母线上装设并联连接电抗器，当发生短路故障时，电压降主要发生在电抗器上，起无功补偿作用，这样使保持母线一定的电压水平。

下面列举常见的几种电抗器：

（1）限流电抗器（XKK）。串联连接在系统上，在系统发生故障时用以限制短路电流，将短路电流降低至其后接设备允许的容许值。

（2）串联电抗器（CKK、CKKT）。它在并联补偿电容器装置中与并联电容器串联连接，用以抑制高次谐波，减少系统电压波形畸变和限制电容器回路投入时的冲击电流。

（3）并联电抗器（BKK）。它并联连接在 220kV 及以上变电站低压绕组侧，用于长距离轻负载输电线路的电容无功补偿。

（4）滤波电抗器（LKK、LKKT、LKKDT）。它与并联电容器组串联使用，组成谐振回路，滤除指定的高次谐波。

（5）中性点接地限流电抗器（ZJKK）。它是接在系统中性点和地之间，用于将系统接地故障时相对地电流限制在适当数值的单相电抗器。

（6）阻尼电抗器（ZKK）。它与电容器串联，专门用来限制电容器组投入交流电网时的涌流。

（7）分裂电抗器（FKK）。在配电系统中，正常运行时分裂电抗器电感很低，一旦出现故障，则对系统呈现出较大的阻抗，以限制故障电流。这种电抗器使用在所有情况下保持隔离的两个分离馈电系统。

（8）均荷电抗器（JKK）。用于平衡并联电路的电流。

（9）防雷线圈（FLQ）。它系小容量变电站雷电防护特种电抗器绕组，与电力线路串联接于变电站线路入口，用以降低雷电侵入波陡度，限制雷电流幅值，同时还兼有限制短路电流的作用。

（三）电抗器各种标志的意义和识别方法

电抗器产品型号字母代表含义见表 ZY1600406001-1。

表 ZY1600406001-1　　　　　　　　　电抗器产品型号字母代表含义

序号	分　类	含　义	代表字母
1	类型	"并"联电"抗"器	BK
		"串"联电"抗"器	CK
		"分"裂电"抗"器	FK
		"滤"波电"抗"器（调谐电抗器）	LK
		中性点"接"地电"抗"器	JK
		"限"流电"抗"器	XK
		接地变压器（中性点耦合器）	DK
		"平"波电"抗"器	PK
		"消""弧"线圈	XH
2	相数	"单"相	D
		"三"相	S
3	绕组外绝缘介质	变压器油	—
		空气（"干"式）	G
		浇注"成"型固体	C

续表

序号	分类	含义	代表字母
4	冷却装置种类	自然循环冷却装置 "风"冷却装置 "水"冷却装置	— F S
5	油循环方式	自然循环 强"迫"油循环	— P
6	结构特征	铁芯 "空"芯	— K
7	绕组导线材质	铜 "铝"	— L

电抗器的铭牌上标示出它的额定电压、各分接头的额定电流、额定容量、油面温升、工作时限等参数。

电抗器型号组成如下所示：

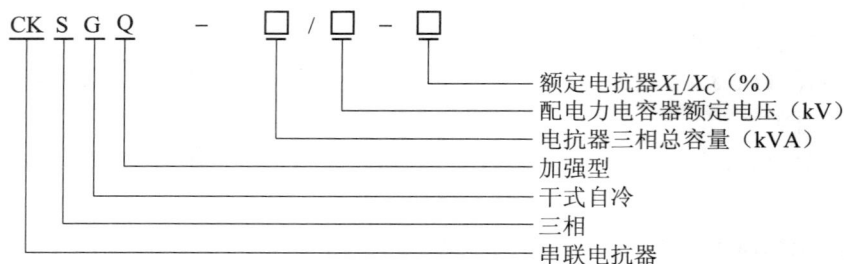

CK S G Q － □ / □ － □

- 额定电抗器 X_L/X_C（%）
- 配电力电容器额定电压（kV）
- 电抗器三相总容量（kVA）
- 加强型
- 干式自冷
- 三相
- 串联电抗器

二、电抗器的检修

（一）油浸式电抗器的检修

油浸式电抗器的检修参照油浸式变压器的检修。

（二）干式电抗器的检修

1. 检修周期

干式电抗器的检修周期取决于干式电抗器的性能状况、运行环境，以及历年运行状况和预防性试验等情况。根据干式电抗器的结构特点，本模块所指的检修是电抗器在运行现场的小修和故障处理。若电抗器存在严重故障或产品质量问题，在现场无法处理时，应更换或返厂处理。

2. 检修评估

（1）检修前评估。检修前评估的目的是确定检修性质和范围，干式电抗器有无修复的价值。

1）检修前查阅档案，了解干式电抗器的结构特点、性能参数、运行年限、例行检查、定期检查、历年检修记录、曾发生的缺陷和异常（事故）情况及同类产品的障碍或事故情况。

2）评估现场检修对消除干式电抗器缺陷的可能性。

（2）检修后评估。检修后评估的目的是确定检修的质量、能否安全投入运行，及应该注意的问题。

根据检修时发现的异常情况及处理结果，应对干式电抗器进行检修评估，并对今后设备的运行做出相应的规定。评估内容如下：

1）检修是否达到预期目的。

2）检修质量的评估。

3）检修后如果仍存在无法消除的缺陷，应对今后的设备运行提出限制，并纳入现场运行规程和例行检查项目。

4）确定下次检修性质、时间和内容。

3. 检修人员的要求

（1）检修人员应熟悉电力生产的基本过程及干式电抗器工作原理及结构，掌握干式电抗器的检修技能，并通过年度《国家电网公司电力安全工作规程》考试。

（2）工作负责人应取得变电检修专业高级工及以上技能鉴定资格。

（3）现场起重工、电焊工应持证上岗。

4．检修现场的要求

（1）检修场地周围应无可燃或爆炸性气体、液体或引燃火种，否则应采取有效的防范措施和组织措施。

（2）在现场进行干式电抗器的检修工作应注意与带电设备保持足够的安全距离，准备充足的施工照明和检修试验电源，安排好拆卸附件的放置地点等。

（3）检修设备应停电，在工作现场布置好遮栏等安全措施。

5．检修前的准备

主要强调检修工作之前要认真编制详细的检修方案，其中有组织措施、技术措施以及安全措施等，同时准备好检修用的施工设备及材料。

（1）检修作业指导书的准备。检修前应编制完善的检修作业指导书，其中包括检修的组织措施、安全措施和技术措施。主要内容如下：

1）准备工作安排，包括停电申请、工作票等。

2）人员要求及分工。

3）作业流程图，应体现施工项目及进度。

4）消缺项目、检修项目和质量标准。

5）特殊项目的施工方案。

6）试验项目及标准。

7）危险点分析、安全控制措施及注意事项。

8）施工工具明细表、备品备件明细表、材料明细表。

9）图纸资料，包括设备主要技术参数。

10）各种记录表格。

（2）工器具的准备。现场检修应具备充足的合格材料和完备的工器具和测试设备，开工前3天应按作业指导书上的明细表进行清理。以下内容供参考：

1）备品备件：如螺栓、螺钉。

2）材料：生产用汽油、砂布、白布、尼龙刷、酒精等，导电脂、焊接材料、环氧树脂胶。若需要涂喷，应提前准备相应的喷涂材料。

3）工器具：

a）专用工、器具，如力矩扳手、各种规格的扳手等。

b）气割、氧焊设备、电焊设备、空压机、冲洗设备等。

c）安全带、梯子、接地线、水平尺。

d）测试设备，如直流电阻测试仪、绝缘电阻表、工频试验耐压设备等。

6．干式电抗器小修项目及质量要求

本模块所提出的检修项目是干式电抗器在正常工作条件下应进行的检修工作。

（1）不停电时干式电抗器的检查项目和质量要求。

1）检查表面脏污情况及有无异物。要求外观完整无损，外包封表面清洁、无裂纹、无脱落现象，无爬电痕迹，无动物巢穴等异物；支柱绝缘子金属部位无锈蚀，支架牢固，无倾斜变形；基础无塌陷、混凝土脱落情况。

2）检查表面是否明显变色，外观引线、接头应无过热、变色。

3）声音是否正常，应无异常振动和声响。

4）各部件有无过热现象，用红外测温应无过热现象。

（2）停电时干式电抗器检修项目和质量要求。

1）检查导电回路接触是否良好，测量绕组直流电阻，与出厂或历史数据比较，并联电抗器变化不

ZY160040601

得大于 1%，串联电抗器（非叠装的）变化不得大于 2%。

2）检查绝缘性能是否良好，绝缘电阻不能低于 2500MΩ。

3）检查电抗器上下汇流排应无变形裂纹现象。

4）检查电抗器绕组至汇流排引线是否存在断裂、松焊现象。

5）检查电抗器包封与支架间紧固带是否有松动、断裂现象，应不存在松动、断裂现象。

6）检查接线桩头应接触良好，无烧伤痕迹，必要时进行打磨处理，装配时应涂抹适量导电脂。

7）检查紧固件应紧固无松动现象。

8）检查器身及金属件应变色无过热现象。

9）检查防护罩及防雨隔栅有无松动和破损。

10）检查支座绝缘及支座是否紧固并受力均匀。支座应绝缘良好，支座应紧固且受力均匀。

11）检查通风道及器身的卫生。必要时用内窥镜检查，通风道应无堵塞，器身应卫生无尘土、脏物，无流胶、裂纹现象。

12）检查电抗器包封间导风撑条是否完好牢固。

13）检查表面涂层有无龟裂脱落、变色，必要时进行喷涂处理。

14）检查表面憎水性能，应无浸润现象。

15）检查铁芯有无松动及是否有过热现象。

16）检查绝缘子是否完好和清洁，绝缘子应无异常情况、且干净。

7. 干式电抗器表面涂层处理

涂层处理采用喷涂方法，喷涂技术要求及施工步骤如下：

（1）喷涂前的准备工作。

1）用粗砂布或尼龙丝刷由上而下将电抗器内、外包封表面打磨一遍，清除已粉化的涂层，然后用高压风吹净。

2）使用除漆剂清除表面残余防紫外线油漆（或 RTV 胶），用浸了无水乙醇的白布将绕组内外擦干净。

3）检查电抗器表面是否有树枝状爬电现象，若有则用工具将树枝状爬电条纹缝内炭化物清除干净，然后用环氧树脂胶注入绕组表面裂痕内并抹平。

4）在喷涂前再次将绕组内、外表面清抹干净，准备喷涂。

（2）喷涂步骤（喷涂的气象条件是不下雨）。

1）在电抗器表面及通风道内喷涂一层专用底漆，晾干一天。

2）在电抗器表面喷涂一层专用偶联剂进行表面活化处理，并晾干。

3）喷涂 RTV 涂料，应喷涂 3 遍，喷涂第一遍后，相隔 2h 以上再喷涂第二遍，喷涂第二遍后，相隔 3h 以上再喷涂第三遍。涂料喷涂应均匀，无流痕、垂珠现象。

（三）电抗器的故障缺陷处理

1. 电抗器局部发热的处理

若发现电抗器有局部过热现象，则应减少该电抗器的负荷并加强通风，必要时可采取临时措施，加装强力风扇吹风冷却，待有机会停电时，再进行消除缺陷的工作。

2. 电抗器支持绝缘子破裂等故障的处理

发现水泥电抗器支柱损伤、支持绝缘子有裂纹、绕组凸出和接地时，应启用备用电抗器或断开线路断路器，将故障电抗器停用，进行修理，待缺陷消除后再投入运行。

3. 电抗器水泥支柱烧坏故障

发现某电抗器水泥支柱和引线支持绝缘子断裂以及电抗器部分绕组烧坏等现象时，应首先检查继电保护是否动作，如保护未动作，则应立即手动断开电抗器的电源，停用故障电抗器。此时，如有备用电抗器，则将备用电抗器投入运行，如无备用电抗器，应通知检修人员进行抢修，修好后再投入运行。

（四）检修报告的编写

1. 基本要求

检修报告应结论明确。检修施工的组织措施、技术措施、安全措施、检修记录表以及修前、修后各类检测报告附后，各责任人及检修人员签字齐全。

2. 主要内容

内容包括变电站名称、设备运行编号、产品型号、制造厂、出厂编号、出厂时间、投运时间、检修原因、缺陷处理情况、验收结论、验收人员、验收时间以及对今后运行所作的限制或应注意的事项等。最后还应注明报告的编写、审核及批准人员。

【思考与练习】

1. 概述电抗器分类。

2. 停电时干式电抗器检查的主要项目有哪些？

模块 2　消弧线圈、接地变压器的检查、维护（ZY1600406002）

【模块描述】本模块介绍了消弧线圈和接地变压器的基本结构、工作原理及检查维护，通过原理讲解、工艺要求介绍，熟悉消弧线圈和接地变压器的结构特点，掌握消弧线圈和接地变压器检修、更换的项目、周期及质量标准。

【正文】

一、消弧线圈、接地变压器基本结构和原理

（一）消弧线圈基本结构和原理

1. 消弧线圈的结构和接线

（1）消弧线圈的结构。消弧线圈的铁芯和电感线圈浸在绝缘油中，外形与单相变压器相似，外壳上有储油柜和温度计，大容量消弧线圈还设有散热器、呼吸器及气体继电器。消弧线圈可做成内铁型，也可做成外铁型。其内部结构是一个带有铁芯的电感线圈，但线圈的电阻很小，电抗很大。因为铁芯柱有很多间隙，间隙沿着整个铁芯分布，所以间隙中填着绝缘纸板，如图 ZY1600406002-1 所示。采用带间隙的铁芯是为了防止磁饱和，能得到较大的电感电流，并使电感电流与所加的电压成正比，以便减少高次谐波的分量，获得一个比较稳定的电抗值，并使消弧线圈能保持有效的消弧作用。

在消弧线圈铁芯上设有层式结构的主线圈，每个芯体上的线圈分成几个部分。铁芯上还设有电压测量线圈，它的电压是随不同分接头位置而变化的，它和主线圈都有分接头接在分接开关上，以便在一定的范围内分级调节电感的大小。

（2）消弧线圈的接线。装设在变电站内的消弧线圈的接线如图 ZY1600406002-2 所示。图 ZY1600406002-2 中，隔离开关接到变压器的中性点上，为了测量消弧线圈动作时的补偿电流，在消弧线圈主线圈 XQ 回路上装有电压互感器 TV，在中性点的接地端装有电流互感器 TA，并在 TV 和 TA 的二次侧装有电压表和电流表，用于测量系统单相接地时消弧线圈的端电压和补偿电流。另外，在电压互感器二次侧上还装有电压继电器，当有事故动作后中间继电器触点闭合，一方面使中央警告信号装置动作，另一方面使消弧线圈盘上的信号灯亮，提醒值班人员注意。此时消弧线圈、隔离开关旁边的信号灯亮，表示系统中有接地，或者中性点对地电压偏移很大，不允许操作消弧线圈的隔离开关。为防止大气过电压损坏消弧线圈，消弧线圈旁还接有避雷器。

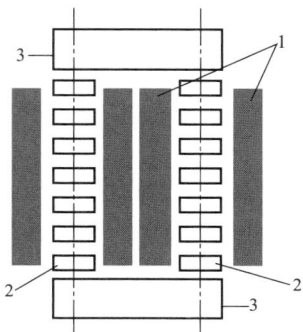

图 ZY1600406002-1　消弧线圈带间隙的铁芯断面

1—线圈；2—有间隙的铁芯；3—铁轭

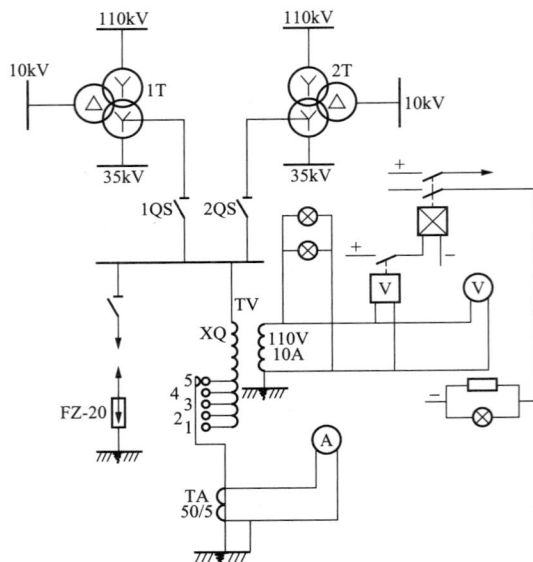

图 ZY1600406002-2　消弧线圈的接线

2. 消弧线圈的原理

在中性点不接地的电力系统中，当发生单相接地故障时，将有接地电容电流流过接地故障点，引起弧光放电，若接地电容电流超过规定数值，则电弧不能自行熄灭，引发弧光短路或谐振过电压，烧坏电气设备，威胁系统安全运行。为此，在系统中性点与大地之间接一个具有铁芯的可调电感线圈，如图 ZY1600406002-3（a）所示。

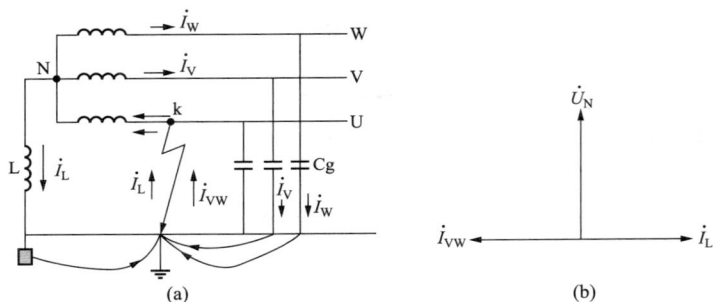

图 ZY1600406002-3　消弧线圈接地系统单相接地原理

（a）电路图；（b）相量图

正常运行情况下，三相系统平衡，变压器中性点 N 的电位为零，消弧线圈中没有电流流过。当某点（如 U 相 k 点）发生金属性接地时，U 相电压变为零，中性点电压变为 $-\dot{U}_\mathrm{U}$，于是消弧线圈中产生电感电流 $\dot{I}_\mathrm{L}$，其相位滞后于 $\dot{U}_\mathrm{N}$ 90°；同时，V、W 相电容电流之和 $\dot{I}_\mathrm{VW}$ 经接地点流回电源中性点，其相位超前于 $\dot{U}_\mathrm{N}$ 90°。这样，接地点通过的故障电流为两者相量和，如图 ZY1600406002-3（b）所示。

通过合理选择消弧线圈分接头，可使接地点的电流变得很小，则接地点不致产生电弧以及由电弧所引起的危害。

在中性点不接地的电网中，当电网发生单相接地时，补偿电网内总电容电流的电气设备称为消弧线圈。中性点经消弧线圈接地的电网，称为补偿电网。

消弧线圈是用来补偿中性点不接地系统发生对地故障时产生的容性电流的单相电抗器。消弧线圈在三相系统中接在电力变压器或接地变压器的中性点与大地之间。消弧线圈的电感可以是分级可变的，也可是连续可变的，在规定的变化范围内可与网络的电容相协调。消弧线圈可提供一个二次线圈，供连接负载电阻用，或提供一个测量用的辅助线圈。

为了改变消弧线圈的电抗值，消弧线圈设有 5~9 个分接头，通过分接开关实现分接头切换，以选择适应不同网络电容电流的电抗值。

按调节电感（抗）的方法不同，可将消弧线圈分为如下三大类：

（1）调节分接头式。通过改变消弧线圈的匝数（分接头），调节消弧线圈的电抗值。缺点是电感不能平滑调节，达不到最佳补偿状态。

（2）调气隙式。电感可以连续调节，线性度好，但需较为精密的机械传动装置，响应速度慢，且噪声大。

（3）直流助磁式。通过调节直流激磁电流的大小，改变铁芯的交流等效磁导，实现电感的连续调节。其优点是无传动装置，电感调节范围大，响应速度快。缺点是直流激磁电源容量大，结构复杂，谐波较大，造价也高。

目前电力系统中应用最多的仍是调节分接头式，按其分接头切换方式的不同又有两种调匝式消弧线圈。

1）手动切换式。手动切换式消弧线圈是在停电状态下，靠人工操作分接开关来调节分接头位置，这种类型的消弧线圈为通常使用的常规产品。

2）自动调谐式。由于手动切换式消弧线圈运行管理麻烦，系统电容电流的计算误差大，整定脱谐度大（影响补偿效果），且需停电操作。自动调谐式接地补偿装置在线测量系统电容电流的变化，依靠电动操作有载分接开关切换分接头，实现自动跟踪补偿，达到最佳补偿效果。

（二）接地变压器的基本结构和原理

1. 接地变压器的原理和作用

我国电力系统中，6、10、35kV 电网中一般都采用中性点不接地的运行方式。

电网各相导线之间及各相对地之间，沿导线全长都分布有电容。当电网中性点不是死接地时，单相接地相的对地电压为零，另外两相的对地电压值升高到 $\sqrt{3}$ 倍，相电压升高并未超过按线电压设计的绝缘强度，但是会导致其对地电容增加。单相接地时，电容电流为正常运行时一相对地电容电流的 3 倍。当该电容电流较大时，较易引起间歇电弧，对电网的电感和电容的振荡回路产生过电压，其值可达 2.5～3 倍的相电压。电网电压越高，由其引起的过电压危害越大。因此只有 60kV 以下供电系统的中性点才可不接地，因为它们的单相接地电容电流不大。否则，应通过接地变压器将中性点经阻抗接地。

如变电站主变压器一侧（如 10kV 侧）为三角形或星形接线，当单相对地电容电流较大时，由于没有中性点可接地，则需要采用一台接地变压器使电网形成人为中性点，以便经消弧线圈接地，如图 ZY1600406002-4 所示。使电网具有人为中性点，这就是接地变压器的作用。

在电网正常运行时，接地变压器承受电网的对称电压，仅流过很小的励磁电流，处于空载运行状态，其中性点对地电位差为零（忽略消弧线圈的中性点位移电压），此时消弧线圈内没有电流流过。

图 ZY1600406002-4 中，若 W 相对地短路，三相不对称分解出来的零序电压在接地变压器三相绕组中产生大小相等、相位相同的零序电流，汇合后流经消弧线圈入地。其作用与消弧线圈一样，即它所产生的感性电流补偿了接地电容电流，消除了接地点的电弧。

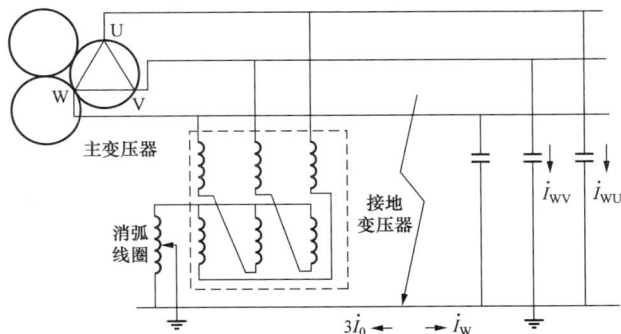

图 ZY1600406002-4　电网经人为中性点（接地变压器）接地

2．接地变压器的主要特点

（1）这种变压器一般没有二次绕组，考虑到各铁芯柱上的磁通势平衡，绕组采用曲折形接线。由于是短时有负载运行，电流密度可选大些。

（2）这种变压器在电网正常运行时，长期处于空载状态，空载损耗应尽可能小些，在电网电压允许升高的范围内，其铁芯也要处于不饱和状态。接地变压器与消弧线圈连接使用，为了保持线性特性，也要求避免磁路饱和，所以，铁芯的磁通密度要取小些。

（3）流过这种变压器绕组的负载电流是零序电流，所以变压器的零序阻抗是较重要的，一般每相零序阻抗的不平衡度要小于1%。

3．接地变压器的结构特点

在结构上，曲折形连接的接地变压器通常与普通三相芯式电力变压器相同。铁芯用冷轧晶粒取向硅钢片叠成多级截面，包括铁轭和芯柱等截面，一般为三柱式铁芯，芯柱用环氧浸渍带绑扎，经烘燥后固化。铁芯外套绕组，两者之间用纸板绝缘。绕组可为圆筒式或饼式。一般每个芯柱上仅有一个一次绕组，且分为两部分，三相绕组在三个芯柱上相互构成曲折形连接。由于是短时有负载运行，绕组导线的电流密度可选大些。接地变压器在电网正常运行时，承受电网的对称电压，仅流过很小的励磁电流，处于空载运行状态。在这种情况下，仅铁损使油的温度升高。即使在电网接地故障时，有中性点电流流过主绕组，由于持续时间短，其温度升高都在允许范围内。油浸式接地变压器均为自然冷却，由油箱表面散热，通常不需或只需很少数量的散热器。干式接地变压器的结构与干式变压器相同。

变压器采用 Z 形接线的变压器，即 ZNyn11 连接的变压器，如图 ZY1600406002-5 所示。由于变压器高压侧采用 Z 形接线，每相绕组由两段组成，并分别位于不同相的两铁芯柱上，两段绕组反极性连接，两相绕组产生的零序磁通相互抵消，故零序阻抗很低，同时空载损耗也非常小，变压器容量可以 100%被利用。用普通变压器带消弧线圈时，消弧线圈容量不超过变压器容量的 20%，而 Z 形变压器则可带 90%～100%容量的消弧线圈，可以节省投资。

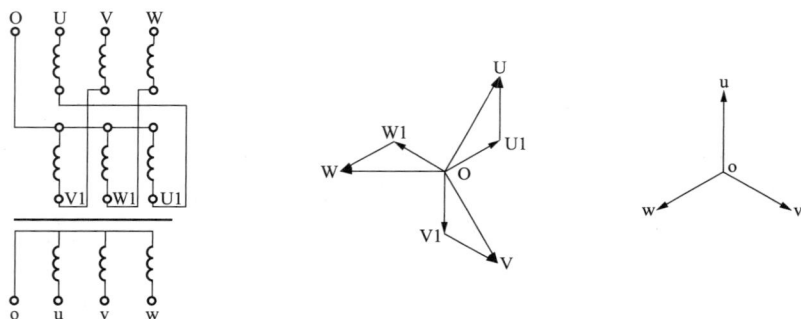

图 ZY1600406002-5　ZNyn11 连接的接地变压器接线及相量图

接地变压器除可以带消弧线圈外，也可带二次负荷，代替站用变压器。在带二次负荷时，接地变压器的一次容量应为消弧线圈与二次负荷容量之和；接地变压器不带二次负荷时，接地变压器容量等于消弧线圈容量。

二、消弧线圈、接地变压器的检修

1．检修周期

大修：一般指将消弧线圈、接地变压器解体后，对内、外部件进行的检查和修理。

小修：一般指对消弧线圈、接地变压器不解体进行的检查与修理。

消弧线圈装置的检查周期取决于消弧线圈装置的性能状况、运行环境，以及历年运行和预防性试验等情况。所提出的检查维护项目是消弧线圈装置在正常工作条件下应进行的工作。

小修周期：结合预防性试验和实际运行情况进行，1～3 年 1 次。

大修周期：根据消弧线圈装置预防性试验结果进行综合分析判断，评估分析认为必要时。

2．检修评估

（1）检修前评估。

1）检修前查阅档案，了解消弧线圈装置的工作原理、结构特点、性能参数、运行年限、例行检查、定期检查、历年检修记录、曾发生的缺陷和异常（事故）情况及同类产品的障碍或事故情况，确定是否大修。

2）现场大修对消除消弧线圈装置存在缺陷的可能性。

（2）检修后评估。根据大修时发现异常情况及处理结果，应对消弧线圈装置进行大修评估，并对今后设备的运行做出相应的规定。

1）大修是否达到预期目的。

2）大修质量的评估。

3）大修后如果仍存在无法消除的缺陷，应视缺陷严重情况，对设备今后的运行提出限制，并纳入现场运行规程和例行检查项目。

4）确定下次检修性质、时间和内容。

3．检修人员的要求

（1）检修人员应熟悉电力生产的基本过程及消弧线圈装置的工作原理及结构，掌握消弧线圈装置的检修技能，并通过年度《国家电网公司电力安全工作规程》考试。

（2）工作负责人应取得变压器检修专业高级工以上技能鉴定资格。

（3）现场起重工、电焊工应持证上岗。

4．检修前的准备

（1）查阅档案了解消弧线圈装置的运行状况，完成缺陷的分类统计工作。做好现场查勘工作，进行检修工作危险点分析。

（2）编制现场检修工作的安全措施、技术措施和组织措施，组织工作班成员认真学习，并做好记录。编制消弧线圈装置大修施工进度表，绘制大修施工现场定置图。

（3）准备施工工器具、设备和所需材料。将油罐、滤油机、工器具、材料等运至作业地点，并按定置图摆放整齐，方便使用，使用合适的起重设备。

（4）办理变电第一种工作票。

（5）开工前检查现场安全措施，对危险点进行有效控制和隔离。工作班成员列队学习现场安全措施、技术措施和组织措施，危险点分析及其他注意事项。

5．正常巡视内容和要求

（1）检查油位，应在上、下限之间，油色应透明微带黄色。

（2）检查消弧线圈外壳，各部分应无渗、漏油现象，防爆膜应完好。

（3）在正常运行中，监视上层油温，不应超过 85℃。

（4）检查吸湿器硅胶潮解变色部分，不应超过总量的 1/2，否则应予更换。

（5）消弧线圈的导管应完整，无破损及裂纹。

（6）消弧线圈的外壳和接地端接地应良好可靠。

（7）气体继电器内应充满油，无空气存在，否则应查明原因并将其放尽。

（8）在正常运行中，消弧线圈的绝缘电压表、补偿电流表的监视指示值应在正常范围。

干式消弧线圈及其接地变压器按照出厂要求进行。

6．特殊巡视和要求

系统在发生单相接地时，巡视须严格按照《国家电网公司电力安全工作规程》中的规定，密切监视消弧线圈的运行，特别应监视其上层油温，检查内部有无异常及放电声，绝缘套管有无放电及破损现象，防爆膜有无破裂、向外喷油痕迹，注意接地允许运行时间不得超过 2h。

7．小修内容及质量要求

（1）处理已发现的缺陷。

（2）外观检查铭牌、标志牌应完备齐全；外表清洁，无积污，无锈蚀，漆膜完好；油标完好；各部密封良好，无渗漏，螺钉紧固；法兰处无外渗油渍。

（3）吸湿器完好无损。硅胶干燥，油杯中油质清洁，油量正常。

（4）清扫外绝缘和检查导线接头。应清洁无杂物，一次引接线连接可靠。检查瓷套有无破损、裂痕、掉釉现象，瓷套破损可用环氧树脂修补裙边小破损，或用强力胶粘接修复碰掉的小瓷块，如瓷套径向有穿透性裂纹，外表破损面超过单个伞裙10%，或破损总面积虽不超过单个伞裙10%但同一方向破损伞裙多于2个的，应更换瓷套。检查增爬裙的黏着情况及憎水性，若有爬裙黏着不良，应补粘牢固，若老化失效应予更换。检查防污涂层的憎水性，若失效应擦净重新涂覆。

（5）检修安全保护装置，包括储油柜、压力释放器（安全气道）等。压力释放装置应整体密封可靠。

（6）检修调压装置、测量装置及控制箱，并进行调试无异常。

（7）检修接地系统，接地部分应完整，接地良好可靠，标志清晰，无放电、发热痕迹。

（8）检修全部阀门和塞子，检查全部密封状态，处理渗漏油，应密封无渗漏。放油阀油路畅通，无渗漏。

（9）清扫油箱和附件，应清洁无杂物，油漆均匀，颜色统一。

（10）按有关规程规定进行测量和试验，满足规程规定。

3. 大修内容及质量要求

（1）绕组的大修内容及质量要求。

1）检查绕组无变形、倾斜、位移，辐向导线无弹出，匝间绝缘无损伤。

2）检查绕组垫块无位移、松动，排列整齐。

3）检查压紧装置无松动。

（2）引线的大修内容及质量要求。

1）检查引线排列整齐，多股引线无断股。

2）检查引线接头焊接良好，表面光滑、无毛刺、清洁。

3）检查引线外包绝缘厚度符合要求，包扎良好，无变形、脱落、变脆、破损，穿缆引线进入套管部分白纱带包扎良好。

4）检查引线与绝缘支架固定外垫绝缘纸板，引线绝缘无卡伤，引线间距离及对地距离符合要求。

5）检查引线绝缘支架无破损、裂纹、弯曲变形及烧伤痕迹，否则应予更换。绝缘支架的固定螺栓紧固，有防松螺母。

（3）铁芯的大修内容及质量要求。

1）检查铁芯外表平整无翘片，无严重波浪状，无片间短路、发热、变色或烧伤痕迹，对地绝缘良好，常温下绝缘电阻大于等于200MΩ。

2）检查铁芯与夹件油道通畅，铁芯表面清洁，无油垢、杂物；铁芯与箱壁上的定位钉（块）绝缘良好；铁芯底脚垫木固定无松动；接地片无发热痕迹，固定良好。

（4）附件的大修内容及质量要求。

1）检查无载分接开关要求转动部分灵活，无卡塞现象，中轴无渗漏，主触头表面清洁，无烧伤痕迹。对有载分接开关参照DL/T 574—1995《有载分接开关运行维修导则》。

2）检查油箱内部应清洁无锈蚀、残屑及油垢，漆膜完整。箱沿平整，无凹凸，箱沿内侧有防止胶垫位移的挡圈。油箱的强度足够，密封良好，如有渗漏应进行补焊，重新喷涂漆。更换全部密封胶垫（包含散热器闸门内侧胶垫）。箱沿胶绳接头应牢固无缝隙，固定良好。

3）检查储油柜内残留空气已排除，消除假油位。储油柜油位指示器指示正确，吸湿器、排气管、注油管等应畅通。

4）检查套管瓷套外表应清洁，无裂纹、破损及放电痕迹。

5）检查本体及附件各部阀门、塞子应开闭灵活，指示正确，更换胶垫，应密封良好，无渗漏。

6）检查吸湿器内外清洁，更换失效的吸附剂，呼吸管道畅通，密封油位正常。

7）检查压力释放阀（安全气道）内部清洁，无锈蚀、油垢，密封良好，无渗漏。

（5）绝缘油处理。

1）禁止将不同品牌的变压器油注入消弧线圈和接地变压器。

2）注入消弧线圈和接地变压器内的变压器油，一般通过真空滤油机进行处理，以脱气、脱水和去除杂质，其质量应符合 GB/T 7595—2008《运行中变压器油质量》的规定。

3）注油后，应从线弧线圈底部的放油阀取油样，进行绝缘油简化分析、电气试验、气体色谱分析及微水试验。

4）施工场所应准备充足清洁的变压器油储存容器。

三、消弧线圈的故障缺陷处理

（1）发现消弧线圈有局部过热时，应尽可能停用该消弧线圈。若系统原因不能停用，需加强监视，加强通风和冷却，待有机会停电时再进行处理。

（2）发现水泥支柱损伤、支柱绝缘子有裂纹、器身外壳变形和接地时，应立即停用。

（3）油浸式消弧线圈缺油时，应立即补充油。

（4）消弧线圈在系统正常运行时，一般常出现的异常是渗油或者油位偏低等，经调度的允许后，可直接拉开其隔离开关，然后进行处理。

（5）在系统发生单相接地运行时，可能出现下列故障：

1）消弧线圈温度和温升超过允许极限值且还在升高。

2）消弧线圈外壳破裂或防爆膜破裂向外喷油。

3）消弧线圈本体有强裂而不均匀的爆裂声和内部有剧烈放电声。

4）消弧线圈的绝缘子遭到损坏产生电弧现象。

5）消弧线圈的接头处熔化或发红。

出现上述现象之一时，应立即要求停用消弧线圈。由于此时系统单相接地，通过消弧线圈隔离开关的电流为补偿电流，比较大，因此不能直接拉开其隔离开关，应该先将其所连接的变压器母线段上的高危线路负荷迅速转移，断开补偿系统的总路断路器，然后拉开消弧线圈隔离开关隔离故障设备，再进行相关处理。

四、检修报告的编写

1. 基本要求

（1）检修报告应结论明确。

（2）检修施工的组织、技术、安全措施、检修记录应完备，相关表格以及修前、修后各类检测报告由各单位自行规定。

（3）各责任人及检查、操作人员签字齐全。

2. 主要内容

内容包括变电站名称、设备运行编号、产品型号、制造厂、出厂编号、出厂时间、投运时间、检修原因、缺陷处理情况、验收结论、验收人员、验收时间以及对今后运行所作的限制或应注意的事项等。最后还应注明报告的编写、审核及批准人员。

【思考与练习】

1. 叙述消弧线圈的结构。

2. 概述消弧线圈的工作原理。

3. 说出消弧线圈各种不同调节电抗的方法。

模块 2

ZY1600406002

附录 《变压器检修》培训模块教材各等级引用关系表

部分名称	章	模块名称 （模块编码）	模 块 描 述	等级 I	II	III
变压器油知识	变压器油的性能	变压器油的性能及技术要求 （ZY1600101001）	本模块介绍了变压器油的物理、化学、电气性能指标和新变压器油、运行变压器油的技术要求，通过概念描述、要点介绍，掌握变压器油的性能及技术要求	√		
		变压器油的老化及防治措施 （ZY1600101002）	本模块介绍了变压器油氧化的现象和危害、影响油品氧化的因素以及常用变压器油的防劣措施，通过概念描述、要点介绍，掌握变压器油的老化及防治措施	√		
	变压器油的分析及处理	变压器油的处理 （ZY1600102001）	本模块介绍了变压器油的分类以及性能指标超极限值的原因和处理方法，通过概念介绍、缺陷分析，掌握变压器油水分、酸值、击穿电压等性能超标的原因分析和相应处理技术		√	
		变压器油的色谱分析 （ZY1600102002）	本模块介绍了变压器油色谱分析的基本知识，通过概念描述、故障分析方法介绍，熟悉变压器油中溶解气体的分析对象、检测周期，掌握变压器油中溶解气体故障诊断的常用方法			√
电气试验基本知识	变压器试验	变压器试验的基本知识 （ZY1600201001）	本模块介绍了变压器试验的分类及变压器工厂试验、交接试验、预防性试验的试验目的、一般要求，通过概念介绍，了解变压器试验的基本知识	√		
		变压器试验的项目和判断标准 （ZY1600201002）	本模块介绍了变压器试验的项目和判断标准，通过概念描述、原理讲解，了解变压器工厂试验的项目和判断标准，掌握变压器交接试验和预防性试验的项目、周期和判断标准，熟悉变压器状态检修试验的要求		√	
	互感器试验	互感器试验的基本知识 （ZY1600202001）	本模块介绍了互感器试验的分类及几种常见电气试验基本方法，通过概念介绍，掌握互感器试验的基本知识	√		
		互感器试验的项目和判断标准 （ZY1600202002）	本模块介绍了互感器试验的项目和要求，通过概念描述、要点介绍，了解互感器出厂试验项目，掌握互感器预防性试验和交接试验的项目和判断标准		√	
	电抗器和消弧线圈试验	电抗器和消弧线圈试验的基本知识 （ZY1600203001）	本模块介绍了电抗器、消弧线圈试验的分类和几种常见电气试验目的，通过概念介绍，了解电抗器、消弧线圈试验的基本知识	√		
		电抗器和消弧线圈试验的项目和判断标准 （ZY1600203002）	本模块介绍了电抗器预防性试验、交接试验、大修试验的项目和判断标准及消弧线圈检修前后的试验项目和判断标准，通过概念描述、要点归纳，熟悉电抗器、消弧线圈试验的项目和判断标准		√	
变压器维护、检修、安装技能	变压器基本知识	变压器的基本结构 （ZY1600301001）	本模块介绍了变压器的铁芯、绕组、绝缘、引线以及油箱等部件结构，通过概念介绍、结构分析，熟悉变压器及其部件的基本结构和作用	√		
		变压器的主要标志及其含义 （ZY1600301002）	本模块介绍了变压器铭牌上的字符、字母、数字等主要标志的含义，通过概念介绍及解释，掌握变压器的种类特征、技术参数及使用条件	√		
		变压器各组部件的结构和作用 （ZY1600301003）	本模块介绍了变压器的保护装置、测温装置、冷却装置、套管和调压装置等组部件的基本原理、结构和作用，通过原理讲解、结构介绍，掌握变压器各组部件的结构及其在变压器运行中的作用	√		
		配电变压器的修复计算 （ZY1600301004）	本模块介绍了配电变压器修复计算的准备工作和计算程序，通过概念描述、要点介绍，了解配电变压器绕组修复的计算方法	√		
	变压器的检查及维护	变压器及组部件检修维护周期、项目及内容和质量标准 （ZY1600302001）	本模块介绍了变压器本体及冷却装置、套管、分接开关等组部件例行检查和定期检查的项目、内容和要求，通过概念描述、检查方法介绍，掌握变压器及各组部件的检查维护周期、项目、内容和质量标准	√		
		变压器及组部件例行检查与处理 （ZY1600302002）	本模块介绍了变压器及冷却装置、套管、分接开关等组部件例行检查的项目、内容和故障处理方法，通过故障分析、处理方法介绍，掌握变压器及组部件例行检查与处理的方法	√		
		变压器及组部件定期检查与处理 （ZY1600302003）	本模块介绍了变压器及冷却装置、套管、分接开关等组部件定期检查的项目、内容和故障处理方法，通过故障分析、处理方法介绍，掌握变压器及组部件定期检查与处理的方法	√		

部分名称	章	模块名称 （模块编码）	模 块 描 述	等级 I	等级 II	等级 III
变压器维护、检修、安装技能	变压器的检查及维护	变压器及组部件常见缺陷和故障检查与处理 （ZY1600302004）	本模块介绍了变压器渗漏油、铁芯多点接地、油位异常、绕组直流电阻不平衡率超标、受潮等缺陷和故障的分析处理，通过处理方法介绍、案例分析，掌握变压器及组部件常见缺陷和故障的检查及处理方法		√	
	变压器的小修	变压器及组部件小修周期、项目及内容和质量标准 （ZY1600303001）	本模块介绍了变压器及冷却装置、套管、分接开关、非电量保护装置等组部件小修的内容和质量要求，通过概念描述、检查方法介绍，掌握变压器及组部件小修周期、项目及内容和质量标准	√		
		变压器及组部件的小修及更换 （ZY1600303002）	本模块介绍了套管、冷却装置、油泵、风扇、非电量保护装置等变压器组部件的小修更换工作程序及相关注意事项，通过工艺流程及工艺要求介绍，掌握变压器及组部件检查及更换的方法和要求	√		
	变压器的大修	变压器大修周期、内容和质量要求 （ZY1600304001）	本模块介绍了变压器的铁芯、线圈、引线、油箱及组部件的大修内容和质量标准，通过工艺要求介绍，掌握变压器大修周期、项目、内容和质量要求	√		
		变压器器身的现场大修 （ZY1600304002）	本模块介绍了变压器现场吊罩检修和现场不吊罩进入变压器检修，通过工艺流程及相关注意事项的介绍，掌握变压器现场大修的工艺要求及质量标准		√	
		变压器油箱及各组部件的现场大修 （ZY1600304003）	本模块介绍了变压器油箱及分接开关、套管、油泵、风扇等组部件的现场大修工作程序及相关注意事项，通过作业流程和检修方法介绍，掌握变压器油箱及各组部件现场检修的工艺要求和质量标准		√	
	变压器现场滤油及真空注油	变压器现场滤油 （ZY1600305001）	本模块介绍了变压器现场滤油的工器具准备、操作步骤及相关注意事项，通过作业流程介绍，掌握变压器现场滤油的方法	√		
		变压器的真空注油工艺 （ZY1600305002）	本模块介绍了变压器真空注油的准备工作、操作步骤及相关注意事项，通过作业流程介绍，掌握变压器真空处理的过程控制和真空注油的要求	√		
	变压器的现场安装	变压器的现场安装工作内容和质量标准 （ZY1600306001）	本模块介绍了变压器现场安装的前期工作、安装工作质量标准、投入运行前的试验及工程交接验收等工作内容，通过作业流程介绍，掌握变压器的现场安装工作内容和质量标准	√		
	无励磁分接开关的检修	无励磁分接开关的基本知识 （ZY1600307001）	本模块介绍了无励磁分接开关的基本工作原理、变压器绕组分接头的引出常规、无励磁分接开关的分类及接线方式和技术要求，通过概念介绍、原理讲解，掌握无励磁分接开关的基本知识	√		
		无励磁分接开关的检修和故障处理 （ZY1600307002）	本模块介绍了无励磁分接开关的检修和故障处理，通过原理讲解、工艺要求及处理方法介绍，了解无励磁分接开关的结构原理，掌握无励磁分接开关的调整、检修和常见故障处理的基本方法	√		
	有载分接开关的检修	有载分接开关的基本知识 （ZY1600308001）	本模块介绍了有载分接开关的用途、类别及基本工作原理，通过概念介绍、原理讲解，熟悉有载分接开关的基本电路构成和触头动作过程，掌握其基本的工作原理	√		
		有载分接开关的过渡电路分析 （ZY1600308002）	本模块介绍了有载分接开关常用的过渡电路基本工作原理，通过概念介绍、原理讲解，掌握有载分接开关单电阻、双电阻过渡电路理论分析方法，了解切换开关触头开断容量以及负载功率因数的影响，掌握过渡电阻阻值的计算			√
		有载分接开关的控制原理 （ZY1600308003）	本模块介绍了有载分接开关常用电动操动机构工作原理，通过原理讲解、概念介绍，掌握有载分接开关对控制装置功能的要求，掌握常用电动操动机构工作原理，掌握电动操动机构检修方法	√		
		有载分接开关检修周期及项目 （ZY1600308004）	本模块介绍了有载分接开关的检修周期及项目、检修前期准备工作、变压器吊罩时分接开关的拆装，通过概念描述、工艺要求介绍，掌握有载分接开关的检修管理工作及变压器吊罩时有载分接开关的拆装方法	√		
		有载分接开关调试周期及项目 （ZY1600308005）	本模块介绍了有载分接开关与电动机构的连接校验方法，有载分接开关试验项目、周期和标准以及有关试验方法及要求，通过原理讲解、概念介绍，掌握有载分接开关连接校验方法及有载分接开关的试验项目、周期和质量标准		√	

部分名称	章	模块名称 （模块编码）	模 块 描 述	等　级		
				I	II	III
变压器维护、检修、安装技能	有载分接开关的检修	复合式有载分接开关的检修工艺及质量标准 （ZY1600308006）	本模块介绍了复合式有载分接开关的结构和检修工艺，通过概念介绍、原理讲解，了解 V 型有载分接开关的结构，掌握 V 型有载分接开关的检修工艺和质量标准		√	
		组合式有载分接开关的检修工艺及质量标准 （ZY1600308007）	本模块介绍了组合式有载分接开关的结构和检修工艺，通过原理讲解、工艺要求介绍，了解 M 型有载分接开关的部件结构，掌握 M 型有载分接开关检修工艺和质量标准		√	
		简易复合式有载分接开关的检修工艺及质量标准 （ZY1600308008）	本模块介绍了简易复合式有载分接开关的结构和检修工艺，通过原理讲解、工艺要求介绍，了解 SY□ZZ 型有载分接开关的结构，掌握 SY□ZZ 型有载分接开关检修工艺和方法		√	
		有载分接开关的验收投运及运行维护 （ZY1600308009）	本模块介绍了有载分接开关的验收投运的基本要点和有载分接开关运行维护的基本要求，通过原理讲解、工艺要求介绍，掌握有载分接开关的验收投运项目、内容、方法和步骤，掌握有载分接开关的日常运行、操作、巡检、维护等有关要求		√	
		有载分接开关常见缺陷和处理方法 （ZY1600308010）	本模块介绍了有载分接开关常见的缺陷原因、现象和处理方法，以及因联轴错位造成的事故原因，通过案例分析，掌握有载分接开关常见缺陷和处理方法，落实提高有载分接开关安全运行的各项技术措施			√
	变压器的现场干燥	变压器干燥方法和要求 （ZY1600309001）	本模块介绍了变压器现场干燥的各种方法，通过案例介绍，掌握变压器现场常用干燥的操作技能，掌握真空条件下干燥程度的判断标准		√	
	变压器制造过程监造	变压器监造内容 （ZY1600310001）	本模块介绍了变压器监造的基本概述、工作内容和要求，通过概念介绍，熟悉变压器监造的基本内容，掌握变压器制造的质量、进度及文件控制要求			√
	变压器检修管理	填写变压器的检修记录及报告 （ZY1600311001）	本模块介绍了变压器检修记录和报告的作用，填写检修记录及报告的要求及变压器大修、小修、例行检查、定期检查总结报告和质量标准范本，通过概念描述、示例介绍，掌握如何填写变压器类设备的检修记录及报告		√	
		编制变压器检修方案 （ZY1600311002）	本模块介绍了变压器检修的基本要求、变压器检修方案的内容及说明，通过概念描述、示例介绍，掌握正确编制变压器检修方案的能力			√
互感器、电抗器、消弧线圈和接地变压器的维护、检修技能	互感器维护、检修、改造、更换技能	互感器基本结构和原理 （ZY1600401001）	本模块介绍了电压互感器、电流互感器的分类、结构和基本原理以及新型互感器的基本结构，通过概念介绍、原理讲解，掌握常用互感器的结构和原理，了解新型互感器的一般知识	√		
		互感器检修、更换质量标准 （ZY1600401002）	本模块介绍了互感器大修、小修的项目、内容、质量标准以及互感器更换的注意事项，通过概念描述、工艺要求介绍，掌握互感器检修工艺流程及质量要求	√		
		互感器常见故障缺陷及原因 （ZY1600401003）	本模块介绍了互感器常见故障、缺陷的原因分析以及处理方法，通过原因分析和处理方法的介绍，掌握互感器常见故障缺陷的判断及处理		√	
	油浸式互感器用金属膨胀器检修	金属膨胀器的用途和结构 （ZY1600402001）	本模块介绍了金属膨胀器的基本作用及常见结构，通过概念描述、结构形式介绍，掌握互感器用金属膨胀器的结构和用途	√		
		金属膨胀器的补油方法及油位计算 （ZY1600402002）	本模块介绍了金属膨胀器的补油方法和油位计算，通过工艺要求及计算方法的介绍，掌握金属膨胀器真空补油工艺，了解油位计算方法	√		
	SF$_6$气体绝缘互感器及其检修	SF$_6$气体绝缘互感器外观检查、检漏和补气的方法 （ZY1600403001）	本模块介绍了 SF$_6$ 气体绝缘互感器外观检查项目、检漏及补气方法，通过工艺要求介绍，掌握 SF$_6$ 气体绝缘互感器检查及补气技能	√		
		回收 SF$_6$气体 （ZY1600403002）	本模块介绍了 SF$_6$ 气体回收装置的主要功能、结构及 SF$_6$ 气体回收的操作方法，通过概念描述、操作过程介绍，掌握 SF$_6$ 气体回收方法		√	

续表

部分名称	章	模块名称 （模块编码）	模 块 描 述	等 级		
				I	II	III
互感器、电抗器、消弧线圈和接地变压器的维护、检修技能	SF₆气体绝缘互感器及其检修	检查气体压力表、密度继电器 （ZY1600403003）	本模块介绍了 SF₆气体绝缘互感器常用压力表、密度继电器的结构、原理及技术要求，通过概念介绍，掌握 SF₆气体绝缘互感器常用压力表、密度继电器的使用要求	√		
	互感器的现场干燥	互感器干燥方法和要求 （ZY1600404001）	本模块介绍了互感器器身干燥的热油循环干燥法、罐内真空干燥法、短路真空干燥法，通过工艺要求介绍，掌握互感器干燥的常用方法		√	
	互感器检修管理	互感器的检修记录及报告 （ZY1600405001）	本模块介绍了互感器检修记录及报告的作用、内容及填写基本要求，通过要点介绍，掌握如何填写互感器检修记录及报告		√	
	电抗器、消弧线圈和接地变压器的检查、维护	电抗器的检查、维护 （ZY1600406001）	本模块介绍了电抗器的基本结构、工作原理以及电抗器检修项目、周期及质量标准，通过原理讲解、工艺要求介绍，掌握电抗器的检查、维护的内容和要求	√		
		消弧线圈、接地变压器的检查、维护 （ZY1600406002）	本模块介绍了消弧线圈和接地变压器的基本结构、工作原理及检查维护，通过原理讲解、工艺要求介绍，熟悉消弧线圈和接地变压器的结构特点，掌握消弧线圈和接地变压器检修、更换的项目、周期及质量标准	√		

参 考 文 献

［1］保定天威保变电气股份有限公司. 变压器试验技术. 北京：机械工业出版社，2000.

［2］姚志松，姚磊. 中小型变压器实用全书. 北京：机械工业出版社，2007.

［3］谢毓城. 电力变压器手册. 北京：机械工业出版社，2003.

［4］钟洪璧等. 电力变压器检修与试验手册. 北京：中国电力出版社，2000.

［5］国家电网公司. 110（66）kV～500kV 油浸式变压器（电抗器）检修规范. 北京：中国电力出版社，2005.

［6］国家电网公司. 110（66）kV～500kV 互感器管理规范. 北京：中国电力出版社，2006.

［7］赵家礼. 变压器修理技师手册. 北京：机械工业出版社，2004.

［8］董其国. 电力变压器故障与诊断. 北京：中国电力出版社，2000.

［9］郭清海. 变压器检修. 北京：中国电力出版社，2005.

［10］陈敢峰. 变压器检修. 北京：中国水利水电出版社，2005.

［11］陈家斌. SF_6 断路器实用技术. 北京：中国水利水电出版社，2004.

［12］江智伟. 变电站自动化及其新技术. 北京：中国电力出版社，2006.